駿台受験シリーズ

JN336510

国公立標準問題集

CanPass

生物基礎＋生物

波多野善崇　著

問題編

駿台文庫

目　次

第7章　生物群集と生態系

第8章　生物の進化と系統

第1章　細胞と分子

01　秋田県立大学 ｜ ★☆☆ ｜ 15分 ｜ 実施日 [　/　] [　/　] [　/　]

生体の成分に関する次の文章AとBを読み，以下の**問1～8**に答えよ。

A　さまざまな食品について，成分の割合を表1にまとめた。これら成分のうち，タンパク質はアミノ酸が多数結合してできており，アミノ酸の配列順序や数の違いによって種類が異なる。一般に生物体には多くの種類のタンパク質が含まれている。タンパク質をつくるアミノ酸は炭素原子(C)に，[1]，[2]，水素原子(H)，[3]が結合してできている。アミノ酸の種類と性質は[3]の違いによって決まる。また，タンパク質では，一つのアミノ酸の[1]と，ほかのアミノ酸の[2]との間で，水(H_2O)1分子が除かれて－CO－NH－が形成されている。この結合を[4]結合という。

表1　さまざまな食品に含まれる成分の割合(%)　(食品成分データベースより)

食　品	(ア)　水　分	(イ)　タンパク質	(ウ)　脂　質	(エ)　炭水化物	(オ)　その他
トマト	94.0	0.7	0.1	4.7	0.5
コ　メ	14.5	8.6	5.0	70.6	1.3
ダイズ	12.5	35.3	19.0	28.2	5.0
ゴ　マ	4.7	19.8	51.9	18.4	5.2

問1　表1の食品について，次の1)～3)に答えよ。

1)　コメに含まれるデンプンは，表1の成分(ア)～(オ)のどれに当てはまるか，記号を答えよ。

2)　コメのデンプンがヒトの消化管で分解をうけ吸収される際に，分解されてできる物質は何か，その名称を一つあげよ。

3)　表1の食品に含まれる成分の中で，(オ)その他に含まれない物質を次からすべて選び，その記号を答えよ。

①　グリコーゲン　②　コラーゲン　③　無機塩類　④　スクロース

問2　表1の食品の成分に関して正しいものを次からすべて選び，その記号を答えよ。

① タンパク質，脂質，炭水化物の中でエネルギー源になるのは炭水化物のみである。

② タンパク質と炭水化物を構成する元素の種類や構成比は等しい。

③ 脂質には，リパーゼの作用を受けて分解されるものがある。

④ タンパク質には生体の構成成分や酵素としての役割を持つものがある。

⑤ 炭水化物は細胞の構成成分にはならない。

問3 文中の［ 1 ］，［ 2 ］に入る適切なアミノ酸の構造の一部を次から選び，その記号および，それぞれの名称を答えよ。

① －OH　　② －COOH　　③ $-NH_2$　　④ $-CH_3$

問4 文中の［ 3 ］，［ 4 ］に入る適切な語句を答えよ。

問5 あるタンパク質Wの分子量は30000である。このタンパク質Wがアスパラギンのみで構成されていると仮定して，構成アミノ酸の数を計算し，計算の過程とあわせて答えよ。ただし，アスパラギンの分子量は132，H_2Oの分子量は18とする。

B タンパク質中の硫黄原子(S)どうしの結合をS－S結合と呼ぶ。例えばインスリンは51個のアミノ酸からなるが，分子内にS－S結合が含まれており，S－S結合を切断する試薬でインスリンを処理すると，21個のアミノ酸からなる鎖と30個のアミノ酸からなる鎖に分かれる。

一方，タンパク質の大きさ(分子量)を調べる手法として電気泳動法がある。電気泳動法ではタンパク質を分子量の違いによって分けることができ，小さいタンパク質は速く下方に移動する。電気泳動後，個々のタンパク質を色の付いた線として検出できる。

例えば，インスリンについてS－S結合を切断する処理を行う前Ⅰと処理後Ⅱでの変化をある条件で電気泳動し比較すると，図1のような結果が得られた。

次にタンパク質X，Y，Zについて電気泳動による分析を行い，次のことがわかった。分子量が32000のタンパク質Xを，S－S結合を切断する試薬で処理した結果，処理の前後で分子量に変化はなかった。分子量が84000のタンパク質Yを，S−S結合を切断する試薬で処理した結果，分子量61000と分子量[5]の2種類の鎖が生じた。a)分子量が96000のタンパク質Zを，S−S結合を切断する試薬で処理した結果，分子量48000の鎖のみが生じた。

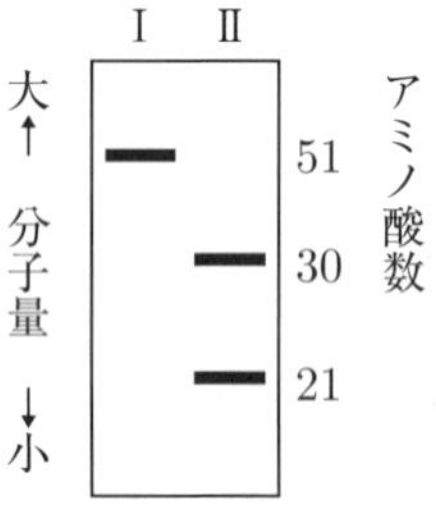

図1　インスリンのS−S結合の切断と電気泳動による分析

問6　文中の[5]に入る数値を答えよ。ただし，S−S結合を切断した部分には水素原子(H)が付加するが，このことによる分子量の変化は無視してよい。

問7　下線部a)に関して，S−S結合の切断によって分子量が変化したにもかかわらず，1種類の鎖のみが検出されたのはなぜか，考えられる理由を答えよ。

問8　タンパク質X，Y，Zの混合溶液にS−S結合を切断する試薬を加えて処理した。処理前Iと処理後IIの溶液を電気泳動によって調べた結果はどのようになると予測されるか，下図にうすく示した線のうち，タンパク質が検出されると考えられる場所のみを例にならって黒くなぞって示せ。

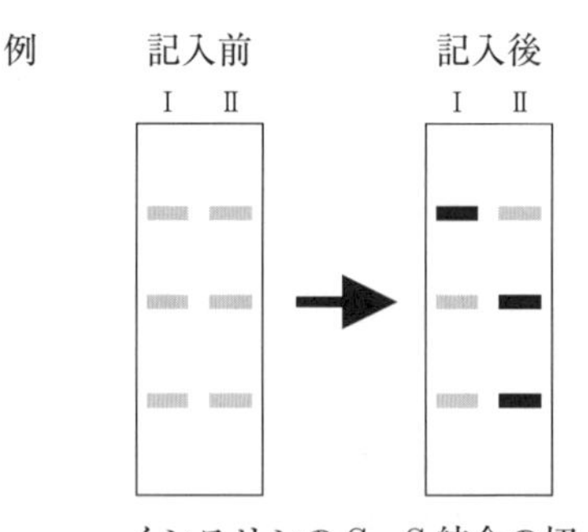

インスリンのS−S結合の切断と電気泳動による分析

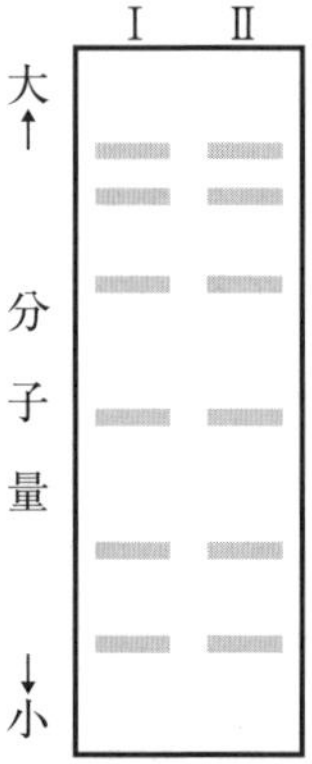

問8の解答欄

02　熊本県立大学 | ★☆☆ | 15分 | 実施日 ／ ／ ／

次の文章を読んで，以下の**問1**～**問6**に答えなさい。

オオカナダモの葉を，10倍の対物レンズと10倍の接眼レンズが取り付けてある(1)光学顕微鏡で観察したところ，(2)細胞質の中の葉緑体が一定の方向にゆっくりと動くようすが観察された。このとき動いている(3)葉緑体を1つ選び，(4)それが接眼ミクロメーターの目盛りで10目盛り分を移動するのにかかった時間を測定したところ，12秒であった。

下の図は観察を行った際の，接眼ミクロメーターと対物ミクロメーターの目盛りを示している。ただし，対物ミクロメーターの1目盛りは，1mmを100等分した目盛りとなっている。

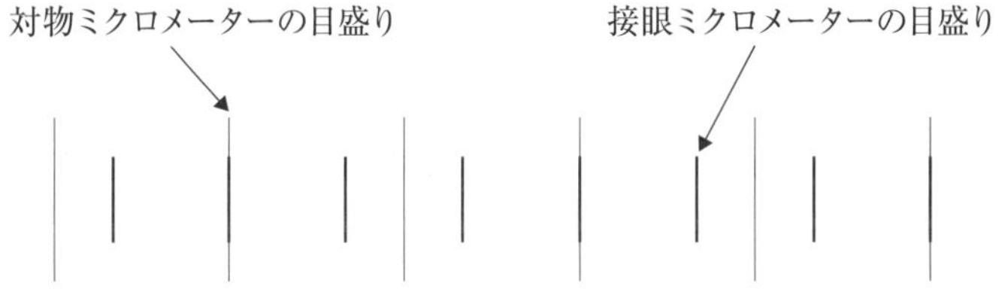

問1　下線部(1)について，下の①～⑥は顕微鏡観察を行う場合の操作を順に記述したものである。［ア］～［エ］に適切な語句を記入しなさい。

① ［ア］レンズを鏡筒に取りつける。

② ［イ］レンズを［ウ］に取りつける。

③ 反射鏡を動かして視野をむらなく明るくした後，プレパラートが［エ］の中央にくるようにしてクリップでとめる。

④ 横から見ながら調節ねじを回して，低倍率の［イ］レンズをプレパラートに近づける。

⑤ ［ア］レンズをのぞきながら調節ねじを回して，［イ］レンズと［エ］を遠ざけながらピントを合わせる。

⑥ ［ウ］を回して，高倍率の［イ］レンズで観察する。

問2　下線部(2)の現象にかかわるタンパク質を２つ答えなさい。

問3　図中の接眼ミクロメーターの１目盛りは何 μm であるか，答えなさい。なお，数値は小数第２位で四捨五入して示しなさい。

問4　下線部(4)について，葉緑体の移動速度は毎秒何 μm であるか，答えなさい。なお，数値は小数第２位で四捨五入して示しなさい。

問5　オオカナダモの細胞を観察した場合，電子顕微鏡では確認できるが，光学顕微鏡では確認できない細胞小器官がある。以下のＡ～Ｆのうち，このような細胞小器官の特徴を記述したものとして適切なものを３つ選びなさい。ついで，それらの細胞小器官名を答えなさい。

Ａ　袋状または管状で，タンパク質の合成および輸送にかかわる。

Ｂ　粒状で，タンパク質の合成を行う。

Ｃ　１枚の膜に囲まれており，代謝産物や老廃物などを含む細胞液で満たされている。

Ｄ　２枚の膜に囲まれており，膜には多数の穴がある。

Ｅ　２個の中心粒からできており，紡錘体形成の起点になる。

Ｆ　酵素を含み，細胞内消化にかかわる。

問6　下線部(3)の葉緑体では，カルビン・ベンソン回路の反応過程によって二酸化炭素が固定される。しかし，カルビン・ベンソン回路のほかに二酸化炭素を固定する経路をもち，これら２つの反応経路が同じ細胞内で異なる時間帯にはたらく植物が存在する。このような植物を何というか答えなさい。また，これらの植物は乾燥した環境での生育に適しているといわれている。その理由を100字以内で答えなさい。

03　信州大学 | ★☆☆ | 15分 | 実施日 [/] [/] [/]

次の細胞に関する文章**A**および**B**を読み，**問1～8**に答えよ。

A　生物体はすべて細胞から成り立っている。細胞は，生きることができる最小の構造であり，外界と［ア］で仕切られている。(A)細胞の大きさや形は，生物の種類や生物における部位などによりさまざまである。一般に細胞は小さく，肉眼では見えないものが多いため，その観察には光学顕微鏡がよく使われる。光学顕微鏡の解像力の限界は約 0.2 μm であるといわれており，より詳細な細胞の表面構造や内部構造の観察には［イ］が用いられる。細胞には真核細胞と(B)原核細胞とがあり，(C)その最も大きな違いは，真核細胞では［ウ］が折りたたまれ，核膜に囲まれて存在していることである。

生物には，1個の細胞から個体を形成する単細胞生物，ヒトなどのような多細胞生物のほか，ボルボックスなどのように単細胞生物が集まってゆるやかに連結した［エ］も存在する。(D)［エ］は，下等な多細胞生物と外見が似ていることもあるが，その細胞の状態は大きく異なっている。

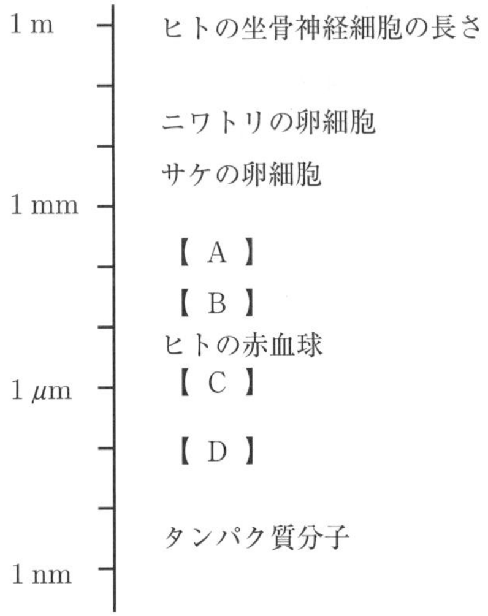

図1　細胞などの大きさの比較

問1 [ア]〜[エ]の空欄にあてはまる語を答えよ。

問2 下線部(A)について，各種生物の細胞などの大きさを図1にまとめた。①から③はそれぞれ図中の【 A 】〜【 D 】のどれにあてはまるか。A〜Dの記号で答えよ。

① 大腸菌　　② スギの花粉　　③ インフルエンザウイルス

問3 下線部(B)について，以下のうち，原核細胞からなる生物をすべて選べ。

シアノバクテリア　　ケイ藻　　酵母　　乳酸菌　　クロレラ

問4 下線部(C)以外にも，真核細胞と原核細胞とでは構造的に大きな違いが存在する。それはどのようなことか，簡単に説明せよ。

問5 下線部(D)のように，単細胞生物と多細胞生物とでは細胞の状態や個体の成り立ちが異なっている。その違いについて説明せよ。

B 細胞をすりつぶして破砕液とし，さらに遠心分離機で遠心力をかけると，遠心力の大きさや時間に応じて，細胞内の特定の構造体をその大きさや密度の違いによって沈殿として回収することができる。

ニワトリの肝臓をすりつぶした破砕液を1,000 g(重力の1,000倍の加速度)で10分間遠心し，沈殿Aと上澄みAに分離した。次に，上澄みAを10,000 gで20分間遠心し，沈殿Bと上澄みBに分離した。最後に，上澄みBを100,000 gで60分間遠心し，沈殿Cと上澄みCに分離した。

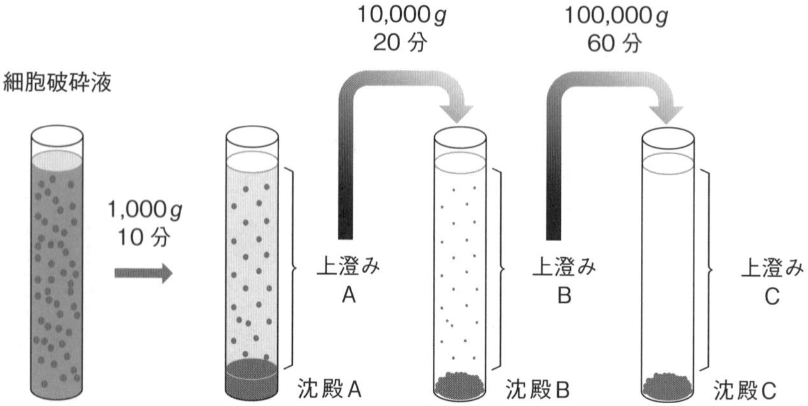

沈殿Bを水に分散させ，ピルビン酸を加えて37℃に暖めると，(E)気体が発生し，ATPが生成した。ピルビン酸の代わりにグルコースを加えて暖めると，ATPは生成しなかったが，さらに上澄みCを加えると，同じ気体が発生し，ATPが生成した。

問6　このような細胞内の特定の構造物を分離する方法を何とよぶか，答えよ。

問7　沈殿Aには壊れた細胞片のほか，酢酸オルセイン液で染色される構造体が存在した。この構造体は何か，答えよ。

問8　沈殿Bについて，以下の問(1)〜(3)に答えよ。

(1)　沈殿Bには，主にどのような細胞内の構造体が含まれていると考えられるか，答えよ。

(2)　下線部(E)の「発生した気体」は何か，答えよ。

(3)　沈殿Bにグルコースを加えてもATPが生成せず，上澄みCを加えるとATPが生成したのはなぜか，説明せよ。

• EXTRA ROUND •　奈良教育大学　★☆☆　5分

1　動物の体にはそれぞれまとまったはたらきを持つ器官1)と呼ばれる構造がある。一つの器官には固有のはたらきを持つ同じような形の細胞が集まって機能する細胞集団があり，これを組織という。脊椎動物では，[①]，[②]，[③]，[④]の4つの組織2)が知られている。植物の体の細胞は体細胞分裂を盛んに行う分裂組織から作り出されており，分裂組織には先端にある[⑤]，維管束に見られる[⑥]の2つがある。また維管束植物では根，茎，葉の3つの器官が見られ，それぞれの器官は維管束系と[⑦]，[⑧]の3つの組織系3)から構成されている。

問1　[①]〜[⑧]に入る適切な言葉を答えなさい。

問2　下線部＿＿1)について脊椎動物の器官を6つあげなさい。

問3　下線部＿＿2)について，それぞれの組織の特徴を説明しなさい。

問4　下線部＿＿3)について，それぞれの組織系の特徴を説明しなさい。

04　岩手大学 | ★★☆ | 20分 | 実施日 [/] [/] [/]

次の文章を読み，**問1～問4**に答えよ。

タンパク質は通常，細胞質中の［（ア）］において合成される。このとき始めにつくられる物質は，DNAの塩基配列によって指定されたアミノ酸がつながった直鎖状の［（イ）］である。この［（イ）］が機能をもった「タンパク質」となるためには，多くの過程が必要である。タンパク質の機能が発現するためには，①直鎖状の構造から折りたたまれ，特定の立体構造に変化する必要がある。なかには，ある特定の修飾を受けたり加水分解による切断を受けたりするものもある。さらには，それらが最終的に機能すべき細胞内外の場所に正しく輸送される必要もある。特定の場所に輸送されるタンパク質には，最終目的地を示す荷札に相当する「シグナル」があり，これはアミノ酸配列中に書き込まれている。このシグナルが読み取られて特定の場所へと輸送されていく。

細胞は，リン脂質二重層からなる生体膜により外界から隔てられている。水溶性のイオンや糖などの低分子ですら生体膜を自由に透過することはできない。それにもかかわらず，細胞質以外に局在するタンパク質の中には②生体膜に存在するもの(膜タンパク質)，さらには生体膜を透過して細胞外に分泌されるもの(分泌タンパク質)もある。分泌タンパク質の多くは③「シグナルペプチド」(または「リーダーペプチド」)と呼ばれる配列が付加された未成熟なタンパク質(前駆体)として合成され，輸送の過程でシグナルペプチド(リーダーペプチド)が切断されて成熟体となる。

分泌タンパク質が生体膜を透過する様子は，図1，図2に示す実験で調べることができる。図2では，分子量に応じたバンドとしてタンパク質を検出することのできる電気泳動により，分泌タンパク質が膜透過したかどうか調べている。DNAの遺伝情報はまず［（ウ）］に転写されたのちタンパク質に翻訳される。この一連の反応に必要な酵素や細胞抽出液，基質等を用意すれば，試験管内でタンパク質合成を行うことができる。分泌タンパク質をある種の膜小胞(*)が存在する条件で合成すると，分泌タンパク質は膜透過し，膜小胞内に取り込まれる。まず，分泌タンパク質 A を試験管内合成すると，シグナルペプチドをもつ前駆体が合成される(図 2，サンプル番号 1)。このとき膜小胞が存在するとシグナルペプチドの切断が観察される(サンプル番号 2)。さらに，分泌タンパク質 A の試験管内合成・膜透過後にプロテアーゼ(タンパク質分解酵素)処理を行うと，膜透過した分泌タンパク質 A の成熟体は膜小胞により保護されるためプロテアーゼで分解されなくなる(サンプル番号 3)。それに対して，界面活性剤を加えて膜小胞を可溶化すると，膜透過したタンパク質もプロテアーゼで分解される(サンプル番号 4)。これら一連のサンプルを電気泳動することにより，図 2 のように観察することができる。

(＊)　膜小胞：細胞から取り出した小胞体やある種の条件で破壊した大腸菌の細胞質膜など，膜構造で囲まれた球状の構造体。

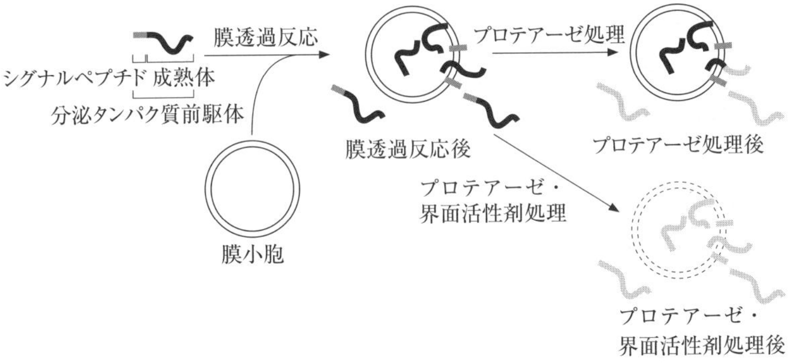

図1　分泌タンパク質の膜透過反応の実験の流れ

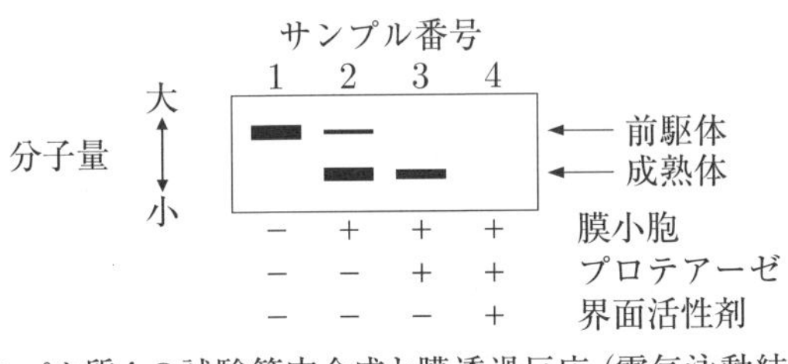

図2　分泌タンパク質Aの試験管内合成と膜透過反応（電気泳動結果の模式図）

分泌タンパク質 A を図に示すとおり膜小胞が存在する条件(サンプル番号 2～4)，あるいは存在しない条件(サンプル番号 1)で試験管内合成した。合成終了後，図に示すとおりプロテアーゼ処理(サンプル番号 3，4)，および界面活性剤処理(サンプル番号4)を行った。電気泳動を行った後，分泌タンパク質Aの前駆体および成熟体を検出した。

問1　文中の（ア）～（ウ）に適切な用語を記入せよ。

問2　下線①について，タンパク質の部分構造(二次構造)の例を1つ答えよ。

問3　下線②の膜タンパク質の多くは生体膜を貫通する部分をもっている。この部分にみられるアミノ酸にどのような特徴があるか，適当なものを下記の(a)～(d)より1つ選べ。

(a)　疎水的な(水に反発する)アミノ酸が連続して出現する。

(b)　側鎖の小さなアミノ酸が多く出現する。

(c)　酸性のアミノ酸が多く出現する。

(d)　塩基性のアミノ酸が連続して出現する。

問4　以下の設問(1)と(2)に答えよ。

(1)　下線③のシグナルペプチドは，タンパク質の分泌にはきわめて重要な役割を果たしており，この部分に変異が入ると分泌が強く抑えられることがある。分泌タンパク質Aのシグナルペプチドに変異が入り，まったく分泌できなくなった変異タンパク質A－1，A－2を分離した。これらの変異タンパク質の膜透過について，図2と同様の実験により試験管内で調べたところ，図3におけるA－1とA－2の結果が得られた。A－1，A－2が分泌できない理由についてそれぞれ100字以内で答えよ。

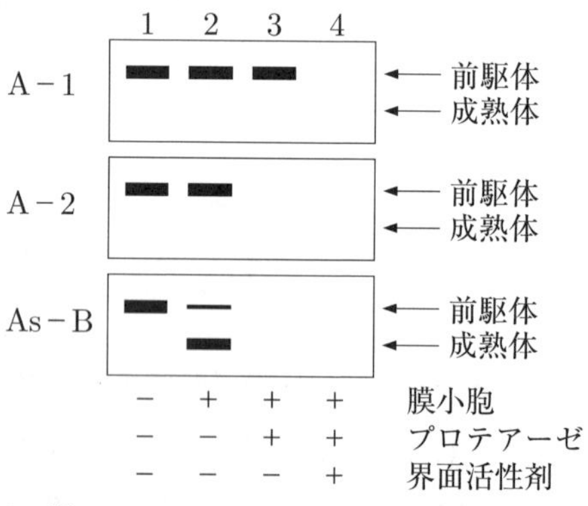

図3　変異タンパク質A－1，A－2と融合タンパク質As－Bの試験管内合成と膜透過反応。膜透過反応は図2と同様に行った。

(2) 細胞質に存在するタンパク質Bに，分泌タンパク質Aのシグナルペプチド部分(As)を付加した融合タンパク質As－Bの遺伝子を遺伝子工学的に調製した。融合タンパク質As－Bを大腸菌で分泌生産させることを試みたが，残念ながらこのタンパク質は分泌しなかった。この実験がうまくいかなかった理由を調べるため，融合タンパク質As－Bを膜小胞が存在する条件で試験管内合成して膜透過するかどうかを図2と同様に調べたところ，図3のAs－Bの結果が得られた。融合タンパク質As－Bが分泌しなかった理由として適当なものを下記の(a)～(d)から1つ選べ。

(a) 融合タンパク質As－Bは分泌する前に高次構造をとってしまい，その部分が障害となって生体膜を透過できなくなり分泌できなくなった。

(b) タンパク質Bの分泌には成功したが，本来機能するはずのない場所に輸送されたため，細胞にとって致死的な作用があった。

(c) タンパク質Bは細胞質に存在するためのシグナルをもっており，このシグナルは分泌シグナルよりも強力であったため，分泌シグナルは作用しなかった。

(d) シグナルペプチドにはそれに続く成熟体部分が分泌すべきタンパク質であるかどうか見分ける機能があるため，タンパク質Bの分泌が抑えられた。

05 大阪府立大学 | ★★☆ | 20分 | 実施日 / / /

細胞培養実験に関する次の文章を読み，**問1〜6**に答えよ。

大阪府立大生の府美子さんは，ある哺乳動物に由来する体細胞の細胞周期とDNA合成の関係を調べる実験に取り組んだ。この実験では，細胞分裂を抑制する試薬で処理した後，その試薬を取り除いて培養することで，この細胞集団中の全ての細胞をほぼ一斉に分裂・増殖させることができる。また放射性原子で標識したヌクレオチド前駆物質Xを使用し，細胞の核酸の放射能を定量することで，新たに合成されたDNA量を知ることができる。

府美子さんはこの細胞を分裂抑制試薬で処理し，その試薬を取り除いて細胞周期の進行を開始させた後，放射性ヌクレオチド前駆物質Xを培養液に加えた。放射性ヌクレオチド前駆物質Xを培養液に加えた時を時間0とし，以降3時間おきに細胞の核酸の放射能を測定した。同時に細胞集団の細胞数も計数した。そして放射能と細胞数から，1細胞あたりの放射能を計算した。その結果を図1に示す。

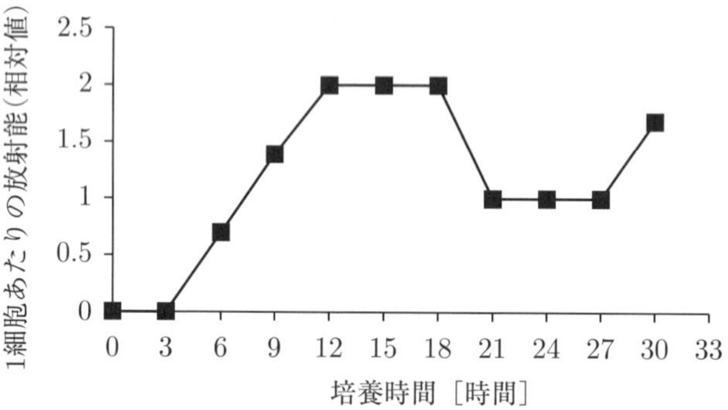

図1　培養時間と1細胞あたりの放射能

問1　ヌクレオチド前駆物質は糖と塩基からなる化合物で，細胞に取り込まれると酵素の働きで塩基以外の部分が変化してヌクレオチドとなり，核酸の合成に利用される。府美子さんが用いたヌクレオチド前駆物質Xに含まれる塩基は何か。次の(a)〜(e)からもっともふさわしいものを1つ選び，その記号を記せ。また，それが他の塩基を含む前駆物質よりこの実験にふさわしい理由を 50 字以内で述べよ。

(a)　アデニン　(b)　グアニン　(c)　シトシン　(d)　チミン　(e)　ウラシル

問2　この細胞集団の細胞数の変化を表したグラフとしてもっともふさわしいものはどれか。次の(a)～(f)から１つ選び，その記号を記せ。

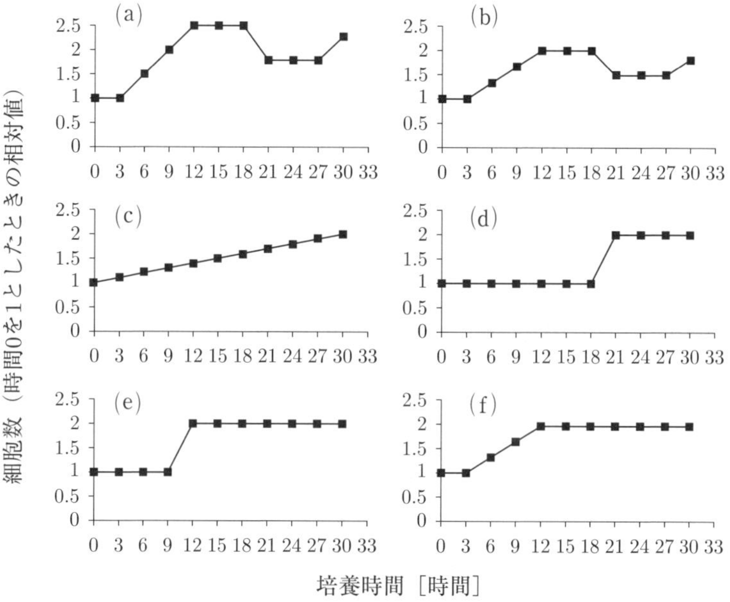

問3　府美子さんの実験結果から，この細胞の DNA 合成に必要な時間，すなわちＳ期の長さは何時間と推定できるか。なお測定時間以外の放射能は実線に従うものとする。

問4　この細胞の核型を調べるため相同染色体を観察する場合，府美子さんは図１のどの時間の細胞を固定・染色すればよいか。次の(a)～(e)からもっともふさわしいものを１つ選び，その記号を記せ。

(a)　3 時間目　(b)　9 時間目　(c)　12 時間目　(d)　18 時間目　(e)　24 時間目

問5　この細胞集団がこのまま規則正しく分裂を繰り返すならば，39 時間目には核酸の放射能は１細胞あたりいくらになるか。図１と同様に相対値を用いて答えよ。

問6 以上の実験とは別に，放射性ヌクレオチド前駆物質Xを培養液に加えてから15時間目に培養液を交換し，それ以降放射性ヌクレオチド前駆物質Xの存在しない条件で培養を続ける実験をおこなった。培養液の交換操作は細胞周期に影響を与えず，培養液交換後も細胞は規則正しく分裂を繰り返すものとする。この実験に関して，(1)および(2)の問に答えよ。

(1) 培養液交換の9時間後，すなわち最初に放射性ヌクレオチド前駆物質Xを加えてから24時間目には核酸の放射能は1細胞あたりいくらになるか。図1と同様に相対値を用いて答えよ。

(2) 培養液交換の24時間後，すなわち最初に放射性ヌクレオチド前駆物質Xを加えてから39時間目には核酸の放射能は1細胞あたりいくらになるか。図1と同様に相対値を用いて答えよ。

• EXTRA ROUND • 熊本大学 ★☆☆ 5分

2 (1) タマネギの根端分裂組織から細胞を5000個とり，核当たりのDNA量を測定したところ，図1に示した結果が得られた。図中の(x)～(z)の細胞はそれぞれどの細胞周期に当てはまるか。以下の①～⑧からそれぞれ選び，番号で答えよ。

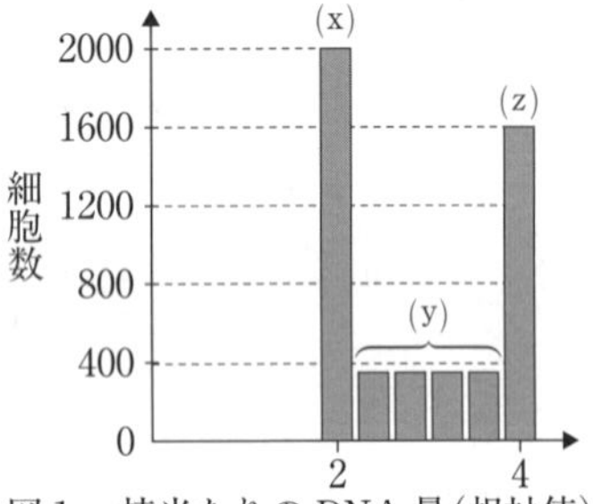

図1 核当たりのDNA量(相対値)

① G_1期 ② G_2期 ③ M期 ④ S期

⑤ G_1期＋S期 ⑥ G_2期＋S期

⑦ G_1期＋M期 ⑧ G_2期＋M期

(2) 図1の実験に用いた細胞を酢酸カーミン液で染色したところ，M期の細胞が全体の20%を占めていた。また，細胞数が2倍になる時間は25時間であった。各期の細胞数の割合とその期に要する時間が比例するとした場合，G_1期，S期，G_2期およびM期に要する時間はそれぞれ何時間か。数値で答えよ。

06　首都大学東京　★★★　20分　実施日 ／ ／ ／

植物の根に関する次の文章を読み，以下の**問1～問5**に答えなさい。

植物の根の先端部は，図1Aに示すように三つの領域に分けられる。領域Ⅰには，図1Bに示すように，始原細胞とよばれる細胞があり，静止中心とよばれる細胞と接することによって未分化な状態が維持されている。そして図1B，Cに示すように，根には維管束，内鞘，内皮，皮層，表皮の細胞があり，それらの細胞は始原細胞からつくられる。

図2Aに示すように，内鞘の始原細胞は上下方向に分裂する。上側に生じた娘細胞は内鞘細胞となり，下側に残った娘細胞は，母細胞と同じ始原細胞となる。一方，内皮と皮層の細胞は，図2Bに示すように，1個の始原細胞が上下方向に分裂し，上側に生じた娘細胞がさらに内鞘側と表皮側に分裂することによって生じる。

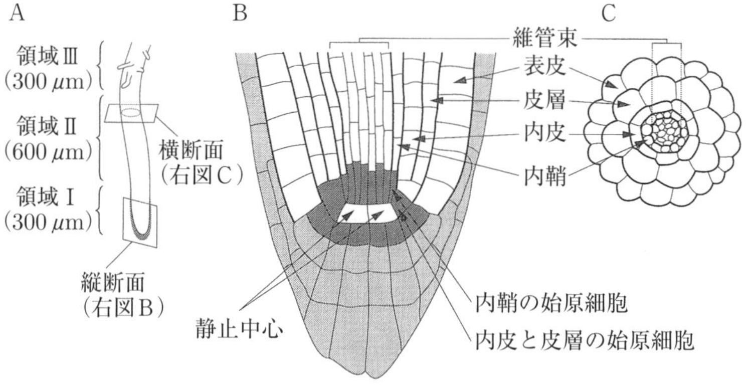

図1　根の先端部の構造

Aは根の先端部の模式図。括弧内の数値は，各領域の長さを示す。領域Ⅰ尖端の灰色は根冠を示す。

Bは領域Ⅰの縦断切片の模式図。濃い灰色は始原細胞を，薄い灰色は根冠の細胞を示す。

Cは領域Ⅱの横断切片の模式図。

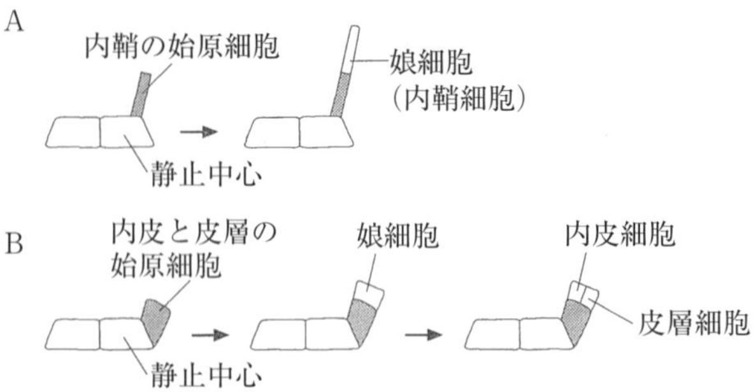

図2　始原細胞の分裂様式

Aは内鞘の始原細胞，Bは内皮と皮層の始原細胞の分裂様式を示す。

領域Ⅲには根毛がある。根毛は，図3に示すように，2個の皮層細胞に接する表皮細胞が分化してできる。1個の皮層細胞にのみ接している表皮細胞は，根毛に分化しない。このような表皮細胞の根毛への分化については，遺伝子Rが関わっていること，さらに遺伝子Rについては，以下の(1)〜(3)のことが分かっている。

(1)　遺伝子Rが発現した表皮細胞は，根毛に分化しない。

(2)　遺伝子Rが発現していない表皮細胞は，根毛に分化する。

(3)　遺伝子Rの発現は，タンパク質Xとタンパク質Yが結合してできたタンパク質XYによって誘導される。

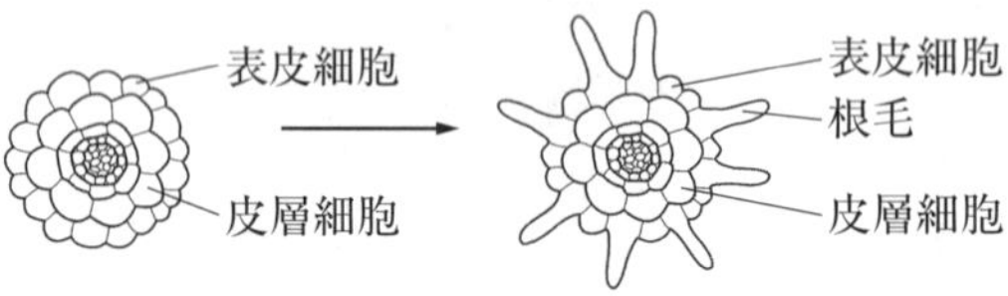

図3　表皮細胞の根毛への分化

左は領域Ⅱ，右は領域Ⅲの横断切片の模式図

根における細胞の分裂と分化について調べるために，以下の〔実験1〕〜〔実験4〕を行った。

〔実験1〕　領域Ⅰ〜領域Ⅲを含む根の部分を切り出し，縦断面の切片を酢酸オルセインで染色して光学顕微鏡で観察した。根の先端から1,200 μmまでの部分について，細胞の数および長さ，染色体がはっきりと観察できた細胞の数を調べて結果をまとめたところ，図4に示すようになった。

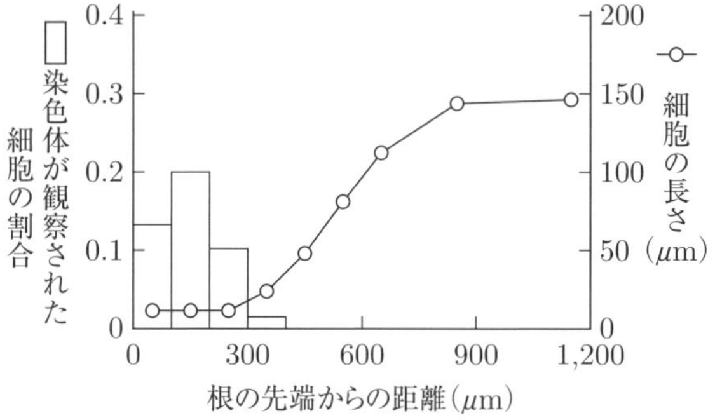

図4　〔実験1〕の結果

〔実験2〕　領域Ⅰ～領域Ⅲについて，ゴルジ体と液胞の発達の程度を電子顕微鏡により調べた。その結果をまとめたのが表1である。

表1　領域Ⅰ～領域Ⅲの細胞におけるゴルジ体と液胞の発達の程度

	ゴルジ体	液　胞
領域Ⅰ	ア	イ
領域Ⅱ	発達している細胞とあまり発達していない細胞とがある。	発達している細胞とあまり発達していない細胞とがある。
領域Ⅲ	ウ	エ

〔実験3〕　根は，種子の中にあるときには幼根とよばれる（図5左）。種子が吸水・発芽し，芽生えとなったときの根は，主根とよばれる（図5右）。種子をある化学物質で処理すると，一定の確率で色素合成に関わる遺伝子に突然変異が起こり，幼根の中で突然変異を起こした細胞とそれが分裂して生じるすべての細胞に色素が沈着する。多数の種子をそ

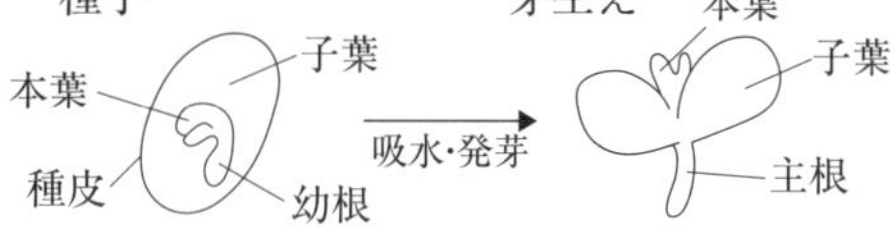

図5　種子および芽生えの構造

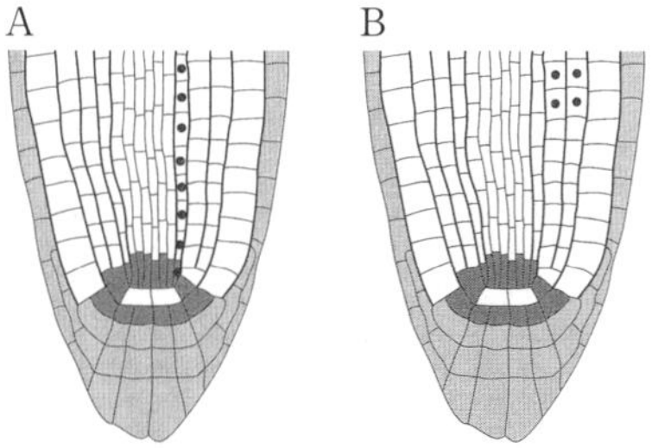

図6　〔実験3〕の結果
図中の黒い小丸は，色素が沈着した細胞を示す。

の化学物質で処理し，芽生えまで成長させ，主根の領域Ⅰの縦断面を観察した。その結果，ある芽生えでは，図6Aに示すように，内鞘の細胞とその始原細胞に色素の沈着が見られた。また別の芽生えでは，図6Bに示すように，内皮と皮層の細胞に色素の沈着が見られた。

〔実験4〕 領域Ⅱについて，タンパク質X，およびタンパク質Yがどの細胞に存在するかを調べた。その結果，タンパク質Xは，図7に示すようにすべての表皮細胞で見出された。

図7 領域Ⅱの横断切片の模式図
タンパク質Xが存在する細胞は，灰色で示してある。

問1 〔実験1〕の結果から，領域Ⅰと領域Ⅱにある細胞は根の成長にどのように関わっていると考えられるか，それぞれ理由とともに答えなさい。

問2 〔実験1〕の結果から，領域Ⅰ～領域Ⅲのそれぞれに存在する細胞中のDNA量の平均値を表す図として最も適切なものを図8のA～Fの中から一つ選び，その記号と選んだ理由を答えなさい。

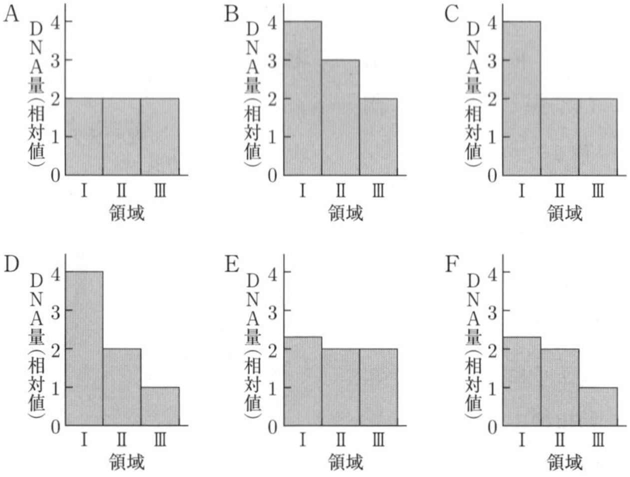

図8 細胞1個あたりのDNA量(相対値)の平均値
細胞1個あたりのDNA量は，配偶子1個あたりのDNA量を1としたときの相対値で表してある。

問3　植物の細胞壁の成分の一部は，細胞内で合成された後に細胞外へ分泌されることが分かっている。〔実験2〕の結果をまとめた表1中の空欄ア～エに入れる記述として適切なものを以下の①～③から選んで記入し，選んだ理由も答えなさい。

①　あまり発達していない。

②　発達している。

③　発達している細胞とあまり発達していない細胞とがある。

問4　〔実験3〕の図6Aと図6Bで示される芽生えについて，幼根の領域Ⅰ中の1個の細胞だけで突然変異が起こったと仮定する。突然変異が起こったとき，その細胞は領域Ⅰ中のどの位置にあったと考えられるか。AとBのそれぞれについて，解答欄の領域Ⅰの図中の細胞内に黒い小丸を描き入れて示しなさい。またその細胞を選んだ理由を答えなさい。

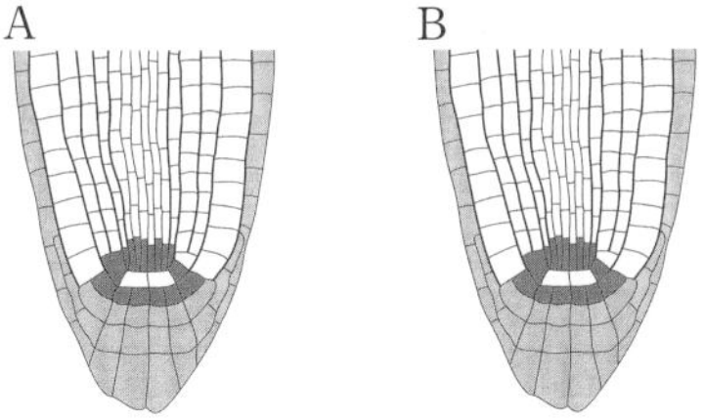

問4の解答欄

問5　〔実験4〕について，タンパク質Yが存在する細胞を示す横断切片は，図9のA～Fのいずれであると考えられるか。その記号と選んだ理由を答えなさい。

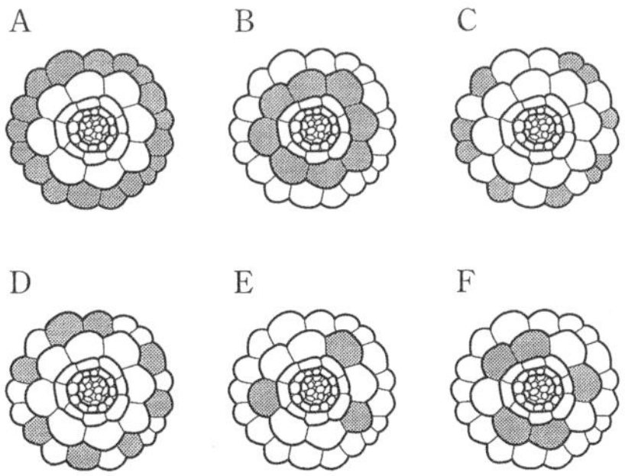

図9　領域Ⅱの横断切片の模式図

タンパク質Yが存在する細胞は，灰色で示してある。

07

埼玉大学 | ★☆☆ | 15分 | 実施日 ／ ／ ／

次の文章**A**と**B**を読み，**問1～6**に答えよ。

A　酵素は生体内のさまざまな化学反応に関わっている。酵素の働きは，温度やpH，基質濃度によって影響される。酵素が最もよく働く温度を［ア］温度，最もよく働くpHを［ア］pHと呼ぶ。基質に結合して直接作用を及ぼす部分は，酵素の［イ］と呼ばれる。一般的に，(1)酵素は特定の基質にのみ作用する。また生体内では，一連の酵素反応の最終産物が初期段階で働く酵素の活性を直接変化させる［ウ］調節もみられる。この調節では，最終産物は初期段階で働く酵素の［エ］部位に結合する。

問1　文章中の［ア］～［エ］に適切な語を入れよ。

問2　下線部(1)について，酵素のこのような性質を何と呼ぶか，答えよ。また，酵素がこの性質をもつ理由を，酵素の構造をふまえて説明せよ。

B　酵素Xの活性について以下の実験1および2を行った。なお，この酵素は本実験では失活せず，活性は反応生成物に影響されないとして解答せよ。

〔実験1〕　酵素Xをある濃度の基質と混合して酵素反応を行い，時間を追って反応生成物量を調べた。その結果，図1に示すように，(2)反応生成物量は時間とともに増加したが，80分以降は一定の値となった。

〔実験2〕　酵素濃度を一定とし，基質濃度のみをさまざまに変化させて酵素反応を行い，反応開始直後の反応速度（これを初期反応速度と呼ぶ）を調べた。その結果，図2に示すように，基質濃度S未満では基質濃度とともに初期反応速度が上昇したが，(3)基質濃度S以上では初期反応速度はVで一定となった。

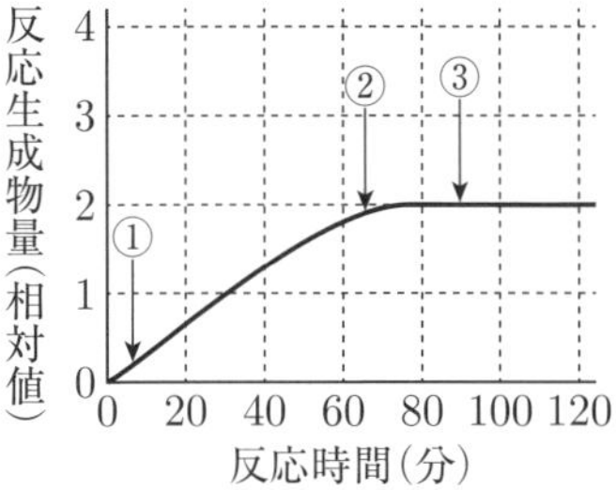

図1

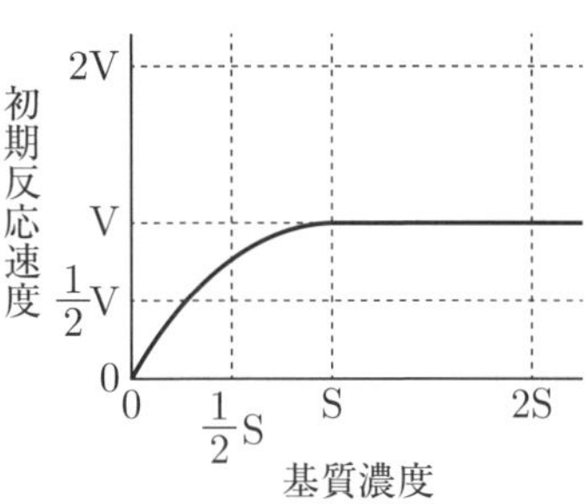

図2

問3　実験1の下線部(2)に関連して，図1の①〜③の時点のうちで，最も反応速度が大きいのはどれか，番号で答えよ。また，反応速度が時間とともに変化した理由について説明せよ。

問4　実験1を2倍の酵素濃度で行った場合（温度，反応液量，基質濃度は同じとする），反応時間と反応生成物量の関係はどうなるか。以下の(1)〜(6)の中から最も適切なものを選べ。

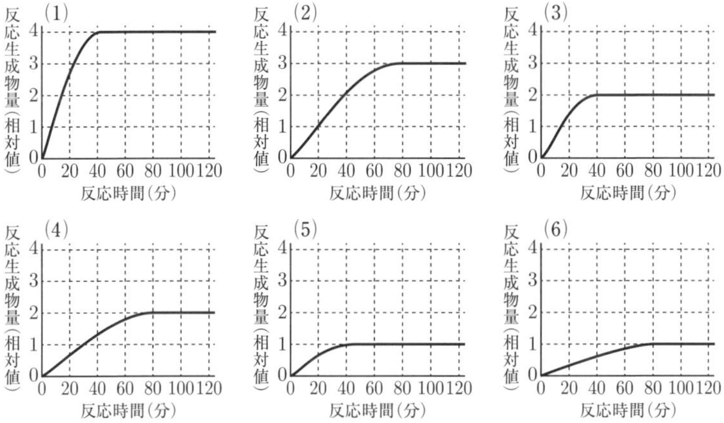

問5　実験2の下線部(3)について，S以上の高い基質濃度で初期反応速度が一定となった理由を答えよ。

問6　実験2を2倍の酵素濃度で行った場合（温度，反応液量は同じとする），基質濃度と初期反応速度の関係はどうなるか。両者の関係を示すグラフを図2にならって作成せよ。

08 新潟大学 | ★☆☆ | 15分 | 実施日 [/] [/] [/]

呼吸に関する次の文章を読み，以下の問いに答えよ。

動物は養分として取り入れた物質を分解し，さまざまな生命活動を営むためのATPを生成している。このような異化の働きは，物質の分解に酸素を必要としない[1]や解糖と，酸素を必要とする[2]に分けられる。

(1) [1]では呼吸基質であるグルコース1分子が[3]中に存在する酵素の働きによって段階的に分解され，2分子の(ア)ピルビン酸を生じる。この過程でグルコース1分子から2分子のATPがつくられる。

(2) 一方，多くの生物は酸素を使った[2]によって物質を最終的に二酸化炭素と水にまで分解し，その過程でたくさんのATPが生成される。

[2]は三段階に分けられる。

・第一段階([4])

この過程は[1]と同じ反応である。ただし，生成された2分子のピルビン酸と切り離された水素(4[H])は[5]内に入り，さらに利用される。

・第二段階([6])

第一段階で生じたピルビン酸は[5]に取り込まれる。[5]内のマトリックスに存在する酵素によって脱水素反応と脱炭酸反応が起こり，ピルビン酸はC_2化合物(アセチルCoA)に変換されて[6]に入る。アセチルCoAはマトリックス中に存在するC_4化合物と結合して[7](C_6)になる。[7]はいくつかの反応を経て再びC_4化合物を生じる。

この過程で2分子のピルビン酸は酸化されて6分子の二酸化炭素が生成され，水素(20[H])が切り離される。

第二段階ではグルコース1分子からATPが2分子生成される。

・第三段階([8])

第一段階と第二段階で切り離された水素(24[H])は水素イオン($24H^+$)と電子($24e^-$)に分かれ，電子は[5]の内膜(クリステ)に運ばれる。ここでは順序よく並んだ脱水素酵素，フラビン酵素やシトクロム類によって反応が進み，最終的に電子は水素イオンおよび酸素($6O_2$)と結合して水が生じる。この過程で多量のエネルギーが解放され，ATP が最大 34 分子つくられる。

問 1　[1]～[8]に適切な語句を入れよ。

問 2　下線部(ア)について，微生物ではグルコースからピルビン酸を経てさらに別の物質に変換されるが，その過程の名前を 2 種類あげよ。

問 3　[2]が[1]よりもエネルギーの利用効率がきわめて高い理由をグルコースの分解を例にして簡潔に書け。

問 4　次の式で示されるように呼吸によって分解される物質は炭水化物，脂肪，アミノ酸である。

炭水化物(グルコース)

$$C_6H_{12}O_6 + 6H_2O + 6O_2 \longrightarrow 6CO_2 + 12H_2O$$

脂肪(トリステアリン)

$$2C_{57}H_{110}O_6 + 163O_2 \longrightarrow 114CO_2 + 110H_2O$$

アミノ酸(ロイシン)

$$2C_6H_{13}O_2N + 15O_2 \longrightarrow 12CO_2 + 10H_2O + 2NH_3$$

(1)　呼吸で発生する二酸化炭素と消費した酸素の体積比$\left(\dfrac{CO_2}{O_2}\right)$を呼吸商といい，例えば炭水化物(グルコース)の場合は 1.0 である。脂肪(トリステアリン)およびアミノ酸(ロイシン)の呼吸商を計算式とともに書け。なお，小数点第 2 位を四捨五入して答えよ。

(2)　呼吸商から何がわかるかを具体的な数値をあげて説明せよ。

• EXTRA ROUND •　徳島大学　★☆☆　5分

3　呼吸基質としてグルコースとパルミチン酸を 6 対 4 の割合(モル比)で用いた場合の呼吸商はいくらになるか。化学式と計算式を記して答えよ。なお，グルコースとパルミチン酸の分子式はそれぞれ $C_6H_{12}O_6$ と $C_{16}H_{32}O_2$ である。数値は有効数字 2 桁で答えよ。

09 鳥取大学 ★★☆ 15分 実施日 / / /

次の会話文を読み，以下の問に答えよ。

ナツミ：　昨日，パンを作ったんですけど，パン生地をこねた後ねかせておいたら，パン生地が膨らんで塊が大きくなっていたんですよ。どうしてパン生地は膨らんだんでしょうか。

先　生：　そうですね。それは酵母が(ア)<u>呼吸</u>と(イ)<u>アルコール発酵</u>を行ったためです。このとき(ウ)<u>高エネルギーリン酸結合により結合しているエネルギーの通貨である化合物</u>も作られます。

ナツミ：　呼吸とアルコール発酵を行うとどうしてパン生地が膨らむのですか。

先　生：　二酸化炭素が発生し，それによってパン生地が押し広げられたからです。

ナツミ：　なるほど。酵母の働きによってどのくらい二酸化炭素が発生するのかを調べるにはどうすればいいのでしょうか？

先　生：　呼吸もアルコール発酵も酵母がグルコース($C_6H_{12}O_6$)を用いて行う反応なので，グルコース溶液にお湯で溶いた酵母を入れると簡単に調べられますよ。

ナツミ：　わかりました。パン生地をねかせたのと同じような条件で反応させてみます。

先　生：　では私は酸素が吸収される量を調べましょう。

1時間後

ナツミ：　(エ)<u>18 mL の二酸化炭素が発生しました。</u>

先　生：　(オ)<u>培養中に酸素は 9 mL 吸収されました。</u>

ナツミ：　少しアルコール臭がしますね。

先　生：　そうですね。酵母が呼吸とアルコール発酵を行っていることが確認できましたね。(カ)<u>酵母は酸素が存在する状態と無酸素の状態では同じ数だけ増殖しようとすると，無酸素の状態の方が酸素が存在する状態より大量のグルコースを消費するんですよ。</u>

ナツミ：　そうなんですか。次回はそれについて調べてみることにします。

問1　下線部(ア)の呼吸の化学反応式を示せ。

問2　下線部(イ)のアルコール発酵の化学反応式を示せ。

問3　下線部(ウ)の化合物の名称を答えよ。また，この化合物は1分子のグルコースの分解によって，呼吸とアルコール発酵でそれぞれ最大何分子生成されるか答えよ。

問4　下線部(エ)と下線部(オ)で示されるように酵母を反応させたとき9mLの酸素が吸収され，18mLの二酸化炭素が発生した。このとき酵母は呼吸とアルコール発酵によりそれぞれ何mLの二酸化炭素を発生させたかを答えよ。文章による説明や計算式も示すこと。

問5　下線部(エ)と下線部(オ)のように反応したとき，消費されたグルコースの量は何mgかを有効数字3桁で答えよ。文章による説明や計算式も示すこと。気体の体積は40℃，101.3kPaに換算した値であり，この条件では気体1モルの体積は25.7Lである。なお，水素の原子量を1，炭素の原子量を12，酸素の原子量を16とする。

問6　下線部(カ)の理由について120字以内で説明せよ。

• EXTRA ROUND •　群馬大学　★☆☆　2分

4　電子伝達系では電子の最終受容体が酸素であるために，酸素がないとはたらかない。一方，クエン酸回路は，直接酸素を必要とする反応はないが，酸素がないと反応が進行しない。この理由について，60文字以内で説明せよ。

10　兵庫県立大学　★★★　20分　実施日 ／ ／ ／

次の文章を読み，以下の問いに答えよ。

生物は外界からとり入れた物質をさまざまな分子につくりかえて利用する。生体内の化学反応をまとめて［(a)］という。［(a)］はさらに，複雑な化合物を分解してエネルギーをとりだす［(b)］という過程とエネルギーを使って必要な化合物をつくりだす［(c)］という過程に大別される。エネルギーをとりだす過程とエネルギーを利用する過程を仲介するのがATPとよばれる分子である。ATPは化合物の分解でとりだされたエネルギーを利用して合成され，エネルギーが必要なときに加水分解されてADPとなり，多くのエネルギーを放出する。ATPは，動物細胞内ではおもにミトコンドリアで合成される。ミトコンドリア［(d)］膜には［(e)］系の酵素群が存在し，化合物の分解でとりだされた水素(NADH + H^+)が［(e)］系を通って酸素と反応する際にH^+イオンが輸送され，膜をはさんでH^+イオンの濃度勾配が形成される。ミトコンドリア［(d)］膜は，細胞膜と同じようにイオンや高分子を自由に通さない性質をもつので，H^+イオンは膜に存在するATP合成酵素の内部にある通り道を濃度の高い方から低い方へ流れ，このときATPが合成される。

問1　文中の［(a)］～［(e)］に適切な語句を記入せよ。

問2　ATPとADPの正式名と模式的な構造を記せ。(構成単位の詳細な構造は問わない。)

問3　次の(ア)から(オ)の反応のうち，ATPのエネルギーを必要とするものに○を，ATPは必要ないものには×をつけよ。また，○をつけた反応において，ATPを利用するタンパク質の名前も答えよ。

(ア)　消化酵素によるタンパク質の分解

(イ)　ピルビン酸から乳酸の合成

(ウ)　筋収縮

(エ)　肝臓片による過酸化水素水から酸素の発生

(オ)　細胞膜をはさんだナトリウムイオン，カリウムイオンの能動輸送

問4　ミトコンドリアのはたらきを研究するためには，生物材料から機能を保持した状態でミトコンドリアをとりだす必要がある。ラットの肝臓からミトコンドリアをとりだすためには，約9%のスクロース溶液中で肝臓をすりつぶす。このような溶液を使う理由は何か，45字以内で説明せよ。

問5　図は，**問4**のようにして調製したミトコンドリアをふくむ溶液に十分な量の呼吸基質であるコハク酸とリン酸の溶液を加えたときの溶液中の酸素の濃度の変化を示したものである。コハク酸とリン酸を加えるとゆっくりと酸素の濃度が減少する。ここに少量のADPを加えると酸素消費がはげしくなり，しばらくするとほぼもとの速さにもどった。この実験に関して次の問いに答えよ。

(注)　加えるコハク酸，リン酸，ADP溶液のpHは7にあわせてある。

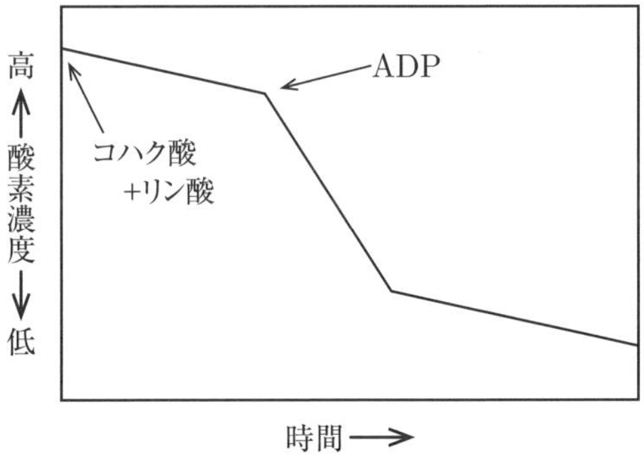

(1)　消費された酸素はどうなるか答えよ。

(2)　ADPを加えると酸素消費がはげしくなるのはなぜか，次の語句を用いて75字以内で説明せよ。

ATP,　　H^{+}イオン

(3)　しばらくすると酸素消費がほぼもとの速さにもどったのはなぜか，60字以内で説明せよ。

11　お茶の水女子大学 ｜★★☆｜ 20分 ｜実施日 ／ ／ ／

次の文章を読み，**問1～6**に答えよ。

植物は，外界から取り入れた物質から，生命活動に必要な物質を合成している。植物が合成する物質は，(a)炭素，水素，酸素，窒素などの元素から構成されている。植物体に含まれる有機物の炭素は，(b)気孔から取り入れた二酸化炭素に由来する。二酸化炭素は(c)カルビン・ベンソン回路で固定された後に，さまざまな有機物へと代謝される。一方，窒素では，多くの植物は根から土壌中の硝酸イオンやアンモニウムイオンなどを吸収し，これらを同化して有機窒素化合物を合成する。植物に吸収された硝酸イオンは，細胞内で硝酸還元酵素と亜硝酸還元酵素のはたらきによりアンモニウムイオンに変換された後に，有機窒素化合物の原料となる。ある植物を16時間の明期，8時間の暗期で生育させ，葉における硝酸還元酵素の酵素活性と硝酸還元酵素タンパク質の量の1日の変化を調べると，図1のようになった。酵素活性とタンパク質の量は，それぞれ，1日のうちでもっとも高い値を100としたときの相対値で示している。

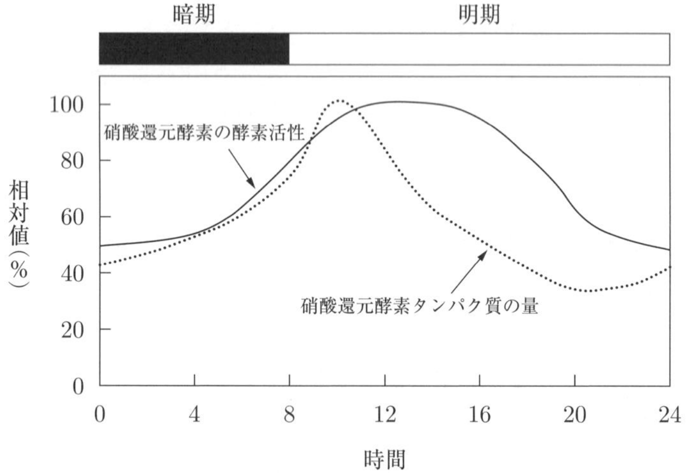

図1　硝酸還元酵素の活性とタンパク質の量の日周変動

問1　植物がさまざまな物質を合成し，また，生命活動を行うためには下線部(a)に示した4つの元素以外にも多くの元素が必要である。植物が必要とする元素を3つあげ，それぞれの元素が植物に必要である理由を説明せよ。

問2　下線部(b)に示す植物の気孔は1対の孔辺細胞から構成されている。孔辺細胞は表皮細胞が変化してできた細胞である。通常の表皮細胞と孔辺細胞の構造の違いを2つあげ，説明せよ。

問3　カルビンらは，下線部(c)に示すカルビン・ベンソン回路と呼ばれる二酸化炭素が固定されるしくみを明らかにした。光合成の過程で，二酸化炭素の炭素原子から最初に合成される化合物は3個の炭素原子を含むC_3化合物であり，その後，さまざまな化合物が合成される。カルビンらは，最初に合成される化合物がC_3化合物であると実験により推定した。この実験の方法と得られた結果について説明せよ。

問4　下線部(c)に示すカルビン・ベンソン回路の反応が進行するためには，チラコイドで生成される2つの物質が使われる。この2つの物質の名称を答えよ。

問5　図1より硝酸還元酵素の活性には日周変動があることがわかる。硝酸還元酵素によって生成された亜硝酸イオンが，亜硝酸還元酵素のはたらきですみやかにアンモニウムイオンになると仮定した場合，硝酸還元酵素の活性が暗期よりも明期で高いことは，植物にとって有利である。この有利な点について考えられることを述べよ。

問6　図1において，硝酸還元酵素の活性と硝酸還元酵素タンパク質の量の変動は一致しない。このように，あるタンパク質のもつ活性とそのタンパク質の量の変動が一致しないという現象は，生体内でしばしば観察される。このしくみについて考えられることを述べよ。

12　千葉大学　★☆☆　15分　実施日 ／ ／ ／

次の文章を読み，以下の**問1～5**に答えなさい。

光合成の速度は二酸化炭素濃度，温度，光の強さの3つの要因によって決まる。ある環境において，これらのうち最も条件が悪いものを光合成の限定要因と呼ぶ。

大気の二酸化炭素濃度は0.038％で，ふつう，これが光合成の限定要因となっている。とくに，真夏の太陽光が降り注ぐ水田などでは，さかんな光合成で二酸化炭素が急速に吸収されるため植物体周囲の二酸化炭素濃度が下がり，光合成速度が低下する。しかし，熱帯地方が原産のトウモロコシやサトウキビなどは，強い光のもとでも光合成速度が低下しにくい。これは，(1)二酸化炭素を効率よく取り入れて光合成に用いるしくみをもっているからである。これらの植物は，C_4植物と呼ばれ，気孔から取り込まれた二酸化炭素は［ア］細胞の細胞質に溶け，PEPカルボキシラーゼと呼ばれる酵素によってホスホエノールピルビン酸と反応し，オキサロ酢酸(C_4化合物)が生じる。トウモロコシではオキサロ酢酸はリンゴ酸に還元されてから［イ］細胞に運ばれた後，再び二酸化炭素が取り出され，カルビン・ベンソン回路に使われる。

これに対して，タバコなどの植物はC_3植物と呼ばれ，細胞質の二酸化炭素はリブロースビスリン酸カルボキシラーゼによってリブロースビスリン酸と反応し，ホスホグリセリン酸(C_3化合物)が生じる。このとき，PEPカルボキシラーゼが反応に使うのは細胞質に溶けた二酸化炭素と水が反応してできる炭酸水素イオン(HCO_3^-)であるのに対し，リブロースビスリン酸カルボキシラーゼが反応に使うのは二酸化炭素そのものである。(2)細胞質では二酸化炭素と炭酸水素イオンは一定の濃度に保たれ，pH7.2ではそれぞれ約0.00002％と約0.0003％の濃度であることが知られている。

また，乾燥地に生育するサボテン科やベンケイソウ科の植物や樹上に着生するラン科の植物などは，(3)昼間は気孔を閉じているが，夜間は気孔を開いてC_4植物と同様な反応で二酸化炭素を取り込み，リンゴ酸として液胞に貯えている。日中，光が当たるようになると，夜間に貯えたリンゴ酸を分解し，生じる二酸化炭素を用いて光合成を行う。このような植物は，CAM 植物と呼ばれ，乾燥した環境での生育に適している。

問1　文章中の［ア］，［イ］にあてはまる最も適切な語句を答えなさい。

問2　下線部(1)について，PEP カルボキシラーゼとリブロースビスリン酸カルボキシラーゼの反応速度が同程度と仮定した場合，C_4 植物が効率よく二酸化炭素を取り入れられる理由を下線部(2)の数値をもとにして 80 字以内で説明しなさい。

問3　トウモロコシでは，［イ］細胞の二酸化炭素濃度が 0.002％にもなることが知られている。これが光合成に関して有利な点を 50 字以内で答えなさい。

問4　下線部(3)について，その理由を 30 字以内で答えなさい。

問5　CAM 植物は二酸化炭素を取り込む反応とカルビン・ベンソン回路で炭水化物を合成する反応をそれぞれ夜と昼に行うことで乾燥に適応しているが，乾燥条件でない場合は一般の C_3 植物よりも効率が悪いと考えられる。その説明として正しいと考えられるものを選択肢からすべて選んで記号で答えなさい。

(a)　体内に貯えた水分が液胞内に存在するために，この水分を光合成に利用できない。

(b)　昼間どんなに条件が良くても夜間に取り込んだ二酸化炭素しか光合成に利用できないので，光合成産物の量に上限がある。

(c)　二酸化炭素を一度 C_4 化合物にし，もう一度分解するために C_3 植物よりも多くの酵素を必要とするので，より多くのタンパク質合成などの代謝を行う必要がある。

(d)　気孔を閉じているために光合成によって生じる酸素が組織内に拡散し，代謝に悪影響を与える。

(e)　太陽の光が当たっている間だけ電子伝達系が働いているため，生産される ATP が C_3 植物よりも少ない。

13　香川大学　★★☆　20分　実施日 ／　／　／

次の文章を読み，以下の問い(**問1〜6**)に答えよ。

植物は太陽の光エネルギーを利用して水と二酸化炭素から有機物を合成している。この働きによって一定時間に植物がどれだけの量の有機物を合成するかを調べるための古典的な方法に，葉半法と呼ばれる方法がある。この方法は，最初に葉の片側半分から一定面積の葉を切り取り，その乾燥重量を測定する。一定時間ののちに，葉のもう片側半分から同じ面積の葉を切り取り，その乾燥重量を測定する。その間の重量の増減によって，光合成量や呼吸量を求めるのが葉半法と呼ばれる方法である。

合成された有機物の一部は，光合成を行っているあいだも，その場で葉の呼吸によって消費される。また，葉から師部を通って体の各部に運ばれる。そのような現象は転流と呼ばれる。重量の増減を調べるときに，次のような2つの処理を行うことによって，光合成量だけでなく，呼吸量や転流量も調べることができる。

(a)　葉全体を光が当たらないようにアルミホイルで覆う。

(b)　転流を防止するために葉柄の師部がある部分を蚊取り線香で焼く。

これらの処理を行うかどうかによって，4組の処理の組み合わせができる。

Ⅰ：(a)と(b)の処理を同時に行う。

Ⅱ：(a)の処理を行うが，(b)の処理は行わない。

Ⅲ：(a)の処理は行わないが，(b)の処理を行う。

Ⅳ：いずれの処理も行わない。

実験を行った一定時間の光合成量をP，呼吸量をR，アルミホイルで覆ったときの転流量をT_1，アルミホイルで覆わないときの転流量をT_2とし，PやRは(b)の処理によって左右されず，Rは(a)の処理にかかわらず同じであると仮定すると，Ⅰ〜Ⅳの処理によって得られる葉の重量増減量ΔWは次式で表すことができる。

Ⅰ：$\Delta W = -R$

Ⅱ：$\Delta W = -R - T_1$

Ⅲ：$\Delta W = P - R$

Ⅳ：$\Delta W = P - R - T_2$

これらの関係から，それぞれの処理による葉の重量増減量より，P，R，T_1，T_2 を求めることができる。

ある天気の良い日の午前10時(開始時)に，Ⅰ～Ⅳの処理ごとにヒマワリの葉の片側から，それぞれ合計面積 100 cm^2 の葉を切り取り，その日の午後3時(終了時)に，同じくⅠ～Ⅳの処理ごとにヒマワリの葉の片側から，同じ面積分の葉を切り取って，それぞれの乾燥重量を求めた。その結果は下記の表のようになった。

処　理	開始時の葉重	終了時の葉重	5時間の重量増減量
Ⅰ	445.39 mg	418.64 mg	−26.75 mg
Ⅱ	447.53 mg	432.04 mg	−15.48 mg
Ⅲ	416.69 mg	495.55 mg	78.87 mg
Ⅳ	424.39 mg	433.28 mg	8.89 mg

問1　このときのヒマワリの1時間あたり，葉面積 100 cm^2 あたりの呼吸量は何 mg か。小数点第3位以下を四捨五入し，第2位まで求めよ。

問2　同じく1時間あたり，葉面積 100 cm^2 あたりの光合成量は何 mg か。小数点第3位以下を四捨五入し，第2位まで求めよ。

問3　このときの光合成によって合成された有機物，および呼吸に使われる有機物はいずれもグルコース(分子量：180)と仮定すると，このときに1時間あたり，葉面積 100 cm^2 のヒマワリの光合成によって吸収される炭酸ガス(分子量：44)は何 mg か。小数点第3位以下を四捨五入し，第2位まで求めよ。

問4　葉をアルミホイルで覆ったときの1時間あたり，葉面積 100 cm^2 あたりの転流量は何 mg か。小数点第3位以下を四捨五入し，第2位まで求めよ。

問5　葉をアルミホイルで覆わないときの1時間あたり，葉面積 100 cm^2 あたりの転流量は何 mg か。小数点第3位以下を四捨五入し，第2位まで求めよ。

問6　**問4**と**問5**の結果の違いはどのようなことを表していると考えられるか。80字以内で説明せよ。

第3章　遺伝情報の発現

14　東京農工大学 | ★★☆ | 20分 | 実施日 [/] [/] [/]

次のA～Cの文章を読んで下の問いに答えよ。

A　DNAは主に核内に存在する核酸の一種であり，[①]と呼ばれる構造単位の繰り返しにより構成されている。[①]は糖，リン酸および塩基により構成されており，DNAを構成する糖は[②]である。またDNAを構成する塩基にはアデニン，チミン，シトシン，グアニンがあり，これらの塩基の配列により遺伝情報が決定される。1953年，ワトソンとクリックはDNAが[③]構造をしていることを証明した。この構造では2本のDNA鎖が絡み合い，その内側ではそれぞれのDNA鎖に由来する相補的な塩基同士が結合して[④]を形成している。

体細胞分裂を繰り返す細胞では，細胞分裂が行われない[⑤]と，細胞分裂が行われる[⑥]とが繰り返される。核内においてDNAの合成が行われる[⑤]では，時期の早いものから[⑦]，[⑧]および[⑨]の3期に分けられる。このうち[⑧]には，母細胞のDNAと同じ配列をもつDNAが核内で合成されるが，この現象はDNAの複製とよばれる。

問1　本文中の[①]から[⑨]に最も適切な語句を記せ。

問2　下線部について以下の問いに答えよ。

(1)　核内で一本鎖DNAを鋳型として新しいヌクレオチド鎖をつくるために必要な酵素名を記せ。

(2)　以下の塩基配列に対する相補鎖を記せ。

GCATCAGT

問3　本文の[⑦]における核あたりのDNA量(相対値)を1としたときに，体細胞分裂時と減数分裂時の[⑨]，[⑥]，および娘細胞の[⑤]におけるDNA量を，それぞれ以下の図中に黒丸で示せ。なお図中に示す⑤，⑥，⑦，⑨は，本文中の[⑤]，[⑥]，[⑦]，[⑨]と一致しているものとする。

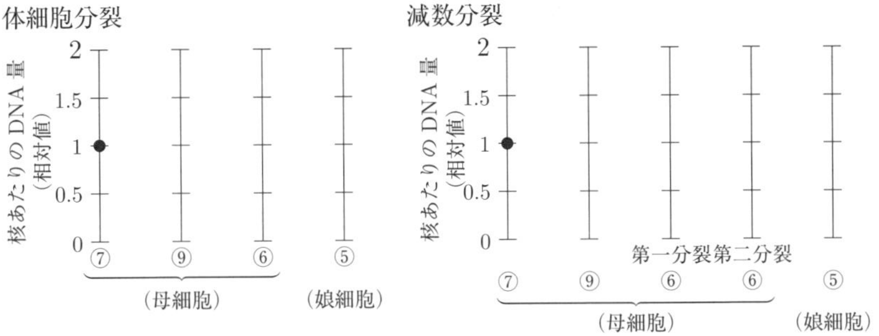

B　PCR法はある特定のDNA領域を効率よく増幅させるための方法である。たとえば下図の両矢印で示されるDNA領域のみを増幅させたい場合，増幅させたいDNA領域の端に相補的な合成1本鎖DNA（プライマー），DNAの複製に必要な酵素，ATP，TTP，CTP，GTPを等量混合したもの（新しいDNA鎖を合成するための材料となる），および鋳型DNAを混合させて水溶液を作成する。続いて水溶液を94℃に加熱すると，鋳型DNAの2本鎖がほどけて2本の1本鎖DNAとなる。次に，温度を55℃に冷却して1本鎖DNAとプライマーを結合させ，さらに温度を72℃に加熱するとプライマーに続く塩基配列が複製される（DNAの複製は図中のプライマーが示す片矢印の方向に進むものとする）。この手順を合

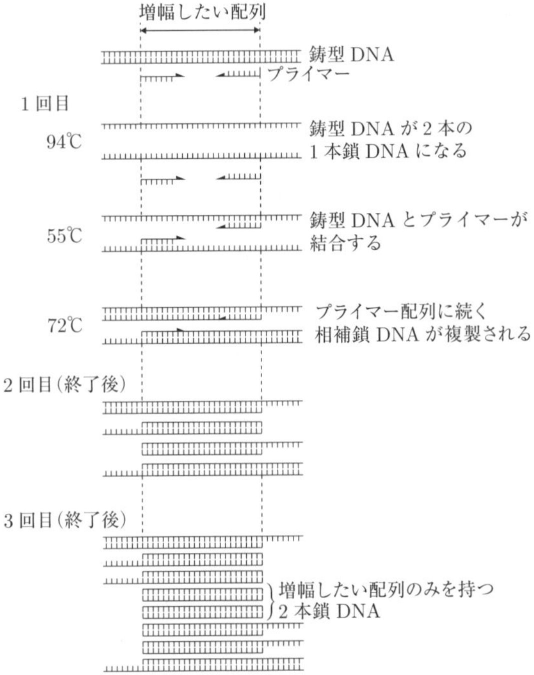

図1

計3回繰り返すと,増幅させたい2本鎖DNAを2対合成することができる(図1)。PCR法に関する以下の問いに答えよ。

問4 前述のPCR法の手順を合計5回繰り返したとき，増幅させたい領域のみからなる2本鎖DNAが何対合成されるかを記せ。

問5 PCR法で用いられるDNAの複製に必要な酵素について，ヒトの細胞から抽出した酵素を用いてもDNAを効率よく増幅することができないが，高温下の温泉で生息できる細菌から抽出した酵素を用いるとDNAが効率よく増幅される。この理由について60字以内で説明せよ。

C DNAの複製の仕組みを解明するため，メセルソンとスタールは以下の実験を行った。すなわち大腸菌を窒素の同位体である^{15}Nを含む培地で継代培養し，大腸菌のDNAに含まれるほとんどの^{14}Nをより質量が大きい^{15}Nに置き換えた。この大腸菌からDNAを抽出し，密度勾配遠心法を行った。密度勾配遠心法では，密度の高い分子ほど遠心管の下方にバンドを形成する。その結果，^{15}N－DNAのバンドは^{14}N－DNAのバンドよりも遠心管の下方に認められた。続いて^{15}Nを含む大腸菌を，^{14}Nを含む培地で培養し，1回目と2回目の細胞分裂の後に密度勾配遠心法を行ってDNAのバンドの位置を解析したところ，図2のような結果が得られた。以下の問いに答えよ。

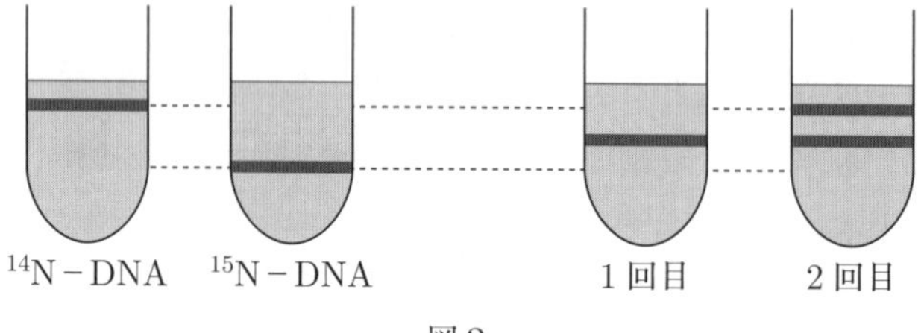

図2

問6 この実験により証明されたDNAの複製法について以下の問いに答えよ。

(1) このDNAの複製法を何と呼ぶかを記せ。

(2) このような実験結果が得られた理由を50字以内で説明せよ。

15　お茶の水女子大学　★☆☆　15分　実施日 ／ ／ ／

次の**問1～5**に答えよ。

問1　図1は，ヒトのあるタンパク質(ここではタンパク質Aとよぶ)の遺伝子の転写の過程を示したものである。語群の単語を<u>すべて</u>用いて，図1の説明を作文せよ。ただし説明文では，DNAの塩基対，および転写において鋳型となる鎖とmRNA前駆体との関係について必ず触れること。語群の単語は何度使用してもよいが，用いた語群の単語には下線を引くこと。

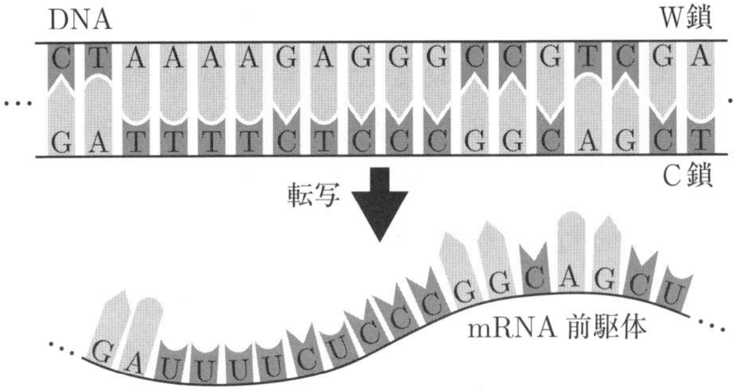

図1 DNAからmRNA前駆体への転写

語群

アデニン，グアニン，チミン，シトシン，ウラシル，
RNAポリメラーゼ，水素結合，W鎖，C鎖，DNA，
mRNA，鋳型鎖，塩基対

問2　ヒトの細胞において，タンパク質Aに翻訳されるmRNAを細胞質から抽出し，同じ細胞からDNAも抽出し，両方を混ぜたところ，図2にスケッチで示す構造が電子顕微鏡で観察できた。mRNAの大部分はDNAと塩基対を形成したが，領域1，2，3はmRNAと塩基対を形成しなかった。領域1，2，3の名称，およびmRNAとDNAが塩基対を形成した部分の名称を述べよ。また，領域1，2，3が，細胞質から抽出したmRNAに含まれていなかった理由を述べよ。

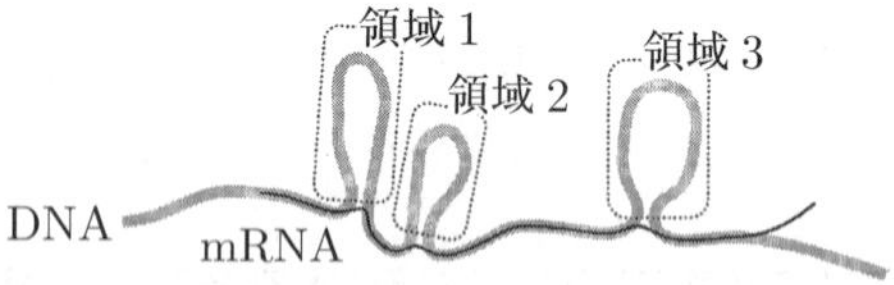

図2　DNA(▬)とmRNA(―)の電子顕微鏡撮影画像のスケッチ

問3　一分子のDNAに一塩基の変異をもたらす薬剤を用いて，タンパク質Aの遺伝子中のいずれかの場所に塩基置換を発生させた。そして，変異の入ったDNAと，そのDNAから転写された成熟mRNAとが塩基対をつくる様子を，電子顕微鏡で観察した。何回も実験した結果，図3aのように図2と類似の構造のほかに，図3bや図3cに示す構造も観察された。図3aと図3bを比較して，mRNAの形状がどのように違っているかを記述せよ。

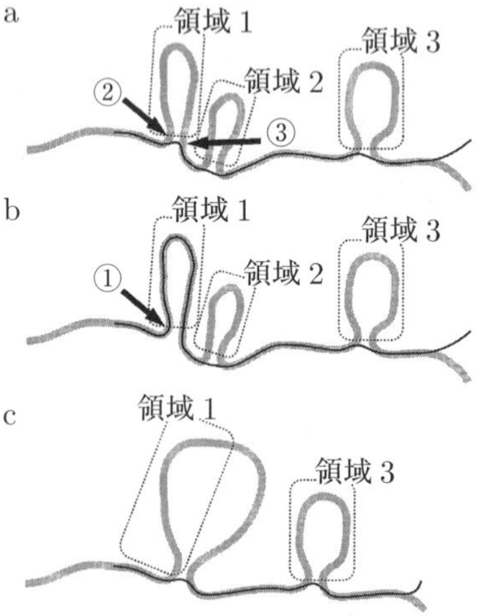

図3　さまざまなDNAとmRNAの電子顕微鏡撮影画像のスケッチ

問4　図 3b と類似の構造を形成した多数の DNA 分子において，塩基置換が発生した場所を調べたところ，矢印①が示す付近に集中していることがわかった。図 3b の矢印①が示す付近は，図 3a の矢印②が示す付近にほぼ対応することもわかった。この部分の塩基配列は，図 4 のようになっていた。

図 3 a の mRNA と DNA　　　　領域 1
mRNA：AGUAUG…
DNA：TCATAC CATTCA…
図 3 b と同様な構造になった DNA
TCATAC TATTCA…
TCATAC CCTTCA…
TCATAC CGTTCA…
TCATAC GATTCA…
TCATAC CTTTCA…

図 4　矢印②と矢印①付近の塩基配列

(1)　図 3a の成熟 mRNA を産生するために，mRNA 前駆体に不可欠な条件を，上記の実験データにもとづき述べよ。

(2)　また，(1)で述べた条件が満たされていない場合に，どのようなことが起こり，図 3b の mRNA が産生されるのかを述べよ。

問5　図 3c では，mRNA と塩基対を形成しない領域 1 の部分が延長されていた。このような結果が得られる DNA において，塩基置換が発生した場所は，図 3a の矢印③が示す付近に集中していることがわかった。

(1)　図 3c の場合に，成熟 mRNA を産生する過程でどのようなことが起こったかを述べよ。

(2)　また，この mRNA から翻訳されるタンパク質は，図 3a の成熟 mRNA から翻訳されるタンパク質とどのように異なるか，その可能性を述べよ。

16　金沢大学 | ★★☆ | 20分 | 実施日 ／ ／ ／

次の文を読んで，**問1～問6**に答えなさい。

ビードルとテータムは，①一倍体で生育するアカパンカビを利用することで効率よく栄養要求性の変異株を分離した。今，②生育に必要なあるアミノ酸Mの合成経路の変異株を分離するために，野生株の一倍体胞子に紫外線を照射して，変異株Ⅰ～Ⅴをえた。これらの変異株はいずれも最少培地では生育しなかったが，完全培地では生育した。そこで，最少培地にアミノ酸Mの合成経路の中間体である化合物A，B，C，あるいはアミノ酸Mを加えた培地を用いて，これらの変異株の生育を調べたところ，表1の結果がえられた。実験で用いた最少培地とはグルコース，アンモニウム塩，無機塩類，ビタミンなどを含む培地であり，完全培地とはアカパンカビの生育に必要なすべての栄養を含む培地である。

表1　アカパンカビの野生株と変異株の各種培地での生育

株	最少培地	最小培地に加えた化合物				完全培地
		A	B	C	アミノ酸M	
Ⅰ	－	－	－	－	－	＋
Ⅱ	－	－	－	－	＋	＋
Ⅲ	－	－	＋	－	＋	＋
Ⅳ	－	＋	＋	－	＋	＋
Ⅴ	－	＋	＋	＋	＋	＋
野生株	＋	＋	＋	＋	＋	＋

＋：生育あり　　－：生育なし

問1　下線部①について，一倍体生物では二倍体生物に比べてなぜ効率よく変異株が分離できるのか，その理由を説明しなさい。

問2　下線部②について，紫外線の照射により野生株へどのような変化を与えた結果，変異株がえられたのか，説明しなさい。

問3　前駆物質からアミノ酸Mが合成される経路において，化合物A，B，Cが合成される順番として最も適切なものを次の1～6の中から1つ選び，番号で答えなさい。

1. 前駆物質→A→B→C→アミノ酸M
2. 前駆物質→A→C→B→アミノ酸M
3. 前駆物質→B→A→C→アミノ酸M
4. 前駆物質→B→C→A→アミノ酸M
5. 前駆物質→C→A→B→アミノ酸M
6. 前駆物質→C→B→A→アミノ酸M

問4　今，アミノ酸Mの合成経路において，化合物A，B，Cを合成する酵素を支配する野生型遺伝子をそれぞれα^+，β^+，γ^+とする。したがって，野生株の遺伝子型は$(\alpha^+\beta^+\gamma^+)$と記述することができる。変異株Ⅰ～Ⅴの中から，遺伝子型がそれぞれ$(\alpha^-\beta^+\gamma^+)$，$(\alpha^+\beta^-\gamma^+)$，$(\alpha^+\beta^+\gamma^-)$であると考えられる株を1つずつ選びなさい。ただし，α^-はα^+の変異型遺伝子，β^-はβ^+の変異型遺伝子，γ^-はγ^+の変異型遺伝子とする。

問5　変異株ⅢとⅣを接合させ，二倍体をつくり，減数分裂をへて一倍体胞子を形成させた。生じた胞子の中で，最少培地で生育できる胞子とできない胞子が出現する比を求めなさい。ただし，変異株ⅢとⅣがもつそれぞれの変異型遺伝子は，アカパンカビの別々の染色体上に位置している。

問6　変異株ⅣとⅤを接合させ，減数分裂をへて次世代の一倍体胞子を形成させた。生じた胞子の中で，最少培地で生育できる胞子とできない胞子が出現する比を求めなさい。ただし，変異株ⅣとⅤがもつそれぞれの変異型遺伝子は，アカパンカビのある相同染色体上に位置し，これらの遺伝子の間の組換え価は12.5%とする。

17　首都大学東京　★★★　20分　実施日 ／ ／ ／

脊椎(せきつい)動物の消化管に関する次の文章を読み，以下の**問1**～**問5**に答えなさい。

脊椎動物の消化管は，口，咽頭，食道，胃，小腸，大腸などの様々な消化器官からできている。消化管の発生は，例えばニワトリ胚を用いて調べることができる。ニワトリの有精卵を37℃で保温すると胚の発生が進む。保温を始めて3日後の胚(3日胚)では，図1に示すように，消化管は管の内壁となる上皮と，それを取り囲む間充織からできた単純な1本の管で，消化器官は未発達である。12日胚では，特徴的な形を持った様々な消化器官が発達している。例えば胃では，図2に示すように，上皮の一部が間充織に陥入して腺をつくっている。腺をつくる上皮を腺上皮といい，腺上皮以外の，管の内側に面した上皮を内腔上皮という。(1)12日胚の胃の腺上皮は，消化酵素ペプシンのもととなるペプシノゲンや胃酸を合成・分泌する。消化管の上皮は，器官ごとに異なる消化酵素を合成・分泌することが知られている。これに対して間充織は，器官ごとの違いが比較的小さい。間充織からは血管，リンパ管，平滑筋が分化する。これらの組織の中で(2)最も早く間充織から分化するのは平滑筋で，必ず上皮から離れた位置に生じる。

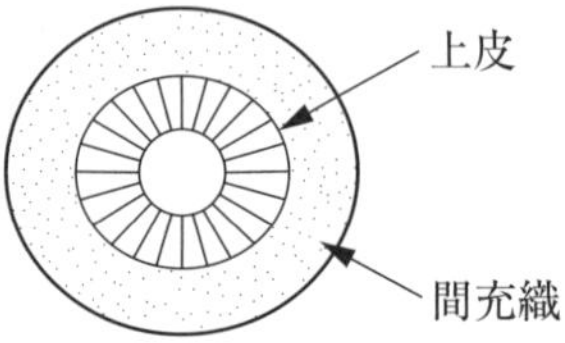

図1　ニワトリ3日胚の消化管の横断面の模式図

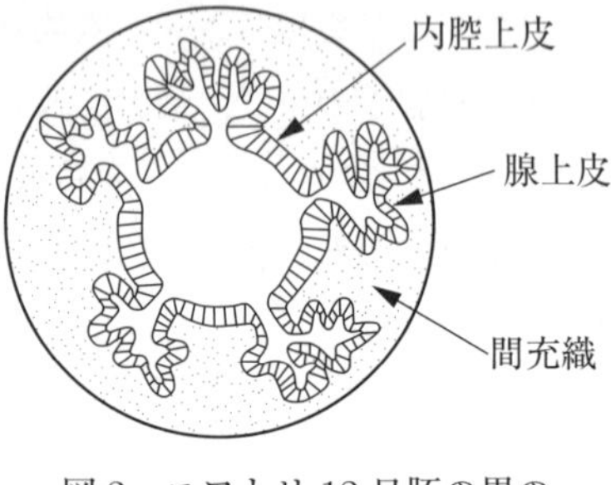

図2　ニワトリ12日胚の胃の横断面の模式図

問1　だ液アミラーゼは，口の中でデンプンをマルトースなどの糖に分解する酵素である。だ液アミラーゼは食物に混ざったまま胃に送られるが，胃や腸では，デンプンが残っていたとしても，だ液アミラーゼによる分解はほとんど起こらない。その理由を二つ答えなさい。

問2　タンパク質分解酵素 α は，基質となるタンパク質中の決まった1種のアミノ酸を認識し，そのカルボキシ基と隣のアミノ酸のアミノ基から形成されたペプチド結合を切断する。タンパク質Eは，300個のアミノ酸がつながってできたタンパク質で，両端のアミノ酸はグリシンである。表1には，Eをつくっているアミノ酸の種類と数が示されている。Eを α で切断したところ，生じたペプチド断片の平均アミノ酸数は20であった。これらのことから，α はどのアミノ酸を認識していると考えられるか，アミノ酸の名称と，そのアミノ酸である理由を答えなさい。

表1　タンパク質Eをつくっているアミノ酸の種類と数

アミノ酸	個数	アミノ酸	個数	アミノ酸	個数
グリシン	36	アスパラギン酸	17	トリプトファン	10
セリン	30	ロイシン	16	トレオニン	9
チロシン	20	アスパラギン	14	プロリン	8
バリン	19	グルタミン酸	13	リシン	7
アラニン	18	イソロイシン	13	システイン	6
アルギニン	18	グルタミン	12	メチオニン	5
ヒスチジン	18	フェニルアラニン	11		

問3　下線部(1)について，ペプシノゲンには，酵素ペプシンの活性はない。ペプシノゲンは，腺上皮の細胞で合成された後，細胞外に放出され，そこである決まった部分が切除されて酵素ペプシンとなる。なぜ細胞内ではペプシンではなくペプシノゲンが合成されるのだろうか，その理由として考えられることを答えなさい。

問4　下線部(1)について，ペプシノゲンの遺伝子であるPgの発現は，三つの調節遺伝子(以下A，B，Cという)によって調節されていることが分かっている。これらの遺伝子は，次ページの表2(正常発生の欄)に示すように，胃の中の決まった組織で発現している。Pgが腺上皮だけで発現することについて，A，B，Cはそれぞれどのようにはたらいているのかを知るために，次の〔実験1〕を行った。

〔実験 1〕　ニワトリ胚では，特定の器官で任意の調節遺伝子のはたらきだけを人工的に操作することができる。A，B，C の胃でのはたらきを抑制してニワトリ胚を発生させ，12 日胚の胃における各遺伝子の発現を調べた。表 2 は，その結果を示している。

表 2　12 日胚の胃における各遺伝子の発現と〔実験 1〕の結果のまとめ

操作＼遺伝子	Pg	A	B	C
何もしない（正常発生）	腺上皮で発現 	内腔上皮で発現 	腺上皮で発現 	内腔上皮で発現 
A だけを抑制				
B だけを抑制				
C だけを抑制				
A，B ともに抑制				

胃の横断面模式図の濃灰色は，そこで遺伝子が発現していることを表す。

表 2 の結果から，Pg が腺上皮だけで発現することについて，A，B，C はそれぞれどのようにはたらいているか，答えなさい。

問 5　下線部(2)について，消化管の平滑筋が，間充織の中で上皮から離れた位置にできる仕組みを知るため，〔実験 2〕を行った。

〔実験 2〕　ニワトリ 6 日胚の小腸は，図 3(左側)に示すように，上皮と間充織からなる単純な管で，間充織の中に平滑筋はみられない。6 日胚の小腸の一部を切り出し，上皮と間充織を分離した。そして上皮と間充織を図 3 のⅠ～Ⅳの 4 通りの方法で再結合して 6 日間培養した後，平滑筋のでき方を調べた。図3(右側)と下の表3は，その結果を示している。

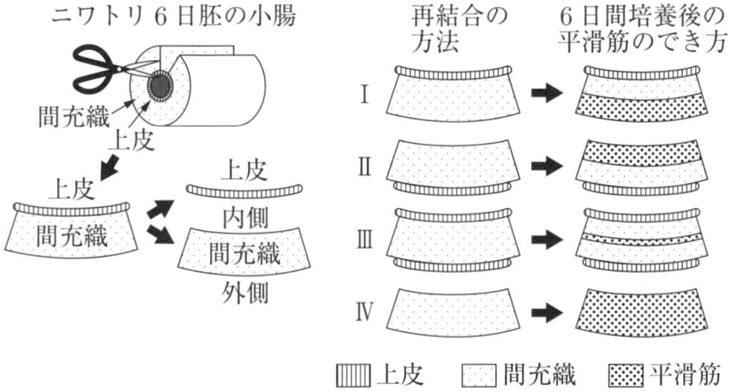

図3　小腸の上皮と間充織の再結合実験

表3　〔実験2〕の結果

	再結合の方法	6日間培養後の平滑筋のでき方
Ⅰ	上皮を間充織の内側に再結合させた。	平滑筋は間充織の外側部分にできた。
Ⅱ	上皮を間充織の外側に再結合させた。	平滑筋は間充織の内側部分にできた。
Ⅲ	上皮を間充織の内側と外側の両方に再結合させた。	平滑筋は間充織の中央にできた。
Ⅳ	上皮を再結合させないで，間充織のみを培養した。	間充織はすべて平滑筋になった。

〔実験2〕の結果から，小腸の平滑筋が，間充織の中で上皮から離れた位置にできる仕組みを答えなさい。

18 京都工芸繊維大学 ★★☆ 20分 実施日 / / /

次の文章を読み，以下の問に答えなさい。

酵素Pは細胞膜を介した物質輸送に関わる酵素のひとつで，ほとんどすべての動物や細菌にみいだされる。カイコ幼虫の消化管では，同じ化学反応を触媒する2種類の酵素P(M型酵素，S型酵素)が存在する。これらは，それぞれ形態の異なる2種類の細胞で生産され，分子量や最適pHがやや異なる。

M型酵素の遺伝情報はPm遺伝子が，S型酵素の遺伝情報はPs遺伝子が，それぞれ担っている。両遺伝子はひとつの常染色体上に近接して存在し，いずれも5つのエキソンをもつ(図1)。Pm遺伝子とPs遺伝子はエキソンの塩基配列の類似性も高いことなどから，これら2遺伝子は一つの遺伝子から重複により生じたと考えられる。遺伝子の重複とは，複製の誤りなどによってDNA配列が倍加する現象で，その後はそれぞれが独立の遺伝子として振る舞う。

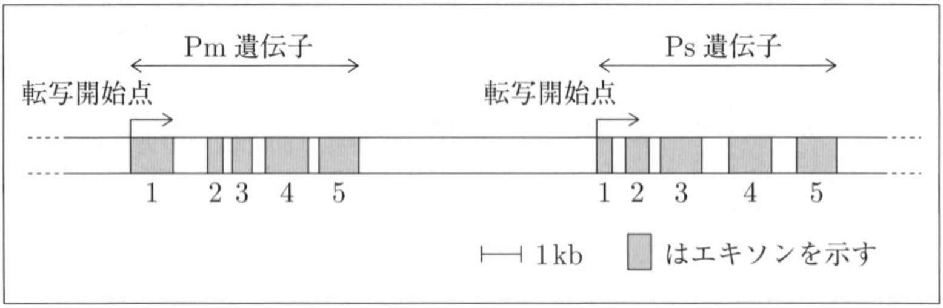

図1 PmおよびPs遺伝子を含むDNA領域

多くのカイコ個体の酵素Pの活性を調査した結果，片方の酵素活性をもたない突然変異が見つかった。野生型では2つの酵素がともに発現している(この表現型を[M+，S+]と表すことにする)のに対し，a)突然変異体1ではM型酵素の活性が検出できず([M−，S+])，b)突然変異体2ではS型酵素の活性が検出できない([M+，S−])。突然変異体1や突然変異体2は野生型個体同様に生存できる。一方，[M−，S−]表現型のカイコはこれまで見つかっていないことから，c)[M−，S−]個体は致死である可能性が高い。

野生型個体，突然変異体 1，および突然変異体 2 の幼虫消化管の mRNA をゲル電気泳動法により調査した。ゲル電気泳動法とは，核酸等を分離・検出する方法の一つで，RNA 分子は塩基の長さに応じてゲル中をプラス極側へ移動する。短い RNA 分子ほど速く移動する。それぞれの幼虫の消化管組織から，Pm 遺伝子および Ps 遺伝子の mRNA の検出を試みたところ，図 2 のような結果を得た。

さらに，d)野生型 Ps 遺伝子から生産される 2 種類の mRNA では，分子量の大きい mRNA はすべてのエキソン配列を含み，分子量の小さい mRNA にはエキソン 2 の配列がなかった。このことから，e)野生型 Ps 遺伝子では，［ A ］が起きていることが推測される。［ A ］は遺伝子発現を調節するメカニズムの一つで，真核生物に特有の現象である。

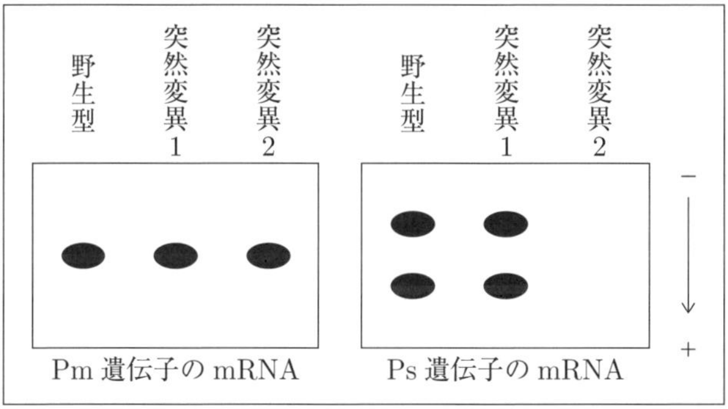

図 2　電気泳動による mRNA の検出

問 1　下線部 a)に関して，突然変異体 1 が[M−]である原因の説明として正しいものを，下のア)〜オ)の中からすべて選び，記号で答えなさい。

ア)　突然変異 1 の Pm 遺伝子のエキソン 2 内に 4 塩基の挿入があるから。

イ)　突然変異 1 の Ps 遺伝子のエキソン 3 と 4 を含む DNA 領域が欠損しているから。

ウ)　突然変異 1 では Pm 遺伝子のプロモーター配列が欠損しているから。

エ)　突然変異 1 では Pm 遺伝子の mRNA が野生型と同様には翻訳されないから。

オ)　突然変異 1 では生産された S 型酵素が活性を持たないから。

問2　下線部b)に関して，突然変異体2が[S－]である原因としてどのようなことが考えられるか，理由も含め100字以内で答えなさい。

問3　下線部c)に関して，「[M－，S－]個体は致死である」という仮説を検証するとき，正しいものを下のア)～オ)の中からすべて選び，記号で答えなさい。

ア)　突然変異体1の雌と突然変異体2の雄を交配し，F_1 個体の表現型の分離比が[M＋，S＋]：[M－，S－]＝3：1であれば，[M－，S－]個体は致死と言える。

イ)　仮説が正しければ，突然変異体1の雄と突然変異体2の雌を交配したとき，F_1 個体の表現型の分離比は[M＋，S＋]：[M＋，S－]：[M－，S＋]：[M－，S－]＝1：1：1：0となるはずだ。

ウ)　突然変異体1と突然変異体2を交配し，子孫に1頭でも生存可能な[M－，S－]個体が現れれば，[M－，S－]個体が致死とは言えない。

エ)　仮説が正しければ，遺伝子組換え技術などを利用して突然変異体2のM型酵素の生産を阻害したとき，このカイコが致死となる可能性が高い。

オ)　遺伝子組換え技術を利用して野生型に正常なPm遺伝子を導入したとき，M型酵素の生産量が2倍に増加すれば，[M－，S－]個体は致死でない。

問4　下線部c)の「[M－，S－]個体は致死である」という仮説が正しいとき，突然変異体1や突然変異体2が生存できる理由としてどのような可能性が考えられるか。60字以内で答えなさい。

問5　下線部d)を示すにはどのような実験を行えばよいか。100字以内で答えなさい。

問6　下線部e)の［　A　］にあてはまる適当な語を答えなさい。

19　京都府立大学｜★☆☆｜15分｜実施日 / / /

次の文章1と文章2を読み，**問1〜問3**に答えよ。

［文章1］　タンパク質の多くは酵素として生体内の化学反応を触媒しているが，酵素には，特定の物質だけを基質として認識し，作用する性質があり，［ア］とよばれる。また，酵素の中には，最終生成物によって酵素の働きが調節されているものがあり，このようなしくみを［イ］調節という。［イ］調節では，最終生成物が酵素に結合することにより，酵素の立体構造が変化し，酵素活性が抑制される。このように構造変化をおこして機能が変化する酵素を［ウ］酵素とよび，そのようなタンパク質一般を［ウ］タンパク質という。タンパク質は，DNA 上の遺伝子にコードされているが，遺伝子の発現にもタンパク質の働きが必要である。転写の際には［エ］とよばれる酵素が DNA 鎖を鋳型にして RNA 鎖を合成する。また，これらの酵素の働きを調節するしくみにも，タンパク質が関与している。

大腸菌などの原核生物では，機能的に関連したタンパク質の遺伝子群は，図1のように DNA 鎖上にひとまとまりにコードされており，ひとつの mRNA 分子として転写される。このような転写制御をうける遺伝子群の単位をオペロンとよぶ。大腸菌では，アミノ酸のトリプトファンを前駆体から合成するのに必要な5つの酵素の遺伝子は，一つのオペロンを構成している。また，ラクトースを分解するのに必要なラクターゼなどの3つの遺伝子も，別のオペロンを構成している。それぞれのオペロンの転写制御には，リプレッサーとよばれる調節タンパク質と，リプレッサーが特異的に結合するオペレーターとよばれる DNA 配列が関与している。オペレーターは［エ］が結合する［オ］の近傍にあり，オペレーターの配列にリプレッサーが結合することによって，［エ］による転写が抑制される。リプレッサーは［ウ］タンパク質としての性質を持っており，オペロン内の遺伝子にコードされている酵素の反応基質や反応生成物と結合することによって，オペレーターに対する結合能力を変化させ，オペロンの遺伝子群の転写を，細胞にとって過不足のないように調節している。

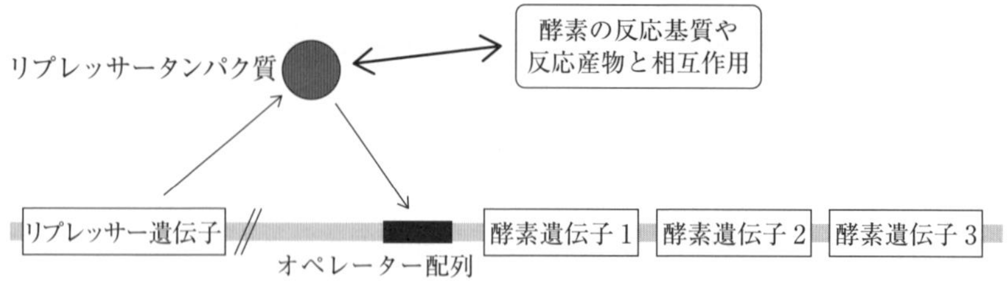

図 1　原核生物のオペロンの構造と発現調節機構

問 1　文中の［ア］～［オ］にあてはまる用語を入れよ。

問 2　トリプトファンを含まない培地で生育している大腸菌にトリプトファンを与えると，菌体内のトリプトファン合成酵素の量が変化した。このときの大腸菌の状態について，(1)～(3)に答えよ。

(1)　トリプトファン合成酵素の量は，図 2 に示した(i)，(ii)，(iii)のうち，どの様式に従って変化するか，記号で答えよ。

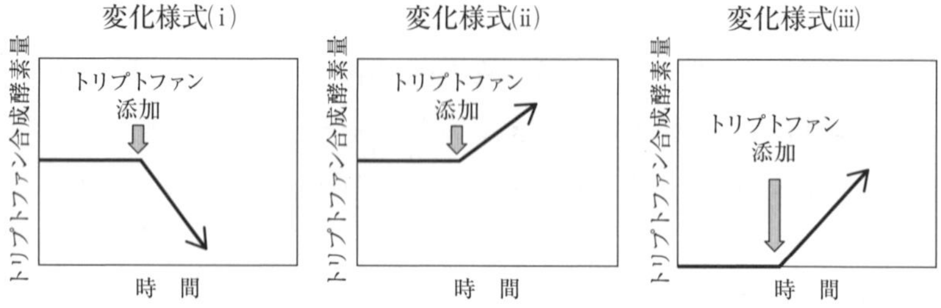

図 2　菌体内のトリプトファン合成酵素量の変化様式

(2)　上記(1)のように考える理由を 50 字以内で説明せよ。

(3)　また，その場合，トリプトファンとリプレッサーとの結合によって，リプレッサーの機能にどのような変化が生じたと考えられるか，50 字以内で説明せよ。

［文章 2］　ラクトースオペロンに変異を生じた 3 種の大腸菌がある。それぞれ，ゲノム DNA 上の野生型配列，A，B，C に変異が生じ，その機能が失われている。変異した配列を，a，b，c と表記する。A，B，C は，ラクトースオペ

ロンのリプレッサー遺伝子，オペレーター配列，ラクターゼ遺伝子のどれかをさしているが，その対応関係はわからない。そこで，この対応関係を明らかにするため，次の二つの実験を行った。

実験１では，野生型と３種の変異型の大腸菌を，グルコースを含みラクトースは含まない培地で培養してから，いったん菌体を集め，ラクトースのみを栄養源とする培地に移して培養を継続した。この移し換え(培地交換)の前後で，大腸菌のラクターゼ活性の変化を調べたところ，下に示した実験１の表のようになった。ただし，(i)，(ii)，(iii)は，図３に示した変化様式を表している。

実験１ではａ変異型とｃ変異型の大腸菌のラクターゼ活性が同じ変化を示したので，実験２では，これらの大腸菌に対して，ゲノム上にある本来のオペロンの他に，(A，b，C)の組み合わせのオペロンをもったプラスミドDNAを菌体内に導入した。次いで，それらの大腸菌を用いて実験１と同様の実験を行ったところ，下記の実験２の表に示す結果が得られた。

実験 1. 変異型と野生型の大腸菌をラクトースのみを栄養源とする培地に移し，菌体内のラクターゼ活性の変化を調べた。

大腸菌の型	配列の組み合わせ	変化様式
・a 変異型	a，B，C	(ii)
・b 変異型	A，b，C	(iii)
・c 変異型	A，B，c	(ii)
・野 生 型	A，B，C	(i)

実験 2. a 変異型と c 変異型の大腸菌にプラスミドDNAを導入し，実験1と同様の実験を行った。

大腸菌の型	配列の組み合わせ ゲノム上	配列の組み合わせ (プラスミド上)	変化様式
・a 変異型	a，B，C	(A，b，C)	(ii)
・c 変異型	A，B，c	(A，b，C)	(i)

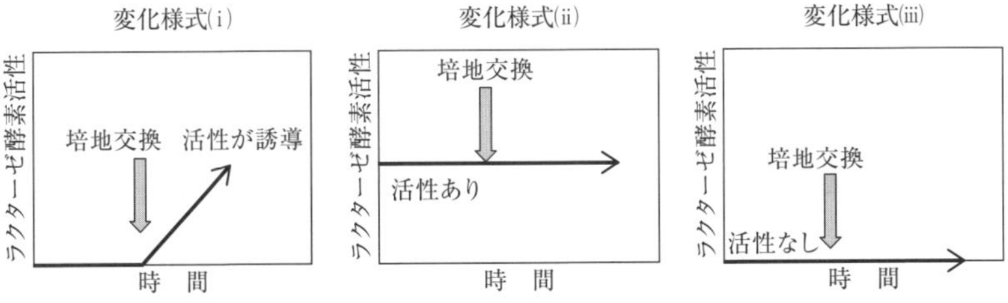

図３　菌体内のラクターゼ酵素活性の変化様式

問３　実験１と実験２の結果から，A，B，Cは，それぞれ，リプレッサー遺伝子，オペレーター配列，ラクターゼ遺伝子のどれに対応するかを答えよ。

20　長崎大学｜★★☆｜15分｜実施日 ／ ／ ／

次の文章を読み，**問1～問5**に答えよ。

遺伝子組換え技術を利用し，プラスミドにヒトの遺伝子 X を挿入しようとして以下の実験を行った。

① まずヒトの遺伝子 X を含んだ DNA を酵素 A で切断した。

② 次にプラスミドを同じ酵素 A で切断した。

③ 次に①と②を混合して，酵素 B を反応させた。

④ ③の反応液を大腸菌に取り込ませた後，その溶液を等量ずついろいろな種類の寒天培地(a，b，c)で培養したところ，表 1 のような結果になった。

使用したプラスミドは amp^R と *lacZ* という遺伝子を持つ(図 1)。amp^R は抗生物質アンピシリン(amp)を分解する酵素の遺伝子で，常に転写されており，これが働くとアンピシリン耐性になる。*lacZ* は β ガラクトシダーゼという酵素の遺伝子で，この酵素は X-Gal という基質を分解し青色の色素を生成して大腸菌コロニーを青くする。またこのプラスミドの *lacZ* の遺伝子発現は IPTG(イソプロピル -β- チオガラクトピラノシド)という物質により誘導される(表 1)。酵素 A により切断されるプラスミドの位置は図 1 に示すように *lacZ* 内部にあるため，ここに DNA 断片が挿入されると *lacZ* が分断され，正常な β ガラクトシダーゼを合成できなくなる。なお，今回使用した大腸菌は自身の *lacZ* 遺伝子は持たないものとする。

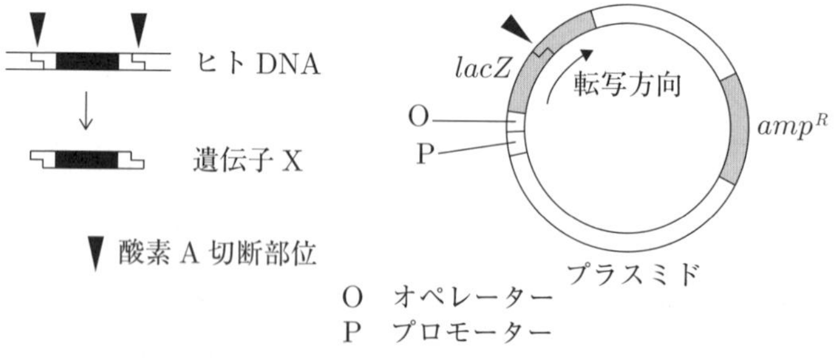

図 1　ヒト遺伝子 X とプラスミド

表１　実験で用いた寒天培地と観察結果

寒天培地		a	b	c
添加物	amp	＋	＋	＋
	IPTG	－	－	＋
	X-Gal	－	＋	＋
観察されたコロニー		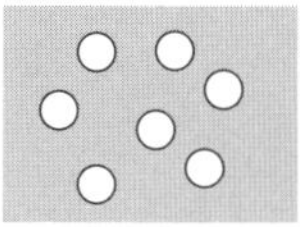 白色コロニーのみ	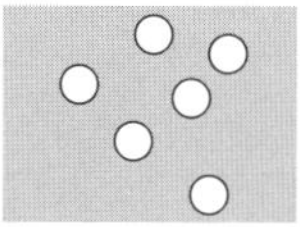 白色コロニーのみ	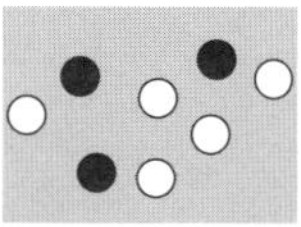 白色コロニーと青色コロニー

＋　あり　　○　白色コロニー
－　なし　　●　青色コロニー

問１　①，②で使用した酵素Ａは，DNAの特定の塩基配列を認識してそこで切断する酵素である。このような酵素を一般に何というか，その名称を答えよ。

問２　③で使用した酵素Ｂは，切断されたDNA断片同士を結合させる酵素である。このような酵素を一般に何というか，その名称を答えよ。

問３　プラスミドのように外来性の遺伝子を運搬する働きを持ち，導入された細胞の中で増殖することのできるDNAを一般に何というか。その名称を答えよ。

問４　表１で示す，寒天培地ａで見られる白色コロニーと寒天培地ｃで見られる白色と青色のコロニーは，それぞれどのような大腸菌由来のコロニーであると考えられるか。最も適切なものを(ア)～(オ)の中からそれぞれ１つずつ選び，記号で答えよ。

(ア)　プラスミドを受け取った大腸菌

(イ)　プラスミドを受け取っていない大腸菌

(ウ)　遺伝子Ｘのみを受け取った大腸菌

(エ)　遺伝子Ｘが挿入されたプラスミドを受け取った大腸菌

(オ)　何も挿入されていないプラスミドを受け取った大腸菌

問 5　文章中の下線部で，このプラスミドにおける *lacZ* の遺伝子発現は，大腸菌がラクトース(乳糖)を分解して利用する際の遺伝子転写調節機構を応用している。次の 4 つの単語をすべて使い，*lacZ* 遺伝子転写に至るまでの調節機構を 90 字以内で述べよ。

リプレッサー，　　プロモーター，　オペレーター，　IPTG

• EXTRA ROUND •　長岡技術科学大学　★☆☆　5分

5 DNA や RNA では，3 つの塩基の組み合わせ(トリプレット)が 1 つのアミノ酸残基に対応する。タンパク質を 3000 種類作るのに必要な mRNA の塩基の数を有効数字 2 けたで答えよ。ここでは，タンパク質の平均分子量を 48000 とし，アミノ酸残基の平均分子量を 120 として計算せよ。

• EXTRA ROUND •　前橋工科大学　★☆☆　5分

6 DNA は塩基を含むヌクレオチドが多数結合した直鎖状の分子である。ニワトリの 1 本の染色体に含まれる DNA の平均の長さ(m)を下記のデータを用いて有効数字 2 桁で求めよ。計算過程も示せ。

1 塩基対の長さ：3.4×10^{-10} m

ニワトリの 1 ゲノムを構成する塩基対の数：1.05×10^{9}

ニワトリの染色体の数：$2n = 78$

• EXTRA ROUND •　福井県立大学　★☆☆　3分

7 ある植物で赤花系統(純系)と白花系統(純系)を交配すると F_1 はすべて赤花となる。また，F_1 を自家受精すると F_2 は赤花と白花に分離し，その比は，3：1 となる。

F_2 のうち白花個体をすべて取り除き，残った個体をそれぞれ自家受精して F_3(雑種第三代)を作った。F_3 の表現型とその比を求めよ。答えを導いた過程を含めて示せ。

第4章　生殖と発生

21　愛媛大学｜★☆☆｜20分｜実施日　/　/　/

遺伝に関する次の文章を読み，**問1～4**に答えよ。

メンデルは①エンドウを材料に研究を行い，1865年に「雑種植物の研究」と題した論文を発表したが，その当時はあまり評価されなかった。しかし，メンデルの業績は，1900年にド フリース，コレンス，チェルマクの3人によって再発見された後，高く評価されるようになり，遺伝の規則性は「メンデルの法則」と呼ばれるようになった。

20世紀初め，サットンらが，メンデルが仮定した遺伝子の分配のしかたと②減数分裂における染色体の動きとの関連性に気づき，[1]を提唱した。

その後，ベーツソンらはスイートピーを材料に研究を行い，同一染色体に複数の遺伝子が存在する現象である[2]を発見した。また，染色体の部分的交換である[3]によって同一染色体に存在する遺伝子の組み合わせが変化することも見いだされた。さらにモーガンらは，③ショウジョウバエを材料に研究を行い，[4]を提唱し，染色体地図を作成した。

問1　文中の[1]～[4]に適当な用語を入れよ。

問2　下線部①に関して，「エンドウ」が遺伝の実験材料として適している点を，以下の語をすべて使用して100字以内で説明せよ。

系統維持，純系，雑種

問3　下線部②に関して，植物細胞における「減数分裂」と体細胞分裂の違いについて表1にまとめた。空欄[ア]～[コ]に適当な語または数字を入れよ。

表1　植物細胞の減数分裂と体細胞分裂の比較

	減数分裂	体細胞分裂
分裂回数	［ア］回	［イ］回
娘細胞数	［ウ］個	［エ］個
染色体数	分裂前と比較して［オ］	分裂前と比較して［カ］
細胞当たりのDNA量	分裂前と比較して［キ］	分裂前と比較して［ク］
その他	［ケ］が対合して ［コ］を形成	［コ］は形成しない

問4　下線部③に関して，「ショウジョウバエ」を材料に交配実験を行った。以下の問いに答えよ。

〔実験〕　連鎖しているルビー色眼(r)，切れ羽(t)，横脈欠(v)の遺伝子は野生型の赤眼(R)，正常羽(T)，横脈有(V)の遺伝子に対して劣性である。ルビー色眼，切れ羽，横脈欠のハエとホモ接合体の野生型のハエとを交配して F_1 を得た。次に，この F_1 のうちの雌にルビー色眼，切れ羽，横脈欠の雄を交配させて表2に示す2000個体の F_2 を得た。

染色体地図(次ページ図)の空欄サ〜ソに当てはまる数字および記号を答えよ。ただし，サ〜スは上記の遺伝子を表す記号r，t，vから選択し，セ，ソの数値は小数点以下第2位を四捨五入して答えよ。

表2　F_2 の形質と個体数

形質			個体数
赤眼	正常羽	横脈有	857
ルビー色眼	切れ羽	横脈欠	851
ルビー色眼	正常羽	横脈欠	98
赤眼	切れ羽	横脈有	93
ルビー色眼	正常羽	横脈有	47
赤眼	切れ羽	横脈欠	43
赤眼	正常羽	横脈欠	6
ルビー色眼	切れ羽	横脈有	5

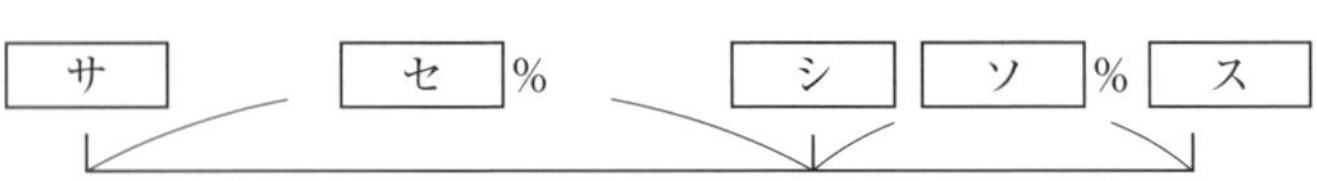

図

• EXTRA ROUND • 愛知教育大学 ★☆☆ 3分

8 X染色体にある小翅遺伝子と野生型(正常)翅遺伝子は，たがいに対立遺伝子であり，小翅遺伝子は野生型翅遺伝子に対して劣性である。また，X染色体にある棒状眼遺伝子と野生型(正常)眼遺伝子は，たがいに対立遺伝子であり，棒状眼遺伝子は野生型眼遺伝子に対して優性である。これら4つの対立遺伝子はY染色体に存在しない。小翅で野生型眼の雌と野生型翅で棒状眼の雄を交配して得られたF_1の雄と雌をさらに交配して得られるF_2の表現型の分離比を数えた結果，翅と眼がともに野生型が157個体，小翅で野生型眼が592個体，野生型翅で棒状眼が608個体，小翅で棒状眼が143個体得られた。小翅遺伝子と棒状眼遺伝子の間の組換え価を求めよ。

22　信州大学 | ★★☆ | 20分 | 実施日 [/] [/] [/]

以下の文章を読み，**問1～7**に答えよ。

生物の生殖方法を大きく分けると有性生殖と［　ア　］がある。有性生殖は高度に特殊化した卵と精子の２種類の生殖細胞が担っている。雌性配偶子である卵は豊富な細胞質を持つ巨大な細胞に，雄性配偶子である精子は遺伝情報を運ぶための運動機能を持つ小さな細胞へとそれぞれが極めて特殊化している。これらの卵と精子が出会って合体することで動物の胚発生が開始される。体内受精をする動物の精子は，雄の交尾器のなかと雌性生殖道を卵めがけて移動する。体外受精をするウニやヒトデなどの精子は，海水中を泳いで卵と巡り会う。

成熟したウニ卵を海水に懸濁して，ゆっくりと撹拌しながら精子を加える（媒精）と，まもなく受精し，発生を開始する。ウニの受精過程の主な現象とおおよその経過時間を表１に示した。ウニ卵には卵細胞膜の外側に卵黄膜があり，更にその外側にゼリー層があるが，ゼリー層を除いても受精に影響しない。

受精の経過を顕微鏡で観察すると，媒精の直後から卵の周囲にたくさんの精子が集まり，頭部を卵の表層にくっつけている像を見ることができる。しばらくすると，卵の一部に受精膜ができ始め，やがて卵の表面の全周に受精膜ができあがり，卵に進入できなかった精子が卵表層から除かれてゆく。カイコ等のごく一部の例外を除くと，動物の卵の正常受精で卵に進入する精子の数は１個に調節されている。たとえ卵の周囲にたくさんの精子が集まっていても，最初に卵に進入した精子以外は全て排除されることになる。この仕組みは「多精拒否の機構」とよばれている。ウニ卵の多精拒否機構には，速い反応と遅い反応があり，速い反応には表１の３が関わり，遅い反応には表１の５が関わると考えられている。この速い反応の引き金が，「精子と卵の接触」なのか，「精子の膜と卵の膜の融合開始」なのかは明らかではないが，精子と卵が接触して１秒以内に始まる反応である。

ウニ卵の受精について調べるために，成熟したウニ卵を用いて実験１と実験２を行った。実験１では精子の濃度が受精率に及ぼす影響を調べ，実験２では受精の初期に起きるウニ卵の細胞膜の特性について調べた。

表1　ウニの受精時の主な現象

順番	主な現象	経過時間
1	精子と卵が接触	0秒
2	先体反応開始	1秒以内
3	卵細胞膜が脱分極	1秒以内
4	精子の膜と卵の膜が融合	1秒以内
5	受精膜形成開始	15秒
6	精子進入	1－2分
7	減数分裂	60－80分
8	第一卵割	85－90分

〔実験1〕　ゼリー層を除去したウニ卵を二つのグループに分け，A群はそのまま実験に用い(正常卵)，B群は0.1%のトリプシンを加えた海水で10分間処理した後に正常な海水で洗浄して実験に用いた。この実験では卵の濃度を一定にして精子の濃度を変えて媒精した。媒精後，一定の時間が経過した時点で卵を集めて受精膜ができた卵の数を数えて受精率を求めた。同じ実験を3回繰り返しそれぞれの平均値を求めて図1に示した。単精子受精では第一卵割が正常に起きるが，多精子受精では第一卵割で異常が起きるので，受精卵をそのまま発生させて観察したところ，正常卵を10^7個/mLの精子で媒精した時には多精子受精が起きたが，それ以下の濃度ではすべて単精子受精であることが確認できた。

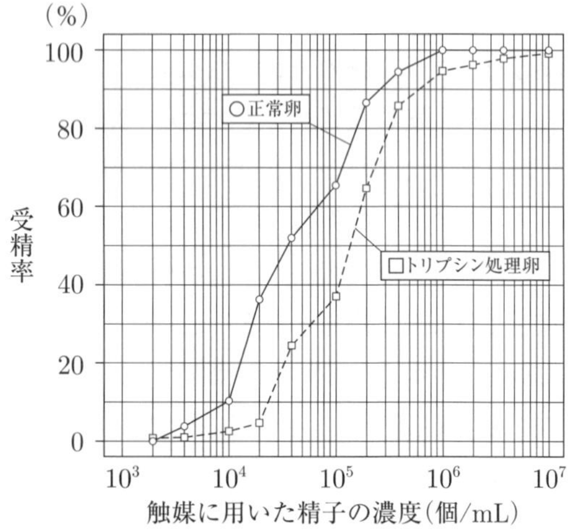

図1　正常卵(○)とトリプシン処理卵(□)にいろいろな濃度の正常精子を与えた場合の受精率

〔実験2〕 成熟したウニ卵のゼリー層を除去した後に人工海水に浸し，微小な電極を挿入して卵の膜電位を測定したところ−70mVの静止電位が記録された。膜電位を記録しながら精子を加えて受精させると，精子が卵に接触した1−3秒後に卵の膜電位は+20mVとなった。この状態がおよそ1分間継続した後に，元の−70mVに戻った。卵から電極を抜き発生させたところ，第一卵割をおこなったので正常受精であったことが確認できた(実験2−1)。次に，Na^+濃度を変化させた人工海水中で受精させ，多精子受精率を求めた。この際，用いた精子の濃度は1.6×10^7個/mLと多精子受精が起きやすい濃度で実験を行い表2に示した結果が得られた(実験2−2)。ウニの未受精卵の細胞質のNa^+濃度は約30 mMで正常な人工海水のそれは約490 mMである。

注：溶液1L中に1 molの溶質が溶けているとき，その溶質の濃度は1 mol/Lであり，1 Mとも表記する。mMのmは$\frac{1}{1000}$を示し，1 mMは0.001 mol/Lになる。

表2　ナトリウムイオン濃度を下げると多精子受精が起きる

Na^+濃度(mM)	50	120	360	490
多精子受精率(%)	100	97	26	22

問1　文中の［ア］に最も適している用語を記入せよ。

問2　［ア］の生殖方法の具体例を二つ挙げよ。

問3　有性生殖の利点を簡潔に述べよ。

問4　実験1で受精率が60%を超えるのに必要だった精子の濃度は，正常卵とトリプシン処理卵でそれぞれどれくらいか求めよ。

問5　実験1からウニの受精について精子濃度と受精率に関してどのようなことがわかるか。また，トリプシン処理を行った卵ではトリプシン処理を行わなかった正常卵と比較し精子濃度と受精率の関係にどのような違いがあるか，簡潔に述べよ。

問6　トリプシン処理は表1の左の順番(1から8)のどの現象に影響を与えると考えるか。そう考える理由を含めて簡潔に述べよ。また，あなたの考えを証明するには，どのような実験あるいは観察を追加すればよいと考えるか，簡潔に述べよ。

問7　ウニ卵の受精時に見られる細胞膜の特性について，実験2の結果から推測できることを簡潔に述べよ。人工海水のNa^+濃度や膜電位の変化を参考にせよ。

23　奈良教育大学　★☆☆　15分　実施日 ／ ／ ／

次の文章を読み，以下の設問に答えなさい。

ウニ卵は，受精すると細胞分裂を始めて胚になる。胚は，しだいに形を変えながら成長し，幼生の時代をへて，親と同じ形の小さなウニになり，やがて成熟する。

受精後すぐに始まる細胞分裂を［①］とよぶ。①によって生じた細胞は，球形をしていることが多いので，［②］ともよばれる。①は，わずかな時間の間に繰り返される。②の数は，2，4，8，…とふえるが，胚全体の体積はほぼ一定に保たれているので，①のたびに②の体積は［③］なる。8細胞期までの①は，1つの胚を作っている②の大きさがほぼ等しくなるように起こり，これを［④］という。①を繰り返して②の数がふえてゆくと，胚の外形はクワの果実に似た形となる。この胚を［⑤］という。この胚は1層の細胞が球状に並んだもので，内部にはすき間(内腔)があり，この内腔を特に［⑥］とよぶ。さらに発生が進むと，胚の細胞はしだいに通常の体細胞の大きさに近づいていき，やがて胚の表面はなめらかな状態になる。この時期の胚を［⑦］という。⑦のそれぞれの細胞に［⑧］が一本ずつ生じ，胚は受精膜の中で回転するようになる。その後，胚は受精膜を破って海水中に泳ぎ出す。これが［⑨］である。

⑨の後しばらくすると，細胞が胚の［⑩］極側の壁から⑦の内腔にこぼれ落ちる。この細胞群は，一次［⑪］とよばれる。続いて⑩極側の細胞層が⑦の内腔に向ってくぼんでゆく。これを［⑫］という。⑫によって新しくできた腔所を［⑬］といい，⑫した場所は［⑭］という。発生がさらに進むと，⑬は，腸などの消化管になり，⑭は，将来の［⑮］になる。このような時期の胚のことを［⑯］とよぶが，⑯の細胞は，3種類のグループにわけることができる 1)。胚の外側をおおう細胞層を［⑰］，⑬をつくる細胞層を［⑱］，両者の間にある⑪とそれに由来する細胞集団を［⑲］とよぶ。一次⑪は，最初にできる⑲で，更に発生が進むと［⑳］をつくる。

問1　[①]～[⑳]に入る適切な言葉を答えなさい。

問2　16細胞期の胚(はい)の模式図を描き，それぞれの②の名称を示しなさい。

問3　下線部＿＿＿＿1)について，以下に脊椎(せきつい)動物の各部の名称を示していますが，これらを⑰，⑱，⑲のそれぞれのグループに分けなさい。

肺臓，　腎臓(じんぞう)，　肝臓，　心臓，　脳，　脊髄(せきずい)

問4　ウニの受精卵の分裂が進んで，各細胞の大きさに変化が起こるが，胚(はい)の実質的な体積は変化しない。この理由を簡潔に述べなさい。

問5　**問4**を実証するために，下図に示す様な時期の胚(はい)の体積を求めたい。しかしながら，光学顕微鏡で測定できるのは，下図中のDやIである。この場合に，各胚(はい)の全ての細胞体積の合計Sを求める式を，D，I，π(円周率)を用いて表しなさい。ただし，Dは胚(はい)あるいは各細胞を球と見なした場合の直径を，また，Iは⑦期の胚(はい)の内腔(ないこう)を球とみなした場合の直径を示している。

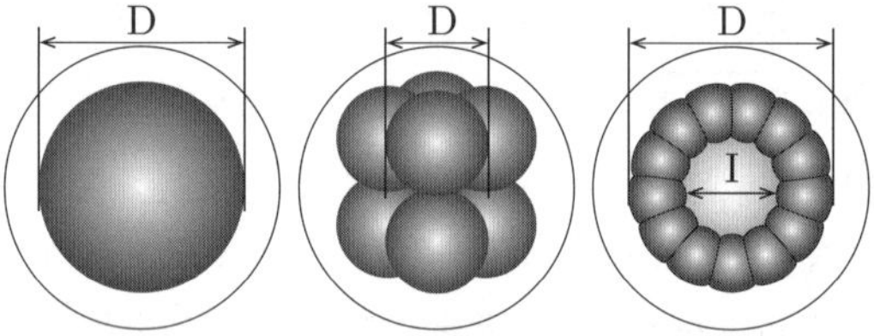

受精卵　　8細胞期の胚　　⑦期の胚

24　千葉大学 | ★☆☆ | 15分 | 実施日 ／ ／ ／

次の文章を読み，以下の**問 1 ～ 5** に答えなさい。

アフリカツメガエルの32細胞期の胚は，図1のように動物極側からA，B，C，Dの細胞層に，さらにそれぞれの位置から1，2，3，4の列に分けることができ，固有の識別番号を割り振ることができる。

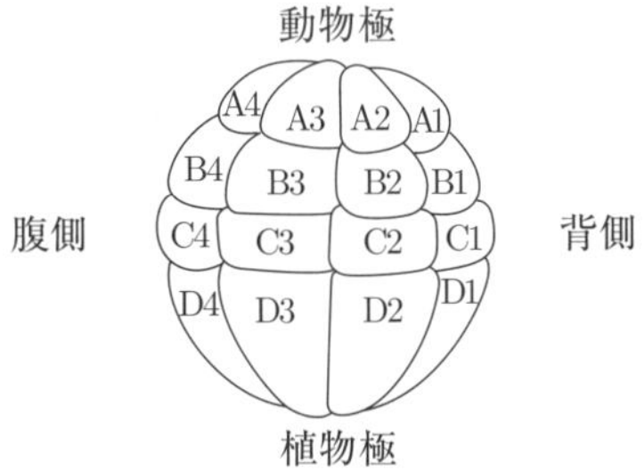

図1　32細胞期の胚(紙面裏側の割球は省略してある)

〔実験1〕　それぞれの割球に色素を注入し，尾芽胚まで発生を進めた。発生した尾芽胚から，6種類の組織または器官について32細胞期の各割球に由来する細胞が占めた割合を計算すると表1のようになった。

表1　尾芽胚の組織および器官における32細胞期割球の占める割合

	組織および器官					
	表皮	脳	脊髄	脊索	体節	内胚葉
A割球	63	51	17	1	2	0
B割球	27	39	48	45	32	0
C割球	10	10	35	54	64	18
D割球	0	0	0	0	2	82
計(%)	100	100	100	100	100	100

〔実験2〕　図2のように，色素で標識したA割球の細胞層を分離し，別の32細胞期の胚から単離したD割球と結合させた。結合させた割球は，割球分離をおこなわなかった正常胚が尾芽胚に達する時期まで培養し，発生を続けさせた。その結果，D1割球を結合させた場合では，A割球由来の細胞から脊索(せきさく)や筋肉を含む組織が形成された。一方，D3割球を結合させた場合では，

A 割球由来の細胞から脊索はほとんど形成されずに，筋肉と血球が形成された。なお，D 割球と結合させずに A 割球を単独で培養すると，表皮のような塊(不整形表皮)となった。

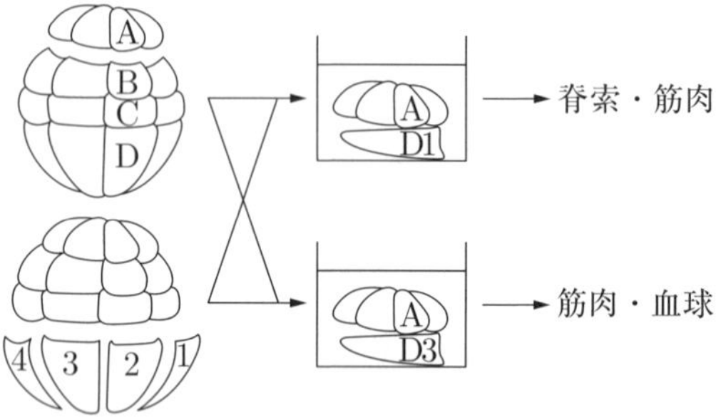

図 2　32 細胞期の割球分離と再結合実験

〔実験 3〕 アフリカツメガエルの胞胚を，図 3 のように動物極領域の組織片(AP)，背側赤道領域の組織片(DMZ)，腹側赤道領域の組織片(VMZ)，背側植物極領域の組織片(DVP)，腹側植物極領域の組織片(VVP)に分離した。次に，それぞれの組織片が直接結合できないように 0.4 μm の小孔のあいた膜を介して培養した。16 時間後にそれぞれの組織片を分離して，さらに 2 日間培養した(この間に組織片を分離しない正常な胞胚は尾芽胚に達した)。AP どうしを培養した結果，再び分離した AP には不整形表皮が形成され，筋肉は形成されなかった。一方，AP と DVP を培養した結果，分離した AP に筋肉組織が形成された。

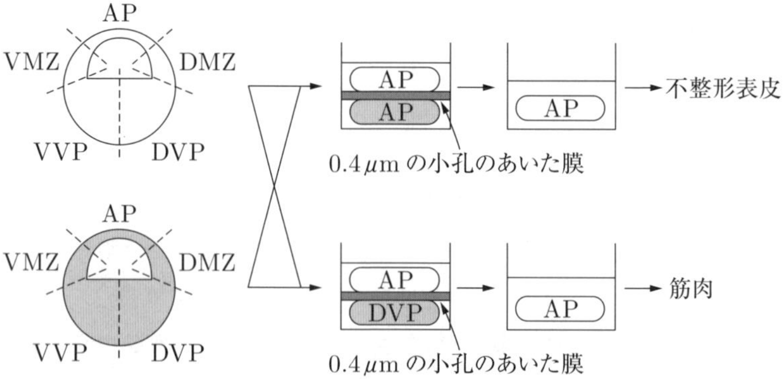

図 3　胞胚組織片の分離と再結合実験

問1　おもに内胚葉に由来する細胞から構成される器官の名称を，消化管以外で二つ答えなさい。

問2　実験1の結果から，A割球，B割球，C割球の尾芽胚における予定運命について，それぞれ最も適切なものを以下の(a)～(g)から選び，記号で答えなさい。

(a)　おもに外胚葉に分化する
(b)　おもに中胚葉に分化する
(c)　おもに内胚葉に分化する
(d)　外胚葉と中胚葉に分化する
(e)　外胚葉と内胚葉に分化する
(f)　中胚葉と内胚葉に分化する
(g)　全ての胚葉に分化する

問3　実験2において，D割球がA割球の予定運命を変更させた現象をなんと呼ぶか，答えなさい。

問4　実験1と2の結果から，A割球の予定運命に対し，D1割球とD3割球はどのように作用したのか，両者の違いも含めて100字以内で答えなさい。

問5　実験3の結果から，APとDVPを，膜を介して培養したことにより，APに筋肉組織が形成された仕組みを60字以内で答えなさい。

25　奈良女子大学｜★☆☆｜15分｜実施日　／　／　／

次の文章を読み，あとの**問1～問4**に答えよ

昆虫の卵は受精するとまず核だけが分裂する。一定回数の同調した核分裂を経た後，胚の中に散らばっていた核は胚表面に移動し，等間隔で分布するようになる。やがて，個々の核の間は細胞膜で仕切られる。

キイロショウジョウバエは，からだの前方から後方への極性(前後軸)が形成されるしくみについてよく調べられている昆虫である。キイロショウジョウバエの卵はソーセージ状の形をしており，発生のごく早い時期に前後軸が決定される。キイロショウジョウバエの前後軸の決定に関わると考えられている因子の一つにビコイドと呼ばれるタンパク質がある。ビコイドが前後軸の決定に関与することを明らかにするために，キイロショウジョウバエの母親a～d由来の胚を用いて，以下の実験を行った。図1と図2に実験方法と結果を示す。実験には核が胚表面に移動した時期の初期胚を使用した。ただし，受精後この時期までは，ビコイド遺伝子が新たに転写されることはないことが分かっている。

母親a：ビコイドをコードする遺伝子(ビコイド遺伝子)を2コピーもつ(野生型)。
母親b：ビコイド遺伝子が欠損した突然変異体。
母親c：ビコイド遺伝子を1コピーもつ。
母親d：ビコイド遺伝子を4コピーもつ。

実験1：母親a由来の初期胚をそのまま発生させると，頭部，胸部，腹部をもつ幼虫になった。
実験2：母親a由来の初期胚の前端から細胞質を部分的に(全量の10％程度)除去した後，発生を進ませると，頭部と胸部が欠損した腹部のみの幼虫になった。初期胚の中央部あるいは後端から同様に細胞質を除去した場合は，頭部，胸部，腹部をもつ幼虫になった。

実験3：母親b由来の初期胚を発生させると，頭部と胸部が欠損した腹部のみの幼虫になった。

実験4：母親b由来の初期胚の前端に，母親a由来の初期胚の前端から採取した細胞質を注入すると，実験1と同様の頭部，胸部，腹部をもつ幼虫になった。

実験5：母親b由来の初期胚の前端に，野生型のビコイドをコードする伝令RNA(ビコイド伝令RNA)を注入すると，実験1と同様の頭部，胸部，腹部をもつ幼虫になった。また，注入した伝令RNAは胚の中で正常に翻訳されて，ビコイドが合成されることが確認された。

実験6：母親b由来の初期胚の中央に野生型のビコイド伝令RNAを注入すると，図1のように胸部，頭部，胸部，腹部をもつ幼虫になった。また，注入した伝令RNAは胚の中で正常に翻訳されて，ビコイドが合成されることが確認された。

実験7：母親a，母親c，母親d由来のそれぞれの初期胚の前端から後端にかけてのビコイドの濃度を測定した。図2はその結果である。

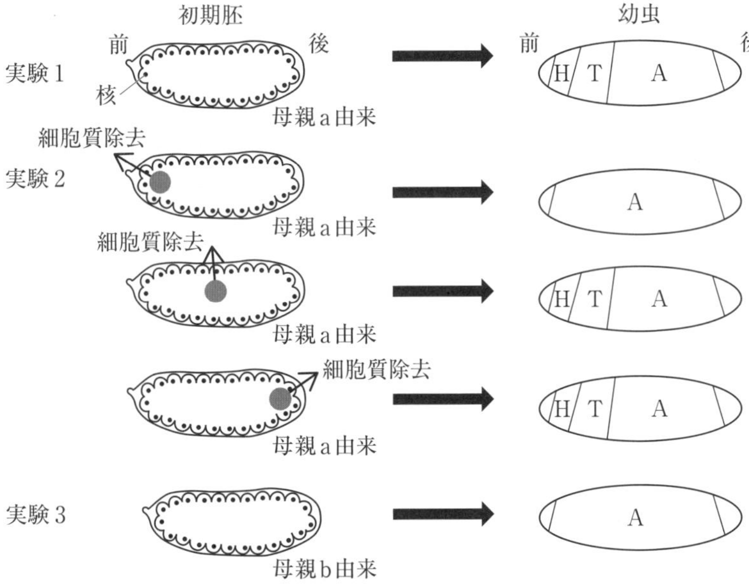

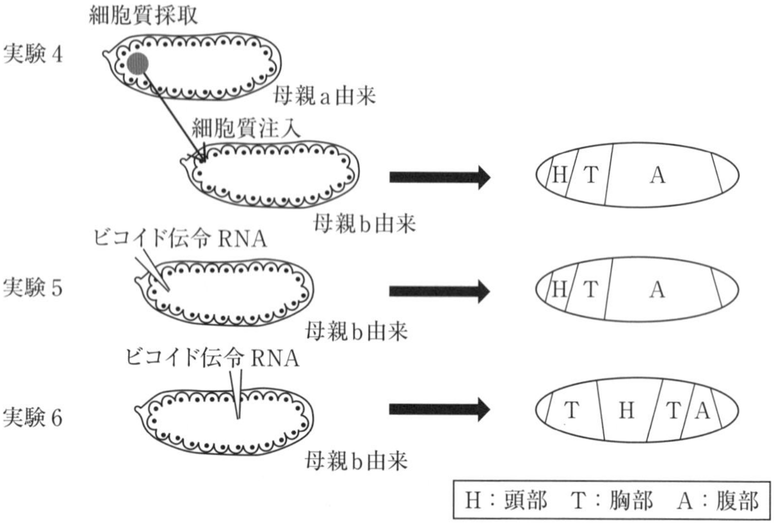
細胞質採取
実験 4
母親 a 由来
細胞質注入
H T A
母親 b 由来
ビコイド伝令 RNA
実験 5
H T A
母親 b 由来
ビコイド伝令 RNA
実験 6
T H T A
母親 b 由来
H：頭部　T：胸部　A：腹部

図 1　実験方法と結果

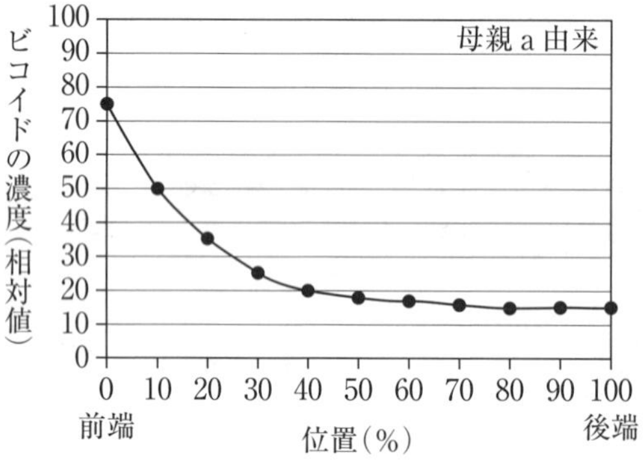
母親 a 由来
ビコイドの濃度(相対値)
100
90
80
70
60
50
40
30
20
10
0
0 10 20 30 40 50 60 70 80 90 100
前端
後端
位置(%)

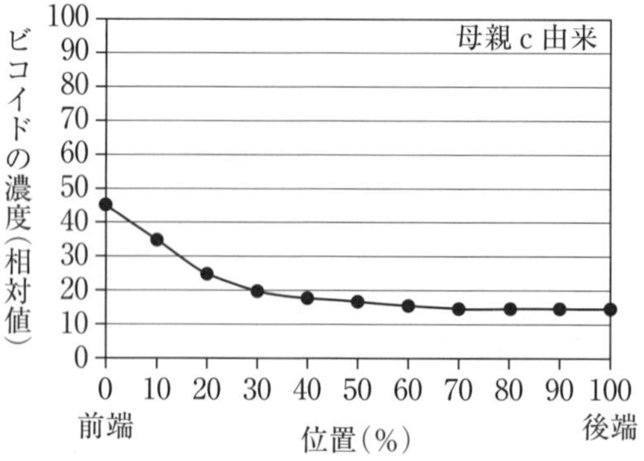
母親 c 由来
ビコイドの濃度(相対値)
100
90
80
70
60
50
40
30
20
10
0
0 10 20 30 40 50 60 70 80 90 100
前端
後端
位置(%)

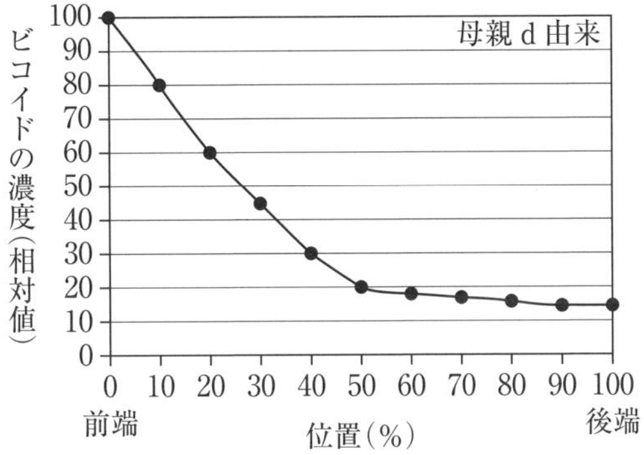

図2　初期胚内のビコイドの濃度

問1　実験1と実験2の結果のみから言えることは何か，答えよ。

問2　実験3～実験6で母親b由来の初期胚を用いることの意義は何か，答えよ。

問3　母親a由来の胚では，発生が進むと頭部の後端は胚の前端から40%のところに位置していた。それに対して，母親cおよび母親d由来の胚では，発生が進むと，胚の前端から頭部，胸部，腹部が形成されるが，頭部後端はそれぞれ胚の前端から30%，50%の位置にあった。

(1)　母親a，母親c，母親d由来のそれぞれの初期胚では，頭部後端ができる位置のビコイドの濃度(相対値)はどれくらいになっているか，実験7の結果(図2)から読み取れ。

(2)　母親のもつビコイド遺伝子のコピー数によって，頭部後端の位置が胚の前端側あるいは後端側に移動した理由を，初期胚内のビコイドの濃度分布から説明せよ。

問4　実験6で，ビコイド伝令RNAを注入された初期胚では，発生が進むと頭部は胚の前端から35%〜65%の間に形成された。この場合，注入されたビコイド伝令RNAに基づいてビコイドが合成された時点における初期胚内のビコイド濃度(相対値)はどのようになっていたと考えられるか，**問3**の推測に基づき図2にならってグラフを描け。ただし，解答欄の図の矢印はビコイド伝令RNAの注入位置を示す。またビコイド濃度(相対値)の最大値は50，最小値は15とする。

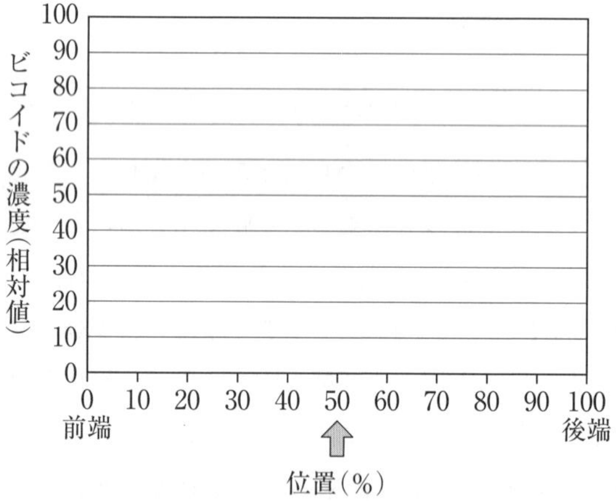

問4の解答欄

26　東京農工大学｜★★☆｜20分｜実施日 ／ ／ ／

次のA，Bの文章を読んで下の問いに答えよ。

A　ヒトのゲノムには［①］の遺伝子が含まれていると推定されているが，それらすべての遺伝子が常に個々の細胞で発現している訳ではない。a各組織ではそれぞれの細胞に必要なタンパク質の遺伝子が選択的に活性化または不活性化されている。これらの遺伝子の発現を調節する遺伝子を調節遺伝子といい，その調節遺伝子の発現によって合成されたタンパク質を調節タンパク質という。真核生物においては，遺伝子を活性化する調節タンパク質はDNAの特定の領域に結合し，基本転写因子，作用する遺伝子の［②］領域，［③］と複合体を形成して，転写の開始を促進する。ユスリカやキイロショウジョウバエなどの幼虫のだ腺に存在する巨大な染色体には，パフと呼ばれるふくらんだ部分が存在する。bパフではmRNAの合成がさかんに行われている。cキイロショウジョウバエのパフの位置や大きさは発生の各段階で一定の順序で変化する。また，脱皮や蛹化を促進するホルモンである［④］をユスリカの幼虫に注射すると，蛹化の時期に特徴的な位置にパフを生じる。これはd蛹化に必要な遺伝子が［④］によって活性化されたことを示している。

問1　文章中の［①］に入る最も適切な数値を以下の中から選び，記号で答えよ。また，［②］～［④］に入る最も適当な語句を答えよ。

(ア)　数　千　　(イ)　数　万　　(ウ)　数十万　　(エ)　数百万

問2　下線部ａについて，次の(1)～(4)の細胞で選択的に遺伝子が活性化されているタンパク質を下の(ア)～(カ)の中から選び，記号で答えよ。

(1)　すい臓のＢ細胞

(2)　骨格筋の筋細胞

(3)　表皮や毛根の細胞

(4)　赤血球になる細胞

(ア)　ヘモグロビン　　(イ)　ミオグロビン　　(ウ)　インスリン

(エ)　クリスタリン　　(オ)　フィブリン　　(カ)　ケラチン

問3　調節タンパク質のはたらきに関する以下の文のうち，正しいものには○，間違っているものには×で答えよ。

(1)　調節タンパク質には核で合成されるものが多い。

(2)　複数の遺伝子の発現が一つの調節タンパク質で調節されることがある。

(3)　調節タンパク質が他の調節タンパク質の発現を調節することがある。

問4　下線部ｂの事実は，だ腺細胞に放射性同位体で標識した化合物を取り込ませる実験で確認できる。最も適切な化合物の名称を記せ。

問5　下線部ｃの事実から，発生の各段階と遺伝子の発現の間にはどのような関係があると考えられるか。60字以内で説明せよ。

問6　下線部ｄについて，［　④　］によって遺伝子が活性化されるしくみを，以下の語句をすべて用いて70字以内で説明せよ。ただし，解答に必要な場合，［　④　］については④と記しても，ホルモンの名称を記してもよい。

(語句)

受容体　　核　　調節領域　　転　写

問7　下線部ｄの［　④　］について，哺乳類において同様なしくみで遺伝子を活性化するホルモンの名称を下記の中から一つ選んで名称を記せ。

(ホルモンの名称)

成長ホルモン　　アドレナリン　　グルカゴン　　エストロゲン

B　昆虫のからだは前後軸に沿っていくつかの体節とよばれる区画に分けられている。例えばキイロショウジョウバエでは，頭部では触角が形成され，胸部でははねが形成されるように，それぞれの体節では異なる器官が形成される。これらの現象は，それぞれの器官の形成に必要な一連の遺伝子の発現が各体節で調節されているためにおこる。このように，からだの前後軸や体節の形態形成を制御する調節遺伝子を［⑤］遺伝子と呼ぶ。［⑤］遺伝子にはいろいろな種類が存在するが，どの遺伝子にも特徴的なよく似た［⑥］をもつ領域が存在する。この領域を［⑦］という。［⑤］遺伝子は他の動物や植物にも存在する。例えば，シロイヌナズナの花の形成はA，B，Cの3種類の［⑤］遺伝子によって調節されている。花が形成される茎頂分裂組織は図1のように(i)から(iv)の四つの領域に分けられ，Aは(i)と(ii)に，Bは(ii)と(iii)に，Cは(iii)と(iv)の領域でそれぞれはたらいている。A，B，Cの遺伝子の発現でつくられる調節タンパク質のはたらきで，e<u>(i)から(iv)の領域はそれぞれ花の特定の器官に分化する</u>。しかし，f<u>A，B，Cのいずれかの遺伝子がはたらかなくなった突然変異体では，花の構造が変化してしまう</u>。

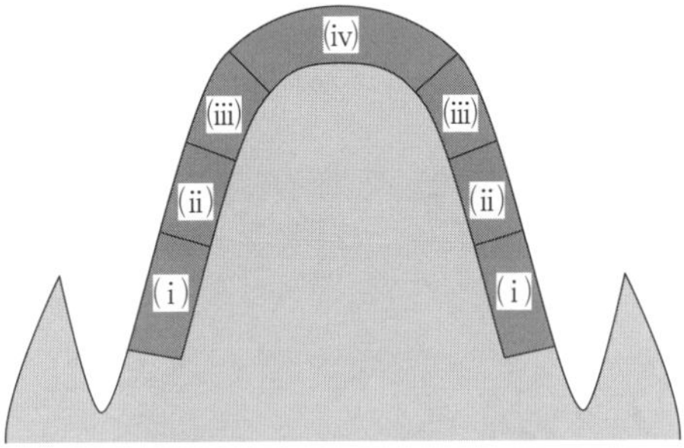

図1　茎頂分裂組織の模式図

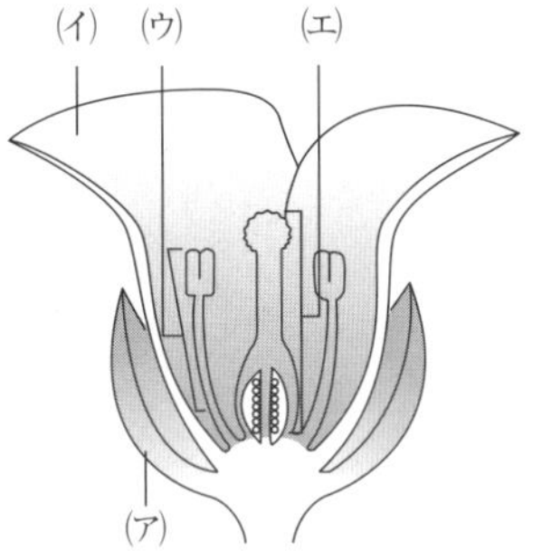

図2　シロイヌナズナの花の構造

問8　文中の［⑤］～［⑦］に入る最も適切な語句を記せ。

問9　キイロショウジョウバエのからだの形成における調節遺伝子，調節タンパク質の作用に関する以下の文のうち，正しいものには○，間違っているものには×で答えよ。

⑴　未受精卵では調節タンパク質の濃度勾配が生じており，からだの前後軸の決定に重要なはたらきをする。

⑵　頭部のある調節遺伝子に突然変異がおこると，触角が生じる部位にあしが形成される。

⑶　正常な個体の胸部では，調節遺伝子のはたらきで，4枚のはねが形成される。

問10　下線部eについて，図1の(i)から(iv)の領域は，それぞれ図2に示す(ア)〜(エ)の花の器官に分化する。(ア)から(エ)の器官の名称を答えよ。

問11　下線部fについて，AとCの遺伝子は互いにはたらきを抑制する性質があり，Aがはたらかない場合には，(i)から(vi)の領域全体にCがはたらくことがわかっている。Aがはたらかなくなった突然変異体では，(i)から(iv)の領域はそれぞれ花のどのような器官に分化するか，図2に示した(ア)から(エ)の記号で答えよ。

27　宮崎大学｜★★★｜15分｜実施日 ／ ／ ／

遺伝子とその発現に関する次の文章を読み，以下の各問に答えよ。

生物の形質を支配する遺伝子の本体がDNAであることを示した最初の実験といわれるものに，グリフィスとエイブリー(アベリー)らが行った肺炎双球菌の実験がある。

肺炎双球菌の中には，病原性があり，見た目に表面がなめらかなコロニー(1つの細菌が増殖して肉眼で観察可能な集団になったもの)をつくるS型菌と，病原性がなく，見た目に表面がざらついたコロニーをつくるR型菌とがある。S型菌には菌を取り囲むサヤがあるが，R型菌にはサヤがない。1928年，グリフィスは，加熱して殺したS型菌と生きたR型菌を混合してマウスに注射すると，死んだマウスの体内から生きた［ア］が検出されることを発見した。この現象について，グリフィスは加熱殺菌した［イ］に含まれていた物質(遺伝子)が［ウ］に取り込まれ，［エ］が［オ］の形質をもつようになったと考え，この現象を［a］と名づけた。

1944年，エイブリーらはグリフィスの実験に興味をもち，R型菌をS型菌に［a］する物質，すなわちS型菌の遺伝子が何であるか，確かめる実験を行った。加熱殺菌したS型菌の抽出液を生きたR型菌に混ぜて寒天培地上で培養すると，R型菌のコロニーの中に，いくつかS型菌のコロニーがつくられた。このとき，あらかじめS型菌の抽出液にDNA分解酵素を働かせ，抽出液中のDNAを分解した状態でR型菌と混合して培養すると，得られるコロニーはすべて［カ］のものになった。しかし，抽出液にタンパク質分解酵素を働かせ，抽出液中のタンパク質を分解した場合は，［キ］のコロニーが出現した。このことから，エイブリーらは，［a］を引き起こす物質はタンパク質ではなく，DNAであると主張した。

その後，遺伝子の発現様式は，マウスやヒトのような［b］生物と，肺炎双球菌などの細菌のような［c］生物とで異なることが明らかにされた。

［b］生物では，ゲノムDNAの情報がRNAに転写されるとき，まず

mRNA(伝令RNA)の前駆体が作られ，その後[d]とよばれる過程で[e]が取り除かれて[f]がつなぎ合わされ，成熟したmRNAとなる。翻訳は，mRNAの塩基配列がアミノ酸の並びに置き換えられる過程で，mRNA上にリボソームが結合することから始まる。リボソームはmRNA上をコドン1つずつ移動していき，またmRNA上のコドンと相補的な配列である[g]をもつ[h]RNAが対応した特定のアミノ酸をリボソーム上のmRNAに運ぶ。[h]RNAにより次々と運ばれてくるアミノ酸は，リボソーム上で[i]結合でつながれてポリ[i]鎖が合成されていく。

現在ではDNAを人工的に細胞へ導入するさまざまな手法が開発され，応用されてきている。胚性幹細胞(ES細胞)は，受精卵の初期胚である胚盤胞の中にある内部細胞塊に由来し，条件を変えることで体内のあらゆる細胞へと分化しうる「多能性」という特別な性質をもつ。近年開発された人工多能性幹細胞(iPS細胞)はES細胞と同様に「多能性」をもつが，個体になりうる受精卵からではなく，マウスやヒトの分化した皮膚細胞などから作製されたため，倫理的な面からも応用しやすいと考えられる。また①<u>iPS細胞を応用すれば拒絶反応の起こらない臓器移植ができる</u>可能性があり，実用化への期待が高まっている。iPS細胞は当初，4種類の遺伝子を皮膚細胞に導入して作製されたが，そのうちのごくわずかの細胞しかiPS細胞にならない。そのため，iPS細胞になった細胞のみを簡単に見つける方法が，GFPというタンパク質を用いて工夫された。GFPはgreen fluorescent protein(緑色蛍光タンパク質)のことで，オワンクラゲから発見された物質である。iPS細胞にはNanogと呼ばれる特徴的な遺伝子が発現していることが知られている。Nanog遺伝子の発現を調節している配列(調節配列)の領域に，GFPの②<u>遺伝子をつなげた</u>DNA(Nanog-GFPと呼ぶことにする)を作製し，Nanog-GFPを細胞に導入しておくことで，③<u>iPS細胞を選別することができるようになった</u>。

問1　文章中の[ア]〜[キ]に入るのは，S型菌またはR型菌のいずれか，それぞれ答えよ。

問2　文章中の[a]〜[i]に入る適切な語句を記せ。

問3　［ d ］が起こるのは細胞内のどこか。以下のA～Eの中から選び，その記号を記せ。

A　ゴルジ体内　　B　小胞体内　　C　リソソーム内

D　リボソーム内　　E　核　内

問4　文章中の下線部①「iPS細胞を応用すれば拒絶反応の起こらない臓器移植ができる」に関する次の設問に答えよ。

設問：系統Xというマウスの皮膚を，遺伝的に異なる系統Yのマウスに移植すると，拒絶反応がおきて10日後に脱落する現象が確認されたとする。このことを踏まえて，以下のA～Eの文で，拒絶反応の記載として適切と考えられるものを選択し，記号を記せ。

A　拒絶反応のおきた系統Yのマウスに，系統Xのマウスの皮膚を再度移植すると，移植片は10日後に脱落した。

B　拒絶反応のおきた系統Yのマウスに，系統Xのマウスの皮膚を再度移植すると，移植片は定着した。

C　拒絶反応のおきた系統Yのマウスに，系統Xのマウスに由来するiPS細胞から分化させた皮膚を移植すると，移植片は定着した。

D　拒絶反応のおきた系統Yのマウスに，系統Yのマウスに由来するiPS細胞から分化させた皮膚を移植すると，移植片は定着した。

E　拒絶反応のおきた系統Yのマウスに，系統Yのマウスに由来するiPS細胞から分化させた皮膚を移植すると，移植片は10日後に脱落した。

問5　文章中の下線部②に関連して，遺伝子操作には通常，DNAの特定の塩基配列を認識して切る酵素と，DNA断片をつなぐ酵素が必要である。それぞれの酵素の名称を記せ。

問6　文章中の下線部③「iPS細胞を選別することができるようになった」という記述に関連し，以下のA～Eの説明で適切と考えられるものを選択し，記号を記せ。

A　iPS細胞以外の細胞では導入したNanog-GFPからGFPが発現し，緑色蛍光を発するため，緑色に光る細胞を除外すればiPS細胞を選別できる。

B　iPS細胞以外の細胞ではNanog-GFPが導入されていなくてもGFPが発現し，緑色蛍光を発するため，緑色に光る細胞を除外すればiPS細胞を選別できる。

C　Nanog-GFPを細胞に導入することにより細胞はiPS細胞になり，iPS細胞は緑色蛍光を発するため，緑色に光る細胞を採取することでiPS細胞を選別できる。

D　iPS細胞では導入したNanog-GFPからGFPが発現し，緑色蛍光を発するため，緑色に光る細胞を採取することでiPS細胞を選別できる。

E　iPS細胞ではNanog-GFPが導入されていなくてもGFPが発現し，緑色蛍光を発するため，緑色に光る細胞を採取することでiPS細胞を選別できる。

28　宮城大学 ｜ ★★☆ ｜ 15分 ｜ 実施日 ［ / ］［ / ］［ / ］

次の文を読み，問に答えなさい(**問1～問4**)。

受精卵から親と同じ形をした個体になるまでの過程を［ 1 ］という。［ 1 ］の初期，受精卵は体細胞分裂を繰り返す。これを［ 2 ］という。［ 2 ］が進むと，8細胞期には［ 3 ］と呼ばれる空所を内部に生じ，その後［ 4 ］を経て［ 5 ］になり，やがて陥入がおきて原腸が形成される。ウニやカエルでは，2細胞期または4細胞期に一部の割球が失われても，残りの割球から完全な個体が生じる。このような卵を［ 6 ］という。動物の種類によっては，このような能力をもたないものがあり，割球の分離を行うと一部の器官を欠いた不完全な胚ができる。このような卵を［ 7 ］という。しかし，ウニやカエルの卵でも，割球を分離する時期を遅くすると不完全な胚を生じ，［ 6 ］としての性質が見られなくなる。すなわち，［ 1 ］のある時期に，将来どのような器官や組織になるかが決まると，その先で変更されることはない。

ヒトやマウスの［ 1 ］では，子宮に着床する時期の胚の内部に細胞塊ができ，この細胞塊が将来の胎児となる。この細胞塊を取り出し，あらゆる細胞に分化する能力をもったまま培養することができる。これを［ 8 ］という。特定のタンパク質が正常にはたらけなくなるようにDNAの配列を変更した遺伝子を［ 8 ］に入れると，組換えによってこの遺伝子が正常な遺伝子と入れ替わる。この変異遺伝子をもった［ 8 ］を適切な時期に別の胚に注入して，キメラマウス注1)を作成し，野生型マウス注2)と交配を繰り返すことによって，変異遺伝子をホモにもつマウスが誕生する。これをノックアウトマウスといい，遺伝子の一部が正常にはたらかないことから，さまざまな研究に利用されている。

その一例を示す。ヒトやマウスの体に異物や病原体などの非自己成分が侵入すると，ある種の白血球がそれを認識して取りこんだ後，リンパ球にはたらきかけて，排除しようとする。このしくみを［ 9 ］と呼ぶ。今，小腸に感染する線虫(寄生虫の一種)がマウスに侵入すると，リンパ球はサイトカインと呼ばれる生理活性物質を分泌して線虫を排除する。図1は非感染および感染後のマウスの小腸におけるサイトカインの量を調べたものである。この結果，感染によってサイトカインの一種であるインターロイキン4(IL-4)とインターロイキン13(IL-13)の分泌が高まることがわかった。そこで，マウスの遺伝子を操作して，インターロイキン4またはインターロイキン13遺伝子のノックアウトマウスを作成し，線虫を感染させてから14日目に，排除されずに小腸内に残っている線虫の数を数えた。さらにインターロイキン4と13の両方の遺伝子のノックアウトマウスを作成し，同様の実験を行った。その結果を図2に示した。

注1)　キメラマウスとは，遺伝的に異なる2種類の胚または胚細胞を組み合わせて作出されるマウスのこと。

注2)　野生型マウスとは，遺伝子操作を行っていない通常のマウスのこと。

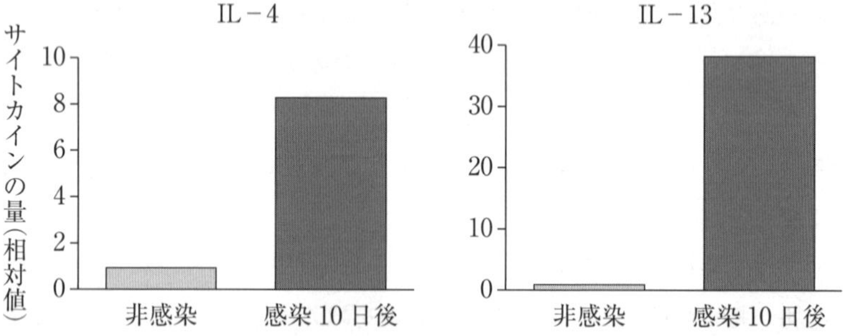

図1　線虫に感染したときのIL－4とIL－13の量の変化

注)　図中のデータは，非感染時のサイトカインの量を1として相対的に表している。

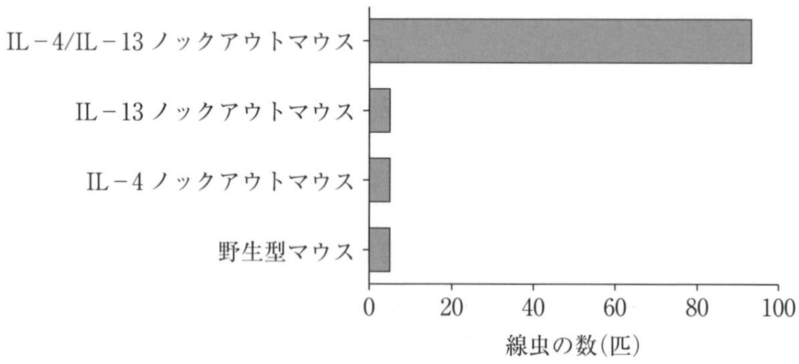

図2　感染14日後の小腸における線虫の数

問1　文中の［1］〜［9］に適切な語を入れなさい。

問2　通常の体細胞分裂と受精卵における体細胞分裂との違いは何か，60字以内で答えなさい。

問3　下線部の作用を何と呼ぶか。また，このような作用を持つ白血球の名称を答えなさい。

問4　図2の結果から，線虫の排除におけるインターロイキン4および13のはたらきについて100字以内で説明しなさい。

29　九州工業大学 ｜★☆☆｜20分｜実施日 [/] [/] [/]

A　血液のはたらきに関する次の文章を読み，以下の問いに答えよ。

脊椎動物の血液には，液体成分である血しょうと，有形成分である［A］，［B］，［C］などが存在する。

［A］は核をもった細胞で，体内に侵入した異物の捕食など生体防衛にかかわっており，さまざまな特性をもつものがある。

血管が傷ついたときには，まず［B］が傷口に集合し，止血のための(a)<u>一連の反応</u>が引き起こされる。この反応においては，さまざまな凝固因子によりプロトロンビンが［D］になり，これが［E］を［F］に変化させる。［F］は繊維状のタンパク質であり，血球とからまって［G］を形成する。

［C］は，［H］とよばれる色素タンパク質を含んでおり，これが肺胞のように酸素濃度（酸素分圧）が高いところで酸素と結合し，体内の組織のように酸素濃度が低いところで酸素を手放すことにより酸素を運搬する。(b)<u>［H］と酸素が結合する割合は，二酸化炭素の濃度によっても変化する。</u>

問1　文章中の［A］～［H］にあてはまる最も適切な語句を記せ。

問2　下線部(a)について，この一連の反応のことを何というか，名称を記せ。

問３　下線部(b)について，酸素濃度(相対値)と，酸素と結合した［　H　］の割合の関係を次の図１に表した。このようなグラフを何というか，名称を記せ。

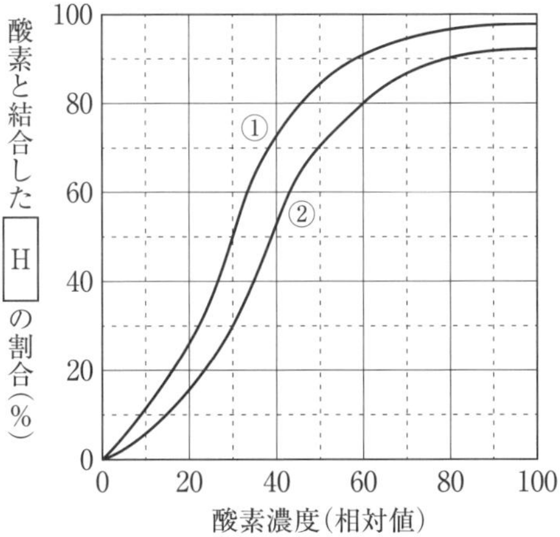

図１

問４　図１において，２本の曲線①と②は，肺胞または組織の二酸化炭素濃度のいずれかで測定されたものである。肺胞の二酸化炭素濃度で測定されたものは①と②のどちらか，番号を記せ。また，なぜそのように考えたのか，その理由も説明せよ。

問５　肺胞における酸素濃度を100，組織における酸素濃度を30としたとき，理論上何％の［　H　］が組織において酸素を放出することになるか。図１から数値を読み取り，整数で答えよ。

B　ヒトの腎臓で尿がつくられて排出されるしくみに関する次の文章を読み，以下の問いに答えよ。

腎臓には，(c)<u>血しょうから不要な物質を取り除き尿として排出する</u>ことで，体内環境を一定に保つ重要なはたらきがある。このはたらきは，血しょうから原尿を作る過程と，原尿から尿を作る過程に分けて考えることができ，血しょう，原尿および尿の成分を比較することで，それぞれの過程での腎臓のはたらきを調べることができる。表1はある健康なヒトの血しょう，原尿および尿の成分を比較したものである。ただし，尿は10分間に10 mL生成され，また，イヌリン(多糖類の一種)は，ヒトの体内では利用されないため，静脈に注射すると，再吸収されずに尿中に排出されるものとする。

表1　ヒトの血しょう，原尿および尿の成分

成分	血しょう(mg/mL)	原尿(mg/mL)	尿(mg/mL)
グルコース	1.0	1.0	0.0
ナトリウムイオン	3.0	3.0	3.5
カリウムイオン	0.20	0.20	1.5
尿素	0.34	0.34	20.0
尿酸	0.35	0.035	0.50
イヌリン	0.10	0.10	12.0

問6　原尿は1時間あたり何L生成されたか。有効数字2桁で答えよ。

問7　原尿中から再吸収されたナトリウムイオンは，1時間あたり何gか。有効数字2桁で答えよ。ただし，原尿および尿の密度は1.0 g/mLとする。

問8　表中で，再吸収される割合が最も高い成分は何か，名称を記せ。

問9　下線部(c)について，ヒトの腎臓で尿が作られるしくみを次の[　　]内の語句をすべて使って説明せよ。

[糸球体　　ボーマンのう　　毛細血管　　細尿管　　集合管]

30　大阪市立大学 | ★★☆ | 20分 | 実施日 [　/　] [　/　] [　/　]

循環系と血液に関する次の文章を読み，以下の問いに答えよ。

血液やリンパ液などの体液をからだ全体に流通させる器官系を循環系という。循環系は液を送り出すポンプと液を送り届ける管とからなる。脊つい動物は閉鎖血管系をもち，①心臓から送り出された血液は動脈，②毛細血管，③静脈と，常に血管内を流れる。魚類の心臓は１つの心室と１つの心房からなり，心室からえらに送られた血液はそのままからだの各部に送られる。一方，ヒトなどの肺呼吸を行う動物の循環系は，④肺を経由する肺循環と，肺以外のからだの各部に送られる体循環に分けられる。

血管が傷を受けて出血すると，血管が収縮すると共に傷口に集まってきた［ア］が［ア］因子を放出する。また傷口の組織からは［イ］が出る。これらは血しょう中のカルシウムイオンやその他の凝固因子と協同して不活性なプロトロンビンを活性のある酵素である［ウ］に変える。［ウ］は血しょうに溶けている［エ］に作用して［オ］にする。［オ］は水に溶けにくい繊維状タンパク質で，これが血球を絡めて［カ］に変える。⑤血液の凝固は，クエン酸ナトリウムやシュウ酸カリウムで防ぐことができる。

⑥循環系は血液とともに酸素も運ぶ。また，栄養，老廃物，ホルモン，熱も運ぶ。⑦肝臓はさまざまな働きをする器官であり，その働きの１つが熱の発生である。循環系は，肝臓で発生した熱をからだの各部に送ることで体温の保持に役だっている。

問１　文章中の空欄［ア］～［カ］に入る適切な語句を答えよ。

問２　下線部①に関して，ネズミの心臓を取り出して以下の実験１，２を行った。以下の(1)～(3)の問いに答えよ。

実験１：左心房と右心房のそれぞれを取り出して心房筋標本とした。適切な温度，適切な人工栄養液，十分な酸素をそれぞれの心房筋標本に与えたところ，一方の標本は自律的な収縮と弛緩を繰り返したが，もう一方の標本では自律的な収縮と弛緩は見られなかった。

実験2：実験1で自律的な収縮と弛緩を繰り返した心房筋標本の収縮のようすを図1に示す。この筋標本に神経伝達物質であるアセチルコリンとノルアドレナリンをそれぞれ投与したところ，特徴的な変化が見られた。

(1) 実験1で自律的な収縮と弛緩を繰り返したのは，左心房と右心房のどちらの心房筋標本か，答えよ。

(2) 実験1で，なぜその心房筋標本だけが自律的な収縮と弛緩を繰り返したのか，その理由を答えよ。

(3) 実験2でアセチルコリンとノルアドレナリンをそれぞれ投与した場合の筋標本の収縮のようすを，図1を参考にしてグラフで示せ。

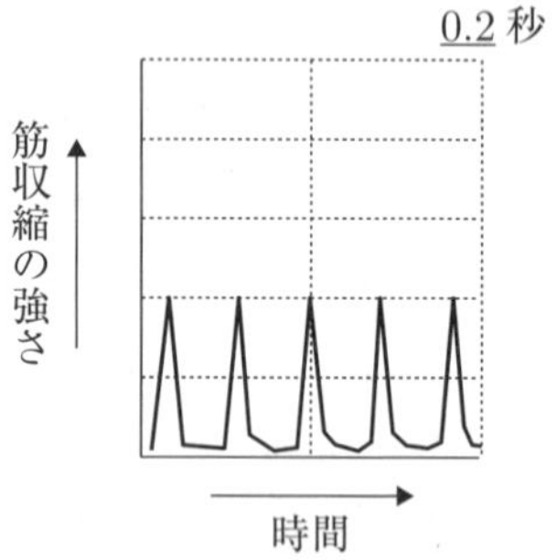

図1　神経伝達物質を投与する前の筋標本の収縮のようす

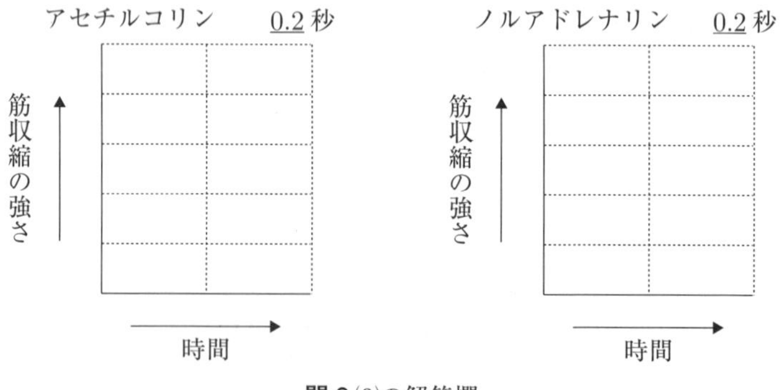

問2(3)の解答欄

問3　下線部②に関して，動脈では血液は速く流れるが，毛細血管での血液の流れは非常に遅い。毛細血管において血液がゆっくり流れる利点を答えよ。

問4　下線部③に関して，ヒトが歩いている時は，立ち止まっている時より，効率良く静脈血を心臓へと送ることができる。そのしくみを1つ答えよ。

問5　下線部④に関して，大静脈から大動脈への血液の流れを，以下の用語を正しい順に並べ替えて記号で答えよ。

(A)　左心房　(B)　右心房　(C)　左心室　(D)　右心室　(E)　肺動脈　(F)　肺静脈

問6　下線部⑤に関して，クエン酸ナトリウムやシュウ酸カリウムを用いると，なぜ血液凝固を防止できるのか，説明せよ。

問7　下線部⑥に関して，ヒトが激しい運動を行うと，ヘモグロビンは組織に効率よく酸素を供給するようになる。そのしくみを，酸素解離曲線のグラフを描いて説明せよ。

問8　下線部⑦に関して，肝細胞にアドレナリンを与えると，細胞内でアデニル酸シクラーゼという酵素が活性化され，細胞内にcAMP（サイクリックAMP）とよばれる情報伝達物質が作られる。cAMPが別の酵素を活性化すると，グリコーゲンが分解されてグルコースが放出される。

以下の実験結果から，薬剤xと薬剤yの作用の違いを述べよ。

実験結果：薬剤xと薬剤yをそれぞれ肝細胞に投与した後，アドレナリンを肝細胞に与えた。薬剤xと薬剤yのどちらの場合もグルコースは放出されなかった。薬剤xの場合はcAMPの合成が見られなかったが，薬剤yの場合はcAMPの合成が見られた。

31　広島大学 | ★★☆ | 15分 | 実施日 [　/　] [　/　] [　/　]

神経細胞における情報の伝わる仕組みに関する以下の文章を読み，**問1**と**問2**に答えよ。

神経細胞において，刺激を受けていない時は，電位は内側の方が外側に比べて低く，これを［ア］電位と呼ぶ。局所的に神経細胞の軸索を刺激すると細胞膜の内側と外側の電位が瞬間的に逆転し，その電位差を感知したナトリウムチャネルの機能により，細胞に［イ］電位が生じる。このようにして，局所的に短時間維持された電位変化が次々と隣接した細胞膜上を伝わっていく。この大きな電位の逆転は一過性であり，迅速（じんそく）にもとの状態に戻る。この際，膜にある［ウ］の働きにより［エ］イオンを細胞外へ汲（く）み出し，［オ］イオンを細胞内へ取り込んでいる。神経細胞軸索の末端では［イ］電位が伝わってくると，［カ］小胞内に存在する神経伝達物質が分泌され，情報を受け取る側の細胞膜にある受容体に結合する。その結果，細胞内シグナルが変換され，情報が伝わっていく。

問1　文章中の［ア］～［カ］に最も適切な語句を記入せよ。

問2　神経細胞を介した標的細胞の活性化機構を調べるため，下記の実験を行った。以下の文章を読み，**問(1)**～**問(3)**に答えよ。

メダカは外界からの様々な刺激により，(a)自律神経系や内分泌系を介してその体色が変化する。メダカのうろこを覆っている表皮の中には黒色素細胞があり，黒色素細胞内のメラニン顆粒（かりゅう）が細胞の中心部へ集まったり(凝集)，周辺部へ広がる(拡散)ことで体色変化が起こる(図1)。このメラニン顆粒の移動は，モータータンパク質がATPをADPに分解する際に生じるエネルギーを用いる。つまり，図1の反応は，細胞内に張りめぐらされた微小な繊維構造(微小管)上を，ATPから産生したエネルギーによりメラニン顆粒が運ばれることによって起こる。メダカ黒色素細胞の迅速な凝集反応は交感神経の働きにより調節されている。

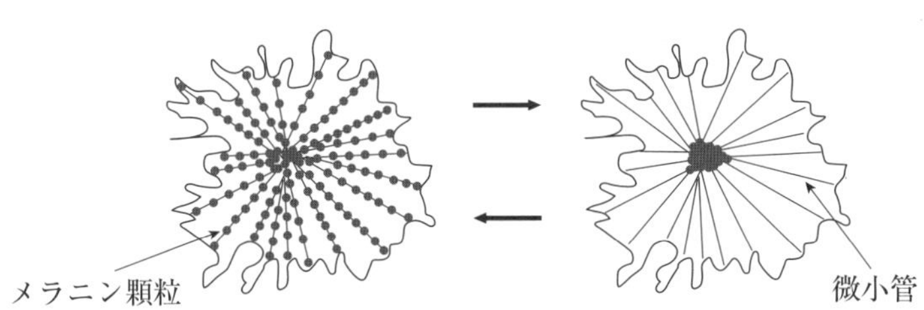

図1

［実験］　生きているメダカからうろこを摘出し，淡水魚用正常リンガー溶液（生理食塩水に必要な塩類を溶解したもの。組成は表1参照）に浸した。その中で，メラニン顆粒が十分に拡散している黒色素細胞を多数持つうろこを1枚選び，以下の操作を行った。

表1

	NaCl	KCl	$CaCl_2$
正常リンガー溶液	128.0	2.6	1.8
高カリウムリンガー溶液	104.6	26.0	1.8

（単位は mM，1 mM ＝ 10^{-3} M）

［操作1］　うろこを表1の高カリウムリンガー溶液に浸し，ただちにメラニン顆粒の分布を時間ごとに顕微鏡で観察した。その結果，黒色素細胞中のメラニン顆粒は図1で示したように強い凝集反応を引き起こすことがわかった。

［操作2］　［操作1］で用いたうろこを正常リンガー溶液中で十分すすぐとメラニン顆粒は再び，元の十分な拡散状態に戻った。次に，そのうろこを交感神経の神経伝達物質であるノルアドレナリン（0.1％）を加えた正常リンガー溶液に浸し，ただちに［操作1］と同様に顆粒の分布を観察した。その結果，多くの黒色素細胞は凝集した。しかし，メラニン顆粒が十分拡散した細胞輪郭（りんかく）が明瞭な形態を示す細胞であっても，(b)凝集反応がほとんど起こらない黒色素細胞も同時に観察された。

問(1)　以下の文章は，下線部(a)の自律神経系について説明したものである。正しいものを二つ選び，記号で答えよ。

（ア）　自律神経系は随意運動を担っている。

（イ）　間脳視床下部は自律神経系の最高中枢として働いている。

（ウ）　自律神経系の交感神経は小脳から出ている。

（エ）　自律神経系の副交感神経は神経末端でアセチルコリンを分泌する。

（オ）　心臓の拍動は自律神経系の交感神経により抑制される。

（カ）　胃の活動は自律神経系の副交感神経により抑制される。

問(2)　［操作 1］に関して，「高カリウムは，うろこの黒色素細胞に接した交感神経に作用し，ノルアドレナリンを分泌させることにより，黒色素細胞内のメラニン顆粒凝集を引き起こす」という仮説を立てた。その検証のため，下記に示した 3 種類の薬品 A，B，C を用いて実験を行うことにした。それぞれの薬品により処理したうろこを，高カリウムリンガー溶液に浸した。上述の「　」内の仮説が正しかった場合にどのような結果が予想されるか。それぞれの黒色素細胞について，20 字以内で例にならって記入せよ。

例）　メラニン顆粒は凝集する。

薬品 A：黒色素細胞の細胞膜上にあるカリウムチャネル(カリウムイオンを拡散により受動輸送するタンパク質)の働きを阻害する作用を持つ。

薬品 B：交感神経からのノルアドレナリン分泌を阻害する作用を持つ。

薬品 C：ノルアドレナリンとその受容体の結合を阻害する作用を持つ。

問(3)　［操作 2］の下線部(b)における理由の一つとして，黒色素細胞の細胞膜にあるノルアドレナリン受容体自体に問題があることが考えられる。それ以外の可能性について，下記に示した二つの語句を用いて 50 字以内で述べよ。なお，用いたノルアドレナリンは十分な生理活性を維持し，すべての実験操作は安定した手技で行っているものとする。

語句：ATP　　モータータンパク質

• EXTRA ROUND •　水産大学校　★★☆　5分

9　肝臓は体内で最も大きな臓器であり，活発な化学反応が行われている。肝臓には2種類の血管①からの血液が流れ込み，それらは肝臓内で合流して毛細血管を通り，最終的に1本の血管②を通って肝臓から出る。毛細血管壁の血液に触れる所にはクッパー細胞③が存在し，老化した赤血球や血液中に侵入してきた細菌などを取り込んで処理する④。同様の細胞は脾臓などの臓器にも存在し，一般に（　ア　）と呼ばれる。肝臓や脾臓で処理された赤血球のヘモグロビンは肝臓で分解され，（　イ　）の成分となる。（　イ　）は（　ウ　）に蓄えられ，胃から続く部位⑤に食物が到達するとここに放出され，（　エ　）の消化に関与する。

問1　上の文章中の（　ア　）～（　エ　）内に当てはまる最も適切な語句を答えよ。ただし，（　　　）内の記号が同じところには同一の語句が入るものとする。

問2　下線部①の2種類の血管について血管名，それぞれの血管が動脈か静脈か，また，それぞれがつながる臓器の名称を答えよ。

問3　下線部②の血管名，その血管が動脈か静脈か，また，それがつながる臓器の名称を答えよ。

問4　下線部③の細胞は血液中のある種の血球が起源と考えられている。その血球名を答えよ。

問5　細胞による下線部④のはたらきを何と呼ぶか答えよ。

問6　下線部⑤の部位を何と呼ぶか答えよ。

32　岡山大学　★☆☆　15分　実施日 / / /

哺乳類における血糖と摂食の調節に関する次の文章を読み，下の**問1～問5**に答えよ。

糖質を多量に摂取すると，一時的に血糖量(血糖値)が増加する。すると，その情報は，直接的に，あるいはa血糖調節の中枢から［ア］神経を通じて間接的に，すい臓の［イ］のB細胞(β細胞)に伝えられ，［ウ］の分泌を促進する。［ウ］は，グルコースの細胞内への取り込みや呼吸による消費を促進するとともに，b肝臓や筋肉におけるグルコースから［エ］への合成を促進するので，血糖量は低下して正常値を示すようになる。一方，血糖量が減少すると，その情報は，直接的に，あるいは血糖調節の中枢から［オ］神経を通じて間接的に，すい臓の［イ］のA細胞(α細胞)に伝えられ，［カ］の分泌を促進する。［カ］は［エ］からグルコースへの分解を促進することでc血糖量を上昇させる。このように血糖量の増減に応じて内分泌系や［キ］神経系がはたらくことで，血糖量は一定の範囲内に維持されている。

また，外界から栄養分を摂取する摂食行動の調節でも，内分泌系がはたらいている。例えば，食事をして十分な栄養を摂取すると，摂食を促進するホルモンの血中濃度が低下し，また摂食を抑制するホルモンの血中濃度が上昇して，食欲が低下する。逆に，一定時間以上食事をしないと，摂食を促進するホルモンの血中濃度が上昇し，摂食を抑制するホルモンの血中濃度が低下することで，食欲が増進する。dこのようなホルモンによる調節がうまくいかなくなると，過食や拒食のような摂食障害が起こる。

問1　文章中の［ア］～［キ］に適切な語句を入れよ。

問2　下線部aの中枢はどこにあるか。

問3　下線部bのように，ホルモンが作用する器官のことを何というか。

問4　下線部ｃのはたらきをもつホルモンは副腎皮質からも分泌される。このホルモンを何というか。また，このホルモンの分泌を促進する副腎皮質刺激ホルモンの分泌は，このホルモンによって抑えられる。このような調節機構を何というか。

問5　下線部ｄに関連して，絶えず食べ続ける過食ハツカネズミの２系統(系統Ｘと系統Ｙ)について調べるため，以下の実験１と実験２を行った。それぞれの系統について，実験結果から推測される過食原因として最も適当なものを，下の①～⑤の中から１つずつ選べ。

実験１　異常のない普通のハツカネズミ(以下「正常ハツカネズミ」という)と系統Ｘのハツカネズミの皮膚を外科的に結合させ，血液を交流させたところ，正常ハツカネズミには目立った変化が観察されなかったが，系統Ｘのハツカネズミは食欲が低下し，摂食量が正常ハツカネズミと同程度まで下がった。

実験２　正常ハツカネズミと系統Ｙのハツカネズミとで実験１と同じ外科手術を行ったところ，系統Ｙのハツカネズミには目立った変化が観察されなかったが，正常ハツカネズミは餌を食べなくなった。

① 摂食を促進するホルモンが常に大量に分泌されるようになっている。
② 摂食を促進するホルモンが分泌されなくなっている。
③ 摂食を抑制するホルモンが分泌されなくなっている。
④ 摂食を促進するホルモンの受容体がつくられなくなっている。
⑤ 摂食を抑制するホルモンの受容体がつくられなくなっている。

33 東京海洋大学 ★★☆ 15分 実施日 / / /

以下の文を読み，問1～問6に答えなさい。

動物の体液には様々な物質が溶けており，通常は動物種ごとに一定の浸透圧を保持している。ゾウリムシのように淡水にすむ単細胞生物では，細胞内にある［ A ］を使って水を排出する。一方，海水生無脊つい動物では浸透圧調節のしくみはあまり発達していないが，カニの仲間では浸透圧調節機構を保持している種もみつかっている。海水生の軟骨魚類は体液に［ B ］が溶けているため，体液と海水はほぼ同じ浸透圧である。また，海水生は虫類は，体内に過剰に取り込んだ塩類を［ C ］から能動的に排出している。硬骨魚類においては塩類の排出・吸収は［ D ］に大量に存在する［ E ］が行っている。

最近の研究で，硬骨魚類の浸透圧調節には多くのホルモンが関与していることが明らかになっている。たとえば，哺乳動物の乳腺の発達を促す作用が知られている［ 1 ］が，硬骨魚類では淡水に適応するホルモンとして作用することが知られている。［ 1 ］を分泌する器官である［ 2 ］を除去したウミメダカは，海水中で生きていくことができるが，淡水中では血液中のナトリウムイオン濃度が著しく低下し，生存できない。

問1　文中の［ A ］～［ E ］に入る適切な語句を答えなさい。

問2　下線部について河口付近の水中に生息する(a)ヨーロッパミドリガニと干潟の巣穴に生息する(b)シオマネキ，さらに外洋性の(c)ケアシガニについて環境水の浸透圧と体液の浸透圧[mOsm/kgH_2O]の関係を次の表に示した。Ⅰ～Ⅲにあてはまる最も適切な種を選び，記号で答えなさい。なお，海水の浸透圧は約1050 mOsm/kgH_2Oである。

表

体液の浸透圧＼環境水の浸透圧	100	500	1100	1200	2000
Ⅰ	650	785	915	1000	1000
Ⅱ	540	730	1100	1200	＊
Ⅲ	＊	500	1100	1200	＊

＊実験中に死亡した

問3　海水生硬骨魚類の浸透圧調節に重要な役割を果たしている器官を3つあげ，これらの器官が果たしている役割をそれぞれ15字以内で説明しなさい。

問4　文中の［ 1 ］にあてはまるホルモン名，および［ 2 ］にあてはまる器官名を答えなさい。

問5　ウミメダカは通常の状態では淡水中でも生きていくことができるが，これには文中の［ 1 ］の作用が重要である。このことを証明する実験を考え，50字以内で説明しなさい。

問6　日本産のメダカは淡水魚であるが，海水でも短期間であれば飼育することが可能である。そこで，以下の飼育水を用意し，これらの中でメダカを1週間飼育した。その後，メダカから取り出した文中の［ D ］を，塩化物イオンを含まない等張液で短時間洗浄し，0.2％硝酸銀水溶液に5分間浸した。硝酸銀水溶液中に塩化物イオンが存在すると，塩化銀の白色沈殿が生じる。処理後の［ D ］を顕微鏡観察した結果，明瞭な白色沈殿を生じる場合と生じない場合に分かれた。どの飼育水で飼育した場合に，［ D ］の表面に明瞭な白色沈殿が生じるか，すべて答えなさい。なお，実験の過程で［ D ］の細胞が死ぬことはないものとする。

（用意した飼育水）

淡水，海水，0.1％食塩水，3％食塩水，0.1％グルコース，1.5％グルコース

34 群馬大学 ★★☆ 20分 実施日 / / /

(1) 次の文章を読んで，**問1～問7**の答を記入せよ。

抗体である免疫グロブリンは2本のH鎖と，H鎖より小さな2本のL鎖からなるY字状のタンパク質である(下図)。どの抗体も基本的には同じような立体構造をしているが，ある特定の領域の［ア］配列は抗体ごとに変化に富んでおり立体構造が異なる。この領域は$_a$可変部とよばれ，可変部の立体構造の多様性が，多種多様な抗原の中から特定の抗原の認識を可能にしている。このような多様性がうまれるしくみは次のように説明される。

$_b$未分化なB細胞では，H鎖とL鎖の可変部に相当する遺伝子の配列がH鎖ではV，D，Jという3つの領域，L鎖ではVとJという2つの領域に分断されており，それぞれの領域は多数の遺伝子断片から構成されている。B細胞が成熟するにつれて，それぞれの領域から1つずつ遺伝子断片が選ばれ，$_c$遺伝子の再編成がおこる。この遺伝子再編成はB細胞ごとに異なるので，B細胞ごとに可変部の［ア］配列の異なる抗体が生成されることになる。

このような遺伝子再編成は，T細胞の細胞表面にある受容体の生成過程でもおき，この過程をへて$_d$T細胞は成熟・分化する。成熟・分化したT細胞は，マクロファージや［イ］に取り込まれ分解された抗原の情報を受け取り，$_e$活性化され増殖する。そのT細胞は［ウ］とよばれる生理活性物質を分泌し，$_f$B細胞を活性化する。活性化されたB細胞は分裂して増殖したのち，$_g$抗体産生細胞に分化して大量の抗体を産生する。産生された抗体は抗原と反応して抗原抗体複合体をつくり，抗原抗体複合体はマクロファージの［エ］によって排除される。このような$_h$抗体による免疫作用を［オ］とよぶ。

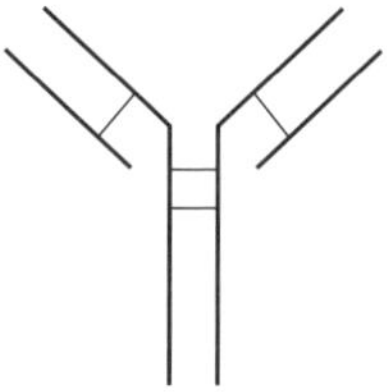

問1　空欄 ア ～ オ にあてはまる適切な語句を記せ。

問2　下線部aに関して，抗体の可変部の位置を点線で囲んだ図として，最も適切なものは①～⑤の中のどれか。記号で答えよ。

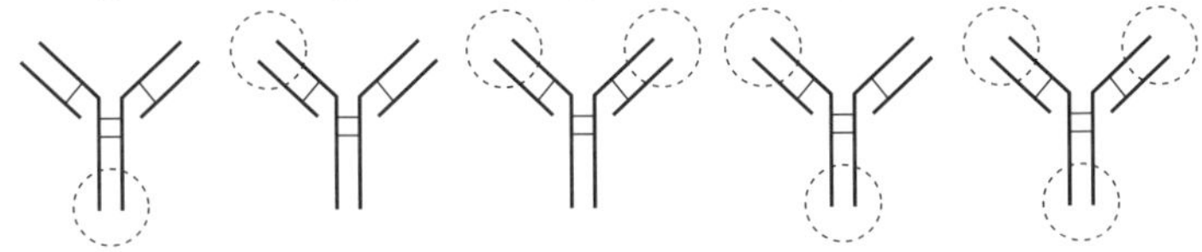

問3　下線部b, d, gに関して，未分化なB細胞が存在する器官，T細胞が成熟・分化する器官，抗体産生細胞が存在する器官として正しい組み合わせはどれか。①～⑥のうち正しい組み合わせの記号を答えよ。

	未分化なB細胞が存在する器官	T細胞が成熟・分化する器官	抗体産生細胞が存在する器官
①	骨　髄	胸　腺	胸　腺
②	骨　髄	骨　髄	胸　腺
③	骨　髄	胸　腺	脾(ひ)　臓
④	脾　臓	胸　腺	脾　臓
⑤	脾　臓	骨　髄	胸　腺
⑥	脾　臓	骨　髄	脾　臓

問4　下線部cの遺伝子の再編成に関して，次のことを仮定した場合，何種類の抗体が生成可能と考えられるか，計算結果を答えよ。

［仮定］

・H鎖のV, D, J領域に遺伝子断片がそれぞれ50, 25, 6種類ずつある。

・L鎖のV, J領域に遺伝子断片がそれぞれ70, 5種類ずつある。

問5　下線部eにおいて，多種多様な抗原と反応するT細胞集団の中で，ある特定の抗原を認識できる受容体をもつ細胞はごくわずかにしか存在しない。それにもかかわらず，生体内でそのような少数のT細胞がマクロファージや イ と効率よく出合い，活性化されるのはなぜか。T細胞が活性化される場所に着目して，60文字以内で説明せよ。

問6　下線部fにおいて，増殖したT細胞はすべてのB細胞を活性化するわけではなく，特定のB細胞のみを活性化する。活性化される確率が最も高いB細胞の特徴を表す記述として適切なものは①～⑤の中のどれか。記号で答えよ。

①　抗体産生細胞に分化することが決定しているB細胞

②　記憶細胞に分化したB細胞

③　T細胞が最初に出合ったB細胞

④　T細胞が認識する抗原と同じ抗原を認識する抗体を産生するB細胞

⑤　自己の細胞や組織と反応しないB細胞

問7　下線部hに関して，抗体の免疫作用では細胞に感染した病原体を除去できない。その理由を15文字以内で説明せよ。

⑵　次の実験1～3に関する文章を読んで，**問1**～**問5**の答を記入せよ。

〔実験1〕　a ウサギの静脈に，ニワトリの卵からとったアルブミンとよばれるタンパク質を2週間間隔で2回注射した。2回目の注射の1週間後，このウサギの血液をとり，その血清にニワトリの卵のアルブミンを加えたところ，沈殿が生じた。

〔実験2〕　ニワトリの卵のアルブミンをあるタンパク質分解酵素を用いて完全に分解した。酵素を失活させたのち，この分解物を〔実験1〕で得られた血清に加えたところ，分解物の濃度にかかわらず，沈殿は生じなかった。

〔実験3〕　〔実験1〕のニワトリの卵のアルブミンの代わりに，ウサギ自身からとった血清アルブミンを用いて同様な実験をおこなったところ，加えた血清アルブミンの濃度にかかわらず，沈殿は生じなかった。

問1　下線部aに関して，①～④のウサギの静脈に関する記述で誤りのあるものを記号で答えよ。

① 静脈の血管壁は動脈のそれよりも薄い。

② 静脈には血液の逆流を防ぐための弁がある。

③ 肺静脈を流れる血液は肺動脈を流れる血液より二酸化炭素量が多い。

④ 静脈は毛細血管で動脈とつながっているので，ウサギの血管系は閉鎖血管系である。

問2　〔実験2〕で沈殿が生じなかった理由を25文字以内で説明せよ。

問3　〔実験3〕で沈殿が生じなかった理由を25文字以内で説明せよ。

問4　〔実験1〕のような抗原抗体反応は，ヒトのABO式血液型の判定にも使われる。血液型がわからないヒトの血液に凝集素α(抗A血清)を混ぜたとき，凝集が観察された。また，凝集素β(抗B血清)と混ぜたときも凝集が観察された。このヒトの血液型はA型，B型，AB型，O型のどれか。血液型を答えよ。

問5　ヒトのABO式血液型において，表現型はA型，B型，AB型，O型の4つである。一方，血液型を決定する対立遺伝子はA，B，Oの3つである。これら3つの対立遺伝子で4つの表現型が生じるしくみを50文字以内で説明せよ。

• EXTRA ROUND •　三重大学　★☆☆　3分

10　異なるヒトの血液を混ぜると血液の凝集が起こることがある。この反応は抗原抗体反応の一種である。無作為に100人の血液型を調べたところ，55人は抗A血清に対して，35人は抗B血清に対して，それぞれ凝集反応を示した。また，両血清とも反応した人と両血清とも反応しなかった人の合計は40人であった。A型，B型，O型，AB型の各血液型の人数を計算せよ。

35 滋賀県立大学 | ★☆☆ | 15分 | 実施日 / / /

次の文章を読み，**問1～問6**に答えよ。

生物が異物を排除する機構には，抗体を用いて標的となる抗原を攻撃する［ア］と，細胞が直接作用する［イ］がある。前者の反応で，(a)抗原に特異的に結合できる抗体を産生するのは，B細胞系の細胞(B細胞と形質細胞)である。後者の反応で主役を演じているのはT細胞である。B細胞とT細胞は，ともに［ウ］でつくられるが，T細胞はその後，［エ］で成熟する。その他の免疫担当細胞の中には，食作用をもつ大型の［オ］があり，リンパ球と協同して生体防御に働いている。

免疫システムは異物を攻撃し排除するが，自己の正常な細胞や組織を攻撃することはない。これは，免疫システムの中に，自己には免疫反応しないように制御する「免疫寛容」というしくみがあるからである。(b)病的な状態では，この「免疫寛容」の状態に変化が起こって，自己成分が免疫系によって攻撃されることがある。

系統が異なる2種類のマウス(ハツカネズミ)(X系とY系)を使って，「免疫寛容」に関係する以下の一連の実験を行った。

実験1　成熟したY系の組織片を，成熟したX系のマウスに移植したところ，移植されたY系マウスの皮膚片は11日後に脱落した。

実験2　実験1で使用したX系のマウスに，もう一度成熟したY系マウスの皮膚片を移植したところ，移植されたY系マウスの皮膚片は6日後に脱落した。

実験3　Y系マウス由来の皮膚の細胞を，生後間もない時期のX系マウスに移植すると，移植されたY系マウス由来の細胞は拒絶されることなく，受け入れられた(図1)。

実験4　生後間もない時期に，Y系マウス由来の皮膚細胞を移植されたX系マウスは，成熟した後でも，同じY系マウス由来の皮膚移植片を拒絶することなく受け入れた(図2)。

実験5　生後間もない時期にY系マウスの皮膚細胞を移植されたX系マウスは，成熟した後に，皮膚組織だけではなく，同じY系マウス由来のすべての組織片を拒絶することなく受け入れた。

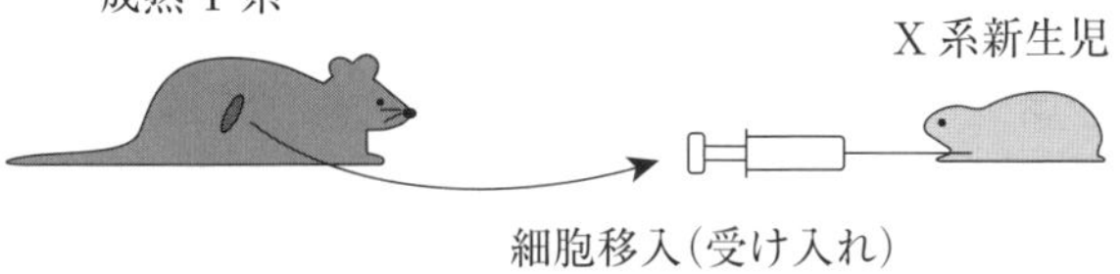

図1　実験3の概要

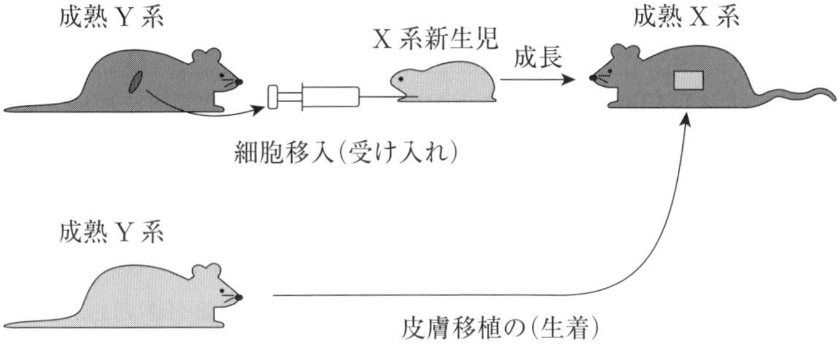

図2　実験4の概要

問1　空欄 ア ～ オ に適切な語句を入れよ。

問2　下線部(a)について，生体反応の多くは，この抗原抗体反応や酵素基質反応のように，立体構造による特有の結合によって行われる。このような反応にはその他にどのようなものがあるか。反応の例を一つ挙げよ(「酵素と基質の反応」という形式で答えよ。ただし，抗原抗体反応と酵素基質反応は除く)。

問3　下線部(b)について，がん細胞は自己の細胞から発生するにもかかわらず，免疫系によって攻撃されることがある。その理由を考えて，簡潔に答えよ。

問4　実験2の結果は，免疫反応の一つの特徴を示している。その特徴とは何か。簡潔に説明せよ。

問5　実験3と実験4の結果から，何がわかるか。簡潔に述べよ。

問6　実験5で，Y系マウス由来のすべての組織片が受け入れられるようになったのは，どのようなメカニズムによるか。簡潔に答えよ。

36 鹿児島大学 ★★☆ 15分 実施日 / / /

次の文章を読み，**問1～問5**に答えなさい。

免疫反応は様々な細胞と分子により起こる。その中で，抗体は免疫反応において重要な役割を果たしている。抗体はH鎖とL鎖の2個ずつ計4個の［ア］から成り立っている。一般的に，［ア］は多数の［イ］が鎖のように連なった構造をとっている。［イ］の［ウ］はとなりの［イ］の［エ］と結合している。この結合形式を［オ］結合という。抗体を構成する［ア］の［イ］配列を調べると，①常に一定の配列をとる部分と，抗体の種類によって配列が異なる部分が存在する。抗体は配列が異なることにより，様々な高次構造を形成することができる。この高次構造により，抗体は様々な抗原を認識する。

免疫反応の1つとして，移植した臓器の拒絶反応をあげることができる。人の臓器を病気の患者に移植する場合，拒絶反応を回避するためにHLA(ヒト白血球抗原)と呼ばれる遺伝子が一致した臓器を移植する必要がある。HLA遺伝子はHLA－A，HLA－B，HLA－DRなど複数存在し，各々の遺伝子には様々な遺伝子型が存在する。多数存在するHLAの中でここではHLA－A，HLA－B，HLA－DRの3つの遺伝子を取り上げ，この遺伝子が親から子へと遺伝する仕組みを具体的な例で考えていく。

たとえば，HLA－AがA1とA2，HLA－BがB5とB7，HLA－DRがDR1とDR2の遺伝子型を持つ父親と，HLA－AがA3とA9，HLA－BがB8とB12，HLA－DRがDR3とDR4の遺伝子型を持つ母親から生まれる子供の遺伝子型を考える。この子供の遺伝子型の組み合わせは，②高い確率で4つのパターンのどれかをとることが知られている。しかし，③ごくまれに4つのパターン以外の遺伝子型をとる可能性があることも知られている。

問1　文章中の ア ～ オ に適する語句を次の語群から選びなさい。ただし同じ語句を2度使用してはならない。

〔語　群〕

アミノ基，アミノ酸，塩基，オリゴヌクレオチド，核酸，カルボキシ基，グルコシド，酵素，水素基，糖，ペプチド，ポリペプチド，リン酸基，DNA，RNA

問2　下線部①にある抗体の一定の配列をとる部分と配列が異なる部分をそれぞれ何というか，答えなさい。

問3　下線部②に記述した4つのパターンの遺伝子型組み合わせのうちの1つは，HLA－AがA1とA3，HLA－BがB7とB12，HLA－DRがDR2とDR3の遺伝子型であった。残りの3つのパターンを答えなさい。

問4　下線部②で記述したように，子供の遺伝子型組み合わせは高い確率で4つのパターンのどれかをとる。なぜ子供は4つのパターンの遺伝子型のどれかをとる可能性が高く他のパターンの可能性は低いのか，その理由を40字以内で答えなさい。

問5　下線部③で記述したように，ごくまれに4つのパターン以外の遺伝子型をとるときがある。4つのパターン以外の遺伝子型をとるときには，どのような現象が起こったと言えるか，50字以内で答えなさい。

37　岡山県立大学 | ★☆☆ | 15分 | 実施日 [　/　] [　/　] [　/　]

次の文章を読み，**問1**～**問6**に答えよ。

ヒトの五感とは視覚，聴覚，味覚，嗅覚，皮膚感覚である。眼や耳などの感覚器官が環境の情報を刺激として受け取り，脳などの中枢神経に興奮を伝えると感覚が起こる。

ヒトの眼はカメラとよく似た構造をしている。眼球の前部にある［ア］はカメラの凸レンズにあたるもので，光を屈折させて像をカメラのフィルムにあたる網膜に結ばせる。(1)<u>網膜には光刺激を受容する2種類の視細胞がある</u>。網膜の中心部分は［イ］と呼ばれ，結ばれた像の色や形をはっきりと感じ取るのに役立つ。視神経が網膜を貫いている部分は［ウ］と呼ばれ，光を感知することができない。網膜で受け取られた光刺激による興奮は，視神経を通って大脳に運ばれ視覚が生じる。

ヒトの耳は外耳，中耳，内耳からなる。音波は耳介によって集められ，外耳道を通って鼓膜に伝わる。(2)<u>鼓膜は音波によって振動し，これが聴細胞に伝わり，聴神経が刺激されて，大脳に伝えられることにより聴覚が生じる</u>。

内耳は平衡覚の感覚器官でもあり，体の傾きは［エ］が，体の回転は［オ］が感知する。体が傾くと［エ］にある［カ］がずれて，感覚細胞が体の傾きを感知する。体が回転すると［オ］の中の［キ］が動き，感覚細胞にある［ク］が刺激されて，体の回転の方向や速さを感知する。

問1　［ア］～［ク］にあてはまる適切な語句を答えよ。

問2　下線部(1)にある2種類の視細胞の名称を答えよ。

問3　暗いところから急に明るいところに出ると，まぶしくてものが見えにくいが，少し時間がたつと見えるようになってくる。

(a)　この現象の名称を答えよ。

(b)　この現象のしくみを50字以内で説明せよ。

問4　近くを見るときの遠近調節のしくみを70字以内で説明せよ。

問5　図1は視覚が眼から脳に伝わるまでの経路をあらわしたものである。両眼の内側から出た視神経だけが交さするため，両眼とも網膜上の右半分の情報は右の脳へ,左半分の情報は左の脳へ伝えられる。図1のa，b，c，dの位置で視神経が切断されると,左右の眼はどのように見えるか,すなわち視野欠損はどのようになるか。選択肢(ア)～(タ)の中からそれぞれ正しいものを選び，記号で答えよ。選択肢の図の白い部分は正常に見え，黒い部分は視野が欠損していることを示すものとする。

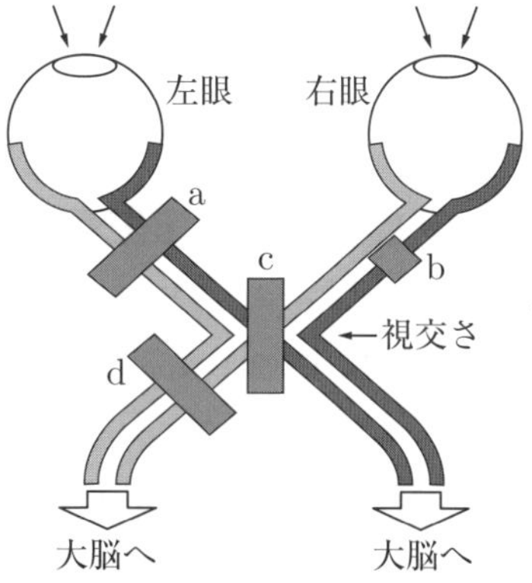

図1

〔選択肢〕

		左眼		右眼	
(ア)	左耳側	□□	鼻側	□□	右耳側
(イ)	左耳側	□□	鼻側	□■	右耳側
(ウ)	左耳側	□□	鼻側	■□	右耳側
(エ)	左耳側	□□	鼻側	■■	右耳側
(オ)	左耳側	□■	鼻側	□□	右耳側
(カ)	左耳側	□■	鼻側	□■	右耳側
(キ)	左耳側	□■	鼻側	■□	右耳側
(ク)	左耳側	□■	鼻側	■■	右耳側
(ケ)	左耳側	■□	鼻側	□□	右耳側
(コ)	左耳側	■□	鼻側	□■	右耳側
(サ)	左耳側	■□	鼻側	■□	右耳側
(シ)	左耳側	■□	鼻側	■■	右耳側
(ス)	左耳側	■■	鼻側	□□	右耳側
(セ)	左耳側	■■	鼻側	□■	右耳側

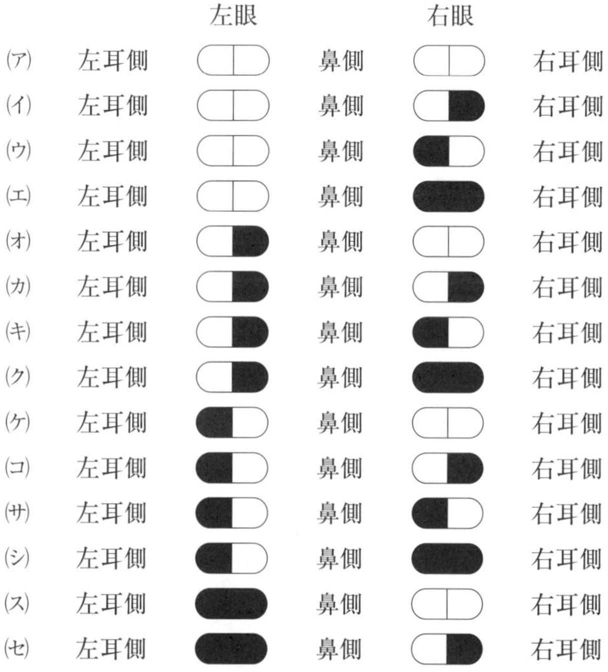

(ソ)　左耳側　　鼻側　　右耳側

(タ)　左耳側　　鼻側　　右耳側

問 6　下線部(2)に関して，音波によって鼓膜が振動してから聴細胞が興奮するまでの過程を 100 字以内で説明せよ。

• EXTRA ROUND •　宮城教育大学　★☆☆　5分

11　網膜上の盲斑に結ばれる像のようすを調べるために，次の実験を行った。実験 1，2 および図を参照して，以下の問いに答えよ。

（実験 1）　壁に＋印を書く。ほかに，直径 2 mm の●印をつけた細長い紙を用意する。被験者は右目が＋印の正面に来るように立ち，＋印から目を 30 cm 離す。左目をおおい隠し，右目の視線を＋印に固定したまま，別の人が●印のついた紙を，＋印のついたところから右に動かす（図）。

（実験 2）　ひきつづき，実験 1 で●印が見えなかった付近で●印を上下左右に動かし，●印が見えない部分に印をつけてその形を調べると，ほぼ 6 cm^2 の円形であった。

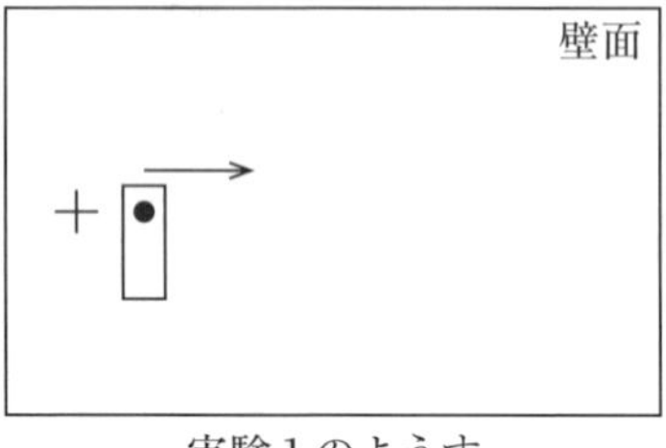

実験 1 のようす

a)　実験 1 では，●印の見え方はどのように変化したか述べよ。

b)　視覚器の構造上，盲斑にはどのような機能があるか述べよ。

c)　実験 2 の結果から，この被験者の盲斑の面積はおおよそ何 mm^2 となるか。計算の過程もあわせて答えよ。ただし目の水晶体の中心から＋印までの距離を 30 cm，水晶体中心から網膜までの距離を 2 cm とする。網膜は壁と平行な平面だと考える。

• EXTRA ROUND •　埼玉大学　★☆☆　5分

12 (1) 音の高低とうずまき管内の基底膜の振動する位置の関係について説明せよ。

(2) 半規管ではどのようにして回転や加速度を感じることができるか説明せよ。

(3) 宇宙空間で人間は体の傾きを感じることができないが，その理由を説明せよ。

38 金沢大学 | ★★☆ | 20分 | 実施日 / / /

実験1および実験2に関する文を読んで，**問1～5**に答えなさい。なお，図中で示した電極はすべて模式図である。

実験1　ある高等生物の2種類の神経(有髄神経と無髄神経)の性質を調べるために以下の実験を行った。神経AおよびBの一方に刺激電極をおいて電気刺激を加えて(図1)，120 mm 離れた場所の神経細胞内の電位変化を記録した(図2)。

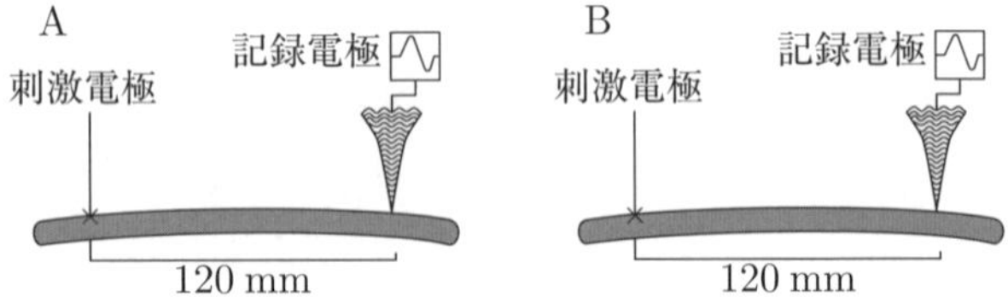

図1

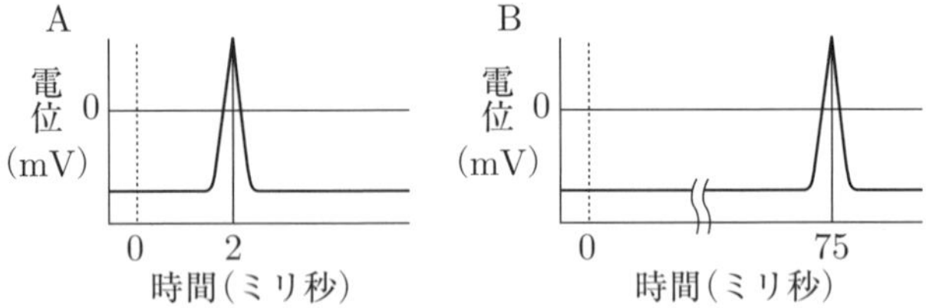

図2

問1　神経AおよびBの神経伝導速度を求めなさい。その答えから，それぞれAとBが有髄神経と無髄神経のうちどちらかを，その理由とともに答えなさい。

問2　刺激により観察された神経細胞内の一連の電位変化がおこるしくみを以下の用語をすべて使って説明しなさい。

膜電位，静止電位，活動電位，ナトリウムイオン，カリウムイオン

実験2　図3は脊髄反射の神経回路を示す。脊髄に入力する直前の感覚神経Cと D のそばに記録電極①と③を，また，脊髄内部の運動神経 E と F の細胞体にも記録電極②と④を置き，それぞれの細胞内電位変化を記録した。脊髄から 0.8 m 離れた位置で感覚神経 C を刺激したところ，①と②に図 4 で示す電位変化が記録された。また，刺激から 56.8 ミリ秒後，運動神経 E が制御している筋繊維が収縮した。次に脊髄から 0.7 m 離れた位置で感覚神経 D を刺激したところ，③と④に図 5 で示す電位変化が記録され，やはり筋繊維が収縮した。それぞれの筋繊維は脊髄から 1.5 m 離れた位置にあり，また運動神経 E と F の伝導速度は 50 m/ 秒とする。**問 3** と**問 4** の解答には計算式も記入すること。

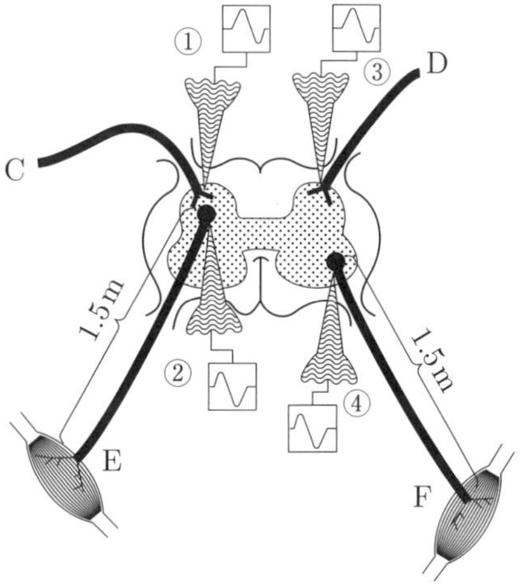

図 3

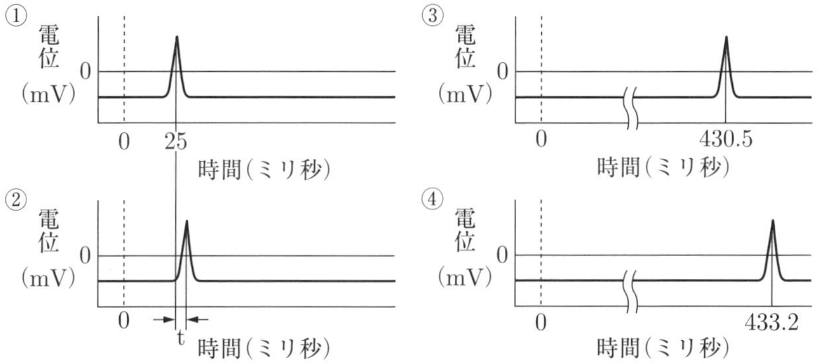

図 4　　　　　　　　図 5

問3　以下の2つの仮定を用いて感覚神経Cと運動神経Eを連絡するシナプス伝達時間tを求めなさい。

仮定a　感覚神経Cと運動神経Eの間には介在神経がない。

仮定b　感覚神経Cと筋繊維の間を連絡するすべてのシナプスが同じ伝達時間を持つ。

問4　以下の仮定を用いて感覚神経Dの興奮が運動神経Fに伝わるまでに介在するシナプスの数を求めなさい。ただし，感覚神経Dと運動神経Fを介在するすべてのシナプス伝達時間tは**問3**で得られた値を用いること。

仮定c　脊髄内部での神経伝導時間は神経が短いため無視できる。

問5　神経間の伝達の機構について以下の用語をすべて使って説明しなさい。

シナプス，シナプス小胞，神経伝達物質，化学的伝達

• EXTRA ROUND •　九州工業大学　★☆☆　5分

13　運動神経軸索の末端から12.51 cmの所に閾値以上の電気刺激を与えると，7.05ミリ秒後に筋肉が収縮し始めた。その後，筋肉が元に戻り十分に休ませた後，同じ神経の末端から6.01 cmの場所を刺激すると，刺激後6.41ミリ秒後に収縮し始めた。この実験結果から運動神経の伝導速度を求めよ。また，興奮が軸索末端に達した後，筋肉が収縮するまでの時間を求めよ。解答には計算式と答えを記せ。答えは有効数字2桁で答えよ。

39　宮城大学 | ★☆☆ | 20分 | 実施日 [/] [/] [/]

次の文を読み，問に答えなさい(**問1～問6**)。

脊つい動物の筋肉は，[イ]と[ロ]に大別される。[イ]には，骨格筋と[ハ]とがある。骨格筋は，意識的に動かすことのできる随意筋で，[ハ]は自律神経の支配を受けて，意識的に動かすことのできない不随意筋である。一方，[ロ]は消化管などの内臓や血管壁にある筋肉で，不随意筋である。

骨格筋は，筋繊維と呼ばれる多数の筋細胞からなる。筋繊維の細胞質には，多数の[ニ]の束があり，筋収縮に関係している。[ニ]を顕微鏡で見ると，明るく見える明帯(I帯)と，暗く見える暗帯(A帯)が交互に連なっている。これは[ニ]にサルコメア(筋節)と呼ばれる構造が規則的に並んでいるためである(図1)。

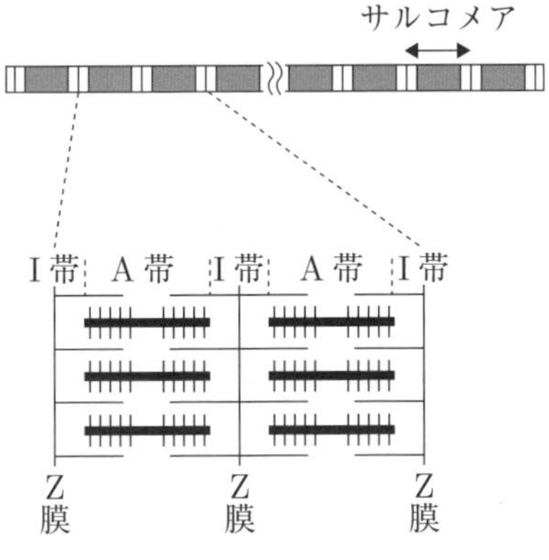

図1

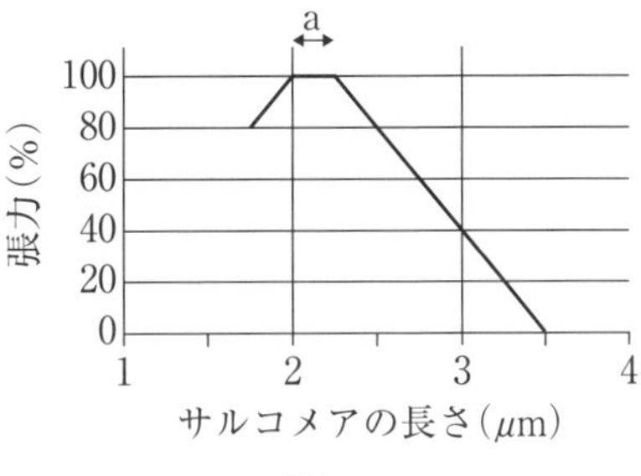

図2

サルコメアには収縮反応に関与する2種類のフィラメントがある。1つは(1)A帯に局在するフィラメントで，もう一つは(2)I帯中央のZ膜を起点としてA帯まで達するフィラメントである。A帯部に局在するフィラメントの表面には，中央部の一部を除くと全体的に小さい突起が一様に分布している。この小突起には(3)ある物質を分解し，エネルギーを発生させるはたらきがある。ここでできたエネルギーが，一方のフィラメントをA帯中央方向に引き込む作用を起こし，筋肉を収縮させ張力を発生させる。筋肉の張力は小突起が分布する範囲におけるフィラメントの重なり合いの程度に比例して発生する。小突起の存在しない部位におけるフィラメントの重なり合いは張力発生に影響しない。一方，フィラメント間の重なり合いがなくなるまで筋肉を引き伸ばすと，張力は発生しなくなる。

問1　［イ］〜［ニ］に適切な語を入れなさい。

問2　下線部(1)と(2)にあてはまるフィラメントの名称を書きなさい。

問3　下線部(3)のある物質とは何か，その名称を書きなさい。

問4　図2に張力とサルコメアの長さの関係を示した。図2の矢印aの範囲は，下線部(1)のフィラメントのある部分の長さに相当している。それはどこか，解答欄(下図)の図に矢印で範囲を示しなさい。

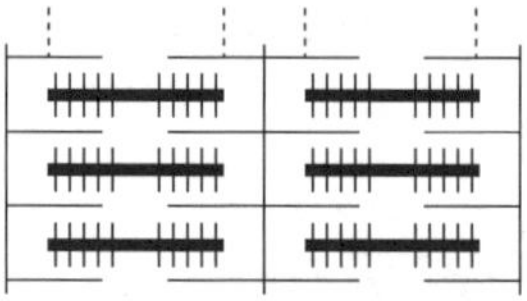

問4の解答欄

問5　2種類のフィラメントがどのような位置にあるときに張力は0となるか，下の①〜⑤から選びなさい。

①

④

②

⑤
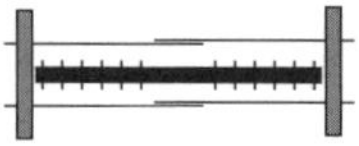

③

問6　図2から，下線部(1)のフィラメントと，下線部(2)のフィラメントの長さは何 μm か，それぞれ小数第2位まで求めなさい。ただし，a の長さを 0.25 μm，Z 膜の幅(厚さ)は無視できるほど小さいものとする。

40　福島大学 | ★☆☆ | 15分 | 実施日 / / /

以下の2つの実験について，それぞれの説明を読み，問いに答えなさい。

＜実験1＞

図1に示したように，機械仕掛けで前へ進んでいくマガモのはく製を用意した。はく製からはメスのマガモの声や実験者によるマガモの鳴きまねなどを録音した音声を提示した。人工的に孵化させたマガモのヒナを，孵化から一定時間が経過した後に，はく製のマガモがよく見える位置においたところ，マガモのヒナがはく製の後を追う後追い行動が観察されるようになった。

図1　実験1で使用した実験装置

問1　実験1について，ヒナが孵化してからの時間経過とヒナがはく製の後を追う行動の発現率の関係を示したグラフは次のどれか，図2のア～エの中から一つ選択しなさい。

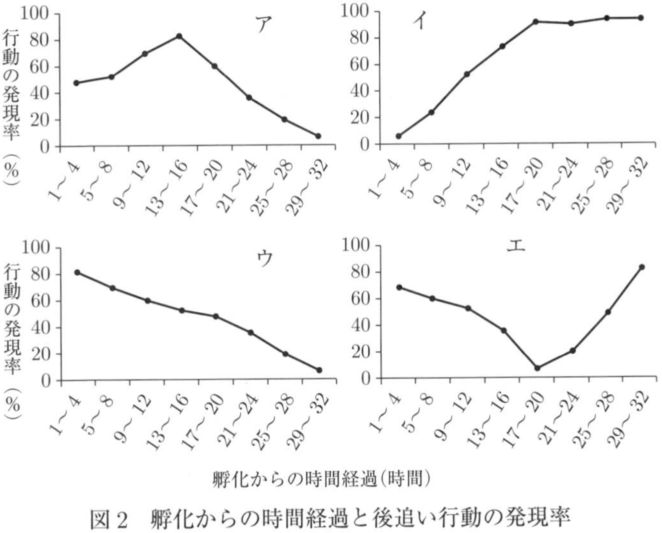

図2　孵化からの時間経過と後追い行動の発現率

問2　マガモなど水鳥のヒナで観察されるこのような学習のことを何というか，答えなさい。

問3　実験1ではマガモのはく製が使われ，ヒナははく製の後を追うようになった。また，これとは違う実験で，マガモのはく製の代わりにサッカーボールを使い，はく製の場合と同じようにサッカーボールを動かしたところ，ヒナはサッカーボールの後を追うようになった。このとき，サッカーボールからメスのマガモの声や実験者によるマガモの鳴きまねなどの音声を提示しなかった。これらのことから，マガモのヒナが後追い行動をするようになるには，どのような要件が必要であると考えられるか，述べなさい。

問4　マガモのはく製に後追い行動をするようになったヒナを，それから1週間後に親鳥と対面させる。すると，はく製に対するヒナの後追い行動はどうなるか，また親鳥に対するヒナの後追い行動はどうなるか，適切な答えをア～エの中から一つ選択しなさい。

ア　はく製に対する後追い行動はそのまま維持され，親鳥に対する後追い行動も示すようになる。

イ　はく製に対する後追い行動はそのまま維持されるが，親鳥に対する後追い行動は示すようにならない。

ウ　はく製に対する後追い行動をやめ，親鳥に対する後追い行動を示すようになる。

エ　はく製に対する後追い行動をやめ，親鳥に対する後追い行動も示さない。

＜実験２＞

木箱の中にお腹をすかせたネコを入れ，木箱の外にエサを置く。木箱の中のペダルを踏むと掛け金がはずれて扉が開く仕組みになっている。それによって木箱の中のネコは木箱の外に脱出することができる。このとき，ネコを木箱に入れてから外に脱出するまでの時間を測定すると，図３のようになる。

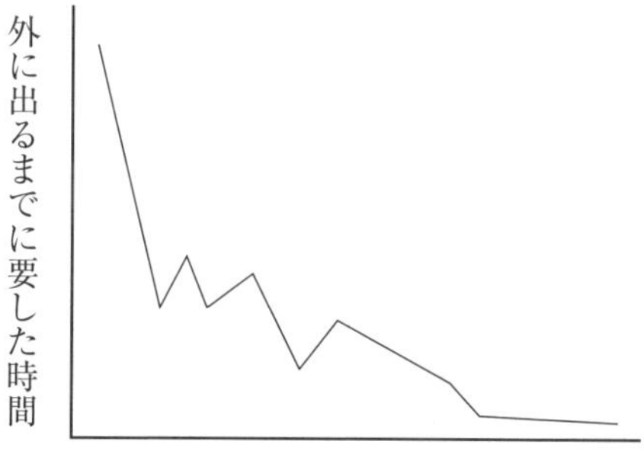

図３　実験回数とネコが木箱の外に脱出するまでに要した時間との関係

問５　図３からわかることは，どのようなことか，適切な答えをア～エの中から一つ選択しなさい。

ア　ゆっくりだったネコの動作が徐々に俊敏になってきた。

イ　ネコが木箱の中にいることに慣れてきて，次第に脱出しなくなった。

ウ　ネコの脱出回数が次第に減少した。

エ　ネコが次第に素早く脱出するようになった。

問６　木箱に入れられたネコは，はじめのうち壁をひっかいたり，板の隙間から前脚を出したりと，さまざまな反応を自発する。しかし，実験回数を増やしていくとペダルを踏む反応が増え，その他の反応は減ってくる。このようにさまざまな試みを通して進行していく動物の学習のことを何というか，答えなさい。

問７　実験１のタイプの学習と，実験２のタイプの学習では，異なる点が２つある。それはどのような点か，150字以内で述べなさい。

41 岐阜大学 | ★★★ | 25分 | 実施日 / / /

次の文章を読み，**問1～6**に答えよ。

メンデルは，様々な形質を持つ系統のエンドウを用いて交配実験を繰り返し行い，形質の遺伝に規則性があることを発見した。1865年に発表された「植物雑種に関する研究」では，種子の形や茎の高さなど，エンドウの7つの形質に関して，交配実験の結果が示されている。メンデルが発見した規則性は，優性の法則，分離の法則，独立の法則の3つにまとめることができる。分離の法則と独立の法則は①減数分裂における染色体の分配様式に基づくことが後に示された。

最近の研究では，メンデルが研究した7つの形質のうちいくつかの形質について原因遺伝子が突き止められている。例えば，茎の高さに関わる遺伝子は，植物ホルモンの1つであるジベレリンの生合成に関わる酵素の遺伝子であることが1997年に明らかとなった。茎を高くする対立遺伝子Lに対し，茎を低くする対立遺伝子l(Lはlに対し優性)は②DNAの塩基配列のうちの1塩基がグアニン(G)からアデニン(A)へ変化しており，この遺伝子により作られるタンパク質ではこの変化に伴ってアミノ酸構成が変化していた。③遺伝子型llの植物体にGA_1(図1参照)を与えると対立遺伝子Lを持つ植物体と同様に茎が伸長するように変化したが，GA_{20}を与えた場合には変化が見られなかったことから，対立遺伝子Lから作られるタンパク質はGA_{20}からGA_1を合成する酵素であるとわかった。対立遺伝子lにより作られる酵素は，対立遺伝子Lにより作られる酵素の20分の1しか酵素活性がなかった。

また，茎の高さに関わる別の1対の遺伝子Nとn(Nはnに対し優性)も見つかった。この遺伝子もジベレリン生合成に関わっており，図1の物質AからGA_{44}の生合成に至るステップの1つの反応を行っている。活性を持たない酵素を作る対立遺伝子nをホモで持つ遺伝子型nnの植物体ではこのステップが完全に遮断され，ジベレリン生合成が行われない。その結果，遺伝子型nnの植物体は，遺伝子型が$NNll$や$Nnll$の植物体よりもさらに茎が低くなる。

さらに，植物体間での接ぎ木実験が行われている。④遺伝子型$nnLL$を接ぎ穂として接ぎ木する場合，*nnLL* を台木とした処理より *NNLL* を台木とした処理の方が接ぎ穂の茎が伸長した。この結果から，台木のジベレリンが接ぎ穂に移動すると考えられる。

図1　エンドウのジベレリン生合成経路

物質 A からいくつかの中間産物を経て，GA_{44} が作られ，その後異なる酸化酵素がはたらくと，GA_{19}，GA_{20}，GA_1，GA_8 へと変化する。GA_{44}，GA_{19}，GA_{20}，GA_8 は不活性型ジベレリンで，GA_1 は活性型ジベレリンである。

問 1　下線部①に関して，減数分裂では，連鎖している遺伝子の間で遺伝子の組換えが生じることがある。以下の問いに答えよ。

(1)　遺伝子の組換えが減数分裂時に生じる過程について 80 字以内で説明せよ。

(2)　図 2 は被子植物の花粉形成における DNA 量の変化を示している。上記の(1)の過程は図 2 のどの時期に起きるか，A ～ G の記号で答えよ。

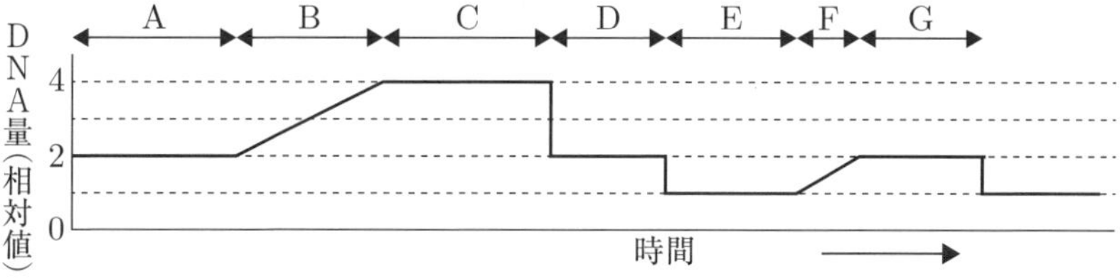

図2　被子植物の花粉形成における DNA 量の変化

花粉母細胞から雄原細胞を持つ花粉までの変化を示す。縦軸は，細胞 1 個あたりの DNA 量(相対値)を示す。ただし，核分裂に伴って細胞質も分裂する例を示している。

(3)　連鎖している 2 対の遺伝子を *A* と *a*，*B* と *b* とする。図 3 は *A* と *B* と動原体の位置関係を示している。遺伝子型 *AABB* の植物体と遺伝子型 *aabb* の植物体の掛け合わせにより生じた植物体が作ったある 1 つの花粉の遺伝子型が *Ab* であったとする。この花粉を生じた減数分裂の第一分裂終了時の 2 つの核に含まれる遺伝子の組み合わせを答えよ。ただし，上記の(1)の過程は 1 回だけ生じたものとする。

図３　染色体上の２つの遺伝子 A, B と動原体(黒丸)の位置関係

核１ Ab と ＿＿　　　核２ ＿＿ と ＿＿

問２　下線部②に関して，このDNAの塩基配列の置換により，茎の高さに関わる遺伝子から転写により作られるmRNAの塩基配列は図４のように変化する。その結果，アミノ酸構成が変化した。対立遺伝子 L において図４の下線のあるGを含むコドンが指定している可能性のあるアミノ酸の名称をすべて答えよ。ただし，実際のコドンに対応する塩基配列の区切り位置はわからないものとし，また必要であれば表１を参考にせよ。

対立遺伝子 L　　…CGCGAUGGGUCUCGCCCCGCACACA…
対立遺伝子 l　　…CGCGAUGGGUCUCACCCCGCACACA…

図４　茎の高さに関わる遺伝子のmRNAの塩基配列の一例

下線部は対立遺伝子 L と対立遺伝子 l の間で異なる塩基を示す。
翻訳は図の左から右へ進んでいくものとする。

表１　遺伝暗号表

		2番目の塩基					
		ウラシル（U）	シトシン（C）	アデニン（A）	グアニン（G）		
1番目の塩基	U	UUU フェニルアラニン	UCU セリン	UAU チロシン	UGU システイン	U	3番目の塩基
		UUC フェニルアラニン	UCC セリン	UAC チロシン	UGC システイン	C	
		UUA ロイシン	UCA セリン	UAA 終止	UGA 終止	A	
		UUG ロイシン	UCG セリン	UAG 終止	UGG トリプトファン	G	
	C	CUU ロイシン	CCU プロリン	CAU ヒスチジン	CGU アルギニン	U	
		CUC ロイシン	CCC プロリン	CAC ヒスチジン	CGC アルギニン	C	
		CUA ロイシン	CCA プロリン	CAA グルタミン	CGA アルギニン	A	
		CUG ロイシン	CCG プロリン	CAG グルタミン	CGG アルギニン	G	
	A	AUU イソロイシン	ACU トレオニン	AAU アスパラギン	AGU セリン	U	
		AUC イソロイシン	ACC トレオニン	AAC アスパラギン	AGC セリン	C	
		AUA イソロイシン	ACA トレオニン	AAA リシン	AGA アルギニン	A	
		AUG メチオニン，開始	ACG トレオニン	AAG リシン	AGG アルギニン	G	
	G	GUU バリン	GCU アラニン	GAU アスパラギン酸	GGU グリシン	U	
		GUC バリン	GCC アラニン	GAC アスパラギン酸	GGC グリシン	C	
		GUA バリン	GCA アラニン	GAA グルタミン酸	GGA グリシン	A	
		GUG バリン	GCG アラニン	GAG グルタミン酸	GGG グリシン	G	

＊「開始」はタンパク質合成の開始，「終止」はタンパク質合成の終了を意味する。

問3　DNA 上でトレオニンを指定しているコドンにおいて，1つの塩基が置換を生じるような突然変異が起きるとする。すべての塩基置換が同様の確率で生じると仮定した場合，起きうる突然変異のうち，何％がアミノ酸の変化を伴うと考えられるか。小数点以下第2位を四捨五入し，小数点以下第1位まで記せ。なお，必要であれば表1を参考にせよ。

問4　下線部③と同様に，植物体にジベレリンを与える実験を行った。以下の4つの処理を行いその後の茎の伸長を測定し(a)～(d)の4つの比較をしたところ，2つで差がみられた。この2つを(a)～(d)から選び記号で記せ。

〔処理1〕　遺伝子型 *nnll* の植物体に GA_1 を与えた。

〔処理2〕　遺伝子型 *nnll* の植物体に GA_{20} を与えた。

〔処理3〕　遺伝子型 *nnLL* の植物体に GA_1 を与えた。

〔処理4〕　遺伝子型 *nnLL* の植物体に GA_{20} を与えた。

(a)　処理1と処理2　　(b)　処理1と処理3　　(c)　処理3と処理4

(d)　処理2と処理4

問5　下線部④に関して，移動するジベレリンが活性型ジベレリン GA_1 か，それともその前駆体(GA_{44}，GA_{19}，GA_{20} など)かを調べるために，以下のような接ぎ木実験を考えた。以下の実験に用いることのできる植物体の遺伝子型［　ア　］と［　イ　］にあてはまるものをすべて記せ。

〔実験〕　遺伝子型［　ア　］を接ぎ穂とし，遺伝子型［　ア　］を台木とした処理と遺伝子型［　イ　］を台木とした処理で接ぎ穂の茎の伸長を比較する。下線部④の結果と合わせてみると，後者の接ぎ穂が前者より伸長した場合 GA_1 の前駆体が移動すると考えられ，差がなかった場合は GA_1 が移動すると考えられる。

問6　遺伝子型が *NNLL*，*NnLL*，*NNLl*，*NnLl* の植物体はすべて茎が高い。これらを親(胚珠親)とし，遺伝子型が *nnLL* の植物体と *NNll* の植物体を掛け合わせてできた雑種第1代を親(花粉親)として掛け合わせた。交配によりできた種子を発芽させて育てた植物体の茎の高さについて，*NNLL* と同程度の植物体の数(X)，*nnLL* と同程度の植物体の数(Y)，*NNll* と同程度の植物体の数(Z)の比は，親(胚珠親)の遺伝子型ごとにどのようになると期待されるか。簡単な整数比で答えよ。なお，$N(n)$，$L(l)$は異なる染色体上にあるものとする。

• EXTRA ROUND • 山口大学 ★☆☆ 5分

14 多くの植物は生活を始めた場所から移動することができないため，外界からの刺激に適切に反応するための特徴的な成長や分化のしくみをもっている。たとえば，①暗黒中で植物の芽生えを水平に置くと，根は重力の方向に，茎はその反対方向に曲がる反応を示す。また，窓ぎわに植物の芽生えを置くと，茎は外の明るい光のくる方向に曲がる反応を示す。これらの性質は一般に，［ア］とよばれる。［ア］は，刺激を受ける側と受けない側の成長の差によっておこる成長運動である。一方，花の開閉運動のように，刺激の方向と無関係におこる運動もある。この性質は一般に，［イ］とよばれる。花の開閉運動は成長運動であるが，②オジギソウの葉の開閉運動のように成長運動とは異なる［ウ］運動もある。

問1 文中の［ア］～［ウ］に適切な語句を記入しなさい。

問2 下線部①の反応がおこるしくみについて，説明しなさい。

問3 花の開閉運動が温度の刺激でおこる植物を以下の(a)～(e)の中から二つ選び，記号で答えなさい。

(a) チューリップ　(b) マツバギク　(c) ハ ス

(d) クロッカス　(e) タンポポ

問4 下線部②のオジギソウの葉の開閉運動はどのようなしくみでおこるのか，75字以内で説明しなさい。

42　富山大学｜★★☆｜20分｜実施日 [　/　] [　/　] [　/　]

植物ホルモンの情報伝達に関する次の文章を読み，下の問い(**問1～5**)に答えなさい。

植物の成長の調節は植物ホルモンによって行なわれている。代表的な植物ホルモンとして次の5種類が知られている。それらは，(i)幼葉鞘(ようようしょう)の光屈性の研究から見つかった［ a ］，(ii)茎の伸長成長をうながし，イネやオオムギの種子発芽の際には①デンプンを分解する酵素の合成を誘導する［ b ］，(iii)落葉を引き起こす植物ホルモンとして発見され，気孔を閉じさせるはたらきももつ［ c ］，(iv)細胞分裂を促進する物質として発見され，気孔を開かせるようにもはたらく［ d ］，(v)果実の成熟などに関わるエチレンである。これらの植物ホルモンの作用機構は，アブラナ科のシロイヌナズナにおける分子遺伝学的研究から明らかになってきている。

エチレンは果実の成熟を促進するだけでなく，暗所での芽ばえの成長にも影響を与える。エチレンが存在しない状態では，芽ばえはモヤシのように細長く伸びる。これに対して，エチレンを与えた場合には，伸長成長の阻害や肥大成長の促進などによる特徴的な形態変化が起こる。このような形態変化を，エチレンに対する応答(エチレン応答)の目印として，エチレンの情報伝達の機構が研究されてきた。

これまでの研究から，エチレンの情報伝達には，3種類のタンパク質(W，X，およびY)が関わっていることが明らかとなった。Wはエチレンの受容体であり，Yはエチレン応答を引き起こすはたらきをもつ。そして，Xは，Wからの促進作用を受けてYのはたらきを抑制する。これらW，X，およびYのはたらきをまとめて図1に示す。エチレンが存在しない状態では，Wは，Xに作用してXのはたらきを促進する。すると，Wからの促進作用を受けたXが，Yのはたらきを抑制するため，エチレン応答が起こることはない。一方，エチレンが存在する場合，Wは，エチレンと結合することによってXへの促進作用を失う。その結果，XはYのはたらきを抑制できなくなり，エチレン応答が引き起こされることになる。

上の3種類のタンパク質は，それぞれに対応する遺伝子(W，X，および Y)によってつくり出されるが，シロイヌナズナでは，次のような変異遺伝子(Wm，Xm，および Ym)が見つかっている。(i)変異遺伝子 Wm からは，エチレンに結合できない変異タンパク質 Wm がつくられる。Wm は，たとえエチレンが存在しても，X にはたらきかけ続けるため，X の作用により Y のはたらきは常に抑制される。Wm と W とをヘテロにもつ植物体では，W は存在しているが，Wm が常に X にはたらきかけ続け，Y のはたらきは抑制されてしまう。したがって，Wm は W に対して優性となる。(ii)変異遺伝子 Xm からは，W からのはたらきかけの有無にかかわらず Y を抑制できない変異タンパク質 Xm が，つくられる。Xm と X とをヘテロにもつ植物体では，Xm が存在しても，X が，W からのはたらきかけを受けて Y を抑制することになる。したがって，Xm は X に対して劣性となる。(iii)変異遺伝子 Ym からは，エチレン応答を引き起こせない変異タンパク質 Ym がつくられる。Ym と Y とをヘテロにもつ植物体では，Ym が存在しても，X による抑制がなければ，Y がそのはたらきを示すことになる。したがって，Ym は Y に対して劣性となる。

(注)　文中の W，X，Y，Wm，Xm，および Ym は，タンパク質(遺伝子産物)を示し，W，X，Y，Wm，Xm，および Ym は，対応する遺伝子を示している。

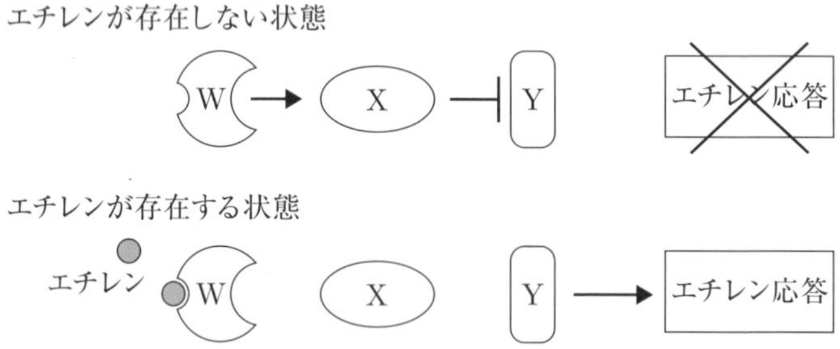

図1　エチレン分子の受容からエチレン応答にいたる情報伝達の経路

図中の矢印(⟶)は促進を示し，記号(⊣)は抑制を示す。また，×印はエチレン応答が起こらないことを示す。

問1　文中の［ a ］～［ d ］に最も適切な植物ホルモン名を記入しなさい。

問2　下線部①に関して，次の問い(1)と(2)に答えなさい。

(1)　下線部①の酵素名は何か，答えなさい。

(2)　イネやオオムギの種子において，植物ホルモン［ b ］が放出される組織，およびデンプンが貯えられている組織は，それぞれ何という組織か，答えなさい。

問3　Wm 変異体(遺伝子型：WmWmXXYY)と Xm 変異体(遺伝子型：WWXmXmYY)では，エチレンの受容から応答にいたる情報伝達は，それぞれどうなっていると考えられるか。図1にならって，矢印(⟶)，記号(⊣)および✕印を解答欄の図中に記入しなさい。

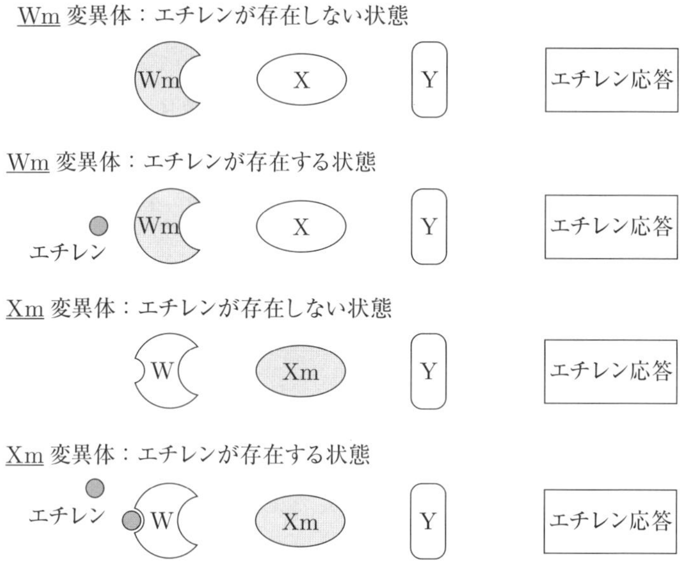

問3の解答欄

問4　Wm変異体（遺伝子型：WmWmXXYY）とXm変異体（遺伝子型：WWXmXmYY）を交配して得られる子孫について，次の問い(1)〜(3)に答えなさい。ただし，WとXは互いに異なる染色体上に存在していることがわかっている。

(1)　F_1世代のエチレン応答はどうなるか。以下に示した［表現型］の(ア)〜(ウ)から１つ選び，記号で答えなさい。

(2)　F_2世代のうち，遺伝子型がWmWmXmXmYYの個体のエチレン応答は，どうなるか。以下に示した［表現型］の(ア)〜(ウ)から１つ選び，記号で答えなさい。

(3)　F_2世代での表現型の分離比は，理論上どうなるか。以下に示した［表現型］の(ア)〜(ウ)の数比で答えなさい。

問5　Wm変異体（遺伝子型：WmWmXXYY）とYm変異体（遺伝子型：WWXXYmYm）を交配して得られる子孫について，次の問い(1)と(2)に答えなさい。ただし，WとYは互いに異なる染色体上に存在していることがわかっている。

(1)　F_1世代のエチレン応答はどうなるか。以下に示した［表現型］の(ア)〜(ウ)から１つ選び，記号で答えなさい。

(2)　F_2世代での表現型の分離比は，理論上どうなるか。以下に示した［表現型］の(ア)〜(ウ)の数比で答えなさい。

［表現型］

(ア)　エチレンが存在すると，エチレン応答が起こるが，エチレンが存在しなければ，エチレン応答は起こらない。

(イ)　エチレンが存在しても存在しなくても，エチレン応答は起こらない。

(ウ)　エチレンが存在しても存在しなくても，エチレン応答が起こる。

43　名古屋市立大学｜★☆☆｜15分｜実施日 ／ ／ ／

次の文章を読み，**問1～問7**に答えよ。

発芽した種子植物の花芽形成には，日長(昼の長さ)や温度などの環境要因が影響している。

たとえば，コムギやアブラナは日長が長くなると花芽を形成し，逆にキクやコスモスは日長が短くなると花芽を形成する。前者を長日植物，後者を短日植物と呼ぶ。また，トウモロコシやキュウリのように日長に関係なく花芽を形成する植物も存在し，［ア］植物と呼ぶ。植物が日長の変化に対して反応する性質を［イ］という。ただし，実際に植物が感じているのは日長ではなく①連続した夜の長さである。事実，②暗期の途中に特定波長の光を短時間照射すると，それまでに蓄積した暗期の効果が消失する。光の情報は，［ウ］と呼ばれるタンパク質が受容している。このタンパク質は，光発芽種子の発芽誘導にも関わっている。

花芽が形成されるのは茎頂であるが，オナモミの接ぎ木実験などから暗期の長さを感知するのは茎頂ではなく［エ］であることがわかっている。［エ］で作られた花成ホルモン(フロリゲン)は［オ］を通じて茎頂に移動し，花芽の形成を引き起こす。最近，長年不明であった花成ホルモンの研究が進み，その実体が他の植物ホルモンのような低分子化合物ではなく，タンパク質であることが明らかとなった。

一方，花芽形成に温度が影響する例としては秋まきコムギが知られている。秋まきコムギは生育の初期に一定期間低温に曝されなければ花芽を形成しない。また，必ずしも低温を必要としないが，低温に曝されることで花芽形成が促進される植物も数多く存在する。このように，低温で花芽形成が促進される現象を春化という。

問1　空欄［ア］～［オ］に適切な用語を入れよ。

問2　花芽の形成に必要な下線部①は植物ごとに異なる。それを何と呼ぶか答えよ。

問3　下線部②の処理を何と呼ぶか答えよ。

問4　下線部②に記載した光の名称を答えよ。

問5　アサガオは短日植物であるが，日長の長い初夏から花を咲かせる。その理由を考え記載せよ。

問6　図1は，ある植物の花芽形成と日長との関係を調べた結果である。図2のA～Fの光条件から，この植物の開花に適した条件をすべて選び，記号で答えよ。

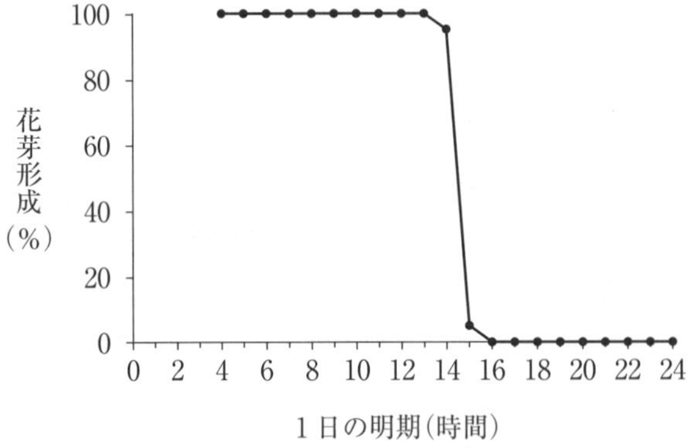

図1

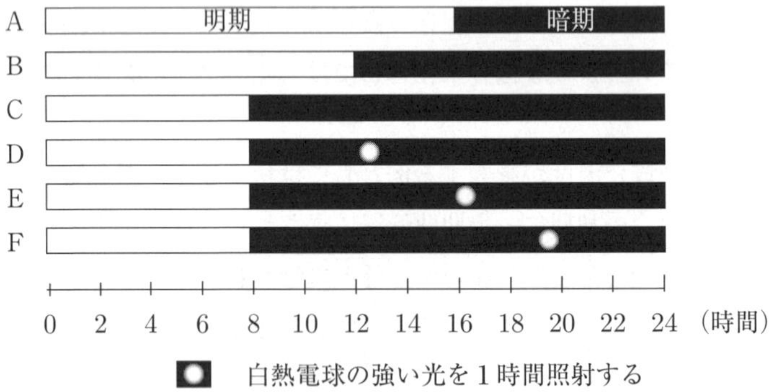

図2

問7　図3は，2種類のコムギ(AとB)について春化処理の効果を調べた結果である。春化処理後のコムギは，花芽形成に適した日長条件下で生育させた。横軸は春化処理日数，縦軸は開花するまでの日数を表している。Bは，30日以下の春化処理では開花しなかった。これらの情報をもとに，表1の条件①～⑧の中で，Aのみが開花する条件をすべて選び，番号で答えよ。

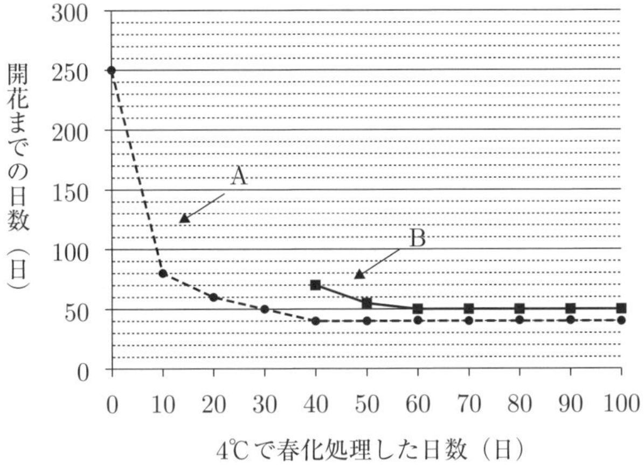

図3

表1

条　件	春化処理する植物の状態	春化処理日数	春化処理後の日長条件
①	乾燥種子	10日	長日
②	乾燥種子	10日	短日
③	乾燥種子	50日	長日
④	乾燥種子	50日	短日
⑤	幼植物(芽生え)	10日	長日
⑥	幼植物(芽生え)	10日	短日
⑦	幼植物(芽生え)	50日	長日
⑧	幼植物(芽生え)	50日	短日

44　弘前大学｜★☆☆｜15分｜実施日 ／ ／ ／

植物における種子形成と発芽に関する次の文章を読んで，**問1～4**に答えよ。

多くの種子植物では，ある程度まで発達した［①］が休眠に入り，乾燥し始め，さらに成熟した［①］が母植物の組織の一部であった［②］に保護された形で散布される。この種子内部に納められた［①］の成長が再開されるのは，その種子の発芽に適した環境におかれてからである。

イネやオオムギなどの穀類の種子には，［③］を栄養分として蓄積した［④］がある。これらの種子の場合には，水分や温度，酸素など発芽の条件が整うと，［①］から［⑤］という植物ホルモンが分泌され，それが［④］の外側にある［⑥］にはたらきかけ$_A$アミラーゼの合成を促進する。できあがったアミラーゼは［④］に移行して，［③］を分解し糖に変える。それが発芽のエネルギー源となる。

レタスのある品種の種子は，$_B$発芽に光を必要とする。ただし，直射日光や雲を透過した光では発芽するが，緑色の葉を透過した光では発芽しない。これは$_C$直射日光や雲を透過した光は植物体内に含まれるPr型の［⑦］をPfr型に変換して発芽を促すと考えられているが，緑色の葉を透過した光にはその効力を持つ波長の光がないからである。

問1　文中の［①］～［⑦］にあてはまる語句を答えよ。なお，同じ番号は繰り返し使用されていることを示す。

問2　下の図は下線部Aの前段階にあたる遺伝子発現を模式的に表したものである。図の説明文中の［⑧］～［⑩］にあてはまる語句を答えよ。また，説明文には誤った語句が一カ所ある。その語句と正しい語句を答えよ。

［図の説明文］

問題文中の［⑤］の働きによって，［⑧］の発現量が上昇する。そして［⑧］がアミラーゼ遺伝子の左側にある［⑨］配列に結合し，さらに［⑩］に結合している基本転写因子およびRNAポリメラーゼと複合体を形成することで，翻訳が開始される。

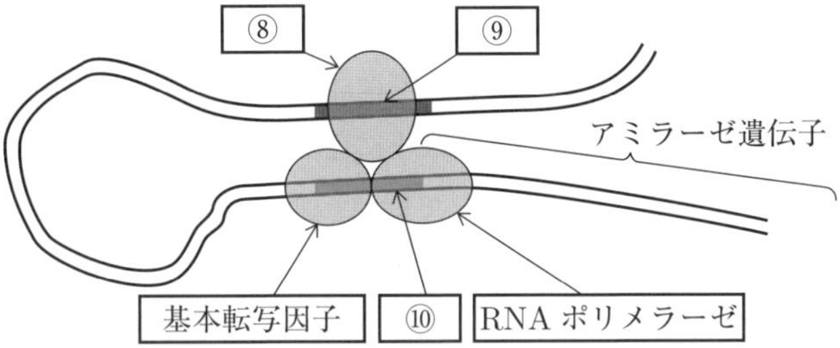

問3　下線部Bについて，以下の問いに答えよ。

(a)　このような種子のことを何と言うか，5文字で答えよ。

(b)　このような種子の特性はその植物の繁殖にどのような利点があるか，句読点を含めて80字以内で答えよ。

問4　下線部Cの説明として正しいものを選び，その番号を記入せよ。

1．葉に存在するクロロフィルは赤色の光を吸収するので，緑色の葉を透過した光には緑色の光がない。

2．葉に存在するクロロフィルは緑色の光を吸収するので，緑色の葉を透過した光には緑色の光がない。

3．葉に存在するカロテンは黄色の光を吸収するので，緑色の葉を透過した光には赤色の光がない。

4．葉に存在するクロロフィルは赤色の光を吸収するので，緑色の葉を透過した光には赤色の光がない。

5．葉に存在するクロロフィルは緑色の光を吸収するので，緑色の葉を透過した光には赤色の光がない。

45　大阪市立大学　★☆☆　15分　実施日 ／ ／ ／

ケヤキの梢（こずえ）の四季による変化についての次の文章を読み，以下の問いに答えよ。

ケヤキは日本を代表する大形の落葉広葉樹の一つである。環境条件さえよければ，ヨーロッパや北アメリカでも大きく育つ。

冬が終わり，ケヤキの梢(幹や枝の先端部分)が紫紅色や黄緑色を帯びると花の季節が始まる。新しい枝の基部には雄花が，枝の先端には雌花が多い。また，枝の基部および先端を除く他の部分では雄花，両性花，および雌花の3タイプの花が着く。同じ個体内の多くの新しい梢では雌花が先に開花し，雄花は遅れて開花する。雄花が作る花粉は風によって雌花に運ばれる。

紫紅色を帯びた梢は，しばらくして緑色の葉で覆われるが，葉はやがて黄色，紅色，または褐色に変色して枯死し，落葉する。落葉と並行して種子も散布されるが，種子だけが単独で散布されることは稀（まれ）で，小枝に枯死葉と種子のついた状態で散布されることが多い。枯死葉は種子散布に役だっている。

冬には枝と幹だけの姿となるが，樹体の中では，次の花の季節への準備が進められている。前年の秋から冬にかけて散布された種子は，土壌の表層で休眠した後，翌年の春に発芽する。発芽に光を要求する性質は弱く，暗所でも発芽し，冷湿状態で一定期間貯蔵された種子の発芽率は高い。

問1　ケヤキはケヤキ属の樹木である。属よりも高次の5分類段階(単位)を，低位のものから順にすべて記せ。

問2　スダジイやクスノキも落葉するが，常緑樹に区分されている。落葉樹と常緑樹の違いを説明せよ。

問3　植物の地理分布を決める要因として歴史的要因と環境要因があげられる。環境要因は植物の地理分布を決めるだけでなく，細胞内で起こる様々な代謝過程に影響する。その例として，スクロースの加水分解反応があげられる。地理分布を決める上で最も重要だと思われる環境要因を2つあげ，これらの要因の過不足(強弱，高低)がスクロースの加水分解反応にどのような影響を与えるか，説明せよ。

問4　ケヤキのように雄花と雌花が同一個体で混在する場合，雄花と雌花の開花時期がずれることはどのような利点をもたらすか，説明せよ。

問5　ケヤキの雄花にはやくがあり，花粉が形成される。以下の用語を用いて，種子植物の花粉形成過程を説明せよ。

花粉母細胞，　花粉四分子，　花粉管細胞，　雄原細胞

問6　ケヤキのように枝単位で落葉する植物は少ない。クスノキなど多くの植物では個葉を単位として落葉が起こる。クスノキのような植物では，枝または茎と個々の葉の葉柄をつなぐ部分に特別な組織［A］が形成されることによって落葉が起こる。組織Aの形成にはオーキシンおよび他の2種の植物ホルモンが関与する。この落葉現象に関する，以下の(1)～(3)の問いに答えよ。

(1)　組織Aの名称を記せ。

(2)　オーキシン以外の他の2種の植物ホルモン名を記せ。

(3)　組織Aの形成におけるオーキシンおよび他の2種の植物ホルモンの関与のしかたを説明せよ。

問7　ある地域に生息する生物種の集団に，外部から異なる地域の遺伝子が入り交雑することを遺伝子流動という。被子植物が行う種子散布と送粉(受粉時の花粉移動)は遺伝子流動に深く関わっている。2倍体植物において，送粉は1組の［B］を，種子散布は2組の［B］を移動させる。［B］の移動に注目すれば，種子散布と送粉は同じ結果をもたらすが，その本来の目的は異なっている。この現象に関する，以下の(1)～(3)の問いに答えよ。

(1)　空欄［B］に入る最も適切な用語を記せ。

(2)　種子散布の本来の目的を説明せよ。

(3)　送粉の本来の目的を説明せよ。

• EXTRA ROUND • 島根大学 ★☆☆ 5分

15 **問1** 次の図は，ヒマワリの吸水速度の一日の変化を示している。このとき，気孔から蒸気として放出される単位時間当たりの水分放出量，すなわち水分放出速度はどのような変化を示すか，吸水速度の図に実線で描き加えよ。

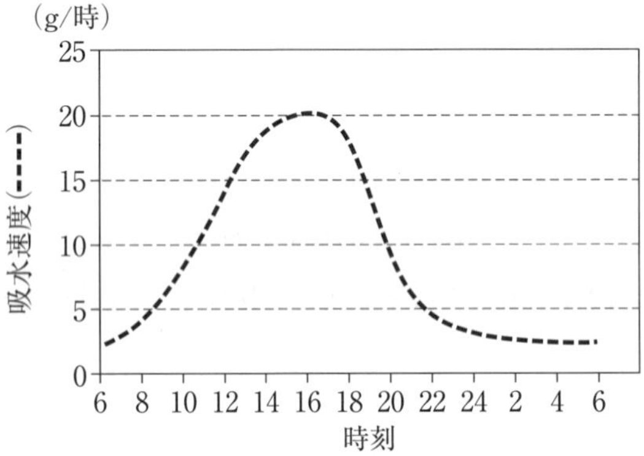

問2 気孔の開閉には，それを構成する細胞の構造が大きく関係している。その構造上の特徴について30字以内で説明せよ。

問3 アブシシン酸を正常に合成することができる植物(野生型とよぶ)と，これと同種の植物で，アブシシン酸を合成できない植物(変異型とよぶ)をいずれも乾燥した環境条件に置いて生育させた。このとき，野生型は正常に生育したのに対し，変異型は途中で枯死してしまった。野生型との比較から，変異型が枯死した理由を150字以内で説明せよ。

• EXTRA ROUND •　横浜国立大学　★☆☆　3分

16　**問1**　秋に種子をまいて冬から春に収穫するカリフラワーは，キャベツと同じ祖先の植物を改良したものである。冬の気温が上がると，カリフラワーの品種によっては可食部(若いつぼみと茎)が形成されなくなる可能性がある。理由を20字以内で述べよ。なお，句読点も文字数に含める。

問2　植物の伸長成長は気象現象の影響を受ける。同じ植物を風が強いところで生育させた場合には，風が弱いところで生育させた場合よりも，たとえ葉や茎が傷つかなくても背が低くなることが多い。

(1)　植物の背が低くなる現象の原因となる植物ホルモンは何か。

(2)　この植物ホルモンは茎や根などで直接つながっていない植物体の間で働くことができる。その理由を20字以内で述べよ。なお，句読点も文字数に含める。

第7章　生物群集と生態系

46　県立広島大学｜★☆☆｜15分｜実施日［　/　］［　/　］［　/　］

個体群に関する次の文章を読んで，以下の問いに答えよ。

個体群とは，ある地域に生息する［ア］個体の集合体をさし，生物群集とは相互に関係がある［イ］個体の集合体をさす。ある個体群の個体数の増加のようすを［ウ］といい，それを時間軸に対して示したものが［ウ］曲線である。一般的に，個体数は最初のうちは急激に増加するが，様々な原因によって徐々に［エ］が減少するので，この曲線は横に引き延ばされた［オ］状になり，①ほぼ一定の個体数で安定するようになる。また，生息地の単位面積あたりの個体数を個体群密度というが，②密度の変化に伴って個体の［カ］，形態，生理などが変化することがある。この例としてよく知られているのが③ワタリバッタなどで見られる［キ］で，幼虫期の密度が高い状態が数世代続いた場合，成虫は相対的にはねが［ク］なり，後ろ足が［ケ］なって，移動する能力が高まる。このような形態を持った成虫を［コ］という。

問1　文章中の［ア］～［コ］にあてはまる最も適切な語句を下の(a)～(p)から選び，記号で答えよ。

語群　(a)　異種　(b)　成長　(c)　減少率　(d)　層変異　(e)　同種
(f)　発育　(g)　増加率　(h)　相変異　(i)　S字　(j)　長く
(k)　群生層　(l)　群生相　(m)　J字　(n)　短く　(o)　孤独層
(p)　孤独相

問2　下線①の状態の個体数の名称を答えよ。

問3　下線②のような現象の名称を答えよ。

問4　下線③のワタリバッタにおいて，低密度条件と比較して高密度条件で見られる相対的な特徴として，適切なものを次の(a)～(f)から二つ選び，記号で答えよ。

語群　(a)　産卵数が増加する　(b)　集合する性質が高くなる

(c)　体色が黒ずむ　　(d)　体の脂肪含有量が低下する
(e)　腹部が長くなる　　(f)　幼虫の活動が不活発になる

問5　生物の個体数推定法の一つとして，区画法がよく知られている。ある水田において，イナゴの幼虫の発生数を調査するため，2 m×2 m の正方形の区画の中の個体数を調査することにした。縦が 20.4 m，横が 16 m の長方形の水田の中で，無作為に 8 カ所(a ～ h)を選んで調査し，以下のような結果を得た。

区画	a	b	c	d	e	f	g	h
個体数	22	8	10	30	17	24	16	23

(1)　この調査で得られた一区画あたりのイナゴの平均個体数は何個体になるか，小数点以下第 2 位まで計算して答えよ。
(2)　(1)で得られた一区画あたりの平均個体数を用いて，この水田内に生息するイナゴの総個体数を推定せよ。

• EXTRA ROUND •　岡山大学　★☆☆　3分

17　A さんは，近所の池に全部で何個体のフナがいるのか知りたいと思い，標識再捕法を用いて個体数推定を行った。まず，投網を使って，フナを 240 個体捕獲した。捕獲したフナすべてにそれぞれ標識をつけて，その池に放流した。3 日後に投網を使って 200 個体のフナを捕獲したところ，そのうち 20 個体に標識が認められた。

B さんは，シロアリの巣に何個体のシロアリがいるのか知りたいと思い，標識再捕法で個体数推定を行った。ある巣の一部から十分な数の個体を採集して標識をつけ，同じ場所に戻し，3 日後に再捕獲して総個体数を推定したところ，1520 個体であった。しかし，実際に巣を全部取り出してすべての個体を数えたところ，7580 個体であった。

問1　A さんが調査を行った池に生息するフナの総個体数を推定せよ。

問2　B さんが行った標識再捕の場合，推定値と実測値の間で大きな差があったのはなぜか。考えられる原因を述べよ。

47　和歌山大学｜★☆☆｜15分｜実施日 [/] [/] [/]

生物の集団に関する以下の問いに答えなさい。

(1)　動物の個体群では，個体群密度が高くなくても，個体が空間的に密な集団を作り，相互に様々な影響を及ぼし合いながら生活することがある。このような集団を群れという。

問1　群れを作ることによって，効率よく獲物を得たり，天敵から逃れたりできることがある。以下の図1はそうした群れの効果を示している。図1(a)，(b)が示している群れの効果を120字以内(句読点を含む)で説明しなさい。

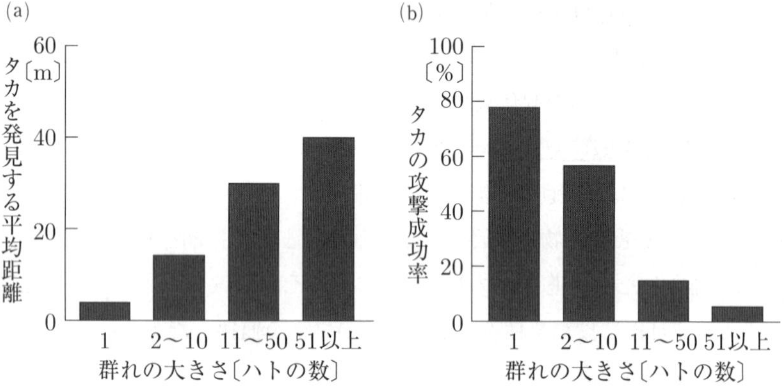

図1

(2)　数羽のニワトリを一緒に飼育すると，初めはたがいにつつき合っているが，やがて優劣の序列ができる。このような優劣の序列は［　A　］と呼ばれる。また，オオカミなどでは雌雄とその子からなる群れを作るが，一般に体の大きな雄がその群れを率先して導いていく。このような個体は［　B　］とよばれる。

一方，たとえばウグイスのような小鳥の雄は，春になると一定の行動範囲を持ち，その中心部でさえずる。そして，この行動範囲にほかのウグイスの雄が侵入すると，闘争を挑み排除する。このような，同種の他個体を排除する一定の地域を［　C　］という。

問2　空欄 A，B，C はそれぞれ何と呼ばれるか，答えなさい。

問3　ニワトリ以外で［A］のようなしくみをもつ動物を１つあげなさい。

問4　［B］のような個体が群れを導いているオオカミ以外の哺乳類を１つあげなさい。

問5　［C］のような性質をもつ淡水魚類の例を１つあげなさい。

問6　［C］の面積をひろくすれば，えさはより多く確保できるが，同時に防衛のための労力がより多く必要になる。したがって，一般に［C］の面積はそれぞれの種によって，ある一定の値をとる。このことを，得られる利益と防衛のための労力の関係として図示しなさい。

• EXTRA ROUND •　大阪府立大学　★★☆　10分

18　多くの個体群からなる生物群集では，同種の個体群内及び異種の個体群間にさまざまな相互作用が見られる。同じような［ア］を同じようなやり方で利用する，［イ］が類似している個体群間では［ウ］が生じ，一方の個体群が絶滅する［エ］が起こることもある。植物食（草食）のアブラムシと動物食(肉食)のテントウムシの関係のように，一方が他方を食う［オ］や，他の生物のからだにすみ，その生物から一方的に栄養分などを奪う［カ］のように，一方が利益を得，他方が不利益を被る相互作用もある。また，マメ科植物が［キ］が固定した窒素の供給を受け，逆に光合成の産物である有機物を提供する例のように，双方に利益をもたらす［ク］とよばれる関係もある。

問1　文章中の［ア］～［ク］にあてはまる最も適当な語句を答えなさい。

問2　バッタをカエルが食い，カエルをヘビが食うとき，このようなつながりは何とよばれるかを答えなさい。また，ヘビはバッタの個体数にどのような影響をおよぼすかを 40 字以内で説明しなさい。

問3　同じ植物を食うアブラムシとハムシはどんな関係にあるかを 20 字以内で答えなさい。また，アブラムシを食うテントウムシはハムシの個体数にどのような影響をおよぼすかを 40 字以内で説明しなさい。

48　静岡大学 | ★☆☆ | 15分 | 実施日 [/] [/] [/]

ホタルの行動と生態に関する次の文章A，Bを読んで，**問1～8**に答えなさい。

A　ホタルには様々な種があり，発光パターンにより雌雄間で交信を行うことはよく知られている。光による交信を繰り返すことで雌を認識した雄が雌に近づき，交尾を行う。また，その交信手段を利用して相手を捕食する種もある。

北米のある地域に共存するホタル4種(種A～D)における発光パターンの観察結果を図1に示した。横軸は時間を示し，図中の黒い部分は発光したことを示す。発光パターンと行動の観察結果の一部を，(ア)～(オ)にまとめた。

(ア)　種Aの雄は2秒間隔で短く発光し，種Aの雌は雄の2回目の発光の約1秒後に短く発光した。雌雄は，その交信を繰り返した。

(イ)　種Bの雄は0.3秒程度発光し，それに反応して種Bの雌が0.6秒程度発光した。雌雄は，その交信を繰り返した。

(ウ)　種Cは雌雄間で，発光間隔が異なっていた。

(エ)　種Dの雌は，雄の発光に応じて同じ個体が複数のパターンで発光したが，種Dの雄が反応したのは1つのパターンのみだった。

(オ)　種Dの雌は，種A，B，Cの雄を捕食していた。

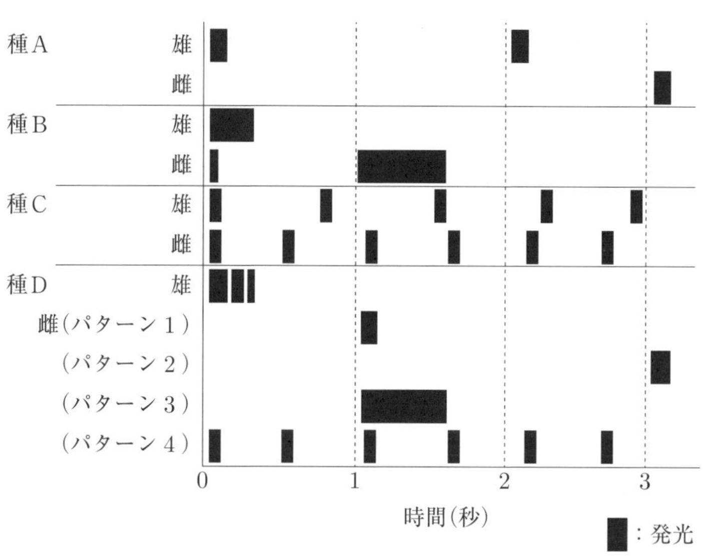

図1　ホタル4種の発光パターン

問1　種間で固有の発光パターンをもつことで，ホタルにはどのような利点があるか，30字程度で答えなさい。

問2　種Dの雌がパターン1で発光したときの，種A，B，Cの雌雄と種Dの雄の反応の有無，さらにその反応に対して種Dの雌がどのように応答すると考えられるかを答えなさい。

問3　種Dの雌がパターン2で発光したときの，種A，B，Cの雌雄と種Dの雄の反応の有無，さらにその反応に対して種Dの雌がどのように応答すると考えられるかを答えなさい。

B　a日本の里山にもホタルが生息している。ゲンジボタルやヘイケボタルは，幼虫のとき水中生活をする水生種である。一方，ヒメボタルなどは，幼虫のときから林床などにすむ陸生種である。水生のホタルの幼虫はカワニナやモノアラガイを主な餌としている。陸生のホタルの幼虫はカタツムリやキセルガイを主な餌としている。カワニナは藻類を，カタツムリは植物を餌としている。

bゲンジボタルは，以前と比べ減少しているといわれているが，cホタルやカワニナを放流し，観光資源として利用するところも多い。

問4　下線部aの水生種と陸生種のように，生活上の要求が似た近縁種が同じ空間内でそれぞれ異なる生活場所をもつことを何というか，またどのような利点があるか，50字程度で答えなさい。

問5　藻類－カワニナ－ホタルのように，被食と捕食の関係による一連の生物のつながりを何というか答えなさい。

問6　カワニナの同化量と成長量を求める次の式の［①］～［⑤］に適切な語を記入しなさい。

カワニナの同化量＝カワニナの［①］－カワニナの［②］

カワニナの成長量＝カワニナの［③］－

（カワニナの［④］＋ホタルなどによる［⑤］）

問7　下線部bのホタルが減少している原因は環境の変化と関連が深い。ホタルがすめない環境になった原因について，具体例をあげなさい。

問8　下線部cのホタルやカワニナの放流には問題点も指摘されている。生態系に関わるその問題点について50字程度で説明しなさい。

49　岐阜大学｜★★★｜20分｜実施日 ／ ／ ／

次の文章を読み，**問1～4**に答えよ。

地球の陸上の気候は，緯度や標高などによって大きく変化するので，それぞれの気候条件に適応して様々なバイオームが成立する。陸上における，8つの主要なバイオームの平均的な植物現存量と純一次生産量の違いを，表1に示した。表1から，各バイオームの持つ様々な生態学的特性を読み取ることができる。

表1の8つのバイオームの中で，単位面積当たりの純一次生産量と，現存量が最も小さいバイオームは［ア］であり，非常に厳しい気候条件と，まばらな植物という［ア］の特性を示している。一方で，単位面積当たりの純一次生産量と，現存量が最も大きいバイオームは［イ］である。地上部と根を足した［イ］の現存量は，1ヘクタール(100 m×100 m)当たりに換算すると［ウ］トンにも達し，［ア］の現存量の［エ］倍もある。また，8つのバイオームの総面積の［オ］%を占めている［イ］は，純一次生産量の総計では［カ］%，植物現存量の総計では［キ］%をも占めている。このように，高温多湿な気候条件で，巨大な樹木と複雑な階層構造を持つ［イ］の特性が理解できる。

表1　8つの主要なバイオームの現存量と純一次生産量

バイオーム	地上部現存量 g/m^2	根の現存量 g/m^2	純一次生産量 g/m^2/年	地球上の総面積 10^6 km^2	植物現存量の総計 10^{12} kgC	純一次生産量の総計 10^{12} kgC/年
熱帯林	30400	8400	2500	17.5	340	21.9
温帯林	21000	5700	1550	10.4	139	8.1
亜寒帯林	6100	2200	380	13.7	57	2.6
硬葉樹林	6000	6000	1000	2.8	17	1.4
サバンナ	4000	1700	1080	27.6	79	14.9
ステップ	250	500	750	15.0	6	5.6
ツンドラ	250	400	180	5.6	2	0.5
砂漠	350	350	250	27.7	10	3.5
合計				120.3	650	58.5

単位面積当たりの現存量と純一次生産量の値は，乾燥重量で表されており，現存量の総計と純一次生産量の総計の値は，炭素（C）の重量（乾燥重量の50%）で表される。

問1　ア ～ キ に適切な語あるいは数値を入れよ。小数点以下第1位を四捨五入して整数で記せ。

問2　あるバイオームにおいて，単位現存量当たりの年間の純一次生産量は，生態系の生産効率を表している。

(1)　純一次生産量の最も小さいバイオームである ア と，最も大きいバイオームである イ において，地上部と根を合わせた，現存量1kg当たりの，年間の純一次生産量[g/m^2]を表1から計算せよ。小数点以下第1位を四捨五入して整数で記せ。

(2)　高温多湿な気候条件で，物質生産に有利と考えられる イ のバイオームの方が，この値が小さくなる理由について，「同化器官」と「非同化器官」の2つの用語を用いて40字以内で記せ。

問3　あるバイオームにおいて，現存量(地上部現存量＋根の現存量)を純一次生産量で割った値は，ターンオーバータイムと呼ばれる。ターンオーバータイムとは，そのバイオームにおいて，現存量がどのくらいの時間[年]で入れ替わるかを示している。(1)と(2)では，小数点以下第1位を四捨五入して整数で記せ。

(1)　ターンオーバータイムが最も小さい(入れ替わる時間が短い)バイオームを，表1から選び，その値を記せ。

(2)　ターンオーバータイムが最も大きい(入れ替わる時間が長い)バイオームを，表1から選び，その値を記せ。

(3)　二つのバイオームで，この値が大きく異なる理由について50字以内で記せ。

問4　地球上の海域でも，植物プランクトンなどが存在し，物質生産が行われている。ある浅海域において，植物現存量と純一次生産量を調べたところ，現存量は100 g/m^2 であり，純一次生産量は470 g/m^2/年であった。(1)と(2)では，割り切れない場合には，小数点以下第2位を四捨五入して小数点以下第1位まで記せ。

(1)　この浅海域の生態系において，現存量1kg当たりの年間の純一次生産量[g/m^2]を計算せよ。

(2)　この浅海の生態系のターンオーバータイム[年]を計算せよ。

(3)　この浅海の生態系において，単位現存量当たりの生産量と，ターンオーバータイムが，表1の陸上の森林生態系と，大きく異なる理由について60字以内で記せ。

50　筑波大学｜★☆☆｜15分｜実施日 ／　 ／　 ／

次の文章を読み，以下の問に答えよ。

人間の活動が生物多様性に悪影響をおよぼしてきた結果，この数百年で過去の平均的な絶滅スピードの約1000倍という速さで，(a)生物種の絶滅が進んでいると考えられている。このような状況において，新潟のトキや兵庫の［ 1 ］のように，すでに日本国内では絶滅してしまった種を，もう一度かつての生息地に定着させようという努力がなされている。この中で，生息地を復元するため無農薬による農業活動もおこなわれ，その結果，地域の特産物が生まれて，大きな経済効果をもたらしている事例もある。

一方で，特定の種だけではなく，地域のもつ生物多様性そのものを，維持および回復していこうという動きもある。いろいろな生物種から構成された［ 2 ］の多様性を保つためには，自然をあるがままに放置するのではなく，日本の農村にみられる［ 3 ］のように，(b)人間が能動的に自然を管理していくことが必要になってくる。このように，単に自然を愛(め)でるための保護活動ではなく，人間生活に役立つ［ 2 ］や，それを含む生態系を包括的(ほうかつてき)に保全するという，新しい自然保護活動が始まっている。その一例が図1であらわされる生態系サービスという考え方である。生態系サービスとは，人間が，生態系のもつ機能をサービスとして活用し，経済価値に結びつける考え方である。生態系による物質循環や土壌形成などは基盤サービスとよばれ，生態系サービスの土台となる。この基盤サービスの上に，人間生活に必要なサービスとして，供給，調整，そして文化サービスが考えられている。

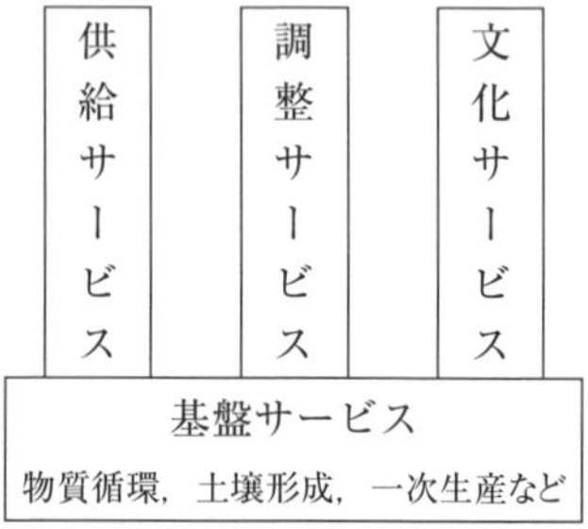

図1　生態系サービスの模式図

問1　空欄［ 1 ］～［ 3 ］に当てはまる最も適切な語を記せ。

問2　下線部(a)について，生物種の絶滅の直接的な原因と考えられる人間の行為を以下のア～カからすべて選び，記号で記せ。

ア．害獣の天敵の導入　　イ．社寺林の間伐　　ウ．ダム建設

エ．焼き畑農業　　オ．ペットの飼育　　カ．動物園の運営

問3　以下のア～コは，図1の生態系サービスを構成する供給，調整，文化サービスの3つのいずれかに当てはまる。それぞれに当てはまるものをすべて選び，記号で記せ。また，これら3つのサービスのうち，生物多様性が重要であるものには○を，重要でないものには×を記せ。

ア．食料　　イ．気候制御　　ウ．木材　　エ．精神涵養　　オ．水の浄化

カ．燃料　　キ．治水　　ク．教育　　ケ．飲料水

コ．レクリエーション

問4　図2のグラフは，森林に対する撹乱の頻度や撹乱後の時間の経過に応じて，森林の多様性がどのように変化するかをあらわしている。ここで撹乱とは，火山の噴火や山火事，河川の氾濫，あるいは人間による森林の伐採などを意味する。グラフの下の模式図は，横軸の4つの異なる位置に対応した森林の状態を示している。A，B，Cは成木を，a，b，cはそれぞれの幼木をあらわしている。図2に関連して，以下の設問(1)，(2)に答えよ。

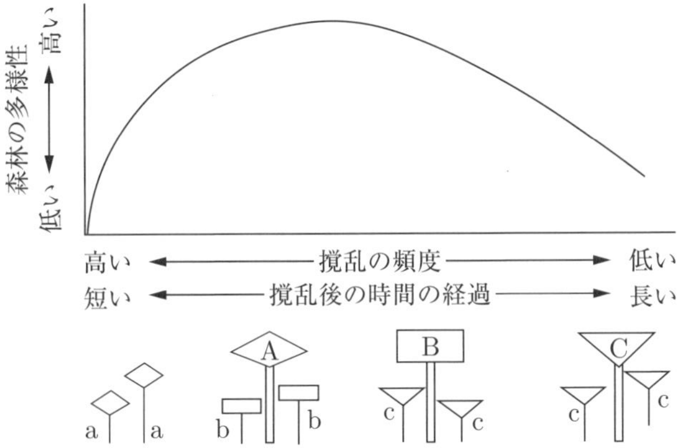

図2

(1)　森林の状態が撹乱後の時間の経過とともに，図2の左の模式図から右の模式図に順番に変化していく様子を何というか，また，一番右側の模式図のように，樹種Cが優占する森林の状態を何というか，それぞれの名称

を記せ。

(2) 下線部(b)について，このように考えられる理由を，図２のグラフに基づき60字以内で記せ。

《出典》Joseph H. Connell ″Diversity in Tropical Rain Forests and Coral Reefs″<1978,Science>

• EXTRA ROUND • 鳥取環境大学 ★☆☆ 5分

19 横軸に相対年齢をとり，縦軸に生存率を対数目盛でとると，動物の生存曲線は概ね下図Ｐ～Ｒの３つの類型に大別される。このうち，ヒトを含む大型哺乳類の生存曲線の形状として妥当なものを１つ選び，記号で答えなさい。また，それを妥当と考えた理由を150字以内で説明しなさい。

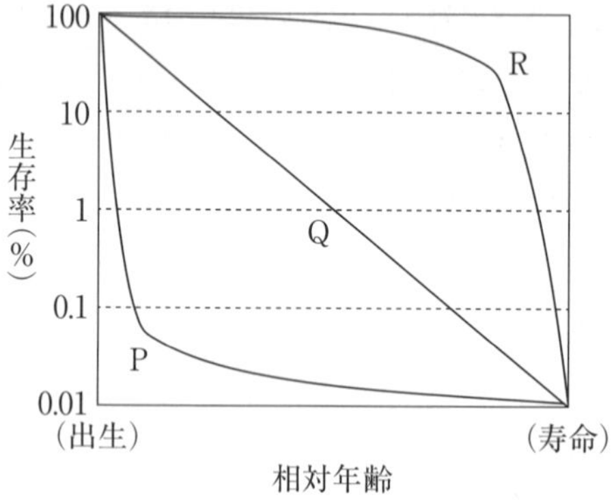

• EXTRA ROUND •　大分大学　★☆☆　5分

20　ある地域の生物の集団と，それらを取り巻く光・水・大気・土壌・温度などの(　ア　)のまとまりを生態系という。生態系において，生物が(　ア　)から受けるさまざまな影響を(　イ　)といい，これに対して生物が生活することによって(　ア　)に及ぼす影響を(　ウ　)という。

生態系を構成している生物は，生態系における役割によって，生産者，消費者，分解者に分けられる。生産者は，光合成などのはたらきによって無機物から有機物を合成することができる。生産者によってつくられた有機物は，生産者の生活に利用されるとともに，各栄養段階の生物に移動し，それらの生活にも利用される。$_{A}$栄養段階が下位のものからエネルギー量を順に積み重ねると，ピラミッド状の形になることから生産量(エネルギー量／生産力／生産速度)ピラミッドとよばれている。

問1　文章中の(　ア　)～(　ウ　)に適する語句を書きなさい。

問2　下線部Aのピラミッドを含め，生態系の栄養段階と関連した3種類のピラミッドを総称して生態ピラミッドという。下線部A以外の2種類のピラミッドの名称を答えなさい。

問3　「栄養段階」という用語を用いて，「生物濃縮」について説明しなさい。

• EXTRA ROUND • 福岡教育大学 ★☆☆ 5分

21 2つの異なる草本植物の植物群集において，それぞれ1辺1mの方形区を設置し，地面から10cmごとに糸を張って印をつけた後，最上部から植物を順次切り取り，切り取ったそれぞれについて，同化器官と非同化器官の生体重量を測定した。その結果を，あらかじめ高さごとに測っておいた群集内部の相対照度とともに表わしたのが，下の図Aおよび図Bである。

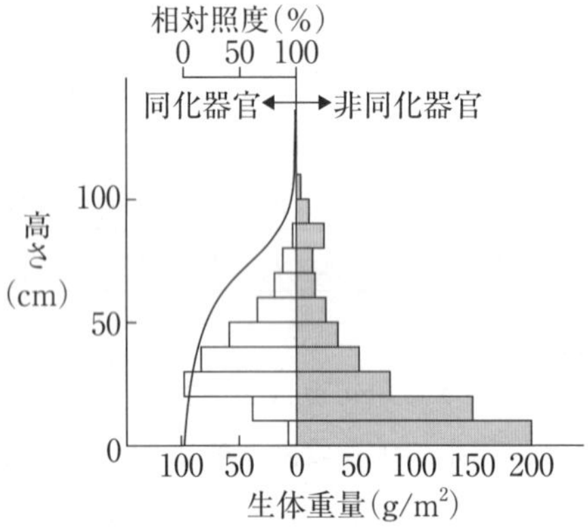

図A

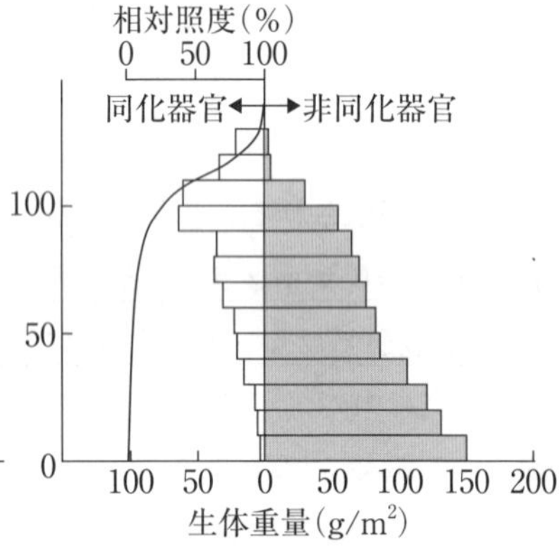

図B

問1 この調査方法と図の名称を，それぞれ答えよ。

問2 図Aと図Bの型の名称を，それぞれ答えよ。

問3 図Bのような型を示す植物を次の中からすべて選び，答えよ。

アカザ，チカラシバ，ムギ，ススキ，ダイズ，チガヤ

問4 群集の内部まで光が届くのは，図Aと図Bのいずれか答えよ。

問5 葉の形，葉の付き方，茎の量にもとづいて，図Aと図Bの違いを説明せよ。

問6 ラウンケルは，生活形にもとづいて植物を6つのグループに分類した。その6つのグループの名称をすべて答えよ。

• EXTRA ROUND •　富山県立大学　★★☆　10分

22　下の図は，ある生態系における炭素の循環を模式的に示したものである。図中の(ア)～(エ)は，炭素循環における役割の違いによって分類される生物群である。矢印は炭素が移動する向きを表し，図中の数字と①，②は生物のはたらきによる炭素移動量（炭素重量で，単位は $g/m^2/$ 年）を表している。また，(ア)の純生産量の40％が(ア)の成長量となり，②の値は(イ)の生産量と等しいことがわかっている。ただし，②は排泄物量がすべて（100％）を占め，死亡量（遺体）は無い（0％）こととする。これらをふまえ，以下の問いに答えよ。

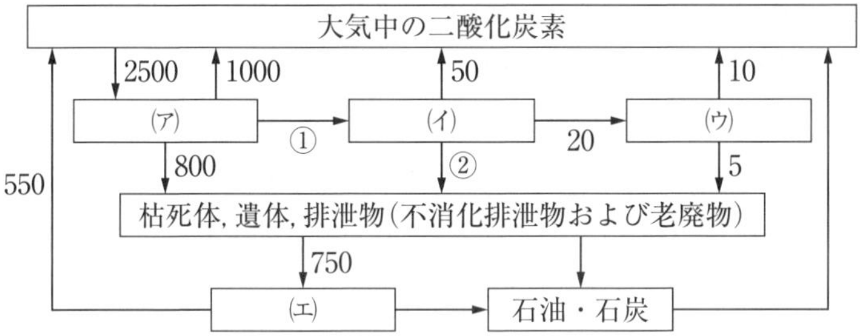

(1)　生態系の総生産量を炭素重量で答えよ。

(2)　(ア)の成長量を炭素重量で答えよ。

(3)　①および②の値をそれぞれ炭素重量で答えよ。

(4)　(イ)の成長量を炭素重量で答えよ。

(5)　海洋における生産者の純生産量を単位面積当たりで見積ると，沿岸に近い浅海域で外洋域よりも大きくなる。その理由を30字以内で説明せよ。

(6)　(ア)の生産力（生産速度）は必ず(イ)の生産力よりも大きくなる。その理由を50字以内で説明せよ。

(7)　エネルギーは生態系内を循環しない。その理由を80字以内で説明せよ。ただし，「光エネルギー」と「化学エネルギー」という語句を必ず使うこと。

第8章　生物の進化と系統

51

琉球大学 | ★☆☆ | 15分 | 実施日 ／ ／ ／

次の文章を読んで，以下の各問に答えなさい。

Ⅰ　フランスのラマルクは，頻繁に使用する器官は発達し，使用しない器官はしだいに退化して［ 1 ］が起こると提唱した。この考え方を［ 2 ］説という。これは一生を通して個体に生じた変化である［ 3 ］が［ 4 ］により子孫に伝えられるとする説であるが，その後の研究によって否定された。

一方，イギリスのダーウィンは，ビーグル号の調査航海に乗船し，ガラパゴス諸島の動物に着目した。帰国後，彼は［ 1 ］についての研究成果を著書の［ 5 ］にまとめた。彼は同種の個体間にも［ 6 ］があることに着目した。これらの個体間で限られた食物などをめぐって競争が起こり，より適応した形質をもつ個体が生存の機会にめぐまれるとした。このように自然界で生存に有利な形質をもつ個体が生き残り，新しい種に［ 1 ］することを［ 7 ］説という。

Ⅱ　ある絶海の孤島において，木の実を食べる鳥の調査をおこなった結果，太いくちばしと細いくちばしをもつ個体が同種内に存在することが明らかとなった(図Ⅱ)。太いくちばしをもつ個体は，大きくて硬い実を割って食べる傾向があるのに対して，細いくちばしをもつ個体は小さくて柔らかい実を食べる傾向がある。この島は，ある年に干ばつにみまわれ，大きくて硬い木の実が増え，小さくて柔らかい木の実が減ってしまった。その結果，くちばしの太い個体が細い個体よりも多く生き残った。くちばしの太い個体が繁殖することによって，干ばつ後に生まれた子は，くちばしの太い個体が大多数であった。その後，赤道付近の海水面の温度が上昇するエルニーニョ現象が起こり，この島に大雨，高温という気象変化を生じさせた。そのため，(a)<u>大きくて硬い木の実は減り，小さくて柔らかい実が多くなった</u>。

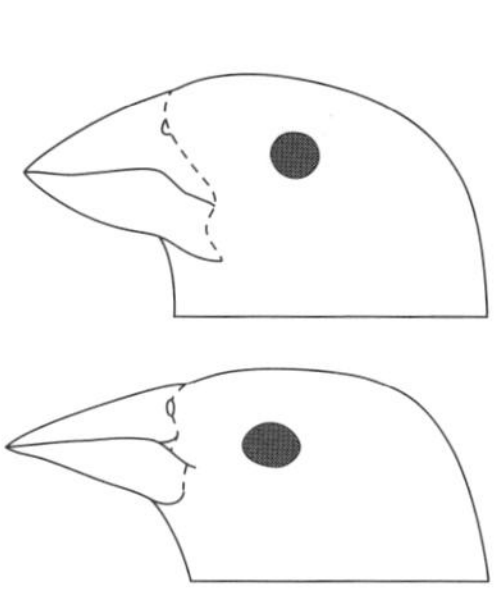

図Ⅱ　太いくちばし(上)と細いくちばし(下)の個体

Ⅲ　西表島と石垣島に生息するイワサキセダカヘビは，カタツムリの殻を割ることなく，肉を引っぱり出して捕食することが知られている。カタツムリには殻が右巻きの種と左巻きの種が存在するが，このヘビは左巻きのカタツムリを食べることができない。これは，このヘビの下あごの歯の数が，左側が平均18本に対して右側が25本と非対称であることによる。

イワサキセダカヘビの歯の数の非対称性とカタツムリの巻き方は生まれながらに決まっていて，成長しても変化しない。右巻きのカタツムリの種内に，まれに左巻きの個体が出現することもあるが，左巻きの個体は，右巻きの個体と交尾することができない。

(b)DNAの塩基配列の違いにもとづく系統解析の結果，現在みられるカタツムリの共通の祖先は，右巻きの種であったことが推定された。

問1　文章中の空欄［1］～［7］に最も適切な語句を入れて文章を完成させなさい。

問2　下線部(a)の影響によって，これらの鳥の個体群がどのように変化するかを30字以内で説明しなさい。

問3　下線部(b)について，これらの島で右巻きのカタツムリから左巻きのカタツムリの種が分化するにいたった過程について，2つあげて簡潔に説明しなさい。

52 鹿児島大学 | ★★★ | 25分 | 実施日 / / /

種分化のしくみについてまとめた以下の文章を読み，**問1～4**に答えなさい。

種分化とは，1つの種から複数の種が進化することであり，地球上のすべての生物種は，共通の祖先から種分化を繰り返して現在に至ったと考えられている。種分化がおこるためには，まず，祖先となる種の個体間に遺伝的変異がある必要がある。遺伝的変異は主に，DNAの塩基配列に変異が生じる[ア]突然変異や，[イ]の数や構造が変化する[イ]突然変異によって生じる。遺伝的変異は，同種の個体間に，体の形や大きさ，色や行動パターンなどの変異をもたらすが，これを[ウ]の変異という。①<u>環境に適した[ウ]を持つ個体は，生存や繁殖に有利になるため，集団におけるその[ウ]を持つ個体の割合が増加していく。これが環境による[エ]である。</u>

②<u>[ウ]をもたらす対立遺伝子の組合せを遺伝子型と呼ぶ。十分な個体数があって外部との出入りがなく，[ア]突然変異や[イ]突然変異がおこらず，[エ]が働かない集団では，まったく自由に交雑が行われた場合，遺伝子型の割合は世代を経ても一定に保たれる。しかし，実際の集団では[エ]が働いており，特定の[ウ]が選ばれたり排除されたりする。</u>

例えば，大陸の広い範囲に分布するMという陸上種があったとする。海面の上昇によってMの分布域が分断され，2つの大陸，aとbに分かれた。Mは2つの集団，MaとMbに分けられ，集団間での個体の行き来は不可能となったが，この時点ではまだ一つの種である。このように，生息地の物理的分断によって集団が分けられることを，[オ]隔離という。aとbでは環境が異なるため，分断後，MaとMbには別の方向への[エ]が働き，遺伝的に異なる集団となった。その結果，両種の個体が再び出合っても交配できない，すなわち[カ]隔離が完成し，MaとMbは別種に分化した。

進化の過程で共通の祖先からさまざまな環境に適した多様な種に分化することを，[キ]と呼び，オーストラリアの有袋類などで見られる。有袋類には，モモンガによく似たフクロモモンガのように，他の大陸で[キ]した真獣類(育児のうを持たず胎盤を持つ哺乳類）とよく似た種が見られる。これは，系統が異なる種が同じような環境や生活様式に適応した結果であり，これを［ク］という。

問1　文章中の［ア］～［ク］に適当な語句を入れなさい。

問2　下線①に関連して，進化をもたらす［エ］のひとつに，他種との相互作用がある。そのうち，双方の種に利益をもたらす共生関係をなんというか，答えなさい。また，この関係にある以下の2組が，どのようにして互いに利益をもたらしているか，各60字以内で説明しなさい。なお，以下にあげている生物名はあるグループの総称であり，実際には各々のグループに属する種の間にこの関係が成り立つものである。

(a)　アブラムシとアリ

(b)　造礁サンゴと褐虫藻

問3　下線②に関連して，以下の(1)～(3)に答えなさい。

(1)　体色が1対の対立遺伝子で決められており，暗色と明色という表現型を持つ魚類を仮定する。暗色型は優性で，その遺伝子をAとし，明色型の遺伝子をaとする。野生の暗色個体のみを多数採集し，飼育下で自由に交配させると，100ペアに1ペアの割合で明色型の子供を産むペアが出現した。何度採集してもこの割合は変わらないと仮定し，野生の集団における遺伝子aの頻度を，小数点第4位を四捨五入して第3位まで求めなさい。

(2)　1ペアあたりの産卵数に差がないと仮定すると，飼育下で生まれた第1世代10000個体のうち，明色個体は何個体か，算出しなさい。

(3)　飼育下で生まれた第1世代の明色個体を稚魚のうちに取り除き，次の世代を産ませた結果，明色個体を産むペアの出現率は何％になるか，計算しなさい。ただし，小数点第2位を四捨五入して第1位まで求めること。

問4　生物はその進化の歴史の中で種分化と絶滅を繰り返してきたが，近年，人為的な要因による種の絶滅が増加しているといわれている。その要因のひとつとして，人為的に他の場所から持ち込まれた外来種の影響があげられる。外来生物が在来生物の脅威となっている以下の組合せのうち2例を選択し，それが持ち込まれた経緯と在来生物に与えている負の影響を，各60字以内で説明しなさい。選んだ組合せを記号で示すこと。

(a) ジャワマングースとアマミノクロウサギ

(b) サキグロタマツメタガイとアサリ

(c) オオクチバス(通称ブラックバス)とワカサギ

(d) タイワンザルとニホンザル

• EXTRA ROUND • 横浜市立大学 ★★☆ 10分

23 ある植物1000個体からなる花畑を作った。花の色の遺伝子型と個体数を調べたところ，赤色の個体の遺伝子型はRRで650個体，ピンク色の個体の遺伝子型はRrで300個体，白色の個体の遺伝子型はrrで50個体だった。この花畑の植物体の集団にはハーディ・ワインベルグの法則が成り立つとする。ただし，花の色は1遺伝子によって決まるとする。

(1) この花畑全体で，対立遺伝子Rの頻度p，対立遺伝子rの頻度qはそれぞれいくつになるか。ただし，$p + q = 1$とする。

(2) この花畑から種子を取り，無作為にN個体植えるとすると，遺伝子型RR，Rr，rrそれぞれの個体数はNを用いてどのように示すことができるか。

(3) 最初の花畑から，交配する前に白色の花を全部取り除いた。その後，交配をして種子を取り，無作為に1000個体植えると白色の花の予想される個体数はいくつか。小数点以下を四捨五入して求めよ。

• EXTRA ROUND • 福岡女子大学 ★★☆ 10分

24 進化に関しての重要な仮説を示す用語が以下に書かれている。これらの用語をそれぞれ100字以内で説明せよ。

(1) 化学進化

(2) RNAワールド

• EXTRA ROUND •　弘前大学　★★☆　10分

25　霊長類の中で，ヒトは直立(　①　)をし，道具を使う動物である。

ヒトには，霊長類に共通する特徴にくわえて，直立(　①　)などから生じる特徴がある。

ヒトでは，A(　②　)はゆるやかなS字を描いている。類人猿や猿人と比較すると，頭骨が(　②　)に結合する部分にある(　③　)は，頭骨の中央真下に位置している。そして，(　④　)の幅が広く，内臓を下から支えるようになっている。歯は，歯列が半円形で，(　⑤　)が他の霊長類と比べて小さい。足は，親指がほかの4本の指と平行しており，足の裏には(　⑥　)がある。

動物の前肢では，外見や機能は様々であるが，その骨を比較すると基本的な配列は共通している場合がある。このように外見や機能が異なっていても，基本構造が同じで，発生上の起源も同じ器官を(　⑦　)という。一方，発生上起源は異なるが，機能や外見が似ている器官を(　⑧　)という。また，B進化の過程で不要になり，すでにその機能を失った器官を(　⑨　)という。

問1　文中の(　①　)～(　⑨　)内に該当する語句を入れよ。

問2　下線部Aは，ある器官にとって利点があると考えられる。どの器官に対するどのような利点か，句読点を含めて35字以内で答えよ。

問3　以下の部位と基本構造が同じであるヒトの部位を答えよ。

(a)　ニワトリの手羽先

(b)　ウマのひづめ

問4　下線部Bについて，クジラの場合ではどのような器官か。また，この器官から祖先のどのようなことが推定できるか，句読点を含めて50字以内で述べよ。

53　三重大学｜★★☆｜20分｜実施日 / / /

次の文章を読み，**問1～6**に答えよ。

ダーウィンは1859年に発行された著書「[1]」の中で，進化のメカニズムとして(a)自然選択説を唱えた。この説は現在でも広く受け入れられ，ダーウィンは進化論の父と言われている。一方，1968年に木村資生は，DNAやタンパク質の進化では自然選択とは関係のない突然変異が一定の割合でたえず起こり，(b)これが偶然によって集団内に蓄積されるという[2]説を提唱した。木村の説は最初自然選択説を支持する人たちから激しく攻撃されたが，分子生物学による証拠が多く得られたことにより現在では広く受け入れられている。

ズッカーカンドルとポーリングは，比較した生物の間で見られるアミノ酸の置換数と化石から知られている生物の分岐時期をグラフに表わしてみたところ，この両者の間には見事な直線関係があることを明らかにした。このことは，同じタンパク質であればどの生物でもおおむね一定の速度でアミノ酸の置換が起こっていることを示している。このDNAやアミノ酸が一定速度で変化する現象は一般に[3]と呼ばれている。したがって，(c)「共通祖先から分岐した生物群の同じタンパク質の進化速度はほぼ等しい」という仮定のもとに，生物間のアミノ酸の違いの数によって，生物間の系統関係を系統樹の形で表したり，生物の分岐の年代を推測できる。

問1　本文中の[1]～[3]に適切な語句を入れよ。

問2　下線部(a)の自然選択説とはどのような説か説明せよ。

問3　下線部(b)の偶然によっておこる集団内の遺伝子頻度の変化を何と呼ぶか。

問4　5種類の脊つい動物種間の進化系統関係を明らかにするため，あるタンパク質のアミノ酸配列を比較し，それらのアミノ酸置換数を表1に示した。下線部(c)の仮定のもとに作成した系統樹を次ページに示している。表1の結果をもとに，①～④の進化的距離(アミノ酸置換数)を計算し，系統樹を完成させよ。また，⑤，⑥，⑦には適切な生物種の名称を記せ。

表1　5種の脊つい動物におけるあるタンパク質のアミノ酸置換数

	ヒ　ト	ウ　シ	カモノハシ	イモリ	サ　メ
ヒ　ト	—				
ウ　シ	18	—			
カモノハシ	38	42	—		
イモリ	62	65	71	—	
サ　メ	80	80	84	84	—

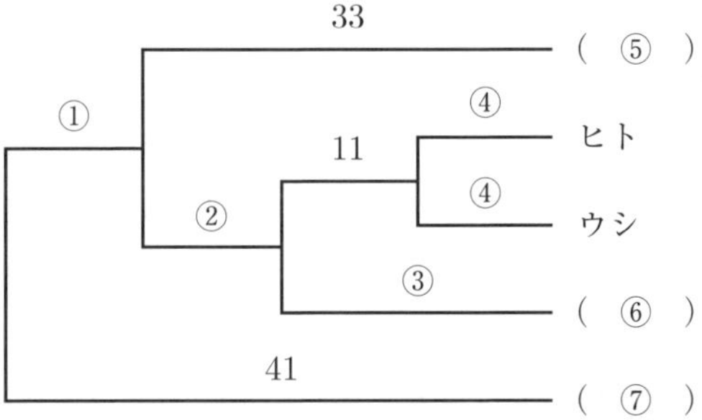

(注)　数字は，分岐点間の進化的距離をアミノ酸置換数で示している。

問5　化石を用いた研究からヒトとウシとは今から約8千万年前に共通祖先から分岐したと推定されている。ヒトとサメとが分岐したのはおよそ何年前と考えられるか。表1を使って計算し，(1)～(4)から最も適切なものを一つ選べ。

(1)　約2億2千万年前　　(2)　約2億8千万年前

(3)　約3億6千万年前　　(4)　約4億4千万年前

問6　このタンパク質のアミノ酸配列は140アミノ酸からなり，ヒトとウシとは今から8千万年前に分岐したとする。このアミノ酸配列の分子進化の速度を，10億年あたりにおける1アミノ酸あたりの置換数として計算し，有効数字2桁で答えよ。ただし，2つの系統間のアミノ酸置換数は，分岐後の2つの系統におけるアミノ酸の置換の合計であることに留意すること。

54　九州工業大学　★☆☆　20分　実施日 ／ ／ ／

遺伝子とその進化に関する次の文章を読み，以下の問いに答えよ。

1859年，イギリスの［ A ］が著書「種の起源」を出版した。その7年後に，ドイツの［ B ］は，地球上のあらゆる生物が1つの祖先から進化してきたことを系統樹で示した。20世紀にはいり［ C ］と［ D ］は，生物の構造や栄養摂取法などから(a)生物を5つの界に分類する五界説を提案した。この二人のうち［ D ］は，細胞内共生説も提唱した。その後，生命科学は著しく進歩し，絶滅した生物も含め，生物間で類似した遺伝子がたくさん見つかっている。(b)このような遺伝子を情報学的に解析することで，分子レベルでの生物の進化がわかるようになった(分子進化)。

近年，［ B ］の系統樹とは異なる新しい生物の進化的分類が提唱されている。アメリカのウーズは，メタン生成菌，好塩菌などを古細菌とよび，細菌と真核生物の3つの大きなグループ(ドメイン)に分類した。ウーズは当初これらの生物が始原生物からほぼ同時期に出現したと考え，図1に示す系統樹を提唱した。

その後，ウーズや多くの研究者によって，リボソームRNAなど生物に普遍的に存在する遺伝子の比較が生物種間で詳しく調べられた。例えば，リボソームにおけるmRNAの［ E ］に関わるタンパク質をペプチド鎖伸長因子(EF)とよぶが，このEFにはEF－1とEF－2の2種類があり，相互の塩基配列は非常によく似ている。このことから，EF－1とEF－2の遺伝子はもともと1つであったが，進化の過程でその遺伝子が［ F ］してできたと考えられる。EF－1，EF－2は3つのドメインの生物で確認されており，(c)EF－1，EF－2は進化の過程でEFから2つに分岐したと考えられる。そこで日本の岩部らは，様々な生物種のEF－1とEF－2の分子進化を解析し，図2の系統樹を示した。(d)この様な研究結果から，3つのドメイン間の進化的関係がしだいに明らかになってきた。

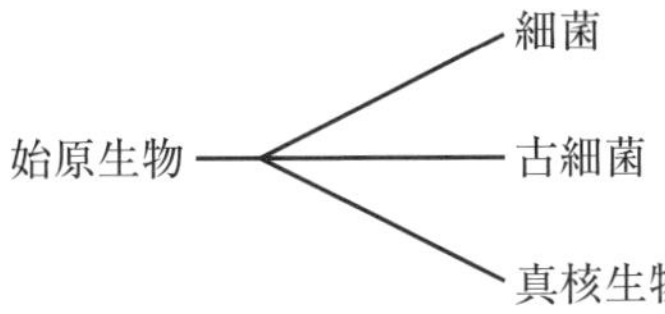

図1　初期の3ドメイン説にもとづく系統樹

ウーズが示した始原生物から細菌，古細菌，真核生物の系統樹

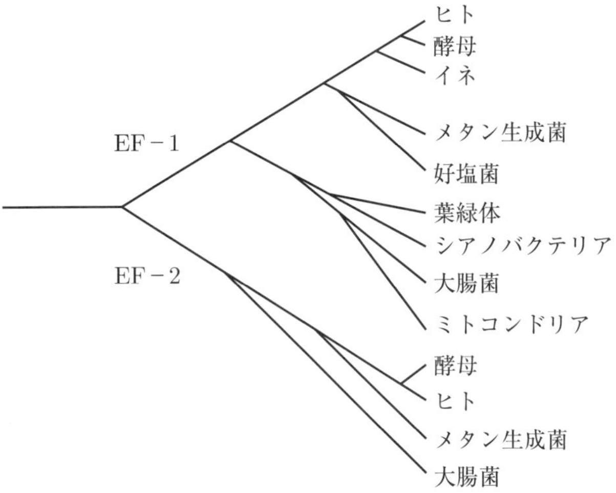

図2　EF－1とEF－2の系統樹

枝の長さは，各遺伝子から推定されたアミノ酸の違いに相関している

問1　文章中の［ A ］～［ D ］にあてはまる最も適切な人物名を，［ E ］，［ F ］には最も適切な用語を，次の(ア)～(ツ)から1つずつ選び，記号で記せ。

(ア) オパーリン　(イ) 木村資生　(ウ) ダーウィン　(エ) ド フリース
(オ) ヘッケル　(カ) ホイッタカー　(キ) マーグリス　(ク) ラマルク
(ケ) リンネ　(コ) 逆位　(サ) 重複　(シ) 欠失　(ス) 転写
(セ) 転座　(ソ) 複製　(タ) 分裂　(チ) 翻訳　(ツ) 分解

問2　下線部(a)について，5つの界の名称をすべて記せ。

問3　下線部(b)について，コンピューターを用いて様々な塩基配列を生物種間で比較し解析することができる。以下にヘモグロビン α 鎖遺伝子の塩基配列の一部(40 塩基)を7つの生物種間で比較し，塩基の違いの数を表1にまとめている。塩基配列中の下線は，開始コドンを示している。表1の(e)〜(g)にそれぞれ当てはまる数字を記せ。

ヒト　AGAGAACCCACCATGGTGCTGTCTCCTGCCGACAAGACCA
オランウータン　AAAGAACCCACCATGGTGCTGTCTCCTGCCGACAAGACCA
イヌ　AAGGAACCCACCATGGTGCTGTCTCCCGCCGATAAGACCA
イルカ　AGAGAATCCACCATGGTGCTGTCTCCCGCCGACAAGACCA
ゾウ　AAACAACCCACCATGGTGCTGTCTGATAAGGACAAGACCA
マンモス　AAACAACCCACCATGGTGCTGTCTGATAACGACAAGACCA
ニワトリ　AGAGGTGCAACCATGGTGCTGTCCGCTGCTGACAAGAACA

表1　上記の塩基配列を比較したときの各生物種間での塩基の違いの数

	ヒト	オランウータン	イヌ	イルカ	ゾウ	マンモス	ニワトリ
ニワトリ	8	9	12	9	12	12	0
マンモス	6	5	8	8	(e)	0	
ゾウ	7	6	9	9	0		
イルカ	2	3	(f)	0			
イヌ	4	3	0				
オランウータン	(g)	0					
ヒト	0						

問4　**問3**の塩基配列の比較解析から考えられる最も適切な結果を，次の(ア)〜(カ)から1つ選び記号で記せ。

(ア)　イルカはヒトよりゾウに進化的に近い。

(イ)　イヌはヒトよりゾウに進化的に近い。

(ウ)　イヌとイルカは，ヒトとオランウータンと同じくらい進化的に近い。

(エ)　ゾウとマンモスは，ヒトとオランウータンと同じくらい進化的に近い。

(オ)　オランウータンとニワトリで同じ塩基配列の割合は 70% である。

(カ)　ヒトとニワトリでは，翻訳される塩基配列と翻訳されない塩基配列で，同じ塩基の割合は，それぞれ 80% と 20% である。

問5　**問3**の7つの生物種の遺伝子では，開始コドンを含む翻訳領域の連続した11の塩基配列は種間で同じである。このことから，細胞内で合成される7つの種のヘモグロビン α 鎖の一次構造について，明らかにわかることを30字以内で記せ。

問6　下線部(c)について，EF－1とEF－2が分岐したと考えられる位置を，解答欄の系統樹(下図)の線上に×印で記せ。

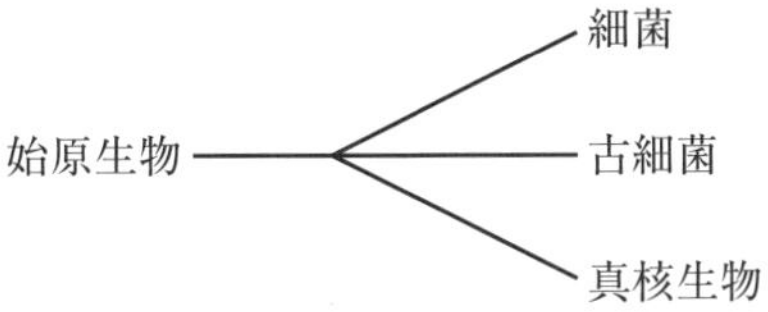

問6の解答欄

問7　図2の系統樹は，[D]が提唱した細胞内共生説を支持しているか。「支持する」，「支持しない」を記し，その理由を60字以内で記せ。

問8　下線部(d)について，現在考えられている3つのドメインの進化の系統樹について，図1を修正して記せ。そこには，3つのドメインの分岐の順序がわかるように記すこと。

問8の解答欄

問9　**問8**の系統樹を記した理由を，根拠とした図をもとに，各生物種とドメインの関係に注目して，論理的に記せ。文字数に制限はつけない。

55 宮崎大学 | ★★☆ | 20分 | 実施日 / / /

次の文章を読んで，以下の各問に答えよ。

［ア］とは生物の系統における変化を伴う継承であり，狭義では世代から世代への集団の遺伝的組成の変化として定義することができる。また［ア］は彼らを取り巻く環境への［イ］や生命の共通性と多様性形成の歴史を説明する。図１は発生の過程で原口が肛門となる［ウ］動物の系統関係を示している。この系統の環境への［イ］についてみてみよう。体内で不要となったタンパク質が分解されたり，アミノ酸がエネルギー源として使用されると，水と［エ］の他に窒素代謝物として［オ］が生成される。［オ］は生物にとって非常に有害であり，ごく低濃度しか許容できない。生体から排出される窒素代謝物の種類は動物の系統と生息場所，特に利用できる水の量に依存している。軟骨魚類や硬骨魚類，そして両生類の［カ］は［オ］をそのまますみやかに水中に排出するが，両生類の成体や哺乳類は，(a)<u>これを水に溶け生体に害の少ない尿素に変えて排出する</u>。また(b)<u>ハ虫類などでは，生体に害が少なく水に溶けにくい尿酸としてこれを排出している</u>。各分類群の卵に着目すると，殻のない両生類の卵では可溶性の老廃物を水中へ拡散できる。一方で，(c)<u>殻のある卵は液体を通さないため，胚が可溶性窒素代謝物を排出すると，卵殻内という非常に限られた空間に多量の老廃物が蓄積し，胚の生存に危険なレベルにまで達してしまう</u>。

次にこれら窒素代謝物の排出系についてみてみよう。脊椎動物における排出器は腎臓である。腎臓にはネフロンとよばれる構造があり，これが尿をつくる基本構造である。ネフロンはろ過の場である［キ］と，再吸収の場である［ク］からなる。腎臓に入った血液は，［キ］を構成し毛細血管のかたまりである［ケ］でろ過され，低分子成分がこし出されて原尿となり，［ケ］を取り囲むボーマンのうに入る。原尿は［ク］に運ばれ，一度こし出された成分のうち有用成分が(d)<u>再吸収され，老廃物はさらに濃縮されて尿として排出される</u>。

腎臓はまた浸透圧調節の機能をもち，脊椎動物の多様な環境への［イ］をみることができる。例えば哺乳類においても，砂漠に生息するネズミの仲間では非常に高濃度な尿が生成される。一方で水生の種では尿濃縮の能力は低い。顕著な例では，淡水生魚類は周囲に対して高浸透圧性であるので，体内に過剰な水分が入る。この水分を排出するため，多数のネフロンを持つ腎臓で，多量の［ コ ］尿を生成する。逆に海水生硬骨魚類では，体から水を喪失し，周囲から過剰な塩類を獲得することとなり，(e)<u>腎臓のはたらきもこういった環境に合わせたものとなっている</u>。

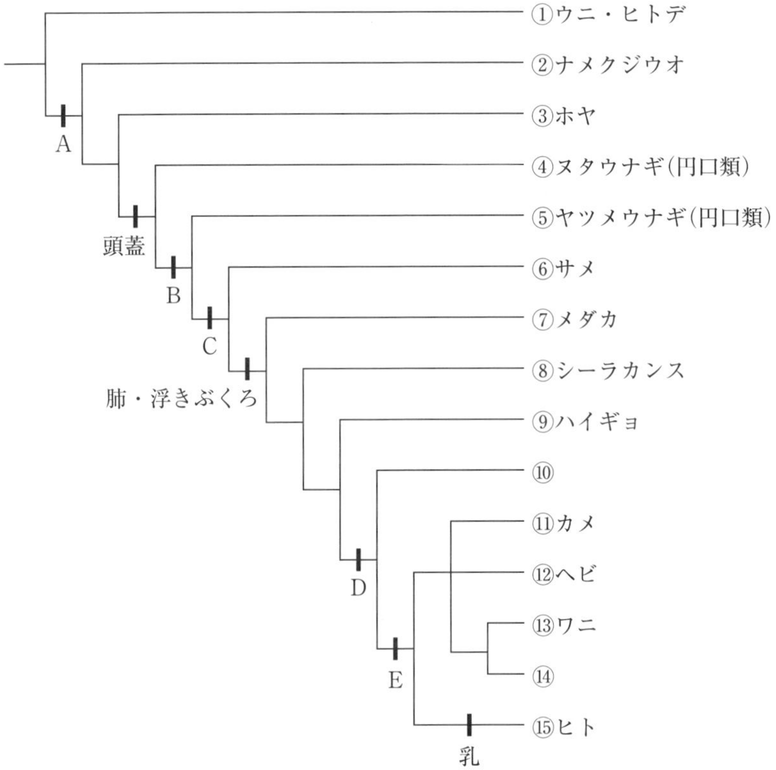

図1　主として分子データに基づく［ ウ ］動物の系統関係。①～⑮は各分類群の代表的な生物名を記してある。＊最近の研究において④ヌタウナギもBを持つ動物群である可能性も指摘されている。

問1　文章中の ア ～ コ に入る適切な語句を下記から選び，その番号を答えよ。

1）旧口　2）二酸化炭素　3）幼生　4）細尿管　5）遺伝
6）アンモニア　7）カルシウム　8）進化　9）酸素
10）適応　11）幼虫　12）糸球体　13）新口
14）小葉　15）腎小体　16）発生　17）薄い　18）自然選択
19）マルピーギ管　20）濃い

問2　図1のA～Eは各分類グループを特徴づける新たに出現した形質を示している。A～Eに当てはまる形質をそれぞれ下の選択肢から選び，その番号を答えよ。

1）胎盤　2）脊索　3）気管　4）四肢　5）神経節
6）羊膜卵　7）体毛　8）脊椎　9）えら　10）保育
11）眼　12）あご

問3　図1中の⑩および⑭に当てはまる分類群(綱)は何か。それぞれその名称を答えよ。

問4　いわゆる魚類は軟骨魚類と硬骨魚類に分けることができる。図1の①～⑮の中で，硬骨魚類に含まれる分類群はどれか。該当するものを全て選び，その番号を答えよ。

問5　下線部(a)について，このはたらきをもつ臓器の名称，およびこの臓器のもつ下線部以外のはたらきのうち2つを答えよ。

問6　下線部(b)および(c)について，合わせて考えて，尿酸を生成する利点を簡潔に答えよ。

問7　下線部(d)のはたらきについて，ヒトにおいて，ヒトが利用できない多糖類であるイヌリンを静脈に注射したところ，イヌリンは腎臓で全てこし出され，また再吸収されなかった。このときの，血しょう中のイヌリン濃度は0.01%，尿中のイヌリンの濃度は1.2%であった。また同時に尿素の濃度を測定したところ，血しょう中，尿中の濃度はそれぞれ0.03%，2.0%であった。1分間に1 mLの尿が生成されるとした場合，下記の(1)および(2)についてそれぞれ数値を答えよ。

(1) 1分間あたり何 mL の原尿が生成されたか。

(2) 尿素の再吸収率は何%か。

問8 下線部(e)について，海水生硬骨魚類の腎臓におけるネフロンの数と生成される尿の特徴について簡潔に答えよ。

問9 文章中の オ の物質について，気体状態のこの物質を収集する方法名と，その方法を選択する理由について簡潔に答えよ。

問10 ヒトの腎臓機能における遺伝疾患として，常染色体劣性の多発性のう胞腎が知られている。これは第6染色体にある *PKHD1* 遺伝子における変異により引きおこされ，腎不全を発症させる。発症率は少なくとも 40,000 人に1人とされる。正常型と病気型の対立遺伝子頻度をそれぞれ p, q としたとき，その遺伝子型頻度：$p^2 + 2pq + q^2 = 1$ が成り立つ場合，この病気型対立遺伝子を保有する個体の割合はいくらになるか。これを求める正しい計算式を下記より選び，その番号を答えよ。

1) $(0.00025)^2$

2) $(0.99975)^2$

3) $(0.00025)^2 + (0.99975)^2$

4) $(0.005)^2 + (0.995)^2$

5) $4 \times 0.995 \times 0.005 + (0.005)^2$

6) $4 \times 0.99975 \times 0.00025 + (0.00025)^2$

7) $2 \times 0.99975 \times 0.00025 + (0.00025)^2$

8) $2 \times 0.995 \times 0.005 + (0.005)^2$

5 10 15 20

5 10 15 20

5 10 15 20

5 10 15 20

— MEMO —

駿台受験シリーズ

国公立標準問題集
CanPass
生物基礎＋生物

波多野善崇　著

駿台文庫

はじめに

— 最高の問題集ができました —

予備校講師をしていると，毎年「おすすめの問題集はないですか？」と聞かれます。これからは，『CanPass 生物基礎＋生物』をおすすめします。この問題集は最高の問題集だからです。

がんばってるつもりでも，思ったように成績が伸びない受験生がいます。模擬試験が終わり，模範解答を見てみると知っている単語ばかりなのにもかかわらず，なぜかできていないのです。間違ったところを復習するのですが，次の模擬試験ではやっぱり思ったほど成績が伸びていません。原因は，出題者の意図が理解できていないことにあります。試験というのは出題者と受験生との対話です。受験生は出題者が書いた問題文から，その意図を読み取り，何を答えてほしいのかを感じ取る必要があるのです。しかし，何を問われているのかよくわかっていない受験生は，論点のずれた解答を書いてしまい，自分では正しいと思っているのに点に結びついていないのです。繰り返しますが，成績が伸びない原因は出題者の意図が読み取れていないことにあります。原因はわかりました。次は対策です。

「出題者の意図が読み取れなかった」のが原因ならば，「出題者の意図を読み取る練習」が対策となります。その手助けとなるのが『CanPass 生物基礎＋生物』です。では，なぜ『CanPass 生物基礎＋生物』なのか。一般的な問題集は入試問題を題材としてはいますが，一部の設問を削除しています。例えば，細胞の分野を主なテーマとした入試問題に，細胞と関連させて光合成のしくみに関する小問があった場合，その設問は削除します。削除すること自体は悪いことではありません。とりあえず細胞の構造に関する知識をつけるには効率のよい方法です。光合成に関する設問を削除したとしても，その問題集の別の章に光合成に関する問題がありますから，一冊の問題集として知識の抜けはありません。しかし，同時に大きな損失があります。その設問を削除することで，出題者の意図までもが削除されてしまうことです。出題者は「受験生の頭の中では『細胞』と『光合成』を，別々なものとして考えているだろうから，本当は密接につながっていることを意識させよう」と意図して出題したのです。ところが，一般的な問題集では出題者の意図は無視され，設問を削除してしまうのです。その結果，視野が狭まり，一問一答式のような問題は解けても，考察問題では思ったように解答できない受験生が生み出されてしまうわけです。

一般的な問題集には意外な落とし穴が見つかりました。効率よく学ぼうとする結果，大切な出題者の意図，いや「出題者の魂」が抜け落ちてしまっていたのです。『CanPass 生物基礎＋生物』は，現教育課程に沿った用語の変更など，ごく一部の例外を除き，入試問題をそのまま掲載してあります。「生の素材」を提供しているのです。『CanPass 生物基礎＋生物』には出題者の魂が濃縮されているのです。生命現象の解明には，多くの科学者が関わってきました。彼ら科学者は，サイエンスを心から楽しんでいたことでしょう。入試問題を作成しているのも，そんな科学者なのです。科学者が感じているサイエンスの楽しさを，ぜひ受験生にも感じてもらいたいと考えているのです。そして「この熱い魂を受け止めてくれる受験生に合格してもらいたい」と思っているのです。合格すれば，もしかしたら共同研究者になるかもしれない受験生に対して，出題者は「いっしょにサイエンスを楽しもう」と語りかけているのです。だからこそ，出題者は入試問題に魂を込めるのです。みなさん受験生が『CanPass 生物基礎＋生物』を使って学習すれば，出題者の熱い魂を感じることができるようになり，その結果，成績は急上昇します。

『CanPass 生物基礎＋生物』が，他の問題集とは異なる特色をもつことがわかっていただけたと思います。では，ただ過去問題を集めただけかというと，そうでもなく，出題者の意図が受験生に伝わるように解説にも魂を込めておきました。また，入試問題を厳選することによって充分量の知識をカバーすることもできました。

常々感じていることなのですが，入試問題は本当におもしろいのです。実を言うと『CanPass 生物基礎＋生物』で本当に伝えたかったのは，入試で高得点をとるための技術よりも「入試問題のおもしろさ」なのです。入試問題をおもしろいと感じてもらえれば，自然と実力もついてきます。いや，むしろその時点で実力は充分ですね。

本書の刊行にあたり，駿台文庫編集課の梶原一也様には企画段階から大変お世話になり，数々の無理な要望も聞いていただきました。心から感謝しています。また，愛弟子である東京大学大学院農学生命科学研究科の菊池結貴子さんには，解答チェックをお願いしました。菊池さんは仕事の内容を話す前から，二つ返事で引き受けていただきました。弟子に恵まれました。本当に助かります。そして菊池さんだけでなく，教室で熱心に話を聞いてくれた生徒のみなさん。みなさんのおかげで本書の完成に至りました。ありがとう！

あらためまして，入試問題の世界へ，ようこそ。

波多野善崇

本書の構成と利用法

問題編

本書は近年出題された入試問題から，標準的な難易度の良問を厳選した問題集です。各問題には，難易度（★☆☆…比較的易しい問題，★★☆…標準的な問題，★★★…やや難しい問題）が表示してあります。難しい問題は掲載していませんが，難易度の感じ方は人それぞれなので，目安程度に考えてください。また，解答時間も示してありますが，これも目安なのであまり意識しなくても構いません。

また，計算や論述問題の演習や，知識を補うための問題を **・EXTRA ROUND・** として掲載してあります。**・EXTRA ROUND・** は入試問題の一部を抽出したものです。本文の大部分を削るなどの改編は行っていますが，数字や設問文の変更は行っていません。

解答・解説編

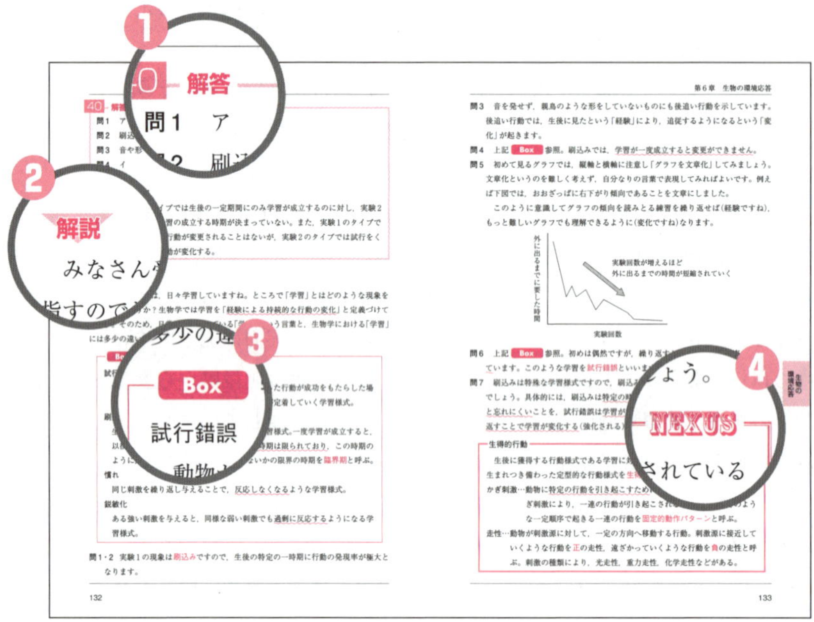

❶ **解答**　各問題の解答例です。

❷ **解説**　各問題を解くための視点が書かれています。原則的にすべての設問について書いてあります。

❸ **Box**　重要事項のまとめです。一題につき必ず一つ以上設けてあります。

❹ **NEXUS**　重要な関連事項がまとめてあります。

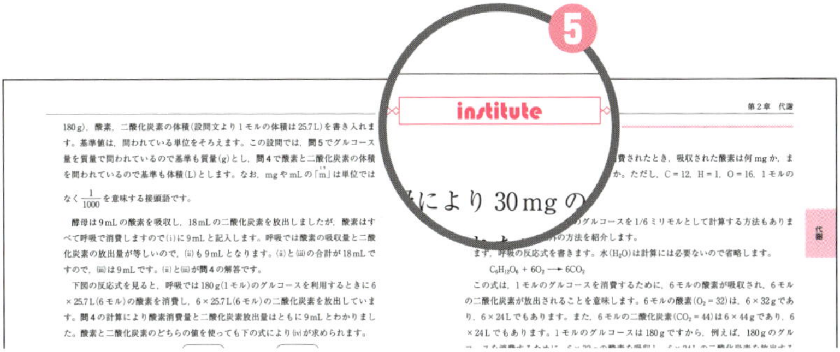

❺ **institute** 計算問題を解くための技法の説明です。今まで目にしたことのないような解法もあると思いますが，習得することで必殺の武器となることは間違いありません。

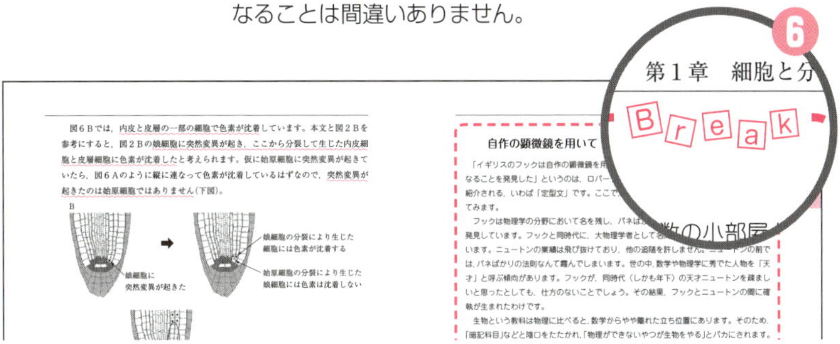

❻ **Break** 入試と直接は関係ない小話です。著者から受験生へのメッセージが含まれています。気楽な気持ちで目を通してもらえるとありがたく思います。

『CanPass 生物基礎＋生物』は総合的には入試において充分な知識量をカバーしていますが，分野ごとの知識整理がしたいのであれば『理系標準問題集　生物』（駿台文庫）をおすすめします。また，特に論述問題の強化をしたいのであれば『生物　記述・論述問題の完全対策』（駿台文庫）があります。さらに高みを目指す受験生は，『生物　新・考える問題 100 選』（駿台文庫）に挑戦してみましょう。

目　次

第6章　生物の環境応答

第7章　生物群集と生態系

第8章　生物の進化と系統

● EXTRA ROUND ●　解答解説

第1章　細胞と分子

01 解答

A

問1　1)　(エ)　　2)　グルコース(マルトース)　　3)　①，②，④

問2　③，④

問3　②：カルボキシ基，③：アミノ基(順不同)

問4　3　側鎖　　4　ペプチド

問5　$\frac{30000-18}{132-18}=263$　　263個

B

問6　23000

問7　タンパク質Zは，分子量48000のポリペプチド2本がS−S結合によって結合していた二量体であったから。

問8

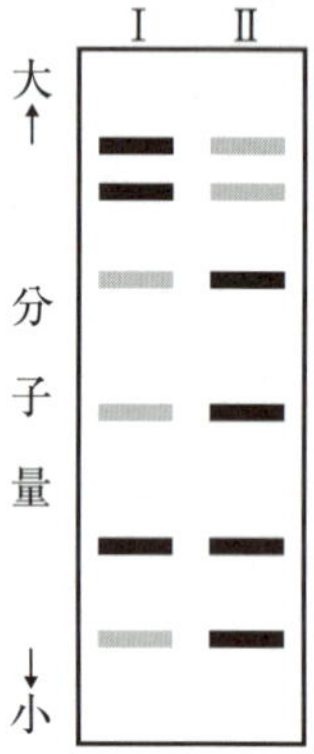

解説

まずは生体を構成する物質について学習しましょう。表1に示された炭水化物，タンパク質，脂質は代表的な呼吸基質(08 **問4**参照)となる有機物です。これらはヒトの栄養素のうち，とくに三大栄養素と呼ばれる重要な物質です。なお，これらにビタミンと無機塩類を加えて五大栄養素と呼びます。ビタミンとは，生体を維持するために必要であるが，生体内では合成できない，あるいは合成量が不足する有機物の総称です。無機塩類については**問1**参照。

Box 三大栄養素

炭水化物(糖類)

炭素，水素，酸素からなり，グルコースやフルクトースなどの単糖を構成単位とする物質。

デンプンやグリコーゲンは貯蔵栄養物質となり，セルロースは植物の細胞壁の主成分となり植物体の支持にはたらく。

タンパク質

アミノ酸が多数ペプチド結合し，高次構造をもった物質。

生体を構成するだけでなく，酵素や抗体，ホルモンなどの成分となる。

脂質

一般に水に不溶な物質で，高級脂肪酸などを含む物質。

リン脂質は生体膜の主成分。炭水化物に比べて軽く，貯蔵物質として優れている。

A

問１　1)　デンプンはアミロペクチンとアミロースからなります。どちらもグルコースが多数結合した多糖(炭水化物)で，植物の種子や根・茎などに含まれています。

2)　デンプンを，だ液やすい液に含まれるアミラーゼで加水分解するとマルトースとなり，さらにマルターゼによりグルコースまで分解されます。マルトースを加水分解するマルターゼは，ヒトでは腸粘膜に存在します。設問文が「吸収される際」なので，グルコースが適当でしょうが，マルトースも可と考えられます。

3)　①　グリコーゲンは，動物の肝臓や骨格筋に多く含まれる貯蔵栄養物質となる多糖です。

②　コラーゲンは皮膚や腱，軟骨に多く含まれ，動物の中で最も量が多いタンパク質です。

③　無機塩類はミネラルとも呼ばれます。生体にとって水以外に必要な無機物のことです。

④　スクロースは，グルコースとフルクトースが結合した二糖です。

問２　①　すべて呼吸基質となります。呼吸ではこれらの酸化により ATP を生成します(**10** 参照)。

②　タンパク質の構成元素はC，H，O，N，Sです。タンパク質を構成する 20 種類のアミノ酸のうち，すべてがC，H，O，Nをもち，メチオニンとシステインがSをもちます。一方，炭水化物の構成元素はC，H，Oです。

③　リパーゼは中性脂肪を脂肪酸とグリセロールに加水分解する酵素です。ただし，消化管内の脂肪は，すい液のリパーゼによりモノグリセリドまで分解され，グリセロールにはなりません。モノグリセリドと脂肪酸は，小腸の柔毛へとりこまれ再び脂肪に合成されたのちリンパ管へ吸収されます。

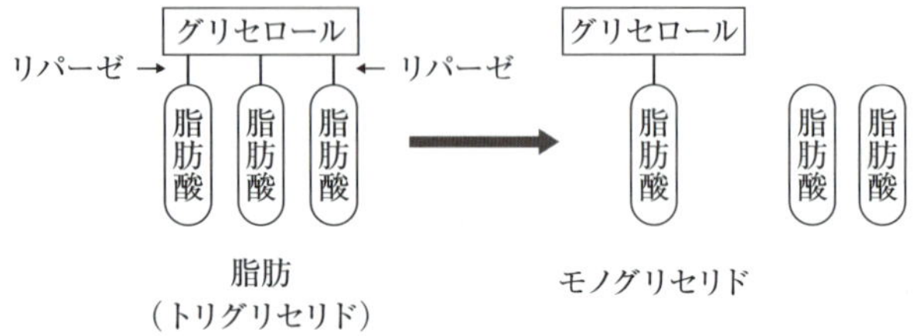

④　上記 **Box** にもあるように，タンパク質は生体を構成する主成分であり，酵素の主成分でもあります。

⑤　炭水化物のうちセルロースは植物の細胞壁をつくり，デンプンやグリコーゲンは栄養物質として貯蔵されています。

問3・4　アミノ酸の構造は重要です。必ず描けるようにしてください。アミノ酸の構造を理解すれば，アミノ酸が脱水縮合してペプチド結合がつくられる反応も理解できます。

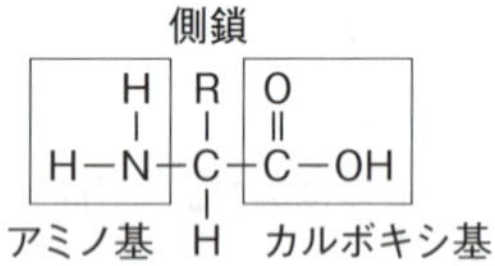

◎ペプチド結合

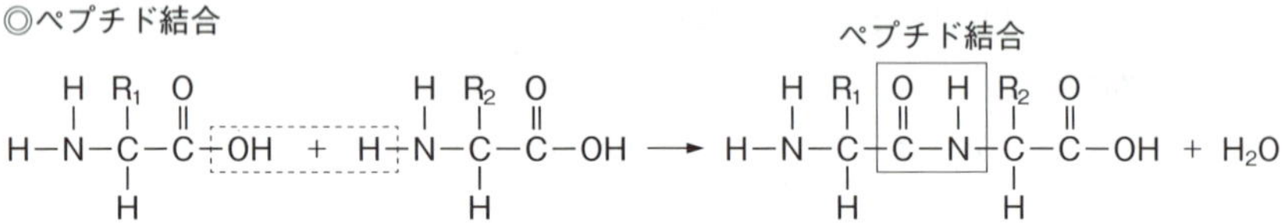

問5　まずは「あたりまえのこと」を考えてください。アミノ酸が多数ペプチド結合してタンパク質がつくられるわけですから，すぐに次の式が思い浮かべられます。

タンパク質の分子量＝アミノ酸の分子量×アミノ酸の数

しかし，ここで注意が必要です。ペプチド結合がつくられるときには水(H_2O)が1分子とれる(上記**問3・4**参照)ので，上の式の「アミノ酸の分子量」にはアスパラギンの分子量132をそのまま入れてはいけません。さらに，この問題で注意すべきは「アミノ酸の数と，とれる水の数が異なる」ことです。仮に100個のアミノ酸がペプチド結合したとすると，水は99個とれます。これを考慮して次のように考えます。

アスパラギンの数を x とすると，水は $(x-1)$ 個とれます。よって，x 個のアスパラギンがペプチド結合したタンパク質の分子量は，$132x-18(x-1)$ となります。このタンパク質の分子量は30000なので，

$$132x-18(x-1)=30000$$

となり，$x=\underline{263}$ が得られます。

B

問6　分子量84000のタンパク質Yが，分子量61000と23000の２本のポリペプチドに分離したと予想できます(下図)。

問7　48000が96000のちょうど半分であることに注目します。すると，分子量48000のポリペプチド２本がS−S結合によってつながっていたことが予想できます(下図)。全く同じアミノ酸配列のポリペプチドの可能性もありますが，そこまで明記しなくてもよいと思います。

問8　処理前Ⅰでは，分子量96000，84000，32000の３本の線(これを一般に「バンド」と呼びます)が見られ，処理後Ⅱでは，分子量61000，48000，32000，23000の４本の線が見られると予想できます。

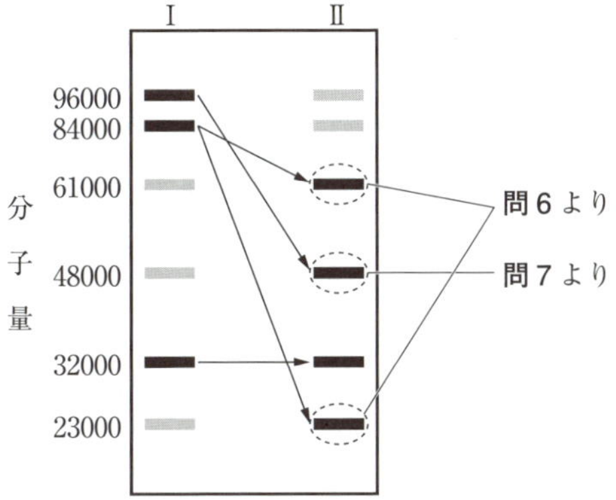

02 解答

問1　ア　接眼　　イ　対物　　ウ　レボルバー　　エ　ステージ

問2　アクチン，ミオシン

問3　6.7 μm

問4　5.6 μm

問5　A：小胞体　　B：リボソーム　　F：リソソーム

問6　植物の種類；CAM 植物

理由：乾燥した地域では，昼間に気孔を開けると蒸散が過剰になり水分が不足する。そのため，夜間に気孔を開けて二酸化炭素を吸収し，液胞内にリンゴ酸として蓄えておくことで乾燥に対して適応している。

解説

肉眼では見えない世界にも，想像がつかないぐらい複雑な世界があることを示したのがフック(1665)です。「ワイン瓶の栓としてコルクが優れているのはなぜだろう？コルクはなぜ軽いのだろう？」こんな疑問に答えるため，自作の顕微鏡を用いてコルクの切片を観察しました。顕微鏡で見たコルクは小さな部屋の集まりでした。フックは，この小部屋に「cell」と名づけ，今日ではこれが細胞の発見であると考えられています。フックの描いた世界は『ミクログラフィア』に収められています。

レーウェンフックはフックと同時代の人物です。レーウェンフックは1枚のレンズからなる顕微鏡を作製し，身の回りのものを観察しました。オタマジャクシの尾に流れている赤血球，歯垢にうごめく微生物，精液中を泳ぐ精子。レーウェンフックは生きた細胞を観察したのです。

問1　光学顕微鏡を扱うためには，まずはレンズを取りつけなければいけません。このとき，接眼レンズから取りつけなければ鏡筒からほこりが入ってしまいます。また，対物レンズはレボルバーにつけ，対物レンズの倍率を変更するときには，対物レンズには直接触れずレボルバーを回転させます。対象物にピントを合わせるときには，横から見ながらプレパラートに対物レンズを近づけ，対物レンズが遠ざかるように調節ねじを操作します。いずれも顕微鏡やレンズを痛めないために必要な配慮となります。

問2　この現象は原形質流動(細胞質流動)と呼ばれ，細胞小器官の輸送を行うためのしくみです。細胞小器官と結合したミオシンがATPのエネルギーを利用して，アクチンフィラメント上を移動します。なお，ミオシンはモータータンパク質の一種です(31 問2の問(3)参照)。

問３　下の図の⬇は対物ミクロメーターと接眼ミクロメーターが重なっている目盛りを示しています。対物ミクロメーターの１目盛りは1mmを100等分した長さなので，$\frac{1\,\mathrm{mm}}{100} = 0.01\,\mathrm{mm}$となります。さらに，$1\,\mathrm{mm} = 1000\,\mu\mathrm{m}$より，$0.01\,\mathrm{mm} = 10\,\mu\mathrm{m}$です。下図より，１目盛り$10\,\mu\mathrm{m}$の対物ミクロメーターの２目盛りが，接眼ミクロメーターの３目盛りに相当しますので，以下の式から接眼ミクロメーターの１目盛りの長さが計算できます。

$$\frac{10\,\mu\mathrm{m} \times 2}{3} = 6.66\cdots\,\mu\mathrm{m}$$

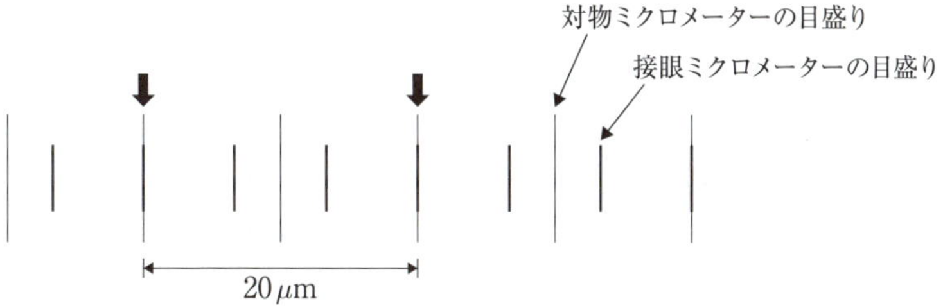

問４　葉緑体は接眼ミクロメーターの10目盛りを12秒かけて移動していますので，以下の式より速度が計算できます。

$$\frac{6.67\,\mu\mathrm{m} \times 10}{12\,\text{秒}} = 5.55\cdots\,\mu\mathrm{m}/\text{秒}$$

問５　電子顕微鏡では確認できるが，光学顕微鏡では確認できない細胞小器官には，小胞体，リボソーム，リソソームなどがあります。

Ａ　「タンパク質の合成および輸送」から小胞体とわかります。小胞体のうち表面にリボソームが付着したものを粗面小胞体と呼びます。粗面小胞体にはリボソームが付着しているので，タンパク質の合成にも関わると言えます。また，小胞体は脂質の合成なども行っています。

Ｂ　「タンパク質の合成」なのでリボソームです。リボソームは膜構造を持たず，rRNAとタンパク質からなる粒状構造をしています。

Ｃ　「細胞液」を含むのは液胞です。

Ｄ　「２枚の膜」とあれば，核かミトコンドリア，あるいは葉緑体のいずれかです。これらのうち「膜には多数の穴」があるものは核です。この「穴」はもちろん核膜孔です。

Ｅ　「２個の中心粒からできており」なので中心体です。

Ｆ　「細胞内消化にかかわる」のでリソソームです。

Box 真核細胞の構造

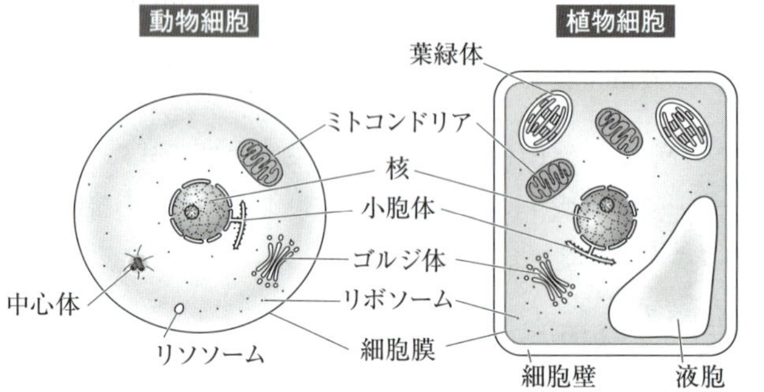

問6　設問文には「カルビン・ベンソン回路のほかに二酸化炭素を固定する経路をもち」とあります。このような経路をもつ植物はC_4植物とCAM植物です。さらに「2つの反応経路が同じ細胞内で異なる時間帯にはたらく」とあることからCAM植物が適当です。これに対し，C_4植物では，葉肉細胞と維管束鞘細胞の2種類の細胞を利用して二酸化炭素を固定するため不適です（12 問4参照）。

細胞骨格　NEXUS

細胞の形や細胞小器官は細胞骨格により支えられている。

アクチンフィラメント（マイクロフィラメント）

　アクチンタンパク質が重合してできた繊維。

　直径7nm。細胞の収縮，進展，アメーバ運動，細胞分裂時のくびれ，筋収縮に関与する。

微小管

　αチューブリンとβチューブリンという球状タンパク質が重合して中空の管状となった構造。

　直径25nm。モータータンパク質のレールとなる。中心体などから放射状に存在している。細胞の運動，紡錘糸，物質輸送，繊毛，鞭毛の運動などに関与。

　極性（αチューブリン側が−，βチューブリン側が+）があり，チューブリンの結合（重合）と解離（脱重合）により伸長と収縮が起きる。

中間径フィラメント

　直径8～12nm。細胞膜や核膜の内側から形態を保持。

03 解答

A

問1　ア　細胞膜　　イ　電子顕微鏡　　ウ　DNA　　エ　細胞群体

問2　①　C　　②　B　　③　D

問3　シアノバクテリア，乳酸菌

問4　真核細胞はミトコンドリアなどの膜でできた細胞小器官をもつが，原核細胞は膜でできた細胞小器官をもたない。

問5　単細胞生物は1個の細胞に生きるために必要なすべての機能をもつが，多細胞生物の細胞は機能に特化して分化している。

B

問6　細胞分画法

問7　核

問8　(1)　ミトコンドリア　　(2)　二酸化炭素

(3)　ミトコンドリアはグルコースを直接取り込み利用することはできないが，細胞質基質の解糖系によって生じたピルビン酸を取り込み分解することはできるから。

解説

生物を2つに分類するとき，原核生物と真核生物に大別します(ただし，三ドメイン説では細菌と古細菌は区別されます。54 参照)。原核生物のもつ細胞を原核細胞，真核生物のもつ細胞を真核細胞といいます。原核細胞と真核細胞は，どちらも細胞膜につつまれ，DNAをもち，細胞質で化学反応を行います。異なる点としては，原核細胞には核などの膜でできた細胞小器官がなく，真核細胞には膜でできた細胞小器官が発達していることが挙げられます。

また，生物には1個の細胞で個体をつくる単細胞生物と，複数の細胞で個体をつくる多細胞生物があります。さらに単細胞生物のなかには，たがいに体を接着させて集合体をつくるものがあり，この集合体を細胞群体といいます。

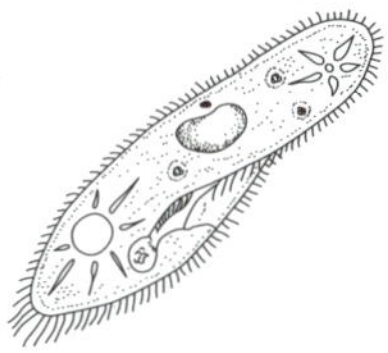

ゾウリムシ（単細胞生物）

ウマ（多細胞生物）

Box 原核細胞と真核細胞の比較

原核細胞

核やミトコンドリア，葉緑体などの膜でできた細胞小器官をもたない。

環状2本鎖DNAをもつ。DNAはヒストンと結合せずに存在する。

真核細胞

核をもち，ミトコンドリアや葉緑体などの細胞小器官が発達している。

線状2本鎖DNAをもつ。DNAはヒストンに巻きつきヌクレオソームをつくる。さらに，ヌクレオソームは規則的に積み重なって，クロマチン繊維と呼ばれる構造をつくっている。

問1　光学顕微鏡では光線を使うため，その波長から分解能の限界は0.2 μm程度です。一方，電子顕微鏡では波長の短い電子線を使うため，分解能の限界は0.1～0.2 nm程度となります。

問2　図1は対数目盛りになっています。図1の最も小さな目盛りは1 nmとなっていますが，次の目盛りは2 nmではありません。次の目盛りは1 nmを10倍した10 nmです。その次がさらに10倍して100 nmです。さらにその次は1000 nmとなるので，1000 nm = 1 μmとなります(右図)。一般の定規のように，1目盛りの長さが等間隔になっているわけではないので注意しましょう。

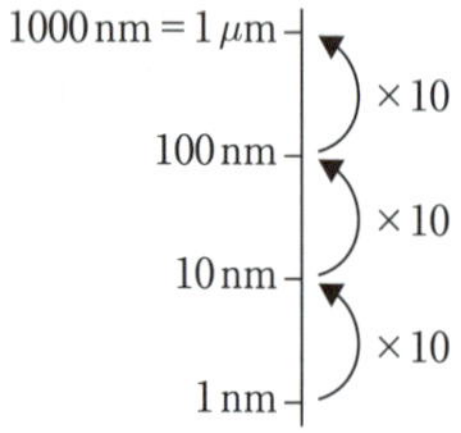

おおよその大きさは以下のようになります。①1～2 μm　②30～40 μm　③80～120 nm

問3　**54** 参照。

問4　上記 **Box** 参照。

問5　この設問のテーマは「細胞の分化」です。そのため，「単細胞生物では1個の細胞で生存できるが，多細胞生物では多くの細胞がないと生存できない。」といった解答は不可となります。

細胞の分化とは多細胞生物の1個の細胞が，機能的あるいは形態的に特殊化する現象で，発生の過程や組織幹細胞(**27** 参照)から機能をもった細胞が生じるときに見られます。

問6　細胞分画法は細胞を破砕し，細胞小器官を分離する方法です。細胞の破砕物を遠心分離することで，細胞小器官を大きさや密度ごとに分離します。

一般に大きな構造物ほど沈殿しやすい(弱い遠心力でも沈殿する)ので，この問題のように動物細胞(ニワトリの肝臓)を使った場合，核，ミトコンドリア，ミクロソーム(小胞体やリボソーム，ゴルジ体の膜など)の順に沈殿します。なお，植物細胞の場合は，核の次に葉緑体が沈殿します。

Box 細胞分画法

細胞小器官を生きたまま分離し，取り出す方法に細胞分画法がある。

まず組織をホモジナイザーですりつぶし，得られた破砕液を遠心分離機にかける。遠心力を強くすることで，より小さな細胞小器官が分離できる。

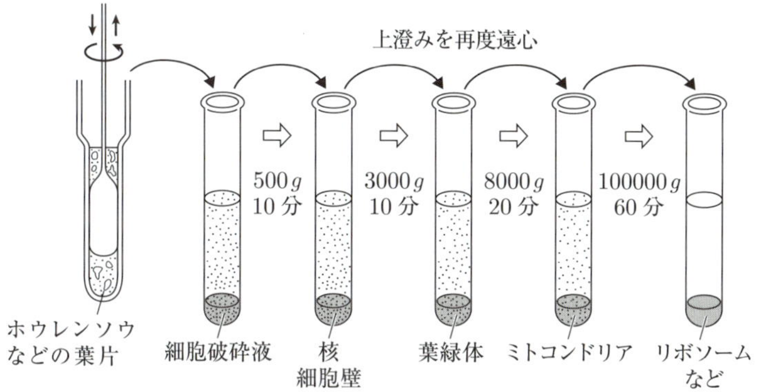

◎注意点

・細胞小器官の吸水による破裂を防ぐため，等張のスクロース液中で操作する。

・加水分解酵素による細胞小器官の分解を防ぐため，低温状態で操作する。

問７　酢酸オルセインは核を赤色に染色します。

問８　(1)　この実験では，ニワトリの肝臓を使っています。そのため，沈殿Ａには核，沈殿Ｂにはミトコンドリア，沈殿Ｃにはミクロソームが含まれます。動物細胞なので葉緑体は含まれません。

(2)　ピルビン酸は解糖系によって生じ，ミトコンドリアに取り込まれ，やがてクエン酸回路に入ります。クエン酸回路では二酸化炭素が発生します(**08** **問１**参照)。

(3)　グルコースを呼吸基質としてATPを合成する過程には，解糖系，クエン酸回路，電子伝達系があります。このうちクエン酸回路と電子伝達系がミトコンドリアで行われます(**08** **問１**参照)。ミトコンドリアはピルビン酸を取り込むことはできますが，グルコースを直接取り込むことはできません。しかし，上澄みＣは細胞質基質を含んでいますので，これを加えると，解糖系によりグルコースがピルビン酸まで分解され，ミトコンドリアが利用できるようになったのです。

04 解答

問1 (ア) リボソーム　(イ) ポリペプチド(ペプチド鎖)

(ウ) mRNA(伝令RNA)

問2 αへリックス構造(βシート構造)

問3 (a)

問4 (1) A−1；シグナルペプチドの切断部位に変異が入ることで膜小胞内でシグナルペプチドが切断されなくなり，この状態では，膜小胞からタンパク質が分泌されないと考えられる。

A−2；シグナルペプチドの配列のうち，膜小胞へ輸送するために必要な配列に変異が生じ，その結果，ポリペプチドが膜小胞へ運ばれなくなったと考えられる。

(2) (c)

解説

タンパク質は細胞内のリボソームでつくられます。しかし，タンパク質は細胞内だけではなく，細胞外にも存在しています。また，細胞膜にもいろいろなタンパク質が存在しています。

細胞内ではたらくタンパク質と，細胞外あるいは細胞膜ではたらくタンパク質は，ペプチド鎖の違いによって選別されます。リボソームで翻訳(15 参照)が開始され，シグナルペプチド(シグナル配列)と呼ばれる配列が合成されると，シグナル認識粒子(SRP)と呼ばれるタンパク質がこれを認識し，リボソームごと小胞体へと運びます。運ばれたリボソームは，小胞体の表面で翻訳を続けます。このようにリボソームを付着させた小胞体が粗面小胞体です。なお，細胞内ではたらくタンパク質の場合でも，核やミトコンドリアなどへ移動するタンパク質にはシグナルペプチドがあります。

問1 遺伝子がmRNAに転写され，続いて翻訳によってポリペプチドがつくられます。ポリペプチドとは，アミノ酸が多数結合したもの(「ポリ」は一般的には100以上のこと)です。このポリペプチドが立体構造をとり，機能をもつようになったものをタンパク質と呼びます。

問2 タンパク質の構造には，一次構造から四次構造まであります(次ページ Box 参照)。1本のポリペプチドだけで機能するミオグロビンのようなタンパク質や，複数のポリペプチドがさらに集まって機能するヘモグロビンのようなタンパク質があります。

Box タンパク質の構造

一次構造

アミノ酸の配列順。DNA の塩基配列によって決められる。熱や強酸，強塩基によって変性がおきても，一次構造は変化しない。

二次構造

ポリペプチドの規則的な構造。水素結合によりらせん状となる構造をαヘリックス，ジグザグなシート状となる構造をβシートと呼ぶ。

三次構造

1本のポリペプチドの立体構造。ポリペプチドは，シャペロンと呼ばれるタンパク質により折りたたまれ，特定の立体構造をとる。

四次構造

三次構造をとった複数のポリペプチドが，さらに組み合わさった立体構造。

問3　細胞膜などの生体膜は，リン脂質二重層を基本構造とします。リン脂質二重層では水と接する部分は親水性，内部は疎水性となっています。そのため，膜を貫通する部分のペプチド鎖は疎水性のアミノ酸からなります。

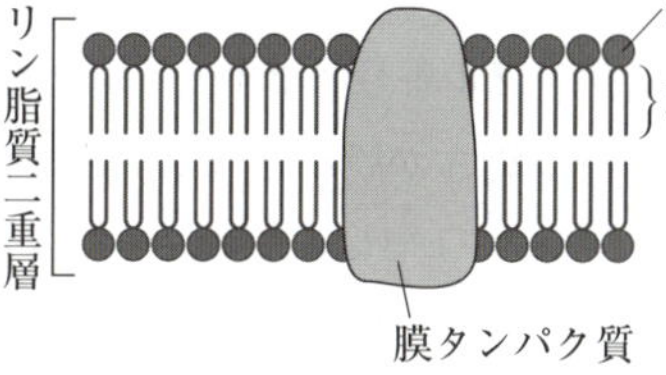

問4　本文と図1より，タンパク質Aの前駆体サンプル番号1～4を整理して考えてみます。

サンプル番号1…膜小胞に取り込ませていないので，シグナルペプチドは切断されなかった。その結果，図2では前駆体のみとなった(次ページ図)。

サンプル番号2…膜小胞に取り込まれたタンパク質Aはシグナルペプチドの切断により短くなり(分子量が小さくなる)成熟体となったが，まだ膜小胞に取り込まれていないタンパク質Aはシグナルペプチドが切断されなかったので長い前駆体のまま。その結果，図2では前駆体と成熟体が混在した(次ページ図)。

サンプル番号3…プロテアーゼ処理により，膜小胞に取り込まれていないタンパク質Aの前駆体は分解された。これに対しプロテアーゼは生体膜を透過できないので，膜小胞に取り込まれ成熟体となっていたタンパク質Aは分解されなかった。その結果，図2では成熟体のみとなった(下図)。

サンプル番号4…界面活性剤で膜小胞をこわしてしまったので，膜小胞内のタンパク質A成熟体も分解された。その結果，タンパク質Aはすべて分解されてバンドは生じなかった(下図)。

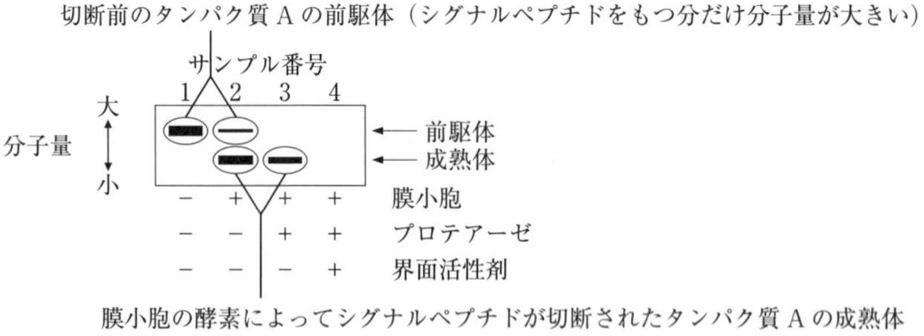

(1) A−1とA−2は，どちらもサンプル番号2において成熟体が見られないので，シグナルペプチドが切断されていないことがわかります。一方，両者で異なるのはサンプル番号3です。サンプル番号3ではプロテアーゼで処理していますが，タンパク質Aが膜小胞に取り込まれれば分解されず，取り込まれなければ分解されます。A−1では前駆体が分解されずに残っていますから，タンパク質Aが膜小胞に取り込まれたことがわかります。A−2ではタンパク質Aがまったく見られません。ここから，A−2は膜小胞へ取り込まれていないことが考えられます。

(2) タンパク質Bが細胞質に存在することと，シグナルペプチドを付加してもタンパク質が分泌されなかったことと矛盾しないものを選択肢から見つけます。

(a)「分泌する前に高次構造をとってしまい，その部分が障害となって生体膜を透過できなくなり」とありますが，タンパク質はもともと生体膜を透過しませんので誤りです。生体膜を透過できないので小胞に包まれて分泌(これをエキソサイトーシスと呼びます)されるのです。

(b) 分泌しない理由なので「分泌には成功した」はおかしいでしょう。

(c) サンプル番号3で膜小胞が存在しても前駆体が分解されていることから，細胞質に存在するためのシグナルにより膜小胞に取り込まれなかったと考えれば矛盾しません。シグナルペプチドにはいろいろな種類があります。また，真核生物だけでなく原核生物にも存在します。

(d) シグナルペプチド自体には，分泌タンパク質を見分ける機能はありません。

05 解答

問1　(d)

理由：チミンを含む前駆物質はDNA合成のための基質となるが，RNA合成の基質にはならないから。

問2　(d)

問3　9時間

問4　(d)

問5　3

問6　(1)　1　　(2)　1

解説

細胞分裂には体細胞分裂と減数分裂があります。体細胞分裂では，分裂の前後で染色体数は変化しません。それに対して減数分裂では，分裂後に染色体数が半減します。

体細胞分裂の細胞周期は，間期であるG_1期，S期，G_2期と分裂期(M期)からなります。また，分裂期は前期，中期，後期，終期に分けられます。

Box　体細胞分裂の細胞周期

間期

G_1期(DNA合成準備期)…細胞の成長やDNA合成の準備を行う。

S期(DNA合成期)…DNAの複製を行い，核内のDNA量を2倍にする。

G_2期(分裂準備期)…細胞分裂の準備を行う。

分裂期(M期)

前期…核膜，核小体が消失し，染色体が凝縮してひも状の染色体になる。

中期…染色体が紡錘体の赤道面に並ぶ。

後期…姉妹染色体が縦裂面で分離し，紡錘糸により両極へ移動する。

終期…核膜，核小体が現れ，染色体は核内で分散する。

問1　細胞周期におけるS期にはDNAの合成が行われます。DNAを合成するわけですから，DNAの材料(基質)が取り込まれます。このときDNAの材料となる塩基は，アデニン，グアニン，シトシン，チミンの4種類です。これらの塩基のうち，チミンを除く3つはRNA合成の材料にもなります。そのためチミン以外の塩基をもつヌクレオチド前駆物質を標識した場合には，分裂が行われない間期の細胞も標識されてしまいます。よって前駆物質Xは，チミンをもつヌクレオチドの前駆物質でなければいけません。

問2　細胞数が2倍になるのは，分裂期が終了した時点です。分裂期にはヌクレオチド前駆体は取り込まれないので細胞の放射能は増えません。分裂が終了すると1個の細胞が2個になるので，細胞1個あたりの放射能は半分になります。図1では，培養時間18時間目から21時間目の間で放射能が半減しているので，この間に分裂が起きたことがわかります。選択肢では縦軸は細胞数なので，培養時間18時間目から21時間目の間に2倍となる(d)が正解です。

問3　S期の細胞は**問1**で記した放射性ヌクレオチド前駆物質Xを取り込み，細胞あたりの放射能が増加します。図1では培養時間3時間目から12時間目までの間に放射能が増加しているので，S期の長さは9時間です。

問4　細胞周期のうち，染色体が観察できるのは分裂期です。そのなかでも，もっとも観察に適した時期は中期です。**問3**に記したように培養時間3時間目から12時間目まではS期ですから，選択肢(c)の12時間目は間期です。一方，21時間目には分裂を完了していますので，選択肢(e)の24時間目は分裂が終了したG_1期です。このことから，選択肢の中では(d)の18時間目がもっともふさわしいと言えます。

問5　下図左を見てください。2回目のS期は，培養時間27時間目から36時間目までの9時間です。27時間目から30時間目にかけての傾きは，3時間目から12時間目までの傾きと同じですので，2回目のS期(27時間目から36時間目)でも1細胞あたり，放射能は相対値2だけ増加するとわかります。39時間目は分裂期の終了以前(2回目の分裂は42時間目から45時間目の間に行われる)ですから，放射能の相対値は3となります。

問6　15時間目に培養液を交換したことから，15時間目以降の放射能は分裂すると1/2となりますが，S期に入っても増加しなくなります。そのため，放射能の相対値は下図右のように変化することがわかります。よって，(1)，(2)ともに1細胞あたりの放射能は1です。

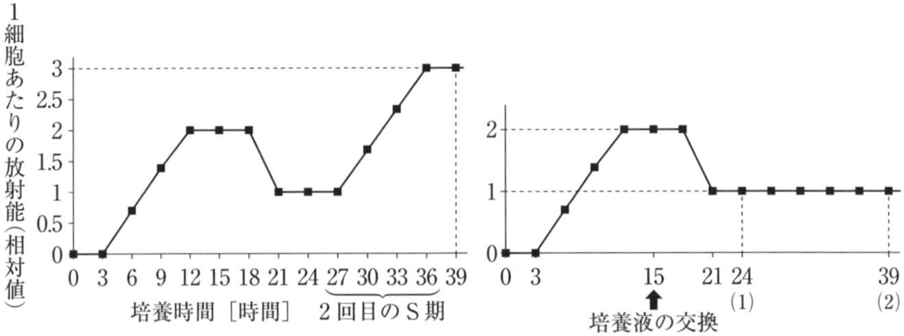

06 解答

問1　領域Ⅰ；図4より，染色体が観察された細胞が多く見られるので，細胞分裂をさかんに行っていると考えられる。

領域Ⅱ；先端ほど細胞が短く，領域Ⅲに近づくほど細胞が長いので，細胞の伸長成長を行っていると考えられる。

問2　E

理由；図4より，領域Ⅰの細胞の一部は細胞分裂を行っていることがわかる。細胞分裂を行うためにはDNA合成を必要とするので，DNA量の相対値が大きな値となる細胞を含む。一方，領域Ⅱと領域Ⅲの細胞は細胞分裂を行っている細胞が含まれないため，DNA量の相対値は一定である。

問3　ア　③　　イ　③　　ウ　③　　エ　②

ゴルジ体は細胞壁の成分を分泌する細胞で発達し，液胞は成長した細胞で発達している。領域Ⅰの分裂している細胞では，細胞壁を合成するためゴルジ体は発達するが液胞はあまり発達しない。根冠の細胞のゴルジ体はあまり発達しないが，成長した細胞なので液胞は発達している。領域Ⅲの細胞は成長した細胞からなるため液胞は発達し，根毛に分化する細胞のみ，根毛の伸長にともない細胞壁を合成するためゴルジ体が発達する。

問4　A

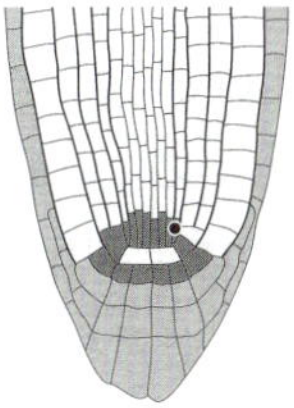

B

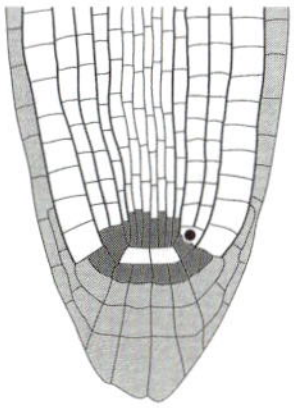

A理由；内鞘細胞の始原細胞に突然変異が起きると，そこから生じる内鞘細胞のすべての細胞に色素が沈着するから。

B理由；内皮と皮層の娘細胞に突然変異が生じると，そこから生じた内皮と皮層に色素が沈着するから。

問5　C

理由；タンパク質XとYが同時に発現すると根毛が分化しないことから，図3の根毛へ分化していない表皮細胞にXとYの両方が発現していると考えられる。

解説

1個の受精卵は，体細胞分裂によって数を増やします。ただ数を増やすだけでなく，機能的・形態的に特殊化していきます。これを細胞の分化と呼びます。1個体が持つ細胞のゲノムは原則として同じですが，異なる遺伝子が発現(17 参照)することで特殊化していきます。

問1　図4を見ると，根の先端から300 μmまでの領域Ⅰでは，染色体が観察された細胞が多く，染色体が観察できるのは分裂期のみ(05 **問4**参照)なので，領域Ⅰでは体細胞分裂が盛んであることがわかります。一方，先端から300～900 μmまでの領域Ⅱでは，先端からの距離が長いほど細胞が長いことがわかります。これは，この領域では細胞が成長していることを意味します。

この設問では問われていませんが，900 μmと1200 μmでの細胞の長さがほとんど変わらないのは，細胞が成長しきっているためで，領域Ⅲでは細胞が成長していないことがわかります。

Box 分裂組織と分化した組織

植物の組織には未分化状態で体細胞分裂を行う分裂組織と，体細胞分裂を行わず機能を持った分化した組織がある。

分裂組織…細胞分裂を行う組織。細胞壁が薄く，液胞は未発達。

・頂端分裂組織…伸長成長にはたらく。

・形成層…肥大成長にはたらく。

分化した組織…特定のはたらきを持つために特殊化している組織。成長した細胞では細胞壁が厚く，液胞が発達していることが多い。表皮系，維管束系，基本組織系に大別される。組織系に関しては • EXTRA ROUND • 1 参照。

問2　1個の細胞に含まれるゲノムは同じなので，分裂を行っていない細胞のDNA量は同じです。しかし，分裂している細胞ではDNA合成を行うためDNA量が一時的に増加します。領域Ⅰでは分裂を行っている細胞が見られることから，一部の細胞でDNA量が多くなります。よって，領域ⅠのDNA量がわずかに多いEが正解です。

問3　ゴルジ体は分泌のさかんな細胞で発達しています。また，設問の文章中に「細胞壁の成分の一部は，細胞内で合成された後に細胞外へ分泌される」とあります。以上のことから，細胞壁を合成している細胞では，ゴルジ体が発達していることが予想できます。表1のゴルジ体について，領域Ⅱでは「発達している細胞とあまり発達していない細胞とがある。」とあります。細胞の成長には細胞壁の合成が必要ですから，この「発達している細胞」とは成長を行っている細胞のことです。根の先端から900 μm付近の成長しきった細胞は，細胞壁の合成が活発ではないので「あまり発達していない細胞」になります。領域Ⅰには分裂組織と根の先端にある根冠が含まれます。分裂組織の細胞は細胞壁の合成が必要ですが，根冠に分化した細胞の細胞壁合成はそれほど活発ではないでしょう。よってアは③となります。領域Ⅲでは，成長しきった細胞が大部分を占めますが，根毛の分化が見られます。根毛をつくるときにも新たな細胞壁の合成が必要でしょうから，根毛の細胞ではゴルジ体が発達しているでしょう。よってウも③となります。

液胞は分裂組織では未発達で，大きく成長した細胞では発達します。大きな植物細胞では，体積の大部分を液胞が占めます。領域Ⅰの細胞のうち，分裂組織の細胞の液胞は未発達ですが，根冠の細胞は成長した細胞なので液胞が発達していると考えられます。よってイは③となります。領域Ⅲの細胞は，根毛に分化した細胞も含めて成長した細胞からなるので，液胞は発達していると考えられます。よってエは②となります。

問４　図６Ａでは，縦に連なったすべての細胞で色素が沈着しています。本文と図２Ａを参考にすると，もとの始原細胞に突然変異が起き，この細胞から生じるすべての細胞に色素が沈着したと考えられます（下図）。

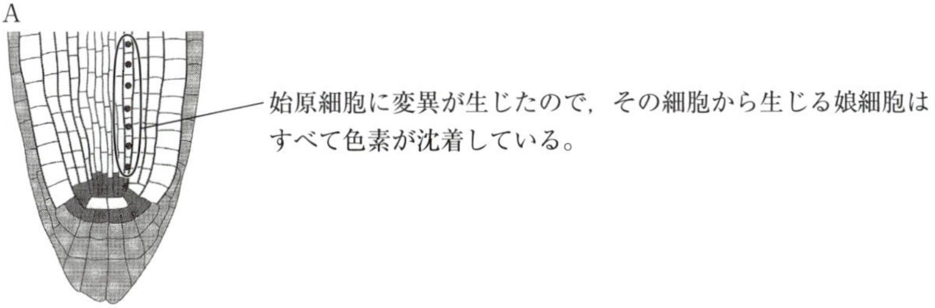

A
始原細胞に変異が生じたので，その細胞から生じる娘細胞はすべて色素が沈着している。

図６Ｂでは，内皮と皮層の一部の細胞で色素が沈着しています。本文と図２Ｂを参考にすると，図２Ｂの娘細胞に突然変異が起き，ここから分裂して生じた内皮細胞と皮層細胞に色素が沈着したと考えられます。仮に始原細胞に突然変異が起きていたら，図６Ａのように縦に連なって色素が沈着しているはずなので，突然変異が起きたのは始原細胞ではありません(下図)。

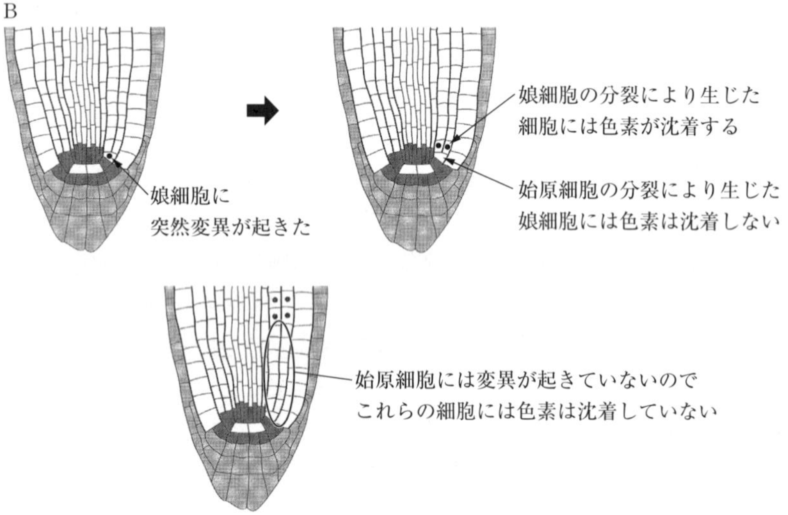
B
娘細胞に
突然変異が起きた
娘細胞の分裂により生じた
細胞には色素が沈着する
始原細胞の分裂により生じた
娘細胞には色素は沈着しない
始原細胞には変異が起きていないので
これらの細胞には色素は沈着していない

問５　本文の(1)〜(3)よりタンパク質ＸとＹが結合したタンパク質XYがあると，表皮細胞で遺伝子Ｒが発現し，根毛への分化が抑制されると考えられます。また，実験４より，すべての表皮細胞でタンパク質Ｘが存在していることが示されたので，根毛に分化した細胞にはタンパク質Ｘは存在するがタンパク質Ｙは存在しないことがわかります。タンパク質Ｘのみが存在する表皮細胞は根毛に分化してしまうので，根毛に分化していない表皮細胞はタンパク質Ｙが存在していなければなりません。以上より，タンパク質Ｙが存在するのは根毛に分化していない表皮細胞だけとわかります。

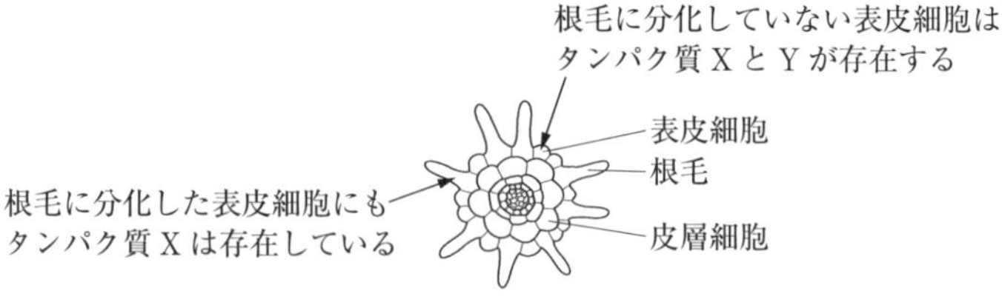
根毛に分化していない表皮細胞は
タンパク質ＸとＹが存在する
表皮細胞
根毛
根毛に分化した表皮細胞にも
タンパク質Ｘは存在している
皮層細胞

Break

自作の顕微鏡を用いて

「イギリスのフックは自作の顕微鏡を用いてコルクの切片を観察し，多数の小部屋からなることを発見した」というのは，ロバート・フックによる細胞発見のエピソードとして紹介される，いわば「定型文」です。ここで，この文に見られる「自作の」について考えてみます。

フックは物理学の分野において名を残し，バネばかりの原理となる「フックの法則」を発見しています。フックと同時代に，大物理学者として名高いアイザック・ニュートンがいます。ニュートンの業績は飛び抜けており，他の追随を許しません。ニュートンの前では，バネばかりの法則なんて霞んでしまいます。世の中，数学や物理学に秀でた人物を「天才」と呼ぶ傾向があります。フックが，同時代（しかも年下）の天才ニュートンを疎ましいと思ったとしても，仕方のないことでしょう。その結果，フックとニュートンの間に確執が生まれたわけです。

生物という教科は物理に比べると，数学からやや離れた立ち位置にあります。そのため，「暗記科目」などと陰口をたたかれ，「物理ができないやつが生物をやる」とバカにされます。教科としての生物が暗記科目であると，仮に認めたとしましょう。しかし，「生物学」そのものが暗記で済むことはありません。どのような学問でも，暗記ばかりでは新しい発見はできないのだから当然です。では，生物学者は何をやっているのでしょうか。生物学者の最初の仕事は，世の中の事象に対し疑問をもつことです。「ホタルの発光の意義はなんだろう？」とか，「クジャクの羽根はなぜ美しいのだろう？」といったことです。次に仮説を立てます。そしてその仮説を検証するための実験を考えるわけです。実験法を考えたら，あとはそれを実行に移すのです。今まで誰も行ったことのない実験を行おうとするわけですから，そんなに都合の良い道具があるとは限りません。その場合は研究者が自作します。「そのへんにあるような，ちゃっちい顕微鏡では満足な観察はできないから，それなら自分で作ってしまおう」というわけです。「自作の」には，フックの科学者としての高い資質が込められているのです。

生物学者（科学者としても同じ）とは，優れた観察眼をもち，常識にとらわれない独創的な発想ができ，創造力をも備えた研究者です。そんな人はなかなかいません。決して生物学者が物理学者に劣っているとは言えないわけです。

「生物学者になりたい」という志をもった受験生は，常日頃から自然を観察し，「なぜだろう？」と疑問をもってみましょう。教科書や新聞に書いてあることが正しいとは限りません。「本当にそうなのか？」と疑ってください。そして，その疑問に対して自分なりの仮説を立ててみましょう。簡単に答えは出せないかもしれませんが，考えることが大切です。それが生物学です。ただ，基礎となる知識がないと新しい発想も生まれませんから，受験生のみなさんは暗記もおろそかにしてはいけませんよ。

07 解答

A

問1　ア　最適　　イ　活性部位　　ウ　フィードバック　　エ　アロステリック

問2　基質特異性

理由；酵素には活性部位があり，ここに結合でき作用を受ける物質のみが基質となるから。

B

問3　①

理由：時間とともに基質が消費されていき，基質と結合していない酵素が増えていったから。

問4　(3)

問5　すべての酵素が基質と結合し，酵素－基質複合体となったから。

問6

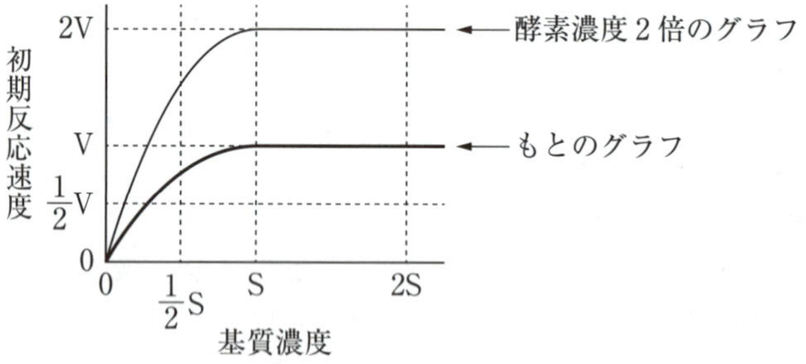

解説

生体内では常に多くの化学反応が起きています。そのような生体内の化学反応を**代謝**と呼びます。代謝には**同化**（11 参照）と**異化**（08 参照）があり，これらの化学反応を促進させる物質が**酵素**です。

化学反応が進行するにはエネルギーが必要です。そのために必要な最小限のエネルギーを**活性化エネルギー**といいます。酵素などの触媒は，活性化エネルギーを低下させることで反応速度を大きくします。

問1　酵素の主成分は**タンパク質**です。タンパク質は複雑な立体構造（04 問2参照）をとっています。酵素が作用する物質を**基質**と呼び，酵素が基質に対して作用する部位を**活性部位**と呼びます。酵素の活性部位に基質が結合し，**酵素－基質複合体**を経ることで生成物を生じます。タンパク質の立体構造は熱や強酸・強塩基によって変化しやすく，活性部位もその影響を受けるため，酵素には最適温度と最適 pH があります。

何段階もの反応により進行する反応では，複数の酵素がはたらいています。このとき，最終生成物が初期の反応を触媒する酵素に作用し，活性を調節する現象をフィードバック調節と呼びます。最終生成物は酵素の活性部位ではない別の部位へ作用します。この部位をアロステリック部位と呼びます。

フィードバック調節は，生体内で物質の過剰合成を防ぐしくみのひとつです。これは下図のように，最終生成物が酵素の活性を直接抑制するものです。

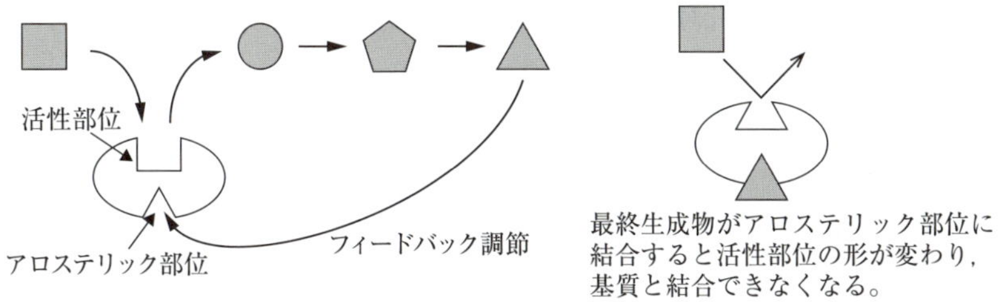
活性部位
アロステリック部位
フィードバック調節
最終生成物がアロステリック部位に
結合すると活性部位の形が変わり，
基質と結合できなくなる。

問2　酵素は複雑な構造をしており，活性部位にうまく合致する基質とのみ複合体をつくることができます。このように，酵素が特定の基質にのみ作用する性質を基質特異性と呼びます。なお，特定の化学反応のみを触媒する性質は反応特異性と呼ばれます。

問3　図1の縦軸は反応生成物量，横軸は反応時間です。このグラフは，時間とともに生成物がふえていく様子を表しています。

このグラフを次のように考えてみましょう。ある部屋に玉が100個落ちています。この玉を拾い，袋の中に入れていくとします。初めは袋の中の玉は0個ですが，時間とともに袋の中の玉が増えていきます。100個拾ったら終了です。このとき，玉拾いをする人が酵素，落ちている玉が基質，袋の中の玉が生成物に相当します。

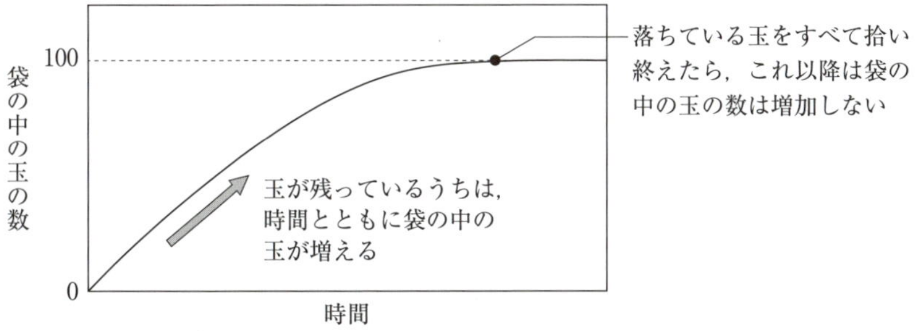
100
0
袋の中の玉の数
時間
落ちている玉をすべて拾い
終えたら，これ以降は袋の
中の玉の数は増加しない
玉が残っているうちは，
時間とともに袋の中の
玉が増える

酵素の反応速度とは，一定時間あたりに生じる生成物量と考えてください。このグラフでは横軸が時間なので，グラフの傾きが反応速度を表しています。傾きがもっとも大きいのは①で，反応が進むにつれて基質が消費されるため酵素が基質と結合しにくくなり，反応速度が低下します。

問4　酵素濃度を2倍にすると反応速度は2倍となります。酵素濃度がx倍になれば反応速度もx倍になります。先の例では，玉を拾う人が2人に増えれば2倍の速度で玉を拾えるわけです。その結果，1/2の時間で玉を拾い終えることができます。

最終的な反応生成物量（グラフが水平となる高さ）は初めの基質量で決まります。ここでは基質量は同じですので，反応生成物量は変わりません。そのようなグラフは(3)となります（下図参照）。2人で玉を拾っても，最終的に拾った玉の合計は変わらないと考えればわかると思います。

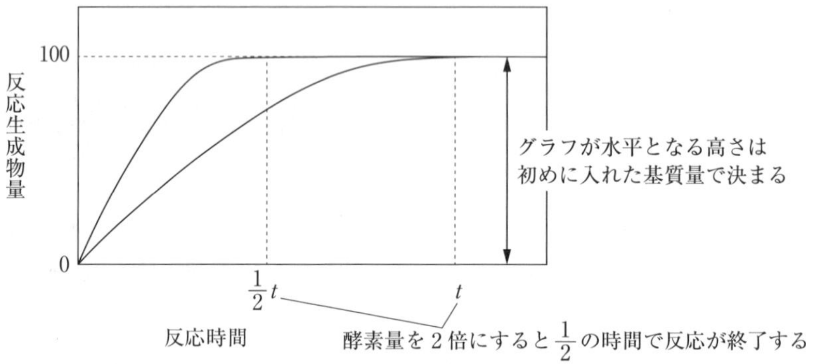

問5　図2のグラフの縦軸は初期*反応速度，横軸は基質濃度です。このグラフで絶対に注意しなければならないのは，横軸が時間ではないことです。グラフの軸を常に意識しましょう。

*「初期」は考慮しなくてもよいです。時間が経過すれば，反応速度が低下するので「初期」と書かれてあるだけです。

酵素の反応速度は，時間あたりの生成物量ですが，このグラフでは時間軸がありません。次ページの図を見てください。2つの容器に一定量の酵素と，異なる量の基質が入っています。この図は静止画ですので時間の概念はありません。しかし，容器2は容器1よりも酵素－基質複合体が多いので，反応速度が大きいだろうと予想できたはずです。「酵素の反応速度は，酵素－基質複合体の濃度に比例する」と考えてください。

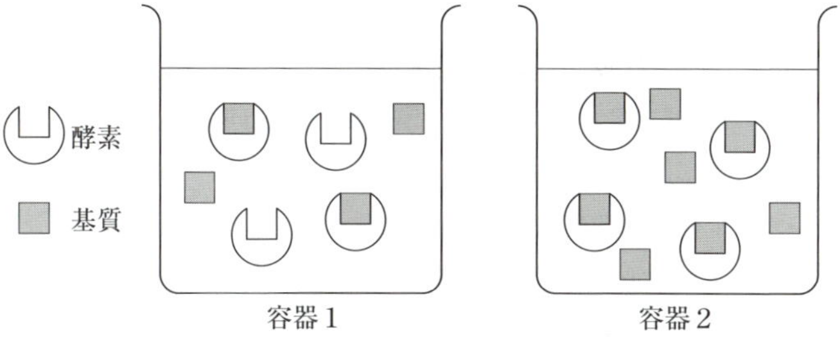

設問では，「S以上の高い基質濃度で反応速度が一定となった理由」を問われています。よくわかっていない受験生は，「すべての基質が消費されたから」と解答します。しかし，このグラフでは時間経過を考慮してはいけないので，基質が消費されることはありません。

上の図において容器2よりも基質濃度が高い場合，反応速度はどうなるでしょうか？　反応速度は酵素－基質複合体の濃度に比例しますが，容器2では，すべての酵素が基質と結合しています。そのため基質濃度をさらに高くしても酵素－基質複合体の濃度は増加しません。よって，基質濃度をS以上にしても反応速度は上昇しないのです。

Box 酵素の反応速度と基質濃度

縦軸が反応速度，横軸が基質濃度のグラフでは，基質濃度が低いときには基質と結合していない酵素があるため反応速度は小さいが，基質濃度が高いときにはすべての酵素が基質と結合するため，反応速度は最大となる。

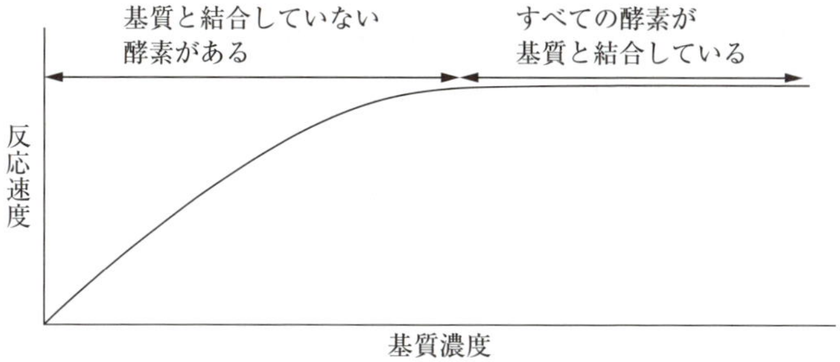

問6　上記**問4**で記したように，酵素濃度と反応速度は比例します。そのため酵素濃度を2倍にすると，どのような基質濃度においても反応速度が2倍となります。

08 解答

問1 1 発酵　2 呼吸　3 細胞質基質　4 解糖系
5 ミトコンドリア　6 クエン酸回路(TCA 回路，クレブス回路)
7 クエン酸　8 電子伝達系

問2 アルコール発酵，乳酸発酵

問3 酸素を使った呼吸では，グルコースを二酸化炭素と水に完全分解することでエネルギーをすべて取り出すことができるが，酸素を使わない発酵では，グルコースが完全分解できず，エタノールや乳酸の中にエネルギーが残ったままとなるから。

問4 (1) 脂肪：$\frac{114}{163} = 0.69\cdots$　<u>0.7</u>　　アミノ酸：$\frac{12}{15} = 0.80$　<u>0.8</u>

(2) 呼吸商を計算すると，その生物が主に利用している呼吸基質が推定できる。計算結果が約 1.0 となれば炭水化物(糖類)を，約 0.8 となればタンパク質を，約 0.7 となれば脂肪を主に使っていると推定できる。

解説

ラヴォアジェは「呼吸と燃焼は本質的に同じである」ことに気づきました。どちらも有機物を分解し，エネルギーを放出させるからです。ただし，両者で放出されるエネルギーの形態は異なります。呼吸ではエネルギーが**ATP(アデノシン三リン酸)**の**化学エネルギー**と熱エネルギーになるのに対し，燃焼では**熱エネルギー**や光エネルギーになります。

生物が活動するためにはエネルギーが必要です。そのエネルギーは，ATP を分解することで得ています。ATP は広く生物界に共通して利用されているエネルギー物質です(10 参照)。

ATP を合成する反応には3つあります。1つめは解糖系やクエン酸回路での**基質レベルのリン酸化**，2つめはミトコンドリアの内膜での**酸化的リン酸化**(10 問5参照)，3つめは葉緑体のチラコイドでの**光リン酸化**(11 参照)です。

問1 異化により ATP を得る反応のうち，呼吸は酸素を必要とし，発酵(09 参照)と解糖は酸素を必要としません。呼吸は**解糖系**，**クエン酸回路**，**電子伝達系**の3つの反応系からなり，解糖系は**細胞質基質**で，クエン酸回路と電子伝達系は**ミトコンドリア**(クエン酸回路は**マトリックス**，電子伝達系は**内膜**)で行われます。呼吸で直接酸素を利用するのは電子伝達系で，酸素は還元型補酵素(NADH，$FADH_2$)の酸化に利用され，その結果，水が生じます。

Box 呼吸の各過程の反応式(グルコースを呼吸基質とした場合)

解糖系

$C_6H_{12}O_6 + 2NAD^+ \longrightarrow 2C_3H_4O_3 + 2(NADH + H^+)$

クエン酸回路

$2C_3H_4O_3 + 6H_2O + 8NAD^+ + 2FAD \longrightarrow 6CO_2 + 8(NADH + H^+) + 2FADH_2$

電子伝達系

$10(NADH + H^+) + 2FADH_2 + 6O_2 \longrightarrow 12H_2O + 10NAD^+ + 2FAD$

呼吸全体

$C_6H_{12}O_6 + 6O_2 + 6H_2O \longrightarrow 6CO_2 + 12H_2O$

問2　09 参照。

問3　有機物には化学エネルギーが蓄えられています。酸素を使う呼吸では，有機物が水や二酸化炭素まで完全に分解されますので，化学エネルギーをすべて取り出すことができます。しかし，発酵や解糖では，最終産物がエタノールや乳酸などの有機物であり，化学エネルギーをすべて取り出すことができません。そのため，呼吸は発酵や解糖よりもエネルギーの利用効率が高くなります。なお，「呼吸では発酵よりも多くのATPが合成できるから」といった解答は，「エネルギーの利用効率」が高い理由にはなっていません。

問4　呼吸に利用される有機物を呼吸基質と呼びます(01 Box 参照)。呼吸によって発生する二酸化炭素の体積を，消費した酸素の体積で割った値を呼吸商といい，これは呼吸基質によって異なる値になります(下記 Box 参照)。

(1)　体積比とモル比は一致するので，各反応式の酸素と二酸化炭素の係数を使って計算することで呼吸商が求められます。脂肪(トリステアリン)の場合，163 O_2 を吸収し，114 CO_2 を放出しているので，呼吸商は $\frac{114}{163} \fallingdotseq \underline{0.7}$ となります。アミノ酸(ロイシン)も同様に考えて，呼吸商は $\frac{12}{15} = \underline{0.8}$ となります。

(2)　呼吸商は呼吸基質によって異なる値を示しますので，呼吸商を測定することで，主にどのような呼吸基質を利用しているのか推定できます。

Box 呼吸基質と呼吸商

$$\text{呼吸商(RQ)} = \frac{\text{呼吸によって放出した}CO_2\text{の体積}}{\text{呼吸によって吸収した}O_2\text{の体積}}$$

炭水化物…1.0　　タンパク質…0.8　　脂質…0.7

09 解答

問1 $C_6H_{12}O_6 + 6O_2 + 6H_2O \longrightarrow 6CO_2 + 12H_2O$

問2 $C_6H_{12}O_6 \longrightarrow 2C_2H_5OH + 2CO_2$

問3 化合物の名称；アデノシン三リン酸

呼吸；38分子　　アルコール発酵；2分子

問4 吸収された9mLの酸素はすべて呼吸で利用される。呼吸では吸収された酸素の体積と放出された二酸化炭素の体積は等しいので，呼吸により放出された二酸化炭素も9mLである。したがって，全体で放出された18mLの二酸化炭素のうち，呼吸により9mL放出されたので，残りの9mLはアルコール発酵によるものである。

呼吸；9mL　　アルコール発酵；9mL

問5 呼吸により消費したグルコースは

$$\frac{180\,\text{g} \times 9\,\text{mL}}{6 \times 25.7\,\text{L}} = 10.50\cdots\text{mg}$$

アルコール発酵により消費したグルコースは

$$\frac{180\,\text{g} \times 9\,\text{mL}}{2 \times 25.7\,\text{L}} = 31.51\cdots\text{mg}$$

これらを合計して，$(10.50 + 31.51)\,\text{mg} = 42.01\,\text{mg}$　　よって　42.0mg

問6 呼吸では1モルのグルコースから最大で38モルのATPを，アルコール発酵では1モルのグルコースから2モルのATPを得る。そのため同量のATPを得るためには，アルコール発酵の方が呼吸より大量のグルコースが必要となる。

解説

酵母は呼吸とアルコール発酵を併用しています。解糖系の脱水素酵素の反応でつくられたNADH(還元型補酵素)は，酸素のある状態ではミトコンドリアにおける酸化的リン酸化(10 問5参照)に利用されます。しかし，無酸素状態ではミトコンドリアで利用できません。仮にNADHがNAD^+(酸化型補酵素)に戻らなければ，NAD^+が不足することで解糖系も停止してしまいます。そのため酵母では，解糖系で生じたピルビン酸($C_3H_4O_3$)を脱炭酸して，生じたアセトアルデヒド(CH_3CHO)を還元し，エタノール(C_2H_5OH)を生成することでNADHをNAD^+に戻しています。なお，乳酸菌による乳酸発酵や筋肉などで行われる解糖では，ピルビン酸を還元し，乳酸($C_3H_6O_3$)を生成することで，アルコール発酵と同様にNADHをNAD^+に戻しています。

Box アルコール発酵の過程

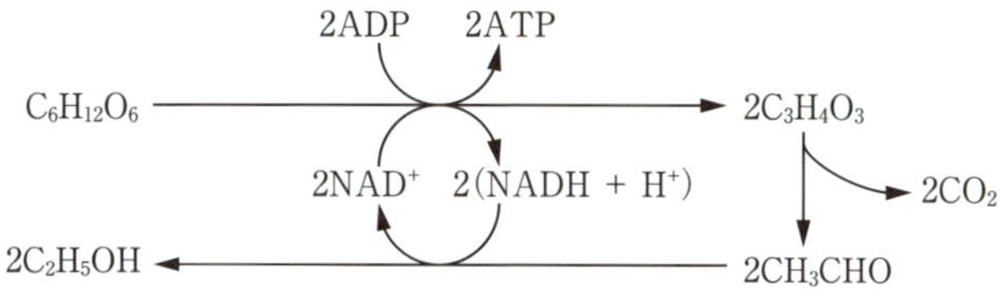

アルコール発酵の反応式

$$C_6H_{12}O_6 \longrightarrow 2C_2H_5OH + 2CO_2$$

問1　08 **問1**参照。呼吸の3つの過程を合計したものが呼吸全体の反応式になります。両辺にH_2Oが残りますが，左辺の「$6O_2$」の「O」が右辺の「$12H_2O$」の「O」になりますので，左辺の$6H_2O$と右辺の$12H_2O$を残しておく方が一般的です。

問2　上記 **Box** 参照。

問3　1分子のグルコースを呼吸基質としたとき，生成されるATP量の最大値は38分子ですが，これは次のようにして計算されます。

解糖系(基質レベルのリン酸化)…2分子

2分子のATPを消費し，4分子のATPを生じるため，差し引き2分子のATPを得たことになる。

クエン酸回路(基質レベルのリン酸化)…2分子

解糖系で生じた2分子のピルビン酸が完全分解される過程で，2分子のATPを生じる。実際にはGTPを生じるが，これをATPに転換する。

電子伝達系(酸化的リン酸化)…34分子

解糖系とクエン酸回路により$(NADH + H^+)$が10分子，$FADH_2$が2分子生じる。$(NADH + H^+)$が酸化されると最大3分子，$FADH_2$が酸化されると最大2分子のATPが得られるので，$3ATP \times 10 + 2ATP \times 2 = 34ATP$となる。酸化的リン酸化の過程は，10 **問5**参照。

アルコール発酵では，上記 **Box** のようにATPを得る経路は解糖系しかありません。そのため，1分子のグルコースから得られるATPは2分子です。

問4・5　呼吸における計算法を最後に **institute** で説明します。計算が苦手であれば先に見てください。

呼吸とアルコール発酵の反応式を次ページの図のように並べて書きます。次に基準の値として，グルコース1モルあたりのグルコースの質量(原子量から計算して180 g)，酸素，二酸化炭素の体積(設問文より1モルの体積は25.7 L)を書き入れま

180 g)，酸素，二酸化炭素の体積(設問文より 1 モルの体積は 25.7 L)を書き入れます。基準値は，問われている単位をそろえます。この設問では，**問 5** でグルコース量を質量で問われているので基準も質量(g)とし，**問 4** で酸素と二酸化炭素の体積を問われているので基準も体積(L)とします。なお，mg や mL の「m(ミリ)」は単位ではなく $\frac{1}{1000}$ を意味する接頭語です。

酵母は 9 mL の酸素を吸収し，18 mL の二酸化炭素を放出しましたが，酸素はすべて呼吸で消費しますので(i)に 9 mL と記入します。呼吸では酸素の吸収量と二酸化炭素の放出量が等しいので，(ii)も 9 mL となります。(ii)と(iii)の合計が 18 mL ですので，(iii)は 9 mL です。(ii)と(iii)が**問 4** の解答です。

下図の反応式を見ると，呼吸では 180 g(1 モル)のグルコースを利用するときに 6 × 25.7 L(6 モル)の酸素を消費し，6 × 25.7 L(6 モル)の二酸化炭素を放出しています。**問 4** の計算により酸素消費量と二酸化炭素放出量はともに 9 mL とわかりました。酸素と二酸化炭素のどちらの値を使っても下の式により(iv)が求められます。

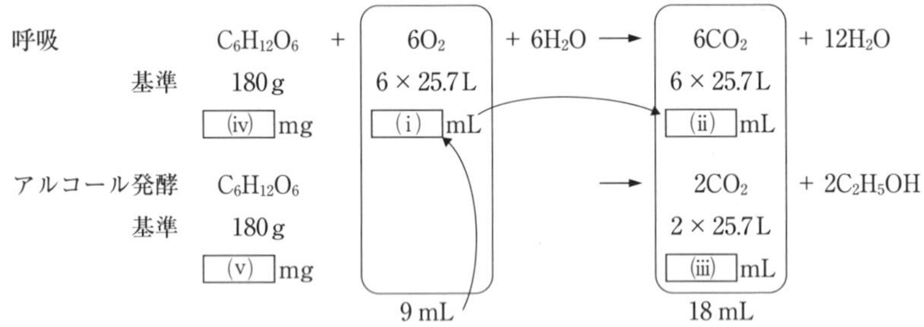

$$\frac{180\ \text{g}}{\boxed{\text{(iv)}}\ \text{mg}} = \frac{6 \times 25.7\ \text{L}}{9\ \text{mL}} \Leftrightarrow \boxed{\text{(iv)}}\ \text{mg} = \frac{180\ \text{g} \times 9\ \text{mL}}{6 \times 25.7\ \text{L}}$$

同様にして(v)も次の式から求められます。

$$\frac{180\ \text{g}}{\boxed{\text{(v)}}\ \text{mg}} = \frac{2 \times 25.7\ \text{L}}{9\ \text{mL}} \Leftrightarrow \boxed{\text{(v)}}\ \text{mg} = \frac{180\ \text{g} \times 9\ \text{mL}}{2 \times 25.7\ \text{L}}$$

問 5 の解答は(iv)と(v)の合計です。

問 6 呼吸では 180 g のグルコースから最大で 38 分子の ATP が得られますが，アルコール発酵では 2 分子しか得られません。1 分子の ATP を得るためのグルコース量を考えると，呼吸では約 4.7 g，アルコール発酵では 90 g となり，アルコール発酵で呼吸と同量の ATP を得るためには大量のグルコースが必要であるとわかります。そのため酵母菌は酸素がある条件ではミトコンドリアを発達させ，積極的に呼吸を行っています。

institute 呼吸の計算

例：呼吸により30 mgのグルコースが消費されたとき，吸収された酸素は何mgか，また放出された二酸化炭素は何mLか。ただし，C＝12，H＝1，O＝16，1モルの気体は24 Lとする。

このような問題で，30 mgのグルコースを1/6ミリモルとして計算する方法もありますが，ここではそれ以外の方法を紹介します。

まず，呼吸の反応式を書きます。水(H_2O)は計算には必要ないので省略します。

$$C_6H_{12}O_6 + 6O_2 \longrightarrow 6CO_2$$

この式は，1モルのグルコースを消費するために，6モルの酸素が吸収され，6モルの二酸化炭素が放出されることを意味します。6モルの酸素($O_2=32$)は，6×32 gであり，6×24 Lでもあります。また，6モルの二酸化炭素($CO_2=44$)は6×44 gであり，6×24 Lでもあります。1モルのグルコースは180 gですから，例えば，180 gのグルコースを消費するために，6×32 gの酸素を吸収し，6×24 Lの二酸化炭素を放出すると考えてもよいわけです。

$C_6H_{12}O_6$	+	$6O_2$	⟶	$6CO_2$
180 g		6×32 g		6×24 L

よって，これを基準値とします。実際にはグルコースの消費量は30 mgであり，酸素吸収量(mg)と二酸化炭素放出量(mL)を求めたいので，次のように数値や文字を入れます。m（ミリ）はそのまま記入して構いません。

	$C_6H_{12}O_6$	+	$6O_2$	⟶	$6CO_2$
基準	180 g		6×32 g		6×24 L
	30 mg		x mg		y mL

この式をもとにxとyを計算するのですが，ここで比例式をつくる必要はありません。比例式をつくらず，そのままの位置関係で分数式をつくってしまいましょう。すると，次のような式が得られます。

$$\frac{180\,\text{g}}{30\,\text{mg}} = \frac{6\times 32\,\text{g}}{x\,\text{mg}}$$

$$\frac{180\,\text{g}}{30\,\text{mg}} = \frac{6\times 24\,\text{L}}{y\,\text{mL}}$$

あとは約分していけば，$x=32$，$y=24$が得られます。簡単でしょ！

10 解答

問1 (a) 代謝　(b) 異化　(c) 同化　(d) 内　(e) 電子伝達

問2 ATP：アデノシン三リン酸　　ADP：アデノシン二リン酸

問3 (ア) ×　(イ) ×　(ウ) ○；ミオシン　(エ) ×

(オ) ○；ナトリウム－カリウム ATP アーゼ(ナトリウムポンプ)

問4 塩分濃度が低い液中ですりつぶすと，ミトコンドリアが吸水し，破裂する可能性があるから。

問5 (1) 水素と結合し水になる。

(2) ATP 合成速度を制限していた ADP を加えたことで，内膜の ATP 合成酵素を通る H^+ イオンの移動量が増加し，電子伝達系の速度が上昇したから。

(3) ADP を消費したことで，電子伝達系の速度が元に戻りクエン酸回路の速度より小さくなったから。

解説

ATP を使わない生物はいません。それだけでも ATP がいかに重要な物質であるかわかります。ATP の分子中には狭い領域に負に帯電しているリン酸が3つ結合しており，互いに反発し合っています。そのためリン酸どうしの結合を切ることで，多量のエネルギーが放出されます。生物はこのエネルギーを生命活動に利用しているのです。

問1 08 参照。

問2 ATP は塩基であるアデニンと糖であるリボースが結合したアデノシン(塩基と糖が結合したヌクレオシドの一種)に，リン酸が3つ結合した高エネルギー化合物です。このリン酸どうしの結合には多量のエネルギーが蓄えられているため，高エネルギーリン酸結合と呼ばれます。アデノシンにリン酸が3つ結合していますので，正式名称をアデノシン三リン酸といいます。ATP を加水分解すると1つのリン酸が切れ，ADP(アデノシン二リン酸)となります。この反応は次の式で表されます。

$$ATP + H_2O \longrightarrow ADP + H_3PO_4 + \text{エネルギー}$$

問3 (ア) 消化酵素と基質を入れれば，試験管の中でも反応を起こすことができます。

(イ) ピルビン酸から乳酸への還元反応は ATP を利用しません。ここで ATP を利用したら効率が悪すぎます。

(ウ)　筋収縮ではミオシンの頭部がATPアーゼとしてはたらきます(**39** **問3**参照)。

(エ)　この反応も酵素であるカタラーゼのはたらきで，試験管内で簡単に起きます。

(オ)　ナトリウムポンプはATPアーゼとしてはたらくので，ナトリウム－カリウムATPアーゼとも呼ばれます。

問4　この方法は細胞分画法です(**03** **問6**参照)。細胞分画法では細胞をすりつぶすときに，いくつかの注意事項があります。その一つが塩分濃度(浸透圧)の調整で，低濃度(極端な場合は蒸留水)の液中で細胞をすりつぶすとミトコンドリアなどが吸水し，破裂してしまいます。ミトコンドリアを研究したいのに破裂してしまっては困ります。そのため，塩分濃度を細胞程度に調整する必要があります。なお，このような設問の誤答として「細胞が吸水し，破裂してしまうから」とか「溶血してしまうから」とかあります。しかし，細胞はすでにすりつぶされており，また溶血は赤血球に対する用語なので不適です。その他の注意事項としては，細胞をすりつぶしたことでリソソームが破裂し，加水分解酵素が流出しますので，その活性を抑えるために低温で操作すること，などがあります。

問5　酸化的リン酸化とは，酸素のある条件でミトコンドリア内膜を隔てたH^+の濃度勾配を利用してATPを合成する過程です。なお好気性細菌では，細胞膜がミトコンドリア内膜と同様のはたらきをしています。

Box　酸化的リン酸化

❶　解糖系とクエン酸回路で生じたNADHと$FADH_2$により，H^+がミトコンドリアの内膜と外膜の間の膜間腔へ取り込まれる。

❷　H^+は濃度勾配に従ってATP合成酵素を通り，マトリックスへ移動する。このとき，ATP合成酵素がADPとリン酸からATPを合成する。

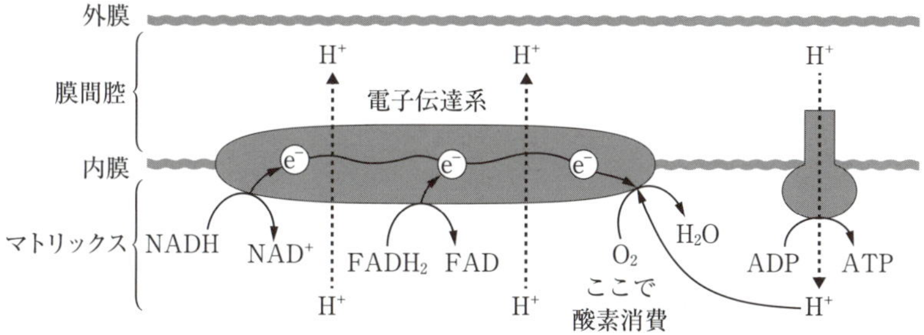

(1)　**08** **問1**参照。

(2) コハク酸はクエン酸回路の中間産物ですので，コハク酸を加えることでクエン酸回路の一部が進みます。その結果生じたNADHや$FADH_2$を使って，H^+を膜間腔へ取り込みます。このH^+が内膜の**ATP合成酵素**を通るときにATPが合成されます。ATPの合成にはADPを必要とし，H^+は酸素と結合し水となります。この過程を2つに分けて考えます。1つめはH^+が膜間腔へ取り込まれる過程，2つめはH^+が内膜を通りATPを合成し，酸素を消費する過程とします。1つめの過程ではATPは合成されないのでADPは利用しません。2つめの過程ではATPを合成するためADPを利用します。ミトコンドリアに含まれるADPがごく少量であれば，2つめの過程でATP合成に必要なADPが不足するため，1つめの過程に比べ速度が遅くなります。そのため，全体としての速度(酸素消費速度も含まれます)は2つめの過程により制限されます。ここで不足しているADPを加えると，2つめの過程の速度が上昇するので全体の速度が上昇し，酸素の消費速度が上昇したのです。

(3) 加えたADPは「少量」とありますので，やがてADPが消費されると，2つめの過程が遅くなり全体の速度ももとの速度まで遅くなったと考えられます。

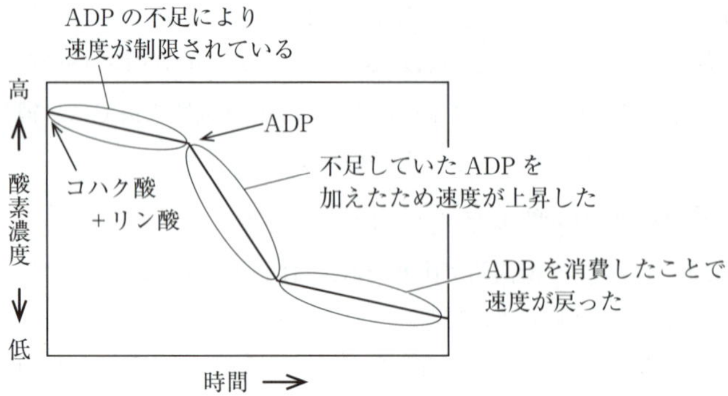

11 解答

問1　リン；DNA，RNA，ATPの材料となる。
カリウム；気孔の開閉調節などに利用する。
マグネシウム；クロロフィルの材料となる。
硫黄；タンパク質の材料となる。
鉄；シトクロムの材料となる。　　　　　　などから3つ

問2　通常の表皮細胞には葉緑体がないが，孔辺細胞は葉緑体をもつ。
通常の表皮細胞は長方形のような形状だが，孔辺細胞は気孔側の細胞壁が厚く，湾曲している。

問3　$^{14}CO_2$を取り込ませ，二次元ペーパークロマトグラフィーにより^{14}Cは最初にC_3化合物に取り込まれることを示した。

問4　NADPH，ATP

問5　窒素同化は，光リン酸化によってつくられたATPを利用するから。

問6　酵素の活性は，それに影響を与える他の物質の存在により変化するから。

解説

同化とは，外部から取り入れた物質を体内で必要な物質に作りかえる反応です。同化の代表的なものには炭酸同化や窒素同化があります。

Box　炭酸同化と窒素同化

炭酸同化

二酸化炭素から有機物を合成するはたらき。利用するエネルギーにより光合成と化学合成に分けられる。炭酸同化を行える生物を独立栄養生物，炭酸同化を行えない生物を従属栄養生物と呼ぶ。

・光合成…光エネルギーを利用した炭酸同化。緑色植物や藻類，シアノバクテリア，光合成細菌が行う。

・化学合成…化学エネルギーを利用した炭酸同化。化学合成細菌が行う。

窒素同化

生物が外界から取り込んだ窒素化合物からタンパク質や核酸などを合成するはたらき。植物は無機窒素化合物から有機窒素化合物を合成することができるが，動物は無機窒素化合物は利用できない。

「窒素同化」と書くべきところに「窒素固定」と書いてしまう受験生は非常に多いですが，窒素固定は窒素分子をアンモニアに還元する過程です。

問1　植物の生育のために欠乏しがちな，窒素，リン，カリウムは肥料の三要素と呼ばれています。窒素やリンはタンパク質や核酸などの材料となります。カリウムが関与する重要な現象のひとつに気孔の開閉(• EXTRA ROUND • 15 参照)があります。孔辺細胞(**問2**参照)は二酸化炭素濃度の減少や，青色光の照射によりカリウムイオンを取り込みます。これによって膨圧が上昇し，気孔が開きます。一方，乾燥時などには植物ホルモンであるアブシシン酸(42 **問1**参照)が合成され，カリウムチャネルを開くことでカリウムイオンを流出させます。これにより膨圧が低下し，気孔が閉じます。

問2　植物の組織のうち，表皮系に属する細胞の多くは葉緑体を持ちません。葉が緑色に見えるのは，内部にある葉肉細胞の葉緑体が見えるからです。これに対し孔辺細胞は葉緑体を持ちます。また湾曲し，気孔側の細胞壁が厚くなっています。

問3　カルビンの実験で重要なのは，炭素の放射性同位体 ^{14}C を使ったことです。次のように考えてみましょう。物質Aと物質Bが反応して物質Cに変化するとします。このとき，物質Bに「印」をつけて反応させると，物質A，物質Cのどちらに印がつくと思いますか？先に印がつくのは物質Cの方です(下図)。カルビンはこの考え方を使って，二酸化炭素がどのような物質に変化していくのかを調べたのです。

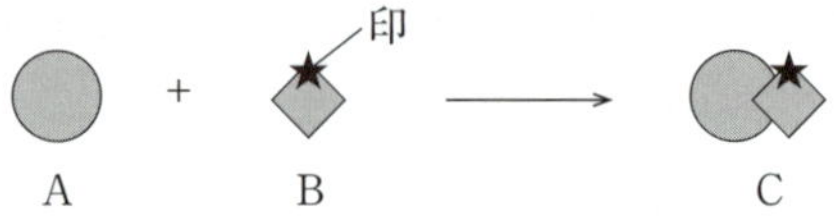

実際には $^{14}CO_2$ を取り込ませ，初めに C_3 化合物であるPGA(ホスホグリセリン酸)に ^{14}C が検出されることを示したのです(下図)。この実験から二酸化炭素が，まずPGAになることがわかりました。なお下図の反応は1分子の C_5 化合物であるRuBP(リブロースビスリン酸，リブロース二リン酸)が，1分子の二酸化炭素と結合し，2分子のPGAが生じる様子を表しています。

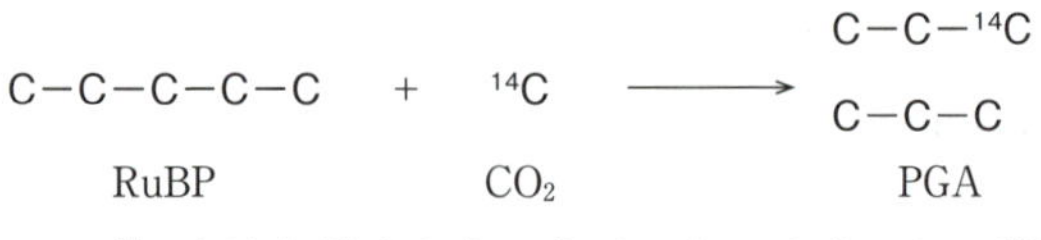

ところでPGAに ^{14}C が取り込まれたことは，どのようにして調べたのでしょうか？これを調べる方法が二次元ペーパークロマトグラフィーです。ペーパークロマトグラフィーは，ろ紙への吸着度と展開液への溶けやすさによって物質を分離する方法です。抽出液をろ紙の原点につけ，ろ紙の下端を展開液に浸し，抽出液中の物質の移動速度の違いを利用して分離するのです。しかし，光合成に関する物質の種類は非常に多く，単一の展開液だけでは移動速度が同じ物質が複数含まれてしまう

ため，うまく分離できません。しかし，異なる展開液を利用して2回の展開を行うことで，多くの物質の分離が可能となります(下図)。そして，分離したどの物質に ^{14}C が検出されるのかを調べたのです。

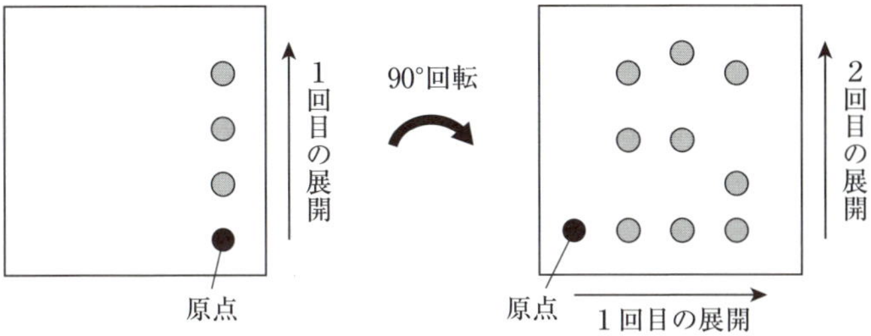

問4　光合成の反応は，チラコイドからストロマの方向へ進みます。光合成の反応を4つに分けると次のようになります。

チラコイド

① 光化学反応…クロロフィルが光により活性化される。

② NADPHの生成…光化学系Ⅱで水が分解され，光化学系ⅠでNADPHが生成される。

③ ATPの合成…H^+ が濃度勾配に従ってATP合成酵素を移動することでATPが合成される。この過程を光リン酸化という。

ストロマ

④ 二酸化炭素の固定…チラコイドでつくられたNADPHとATPを利用して二酸化炭素から有機物が合成される。この反応系をカルビン・ベンソン回路という。

問5　窒素同化も光合成と同じく葉緑体で行われます。これは，窒素同化でも二酸化炭素の固定と同様に光リン酸化によりつくられたATPと，還元力としてNADPHを利用するからです。そのため，窒素同化も明期に行った方が効率が良く，硝酸還元酵素の活性が高いと考えられます。

問6　酵素タンパク質量と酵素活性(酵素分子の活性の合計)の不一致は，1分子あたりの酵素活性が変化することで解決できそうです。つまり，1分子あたりの活性が高まれば酵素量が減少しても全体の活性を維持でき，1分子あたりの活性が低下すれば酵素量が変わらなくても全体の活性は低下します。この設問では硝酸還元酵素について具体的に説明する必要はないですが，明期で酵素タンパク質量が減少しても活性が維持できているのは，明期には他の物質の影響を受けて活性が高まっていると考えられます。

12 解答

問1　ア　葉肉　　　イ　維管束鞘

問2　細胞質にはリブロースビスリン酸カルボキシラーゼが反応に利用できる二酸化炭素より，PEP カルボキシラーゼが反応に利用できる HCO_3^- の方が15倍多いから。

問3　二酸化炭素を高濃度に濃縮し，リブロースビスリン酸カルボキシラーゼの活性を高く保つことができる。

問4　高温状態での気孔からの過剰な蒸散を防ぐため。

問5　(b)，(c)，(d)

解説

リブロースビスリン酸カルボキシラーゼ／オキシゲナーゼという，とてつもなく！？長い名前の酵素があります。この酵素は名前が長いだけでなく，地球上でもっとも量が多い酵素(タンパク質としてもトップらしい！)と言われています。通称「ルビスコ(Rubisco)」と呼ばれるこの酵素は，その名のとおり，リブロースビスリン酸(RuBP)に二酸化炭素をつける反応と，酸素をつける反応のどちらも触媒することができます。2つの反応のどちらを行うかは，ルビスコ周辺の二酸化炭素と酸素の濃度によって決まり，二酸化炭素濃度が高いほど，カルボキシラーゼ(二酸化炭素をつける酵素の意味)活性が高まります。

では，オキシゲナーゼ(酸素をつける酵素の意味)としてはたらくと，どうなるのでしょうか。実は酸素を結合させたのち，複雑な反応を経て二酸化炭素を放出させます。この反応は光照射により酸素を吸収して二酸化炭素を放出させるので，光呼吸と呼ばれます。呼吸というからには ATP をつくるのかというと，つくりません。それどころか ATP を消費してしまいます。無駄にしか見えない反応です。一見，無駄に見えるこの反応ですが，光エネルギーが強すぎると活性酸素(酸化力の強い酸素を含む分子)が増えるので，それを防止しているという可能性が考えられています。

かつての地球の二酸化炭素濃度は現在よりずっと高濃度だったので，ルビスコのカルボキシラーゼとしての活性は高かったと考えられます。しかし，現在の二酸化炭素濃度は0.038％程度です。これではオキシゲナーゼとしての活性が高まってしまいます。そこで登場した新型の光合成システムをもつ植物が C_4 植物です。

問1～3　C_4 植物はカルビン・ベンソン回路のほかに C_4 ジカルボン酸回路(C_4 回路)を持ちます。C_4 回路は葉肉細胞で行われ，カルビン・ベンソン回路は維管束鞘細胞で行われます。普通の植物(C_3 植物)の維管束鞘細胞は葉緑体が発達していませんが，C_4 植物の維管束鞘細胞は葉緑体が発達しています。C_4 回路では，まずホスホエノールピルビン酸カルボキシラーゼ(これも長い！通称 PEP カルボキシラーゼ)という酵素がホスホエノールピルビン酸(PEP)に二酸化炭素をつけ，オキサロ酢酸(炭素数4の C_4 化合物)をつくります。オキサロ酢酸はさらにリンゴ酸(これも C_4 化合物)に作り変えられます。葉肉細胞で作られたリンゴ酸は維管束鞘細胞へと運ばれ，ピルビン酸(C_3 化合物)に分解されることで二酸化炭素を放出します。これによりカルビン・ベンソン回路に高濃度の二酸化炭素を供給することができます。

問4　二酸化炭素を取り込むためには気孔を開ける必要があります。しかし，砂漠などでは真昼の炎天下に気孔を開けると蒸散が過剰となり，水不足になってしまいます。それを解決するために C_4 植物をアレンジしたとも言える植物がCAM 植物(ベンケイソウ型有機酸代謝植物)です。

CAM 植物は夜間に気孔を開け二酸化炭素を取り込みます。そして，C_4 植物と同様にリンゴ酸をつくります。このリンゴ酸を液胞に蓄え，昼を待ちます。昼になると蓄えてあったリンゴ酸を分解し，生じた二酸化炭素がカルビン・ベンソン回路に供給され有機物の合成に利用されます。

Box　C_4 植物と CAM 植物

C_4 植物の光合成

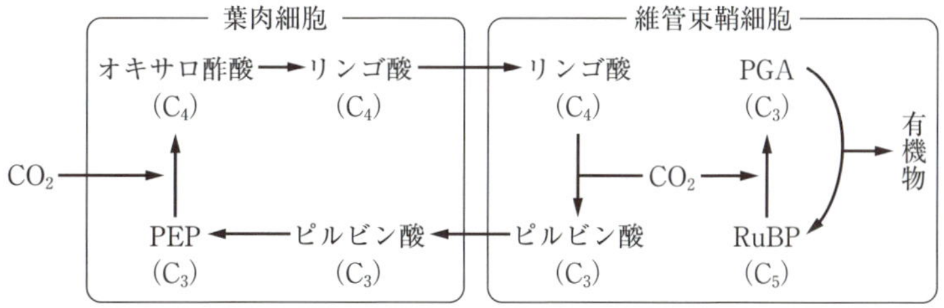

例；トウモロコシ，サトウキビなど

CAM 植物の光合成

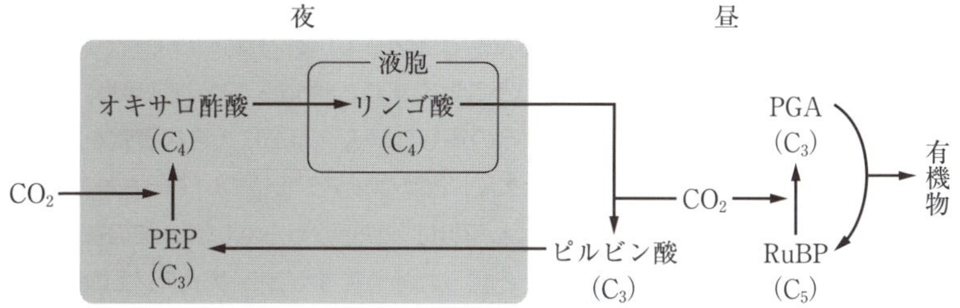

例；サボテン，ベンケイソウなど

問5 (a) 普通の植物細胞でも液胞が発達しているので関係ないでしょう。

(b) 液胞内のリンゴ酸を消費してしまったら，それ以上は有機物ができそうもないですね。

(c) 回路が増えれば酵素も必要なので正しいでしょう。

(d) 発生した酸素が気孔から拡散できないので拡散速度が低下しそうです。一般的には酸素は良いイメージをもたれていますが，高濃度の酸素は活性酸素を発生させるので，かなり害になりそうです。

(e) 光が当たっている間だけチラコイドの電子伝達系がはたらくのは，C_3 植物も同じです。

Break

ラヴォアジェの首

18 世紀のフランスが生んだ大化学者，アントワーヌ・ローラン・ラヴォアジェの本職は徴税請負人でした。徴税請負人とは，税金を肩代わりして払い，後で利子をつけて取り立てる仕事です。金持ちがさらに金持ちになる仕事なのです。

ラヴォアジェは極めて高価な実験装置を用いて本職の合間に実験を行い，「質量保存の法則」を発見しました。また，「酸素」に名をつけ，水が水素と酸素という 2 種類の元素からなることを示しました。「呼吸と燃焼が本質的に同じである」ことを示したのもラヴォアジェです。ラヴォアジェの頭脳に加え，豊富な資金力は鬼に金棒，当時の常識を覆すのに充分でした。

しかし悲劇が訪れます。フランス革命の勃発です。フランス革命は一般庶民が「自由と平等」を求めて起こした革命です。この革命では，多くの特権階級が処刑されました。王妃マリー･アントワネットもその一人です。また，徴税請負人も処刑の対象になりました。徴税請負人による税金の取り立ては極めて厳しかったため，庶民の恨みを買っていたことが原因です。ラヴォアジェも例外ではありませんでした。ラヴォアジェは天才であったがため，他の科学者から妬まれていたそうで，助命運動はほとんどなかったそうです。『生物学を創った人々』（中村禎里　みすず書房）によると「判決文は大げさにも，ラヴォアジェらが外国勢力と通じ利敵行為をおこなった，と強調している。」だそうです。「理由は何でもいいからとにかく殺してしまえ」ということですね。『物語　フランス革命』（安藤正勝　中央公論社）には，「前略―まったくなんの罪もない人，革命に大きな貢献をした人やすぐれた学者・科学者も数多く犠牲になった。」とラヴォアジェについて記されています。

数学者のラグランジュは「彼の首をはねるのに一秒とかからないが，彼の首をつくるのに 100 年かかる」（山田大隆　講談社）と言ったそうですが，ラヴォアジェの死から 200 年以上経過した現在でも，ラヴォアジェの首がつくられたとは思えません。

13 解答

問1　5.35 mg

問2　21.12 mg

問3　30.98 mg

問4　−2.25 mg

問5　14.00 mg

問6　光合成を行ったときは葉で合成された有機物が転流により根や茎へ流出するが，光合成を行わなかったときは有機物が転流により根や茎から流入する。

解説

植物といえば光合成ですが，動物と同じく呼吸も行います。そのため，昼間に見かけ上吸収した二酸化炭素量は「光合成量」と一致しません。なぜなら呼吸により二酸化炭素の放出もあるからです(実際には光呼吸もありますが，ここでは無視します)。

Box 光合成量と見かけの光合成量の関係

見かけの光合成量＝光合成量－呼吸量

※光合成量を「真の光合成量」と記すこともある。

問1　Ⅰでは処理(a)を行い光が当たらないようにしていますので，光合成は行わず呼吸のみを行います。また処理(b)で転流を防止していますので，有機物の出入りはありません。そのため，Ⅰから呼吸量が求められます。この問題では親切に「Ⅰ：$\Delta W = -R$」と示されているので簡単ですね。

Ⅰ：$\Delta W = -R$
　└表より −26.75 mg(5時間当たり)

$R = 26.75$ mg なので，1時間あたりの呼吸量は 5.35 mg

表では「5時間の重量増減量」ですが，設問では「1時間」なので注意しましょう。

問2　光合成量はPの値です。**問1**を計算する過程で，すでに呼吸量(R)を求めていますので，PとRを含むⅢの式から求められそうです。

Ⅲ：$\Delta W = P - R$　　　　$P = 105.62$ mg
　└表より 78.87 mg　　└**問1**より 26.75 mg

$P = 105.62$ mg は5時間あたりの光合成量に相当しますので，1時間あたりでは 21.124 mg です。

問3　6モルの二酸化炭素(CO_2，分子量44)から1モルのグルコース($C_6H_{12}O_6$，分子量

180)ができますので，6 × 44 g の二酸化炭素から 180 g のグルコースが合成されます。ここでは，21.124 mg(**問 2** で計算した値)のグルコースが合成されているので，30.981 mg の二酸化炭素が吸収されたことになります(下の式参照)。

$6 \times 44\,\mathrm{g} : 180\,\mathrm{g} = \boxed{30.981}\,\mathrm{mg} : 21.124\,\mathrm{mg}$

問 4　葉をアルミホイルで覆ったときの 5 時間あたりの転流量は T_1 です。**問 2** と同様に R はすでに求めているので，T_1 を含む Ⅱ の式から求められます。

Ⅱ：$\Delta W = -R - T_1$　　　　$T_1 = -11.27\,\mathrm{mg}$

- ΔW：表より $-15.48\,\mathrm{mg}$
- R：**問 1** より $26.75\,\mathrm{mg}$

$T_1 = -11.27\,\mathrm{mg}$ は葉をアルミホイルで覆ったときの 5 時間あたりの転流量に相当しますので，1 時間あたりでは $-2.254\,\mathrm{mg}$ です。

問 5　葉をアルミホイルで覆わないときの 5 時間あたりの転流量は T_2 です。ここではⅣの式を使って**問 4** と同様に考えます。Ⅳの式には P も含まれているので，**問 2** の計算過程で求めた P の値も使います。

Ⅳ：$\Delta W = P - R - T_2$　　　　$T_2 = 69.98\,\mathrm{mg}$

- ΔW：表より $8.89\,\mathrm{mg}$
- $P - R$：Ⅲの ΔW なので表より $78.87\,\mathrm{mg}$

$T_2 = 69.98\,\mathrm{mg}$ は葉をアルミホイルで覆わないときの 5 時間あたりの転流量に相当しますので，1 時間あたりでは $13.996\,\mathrm{mg}$ です。

問 6　**問 4** では葉が覆われているので光合成ができません。光合成ができないと葉の有機物が不足するため，他の部位(他の葉や根，茎)から補給します。そのため転流量は負になります。一方，**問 5** では葉が覆われていないため光合成により有機物が合成されます。合成された有機物は他の部位へ送られ貯蔵されます。そのため転流量は正になります。

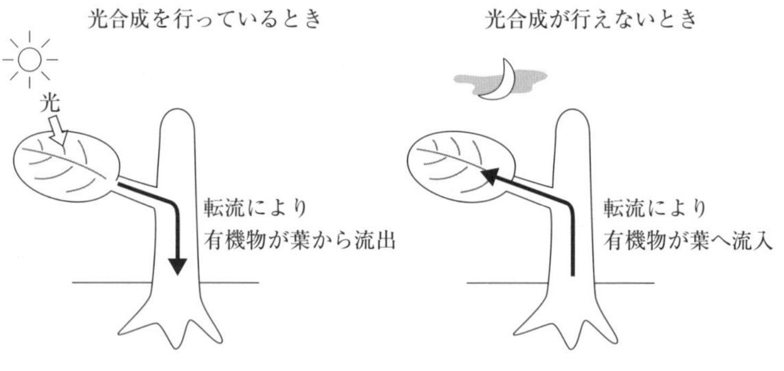

光－光合成曲線

NEXUS

植物は，光合成と同時に呼吸も行うため，光合成による二酸化炭素の吸収速度と見かけの光合成速度は異なる。

・**光合成速度**…実際に光合成を行う速度。光合成速度の指標としては，二酸化炭素吸収速度や酸素放出速度などが用いられる。

・**呼吸速度**…呼吸を行う速度，光の強さと無関係で，温度の影響を受ける。

・**見かけの光合成速度**…光合成速度から呼吸速度を引いたもの。

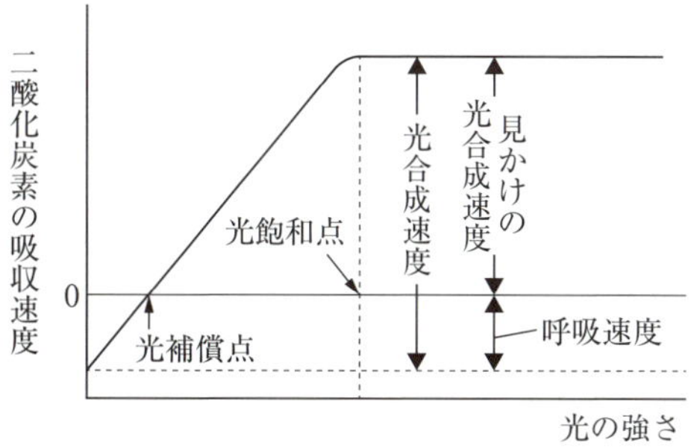

・**光補償点**…光合成速度と呼吸速度が等しくなるときの光の強さ。このとき，見かけの光合成速度は0となる。

・**光飽和点**…それ以上光を強くしても光合成速度が大きくならなくなるときの光の強さ。

代謝

第3章 遺伝情報の発現

14 解答

A

問1 ① ヌクレオチド　② デオキシリボース　③ 二重らせん

④ 2本鎖　⑤ 間期　⑥ 分裂期(M期)　⑦ G_1期

⑧ S期　⑨ G_2期

問2 (1) DNAポリメラーゼ(DNA合成酵素)

(2) CGTAGTCA

問3 体細胞分裂　　減数分裂

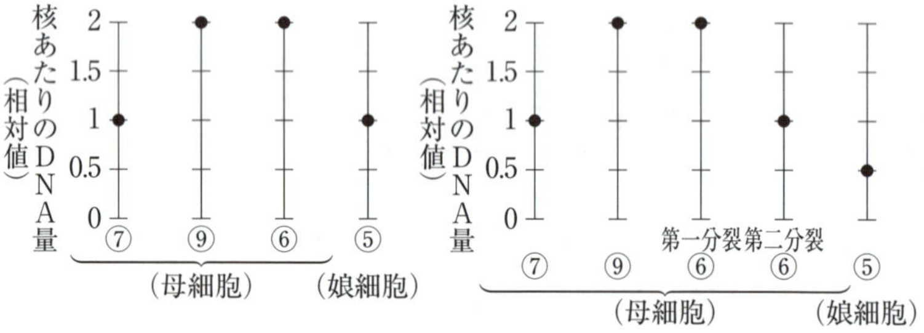

B

問4 22対

問5 PCR法にはDNAを1本鎖にするために90℃以上に熱する過程があり，通常の酵素ではタンパク質が変性し失活するから。

C

問6 (1) 半保存的複製

(2) 2本鎖のそれぞれを鋳型として鎖を伸長させるため，もとのDNA鎖と新しいDNA鎖の中間の重さとなる。

解説

エイブリーら(1944)の肺炎双球菌を使った実験と，ハーシーとチェイス(1952)のT_2ファージを使った実験は，DNAが遺伝子の本体であることを示唆していました。しかし，実際にDNAが遺伝子の本体としてはたらいていることを示すには，その立体構造の解明が不可欠でした。なぜなら遺伝子の本体として機能する物質は，遺伝情報を保持するための複雑さや安定性を備えていなければならないからです。タンパク質が遺伝子の本体であると考えられていたのは，タンパク質の構造が遺伝情報を保持するために充分な複雑さをもっていると思われていたからです。そのような時代背景のもと，ワトソンとクリック(1953)は二重らせん構造を発表したのです。

問1　核酸はDNA(デオキシリボ核酸)とRNA(リボ核酸)に大別されます。ともにヌクレオチドを構成単位とした鎖状の高分子化合物です。DNAの立体構造は二重らせん構造と呼ばれ，2本の鎖が水素結合し，右巻きのらせん構造をとっています。

問2　(1)　DNAポリメラーゼは，ヌクレオチド鎖の3′末端に次のヌクレオチドのリン酸の部分を結合させる酵素です。この酵素は，ある程度の長さをもったヌクレオチド鎖に新しいヌクレオチドを結合させるという特徴があります。あまりに短いヌクレオチド鎖には作用しません。そのため細胞内では，まず10塩基程度のRNAのヌクレオチド鎖(このとき利用される短いヌクレオチド鎖をプライマーと呼ぶ)をつくり，そのあとDNAのヌクレオチド鎖を結合させていくのです。

(2)　2本鎖DNAでは，アデニン(A)とチミン(T)，グアニン(G)とシトシン(C)が相補的に結合しています。なお，AとTは2本，GとCは3本の水素結合をつくるので，GとCの割合が大きいほどDNAは安定します。

問3　核あたりのDNA量は，間期(S期)において2倍となり分裂により半減します。減数分裂では，第一分裂と第二分裂の間でDNA合成は行われません。

問4　PCR法(ポリメラーゼ連鎖反応法)は，DNAを効率よく増殖させる方法です。増幅させたい範囲の両端に付着するプライマーを作成することで，特定のDNA配列のみを増幅させることができます。

Box　PCR法の手順

❶　増幅したい配列を含むDNA，材料となる4種類のヌクレオチド，プライマーとなるDNA（PCR法ではDNAのプライマーを用いる)，耐熱性のDNAポリメラーゼを含んだ混合液を作成する。

❷　約95℃（本問では94℃)に加熱し，DNAを1本鎖にする。

❸　約60℃（本問では55℃)に冷却し，プライマーを付着させる。

❹　約72℃に加熱し，DNAポリメラーゼにDNA鎖の伸張を行わせる。

❷〜❹をくり返すことで増幅させたい配列を増幅させることができる。

この設問ではPCRの手順を5回繰り返しますが，答えは32対($2^5 = 32$)ではありません。確かに2本鎖DNAは32対できるかもしれませんが，増幅させたい領域のみを含んだDNAが32対できるわけではありません。では，5回目には目的の領域のみのDNAは何対できるのでしょうか。視点を変えて，目的の領域が何対ではなく，目的ではないDNAが何対できるかを考えてみましょう。下図は図1の3回目(終了後)の図です。★印をつけたDNAの1本鎖は，初めに入れた長いDNA鎖(もとは2本鎖DNA)のどちらかを鋳型としてつくられた鎖です。この図を見ると，「増幅させたい領域のみからなる2本鎖DNA」ではない2本鎖DNAは，どちらか片方の鎖に★印がついていることがわかります。★印がついた鎖は，初めに入れた1対の長いDNA鎖から，PCR 1周期ごとにそれぞれ1本ずつ合計2本つくられます。つまり，PCRを1周期行うと，目的ではない配列を含む2本鎖DNAが2対ずつ増えていくことがわかります。

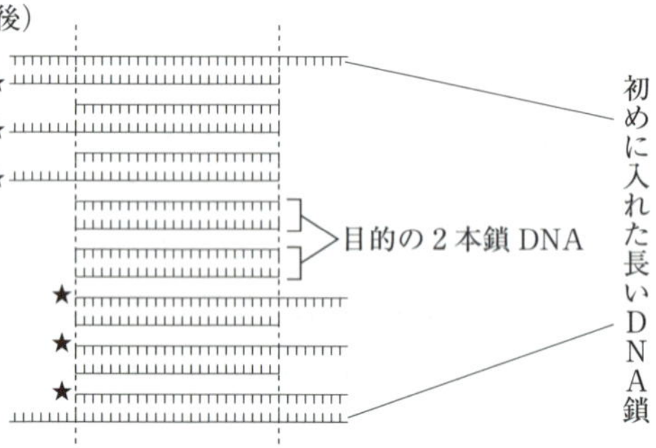

以上から，PCRを1周期行うと2本鎖DNAは2倍になり，目的の領域ではない2本鎖DNAは2対ずつ増えていくことがわかります。よって，PCRの手順をn回繰り返した場合に得られる目的のDNA領域の数は「$2^n - 2n$」の式で求められます。本問では5回繰り返していますから$2^5 - 2 \times 5 = \underline{22}$となります。

問5　一般的な酵素は最適温度が30～40℃程度ですが，PCRではDNAを1本鎖にするために90℃以上に加熱する必要があります。PCRが開発された当初は，大腸菌のDNAポリメラーゼが利用されていたため，1周期ごとにDNAポリメラーゼを補充する必要がありました。しかし，温泉に生息する高度高熱菌から単離された耐熱性のDNAポリメラーゼを利用するようになってからは，その必要が無くなりました。この酵素の最適温度は72℃で，90℃以上でも変性しにくいのです。

問6　(1)　DNAの複製法を簡単に説明します。まずDNAヘリカーゼという酵素により塩基間の水素結合がほどけ，部分的に1本鎖となります。次いでRNAからなるプライマーがつくられます。そしてDNAポリメラーゼがプライマーを足場としてそれぞれの1本鎖DNAを鋳型とし，それと相補的なDNA鎖を伸長させます。このような複製法を半保存的複製と呼びます。

半保存的複製はDNAの複製様式として，ワトソンとクリックが二重らせん構造を提唱した当時から有力視されていました。しかし，もともとあった2本鎖DNA

が維持され，新たな2本鎖がつくられる保存的複製や，2本鎖 DNA がいったん断片化された後に，新たな材料を加えて2本鎖が合成される分散的複製の可能性も考えられていました。これらの可能性を否定し，半保存的複製を証明したのがメセルソンとスタール(1958)です。

(2)　下図は ^{15}N-DNA を鋳型にし，窒素源として ^{14}N のみを含んだ培地で DNA 合成をさせた実験結果の模式図です。この設問で問われているものは半保存的複製のしくみです。半保存的複製だからこそ，このような実験結果が得られたのです。よって解答には「それぞれの鎖が鋳型となり，新しい鎖がつくられる」という主旨を書く必要があります。

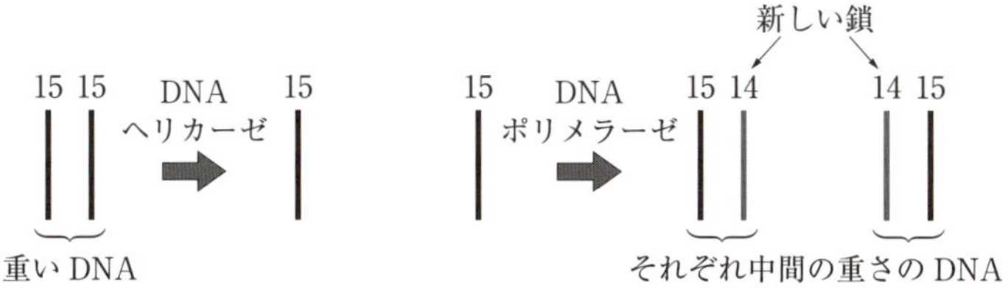

Box　メセルソンとスタールの実験

大腸菌を $^{15}NH_4Cl$ のみを窒素源とする培地で何世代も培養し，大腸菌のもつ N を ^{15}N で置き換える。次いで $^{14}NH_4Cl$ のみを窒素源とする培地に移し，複製された DNA の密度を調べることで，半保存的複製を証明した。DNA の密度は塩化セシウムによる密度勾配遠心法によって測定した。

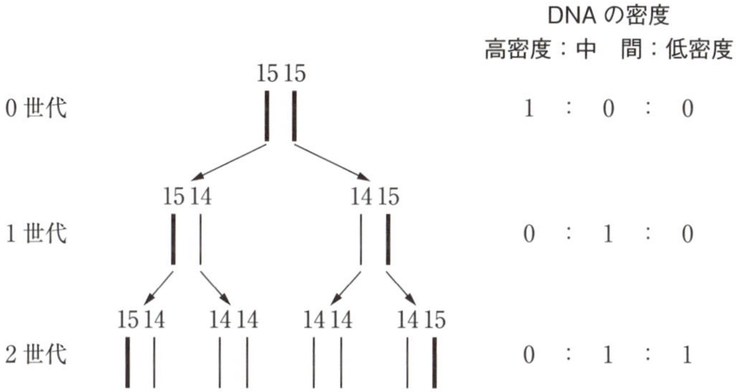

保存的複製により DNA が複製されるのであれば，中間の密度の DNA は生じない。また，分散的複製であれば，複製をくり返していくことでしだいに低密度になっていき，中間の密度と低密度に分かれることはない。以上より保存的複製と分散的複製は否定された。

DNA の不連続複製 NEXUS

DNA は端から合成されていくのではなく，複製起点から両方向へ複製される。また，DNA は 5′ から 3′ の方向へのみ複製されるため，片方の鎖は不連続に複製される。なお，このとき合成される 100 ～ 200 ヌクレオチド程度の短い DNA 鎖を不連続複製モデルの提唱者である岡崎令治にちなんで岡崎フラグメントと呼ぶ。

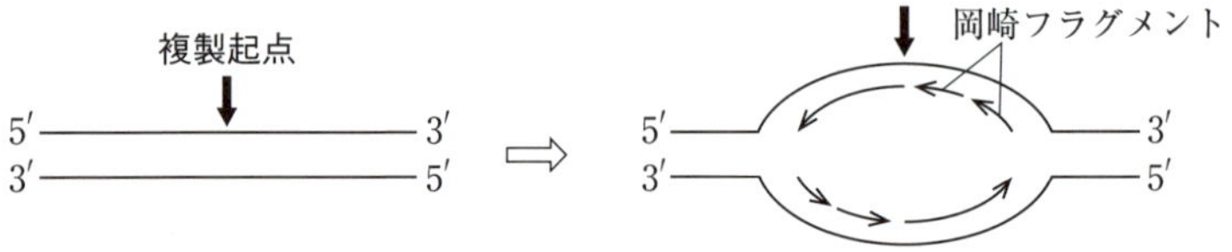

Break

土壌は大切

「フランシス・クリックがおとなしそうに控えているのを私は見たことがない。」「まさに並外れたドラ声のうえに，よく舌が回るのである。」これは『二重らせん』（ジェームス・D・ワトソン　江上不二夫　中村桂子　訳）に書かれているワトソンから見たクリックの印象です。天才的な頭脳を持ち，思ったことは言わずにはいられない，他人の研究にも口を出す。それがフランシス・クリックです。

クリックは初期の分子遺伝学において，最重要人物と言っても過言ではないでしょう。DNA の二重らせん構造の提唱はもちろん，セントラルドグマの提唱，また，意外と知られていませんが遺伝暗号の解読にも中心的な役割を果たしています。

ワトソンとクリックが二重らせん構造を提唱した当時，ワトソンは 25 歳，クリックは 37 歳でした。ワトソンほどではないにしても，37 歳での業績としては驚異的です。そんなクリックでも，それまでの研究生活は順風満帆とは言えないものでした。もとは物理学出身で，戦時中は兵器の開発を行い，たいした研究実績のないまま 35 歳となったときにワトソンと出会ったそうです。これが運命の出会いです。二人は意気投合し，ついには DNA の二重らせん構造の提唱に至ります。

天才と評されたクリックでさえ土壌は大切なのです。種子であったクリックは，ワトソンをはじめとした研究仲間という土壌の上に播かれたことで，見事に才能が開花したと言えるでしょう。何が言いたいのかといいますと，「受験生のみなさん，大学で良き仲間に出会えるといいですね」ということ。

15 解答

問1　DNAの2本鎖のうち，W鎖を鋳型鎖とし，RNAポリメラーゼによってmRNA前駆体がつくられる。このとき，DNAのアデニンに対してウラシル，グアニンに対してシトシン，シトシンに対してグアニン，チミンに対してアデニンが相補的に水素結合をつくり，塩基対をつくる。この結果，mRNA前駆体の塩基配列はC鎖のチミンがウラシルに変わった配列となる。

問2　領域1，2，3の名称；イントロン

塩基対を形成した部分の名称；エキソン

領域1，2，3が，細胞質から抽出したmRNAに含まれていなかった理由；mRNA前駆体には，アミノ酸配列を指定しない配列であるイントロンが含まれており，成熟mRNAになる過程でスプライシングにより除去されるから。

問3　図3aでは領域1が除去されているが，図3bでは領域1が除去されないで残っている。

問4　(1)　mRNA前駆体の領域1に相当する配列のはじめがGUであること。

(2)　イントロンが除去されなくなった。

問5　(1)　本来はエキソンであり，除去されない領域が除去されるようになった変異が生じた。

(2)　エキソンが除去されたため，途中のアミノ酸配列が失われた短いタンパク質となる可能性，あるいはエキソンが除去されたことで読み枠がずれ，アミノ酸配列が大きく異なるなどの可能性がある。

解説

「DNAは遺伝子の本体」と言われますが，では遺伝子とは何でしょうか？一般的には「RNAに転写されるDNA領域」を遺伝子と呼んでいます。また，遺伝子DNAからmRNA，あるいはタンパク質が合成される過程を遺伝子発現と呼びます。

真核生物の遺伝子には，アミノ酸配列の情報を保持し，翻訳される領域(エキソン)と，転写されても翻訳されない領域(イントロン)があります(イントロンも遺伝子に含まれます)。イントロンは転写された後に除去され，エキソンどうしが連結されてmRNAとなります。この過程をスプライシングと呼びます。

1つの遺伝子に含まれるいくつかのエキソンのうち，スプライシングの際に異なるエキソンが選択されることで異なるmRNAがつくられることがあります。これを選択的スプライシングと呼びます。選択的スプライシングによって，1つの遺伝子から異なるタンパク質がつくられるのです。

Box 真核生物における遺伝子発現

遺伝子 DNA ⟶ mRNA 前駆体 ⟶ mRNA ⟶ タンパク質

転写（核内）　スプライシング（核内）　翻訳（細胞質のリボソーム）

問1　解答例が解説のようなものなので解説は不要と思います。なおW鎖とC鎖のWとCは，それぞれワトソン(J.Watson)とクリック(F.Crick)のイニシャルです。

問2　図2はDNAが転写・スプライシングの過程を経てつくられたmRNAが塩基対をつくっている状態です(下図参照)。下図中の1～3はイントロンに，i～ivはエキソンに対応します。よって，図2においてmRNAと塩基対をつくっていない領域1～3はイントロンです。なお，mRNA前駆体からmRNAがつくられる過程では，5′側にキャップ構造，3′側にポリA配列と呼ばれる構造が付加されます。

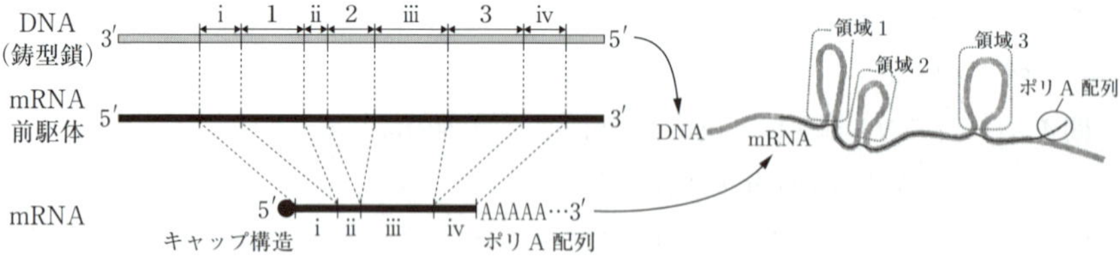

問3　「mRNAの形状」とあるので答えにくいですが，解答のとおりでよいでしょう。図3bでは，本来はイントロンとして除去されるはずの領域が除去されなくなる突然変異が生じたことが考えられます。どのような変異かは**問4**(2)参照。

問4　(1)　図4を見ると領域1のCAのうち，CあるいはAが他の塩基に置換したことがわかります。問題文には「mRNA前駆体に不可欠な条件」とあるので，CAを転写したGUがスプライシングに不可欠な条件であると考えられます。

(2)　図3bでは，本来はイントロンであるはずの領域1に相補的なmRNA領域がありますので，スプライシングによるイントロンの除去が行われなくなったことがわかります。DNAの塩基配列においてイントロンの3′側はCA，5′側はTCとなっている規則があります。そのためこの部分に変異が起きると，転写されたmRNA前駆体のイントロンが認識されなくなるのです。

問5　(1)　領域1のDNAの5′側のTCに変異が起き，領域2の5′側のTCまでが1つのイントロンと認識されるような変異が起きたと予想されます。

(2)　上図のエキソンiiに相当する領域が含まれないので，短くなる可能性があります。また，エキソンの終わりはコドンの3つ目とは限らないので，アミノ酸配列が大きく変わる可能性もあります。コドンの読み枠が変わることで終止コドンが生じ，翻訳が停止する可能性もあります。

16 解答

問1　二倍体では劣性形質は遺伝子がホモにならないと表現型として現れないが，一倍体では遺伝子型と表現型が一致するので，突然変異形質が見つけやすい。

問2　塩基の置換，欠失，挿入のいずれかにより，DNAの塩基配列が変化し，活性をもたない酵素がつくられるようになった。

問3　5

問4　$(\alpha^-\beta^+\gamma^+)$；Ⅳ　$(\alpha^+\beta^-\gamma^+)$；Ⅲ　$(\alpha^+\beta^+\gamma^-)$；Ⅴ

問5　生育できる胞子：生育できない胞子＝1：3

問6　生育できる胞子：生育できない胞子＝1：15

解説

ビードルとテータムがアカパンカビの栄養要求性の変異株をもちいて，一遺伝子一酵素説を提唱したのは1945年のことです。その後，遺伝子が合成を支配するタンパク質は酵素だけではないことがわかりました。また，複数の遺伝子から一つの酵素(あるいはその他のタンパク質)がつくられることも知られるようになりました。多くの例外があるとはいえ，遺伝子の本体がDNAであることが知られていなかった時代に，遺伝子の機能を鋭く推察した彼らには先見の明があると言えます。

Box　一遺伝子一酵素説

一遺伝子一酵素説

一つの遺伝子は，ただ一つの酵素合成のみを支配しているとする説。
ビードルとテータムが，アカパンカビの栄養要求性の変異株を用いた実験により提唱。

問1　ショウジョウバエなど一般に知られる動植物の多くが，生活史の大部分を二倍体($2n$，複相)ですごします。しかし，二倍体では劣性の突然変異遺伝子をもっていることが表現型からは確認できません。これに対し，アカパンカビなどの子のう菌類は生活の本体が一倍体(n，単相)なので，突然変異遺伝子が見つけやすいのです。

問2　遺伝子突然変異とは，DNA複製の誤りによりDNAの塩基配列が永続的に変化する現象です。転写の誤りにより塩基配列の変化したRNAが生じても，永続的な変異にはなりませんので，これは突然変異とは呼びません。よって，解答にはDNAの塩基配列の変化に関する記述が必要です。

問3　まずは次の例で考えてみましょう。生育に必須の物質Zが，前駆物質からX，Yを経て合成されるとします(次ページ図)。酵素2の合成を支配する遺伝子を欠失した個体は，Yを合成できないため最少培地では生育できませんが，YあるいはZを加えた培地では生育できます。また酵素3を欠失した個体は，Zを加えることで生育できますがYを加えても生育できません。経路の最後に近い物質を加えるほど，生育できる変異株が多くなります。

前駆物質 ⟶ X ⟶ Y ⟶ Z

（各矢印に作用：酵素1，酵素2，酵素3）

以上のことをふまえて表1を見ると生育を表す「＋」の数は，アミノ酸M，B，A，Cの順に多いので，合成される順は「前駆物質→C→A→B→アミノ酸M」ということになります。

問4　$(\alpha^-\beta^+\gamma^+)$の場合，合成経路のC→Aの反応が進みません。この変異株はCを加えただけでは生育できず，AあるいはBを加えることで生育できるようになります。そのような変異株はⅣです。他も同様に考えればよいでしょう。

問5　最少培地で生育できるものは遺伝子型が$(\alpha^+\beta^+\gamma^+)$となった株です。設問文に「別々の染色体上」とあるのでαとβは独立です。なお，Ⅲ$(\alpha^+\beta^-\gamma^+)$とⅣ$(\alpha^-\beta^+\gamma^+)$は$\gamma^+$が共通しているので$\gamma^+$は考慮しなくてもかまいません。

Ⅲ$(\alpha^+\beta^-)$ × Ⅳ$(\alpha^-\beta^+)$

↓ 接合

$(\alpha^+\alpha^-\beta^+\beta^-)$

↓ 減数分裂

$(\alpha^+\beta^+)$	:	$(\alpha^+\beta^-)$	:	$(\alpha^-\beta^+)$	:	$(\alpha^-\beta^-)$
1	:	1	:	1	:	1
生育できる		生育できない				

問6　設問文に「組換え価は12.5％」とあるので注意しましょう。全配偶子のうち12.5％（1/8）が組換え型になります。また，Ⅳ$(\alpha^-\beta^+\gamma^+)$とⅤ$(\alpha^+\beta^+\gamma^-)$は$\beta^+$が共通していますので$\beta^+$は考慮しなくてもかまいません。

Ⅳ$(\alpha^-\gamma^+)$ × Ⅴ$(\alpha^+\gamma^-)$

↓ 接合

$(\alpha^+\gamma^-/\alpha^-\gamma^+)$

↓ 減数分裂

$(\alpha^+\gamma^+)$	:	$(\alpha^+\gamma^-)$	:	$(\alpha^-\gamma^+)$	:	$(\alpha^-\gamma^-)$
1	:	7	:	7	:	1
生育できる		生育できない				

17 解答

問１　だ液アミラーゼは中性付近ではたらくが，胃液は強い酸性だから。

だ液アミラーゼはタンパク質であり，胃液に含まれるペプシンにより分解されるから。

問２　アスパラギン

理由：ペプチド断片の平均アミノ酸数が 20 であることから，15 本のペプチド断片が生じたことがわかる。15 本の断片を生じるには 14 か所で切断すればよいので，300 個のうち 14 個含まれているアスパラギンである。

問３　ペプシンはタンパク質分解酵素なので，ペプシンを合成した細胞を分解してしまうから。

問４　Ａ：Ｂの発現を抑制する

Ｂ：Pg の発現を促進する

Ｃ：Ａの発現を促進する

問５　間充織はもともと平滑筋に分化する性質があるが，上皮からのはたらきかけにより平滑筋への分化が抑制される。そのため，上皮から離れた位置にある間充織が平滑筋へと分化する。

解説

原則として，同一個体のすべての細胞が受精卵と同じ遺伝子をもっています。しかし，すべての細胞が同じ遺伝子を発現させているわけではありません。例えば，赤血球に分化する細胞では，ヘモグロビン遺伝子の発現がさかんであり，水晶体細胞ではクリスタリン遺伝子が発現します。ほとんどの細胞で発現している遺伝子もあれば，一部の細胞を除き発現が抑制されている遺伝子もあります。必要な遺伝子が，必要なだけ発現しているのです。細胞のもつ遺伝子のうち，特定の遺伝子のみが発現することを**選択的遺伝子発現**と呼びます。

Box　遺伝子の発現

構成的発現

生存に必要な遺伝子が，ほとんどの細胞で発現すること。このような遺伝子は**ハウスキーピング遺伝子**と呼ばれる。

調節的発現

遺伝子が状況により発現調節されること。おもに転写の段階で調節される。

問1　酵素には最適pHがあることと，酵素の主成分がタンパク質であることを思い出しましょう（07 **問1**参照）。だ液アミラーゼの最適pHは約7ですが，胃液のpHは1～1.5程度です。また，胃液にはタンパク質分解酵素であるペプシンが含まれていますので，アミラーゼは分解されてしまいます。

問2　アミノ酸300個からなるポリペプチドが，平均20個のペプチド断片に切断されているので，$\frac{300}{20}=15$より15本の断片が生じたことになります。1本のポリペプチドから15の断片を生じているので，14か所で切断されたことになります。表1より，タンパク質Eに14個含まれているアミノ酸はアスパラギンなので，アスパラギンを切断することで15の断片が得られます。なお，アスパラギンが端にあった場合は切断部位が減少するのですが，設問文に「両端のアミノ酸はグリシンである」と書かれているのでその心配はありません。

問3　ペプシンはタンパク質分解酵素です。細胞の主成分はタンパク質なので，細胞が直接ペプシンをつくると，自身の細胞を分解してしまうおそれがあります。そのため活性のないペプシノゲンを合成し，分泌し，分泌後に加水分解されることで活性化されます。トリプシンなども同様です。

問4　表2を見ると，Bが発現している領域でPgが発現しています。ここからBがPgの発現を促進していることがわかります。また，AとCは内腔上皮でのみ発現し，腺上皮では発現していないことに気づきます。AとCが発現している内腔上皮では，Bが発現していないことからAあるいはCが，Bの内腔上皮での発現を抑制していると予想できます。またAとCは，どちらか片方がもう片方の発現を促進している可能性が高いと考えられます。表2の「Aだけを抑制」した場合を見ると，Aが発現しなくてもCが発現しています。これに対し「Cだけを抑制」した場合にはAは発現していません。よってCがAの発現を促進していることがわかります。まとめると次のようになります。

A…Cにより発現が促進され，Bの発現を抑制する。

B…Aにより発現が抑制され，Pgの発現を促進する。

C…内腔上皮で発現し，Aの発現を促進する。

問5　図3Ⅳで間充織がすべて平滑筋となっていることから，間充織は上皮と接しなければ，どの領域でも平滑筋に分化することがわかります。しかし，Ⅰ～Ⅲのように上皮と結合させたときには，その付近では平滑筋が分化していません。ここから間充織は自律的に平滑筋に分化するが，上皮がそれを妨げていることがわかります。

18 解答

問1　エ)

問2　図２より突然変異２ではPs遺伝子のmRNAが生じていない。これは転写が行われなかったことを示している。ここから，突然変異２のPs遺伝子のプロモーターまたは転写調節配列に異常が生じたと考えられる。

問3　ウ)，エ)

問4　M型酵素とS型酵素は同じ化学反応を触媒するので，どちらか片方があれば細胞膜での物質輸送が正常に行われる。

問5　それぞれのmRNAを逆転写し，生じたDNAをエキソン２の両端に相補的なプライマーを用いてPCR法を行う。その結果，分子量の大きなmRNAから生じたDNAのみが増幅されればよい。

問6　選択的スプライシング

解説

同一の生物種に，同じ化学反応を触媒する酵素が２種類以上みられることがあります。これらの酵素は異なる遺伝子からつくられ，タンパク質の一次構造(04 問２参照)も異なります。これらの酵素を調べることで，疾患の種類や部位が特定できることがあります。

問1　突然変異１は[M－]ですが，図２では野生型と同様に同じ長さのmRNAが検出されています。これを考慮して各選択肢を検証します。

ア)　エキソンに塩基の挿入があれば長いmRNAとなるはずです。図２よりmRNAの長さは野生型と同じなので，塩基の挿入や欠失は考えられません。

イ)　[M－]である原因なので，Ps遺伝子は無関係です。

ウ)　プロモーター配列が欠損していれば転写が起きず，mRNAは検出されないはずです。

エ)　mRNAが生じても，正常に翻訳が起きなければ[M－]となりますので矛盾しません。

オ)　イ)と同様に[M－]である原因にS型酵素の活性は無関係です。

問2　図２では突然変異２のPs遺伝子のmRNAが検出されていません。これは転写が起きていないと予想できます。転写が起きない理由として，解答例のようにプロモーターの異常や転写調節配列の異常が考えられます。解答例以外にも「基本転写因子や転写調節因子(調節タンパク質)がつくられなくなった」などの可能性が考えられます。

Box 真核生物の遺伝子発現調節

基本転写因子

真核生物の転写に必要な因子。RNAポリメラーゼとともに複合体をつくりプロモーターに結合する。

転写調節因子(調節タンパク質)

転写調節領域に結合し，転写を調節する因子。リプレッサーや活性化因子など。調節遺伝子の発現によりつくられる。

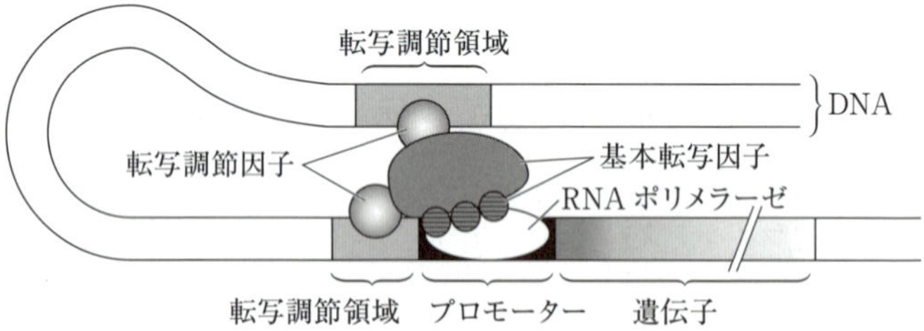

問3　ア)　F_1個体の表現型に[M－，S－]個体が生じているのであれば致死ではありません。

イ)　仮に突然変異体1が野生型Ps遺伝子と変異型Ps遺伝子のヘテロ個体で，突然変異体2が野生型Pm遺伝子と変異型Pm遺伝子のヘテロ個体であればこのようになりますが，この問題ではヘテロ個体であることが書かれていません。

ウ)　上記ア)でも書いたように，[M－，S－]個体が生じれば致死ではありません。

エ)　突然変異体2では，Ps遺伝子をもたずS型酵素がありませんので，M型酵素まで生産が阻害されれば致死となる可能性が高いでしょう。

オ)　M型酵素量の増加と[M－，S－]個体が致死であることは無関係です。

問4　本文にもM型とS型は「同じ化学反応を触媒」とあることから，どちらか一方を持てば生存できると予想できます。ボールペンも万年筆も，どちらも文字を書くための道具であることに似ています。ボールペンと万年筆のどちらかがあれば文字が書けるように，M型とS型のどちらかがあれば正常となります。

問5　「エキソン2の配列に相当するDNAの鋳型鎖と同じ塩基配列の1本鎖DNAを用い，その鎖が分子量の大きい方のmRNAとのみ2本鎖をつくることを示す。」などとしてもよいでしょう。他にも別解は考えられます。

問6　特にPs遺伝子についてなので「スプライシング」だけでは不充分で，「選択的」の語が必要でしょう(15 参照)。

19 解答

問1　ア　基質特異性　　イ　フィードバック　　ウ　アロステリック
エ　RNAポリメラーゼ　　オ　プロモーター

問2　(1)　(i)

(2)　トリプトファン合成のための調節を行うので，トリプトファンがあるときは合成が抑制されるから。

(3)　トリプトファンと結合することで，リプレッサーがオペレーターに結合できるようになった。

問3　A：オペレーター配列　　B：ラクターゼ遺伝子　　C：リプレッサー遺伝子

解説

ジャコブとモノー(1961)は，原核生物の遺伝子発現調節モデルであるオペロン説を提唱しました。オペロンとは原核生物において，同時に転写される転写単位のことです。オペロンを構成する遺伝子群は1つのmRNAとして転写されます。

Box　原核生物のオペロンによる転写調節

リプレッサー

調節遺伝子からつくられ，遺伝子の発現を抑制する調節タンパク質。

オペロン

同時に転写される遺伝子群。オペレーターやプロモーターを含めてオペロンとすることもある。オペロンは，ふつう同じ代謝経路に関わる複数の酵素の遺伝子からなっている。

オペレーター

リプレッサーなどの調節タンパク質が結合することで，オペロンの転写を抑制する領域。

問1　07，上記 **Box** 参照。

問2　トリプトファンが不足しているときには合成し，過剰のときには合成を抑制するしくみがあります。それがトリプトファンオペロンです。

(1)・(2)　トリプトファン量を一定に保つためにはどうすべきかを考えましょう。トリプトファン添加前は「トリプトファンを含まない培地で生育している」ため，トリプトファン合成酵素によるトリプトファンの合成が行われているはずです。このことから，変化様式(iii)は消去できます。また，トリプトファンの添加によりトリプトファン合成が抑制されなければ，トリプトファン量が過剰になってしまいます。以上より，トリプトファンを添加するとトリプトファン合成酵素量が減少する変化様式(i)が正解です。

(3) 本文中にも書かれているように，オペレーターにリプレッサーが結合したときには，トリプトファンオペロンの転写は抑制されます。また，(1)で解答したようにトリプトファンを添加すれば，トリプトファン合成酵素量が減少，すなわち転写が抑制されます。以上より，転写が抑制されるということは，リプレッサーがオペレーターに結合することを意味します。トリプトファンオペロンにおけるリプレッサーは，単独ではオペレーターと結合せず，トリプトファンと結合することでオペレーターと結合するようになります。

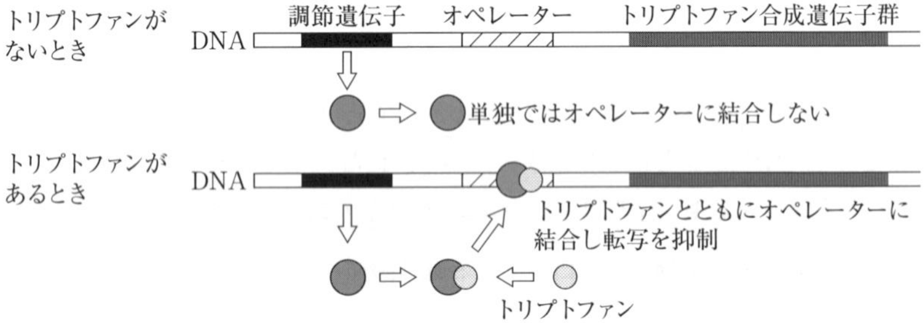

問3 ラクトースオペロンは，ラクトース代謝(分解)のためのオペロンです。ラクトースがあるときに，ラクトースの代謝産物がリプレッサーと結合することで，リプレッサーがオペレーターから離れます。

実験1でそれぞれの遺伝子が変異した場合，変化様式(i)〜(iii)のどれになるのか可能性を考えてみます。まず，リプレッサー遺伝子に変異が生じた場合を考えてみます。リプレッサー遺伝子からつくられるリプレッサーがオペレーターに結合できない変異(オペレーターとの結合部に生じた変異)が起きれば(ii)，ラクトースがあってもリプレッサーがオペレーターから離れない変異(ラクトースの代謝産物との結合部に生じた変異)が起きれば(iii)です。次にオペレーター配列に変異が起きた場合です。この場合，リプレッサーが結合できなくなりますので，いつでも転写が起きる(ii)となります。そしてラクターゼ遺伝子に変異が起きた場合ですが，これは転写されたとしてもラクターゼ酵素ができないので(iii)です。

まとめると次のようになります。

・リプレッサー遺伝子に変異…(ii)または(iii)

・オペレーター配列に変異…(ii)

・ラクターゼ遺伝子に変異…(iii)

実験1の結果(変化様式)に(iii)は1つしかないことから，リプレッサー遺伝子に変異が生じたものは(iii)ではなく(ii)とわかります。a 変異型と c 変異型の変化様式は(ii)，b 変異型の変化様式のみ(iii)ですから，b 変異型がラクターゼ遺伝子の変異型だとわかります。

a 変異型と c 変異型は，ともに変化様式(ii)となり区別できません。そこで実験２を行いました。a 変異体と c 変異体は，リプレッサー遺伝子またはオペレーター配列のどちらかに変異が生じているところまでは絞れています。ここで，オペレーター配列に変異が起きた変異体に，(A，b，C)の配列の組合せのプラスミド DNA を導入した場合を考えてみましょう（下図）。オペレーター配列に変異が生じたのであれば，プラスミド DNA を導入したとしても転写は抑制できません。よって，オペレーター配列に変異が起きたときは，プラスミド DNA を導入しても変異様式は(ii)のままです。実験２では，a 変異体にプラスミド DNA を導入しても(ii)のままであることから，A がオペレーター配列であることがわかります。以上より，残った C がリプレッサー遺伝子であることもわかります。

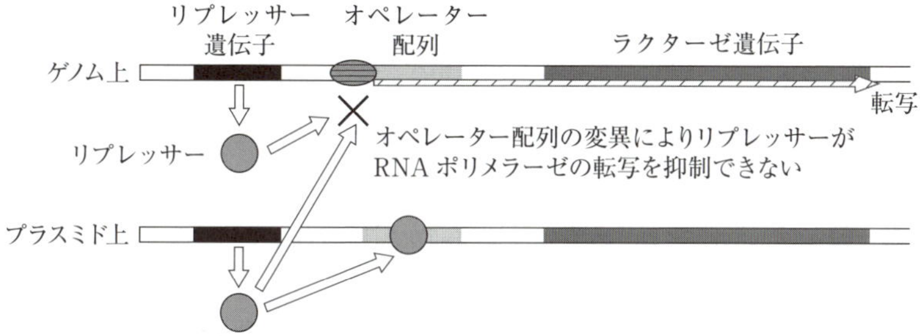

最後に，c 変異体にプラスミド DNA を導入した場合に，実験結果と矛盾しないことを確かめてみましょう（下図）。ゲノム上のリプレッサー遺伝子に変異が起き，正常なリプレッサーがつくれなくても，プラスミド DNA が正常なリプレッサーをつくることで転写が抑制できます。ラクトースを添加した培地であれば転写は正常に行われます。よって，これは実験２と矛盾しません。やはり，C はリプレッサー遺伝子と考えてよいのです。

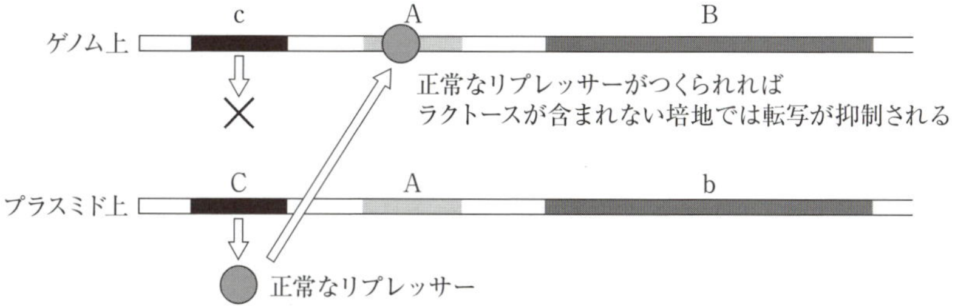

20 解答

問1　制限酵素

問2　DNAリガーゼ

問3　ベクター

問4　a：ア　　c・白色；エ　　c・青色；オ

問5　リプレッサーにIPTGが結合すると，リプレッサーがオペレーターから離れる。そのためRNAポリメラーゼがプロモーターに結合できるようになり，*lacZ*遺伝子が転写される。

解説

糖尿病の治療に必要なインスリンは，かつてはヒト以外の動物から得ていました。しかし，ヒトインスリンと他の動物のインスリンとはアミノ酸の種類や数が異なるため，期待する効果がなかったり副作用があったりしました。しかし，1970年代に遺伝子組換え技術が発達したことで，ヒトインスリンの効率的な合成ができるようになりました。このような生物学の知識を応用した技術をバイオテクノロジーと呼びます。

Box 遺伝子組換えの手順

❶ 目的遺伝子を制限酵素(**問1**参照)で切断する。

❷ ❶と同じ制限酵素，あるいは切断面が相補的となるような制限酵素でプラスミドを切断する。

❸ ❶と❷を混合し，DNAリガーゼ(**問2**参照)で連結させる。

❹ ❸で得た液を大腸菌などに取り込ませ，目的遺伝子を発現させる。

注意　真核生物の遺伝子にはイントロンがあるので，イントロンを含まないmRNAを逆転写して得たDNA（cDNAという）をつくり，これを大腸菌などへ導入する必要がある。

問1　制限酵素は細菌がもつ酵素で，本来の役割は菌内に侵入したウイルスDNAを切断することです。「ウイルスの増殖を制限するための酵素」という意味から名づけられました。制限酵素はDNAの特定の塩基配列を認識して，糖とリン酸の結合を切断します。むやみやたらに切断するわけではありません。

問2　DNAリガーゼの本来の役割は，DNAの複製時に岡崎フラグメントの3′末端の糖と5′末端のリン酸を連結させることです。

問3　プラスミドは染色体とは別に存在し，自律的に増殖する小型環状DNAです。生存に必須ではありませんが，抗生物質耐性遺伝子などの有用な遺伝子をもつことがあります。

遺伝子組換え技術では，プラスミドに外来のDNAを組込み，大腸菌などに導入します。このような役割をするDNAを**ベクター**(運び屋)と呼びます。

問4　3つの可能性を考えてみます。

i　遺伝子Xがプラスミドに組込まれ，この組換えプラスミドが大腸菌に取り込まれた。

→*amp*^{R}があるのでamp添加時でもコロニーをつくり(生存し)，*lacZ*が分断されているのでIPTG添加時でもX-Galを分解できず白色となる。

ii　遺伝子Xを組み込んでいないプラスミドが大腸菌に取り込まれた。

→*amp*^{R}があるのでamp添加時でもコロニーをつくり，*lacZ*があるのでIPTG添加時にX-Galを分解し青色となる。

iii　プラスミドが大腸菌に取り込まれなかった。

→プラスミドが取り込まれなかったので*amp*^{R}がなく，amp添加時にはコロニーをつくれない。

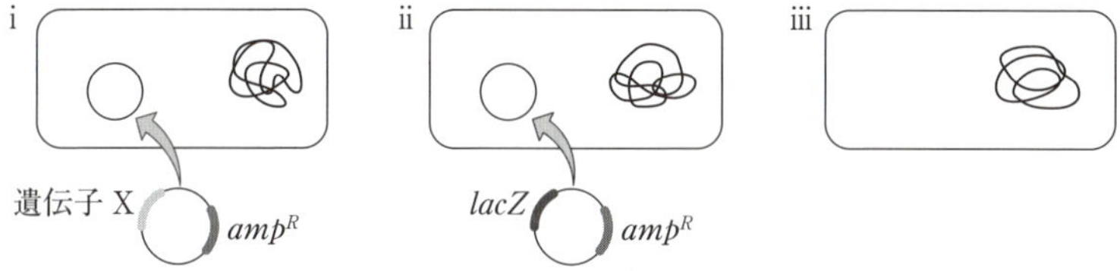

寒天培地aで見られる白色コロニーはampの添加時にも生存していますのでiiiではありません。また，IPTGもX-Galも添加していないので，*lacZ*の有無に関わらず青くなりません。そのためiとiiの区別がつかないので(ア)となります。

寒天培地cで見られる白色と青色のコロニーもamp添加時に生存していますのでiiiではありません。またIPTGとX-Galを添加しているので，*lacZ*があれば青，なければ白となります。*lacZ*がないプラスミドは遺伝子Xが挿入されています。よって，白色のコロニーが(エ)，青色のコロニーが(オ)となります。なお，遺伝子Xのみでは自律的に増殖はできませんので，(ウ)のような大腸菌のコロニーはできません。

問5　ラクトースオペロンの調節機構(19参照)における，ラクトースの代謝産物に相当する物質がIPTGです。IPTGは大腸菌の栄養にはなりませんが*lacZ*の発現を誘導するので，遺伝子組換え実験などによく利用されています。

第4章　生殖と発生

21 解答

問1　1　染色体説　　2　連鎖　　3　乗換え　　4　遺伝子説

問2　エンドウは自然状態では自家受精を行うため，純系が得やすく系統維持も容易である。また，人工的に雑種を得ることもできるため，交雑実験も行うことができる。

問3　ア　2　　イ　1　　ウ　4　　エ　2　　オ　半減する

カ　同数(変化なし)　　キ　半減する　　ク　同量(変化なし)

ケ　相同染色体　　コ　二価染色体

問4　サ　t　　シ　v　　ス　r　　セ　10.1　　ソ　5.1

解説

ゴッホの「ひまわり」，メンデルの「エンドウ」。共通点は，死後になってから評価されたことです。オーストリアのメンデル(1865)は，修道院の司祭をしながらエンドウを使った交配実験を行いメンデルの法則を発見し，『雑種植物の研究』として発表しました。しかし，当時はその研究が評価されず，1884年に非業の死を迎えました。「今に私の時代が来る」のメンデルの予言どおり，メンデルの死後ド・フリース，コレンス，チェルマックによりメンデルの法則は再発見され，正当に評価されるようになりました。現在では，メンデルは「遺伝学の祖」とされ，生物学の歴史に欠くことはできない人物となっています。

メンデルと同時代の人にダーウィンがいます。実はダーウィンも遺伝の法則を考えていました。自然選択説(51 参照)では，生存に有利な形質が次世代に受け継がれることを前提としています。そのため，進化論の確立には遺伝の法則の説明が必須だったのです。ダーウィンの考えた遺伝因子はジェミュールと呼ばれます。ジェミュールは体中を動き回る粒子のようなものであり，体細胞の変化をジェミュールが受け取り，これが生殖細胞に取り込まれて次世代に伝わるのだろうと考えたのです。つまり，ダーウィンは獲得形質の遺伝により進化を説明しようとしていました。

メンデルの考えた遺伝因子はエレメントと呼ばれます。メンデルのすごいところは，エレメントが混ざらないこと，または混ざっても分離できると考えたことです。例えば次のように考えてください。コーヒーにミルクを混ぜました。もう，コーヒーとミルクは分離できませんよね。しかし，エレメントは分離できるのです。メンデルはこれに気づいたのです。

Box　メンデルの法則

・優性の法則…異なる対立形質をもつ個体どうしを交雑すると，次世代では一方の形質をもつ個体のみが生じる。

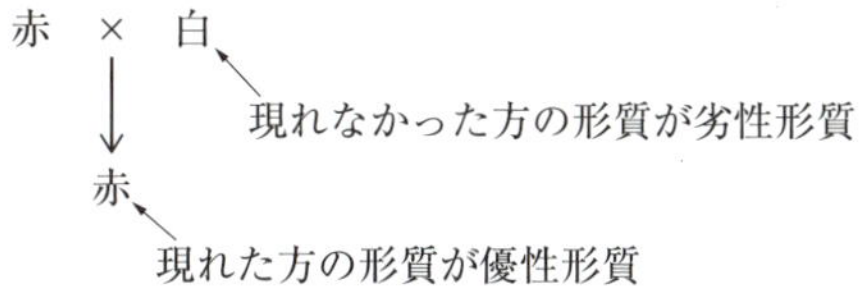

・分離の法則…対立遺伝子は，配偶子形成時に分離し，別々の配偶子に分配される。

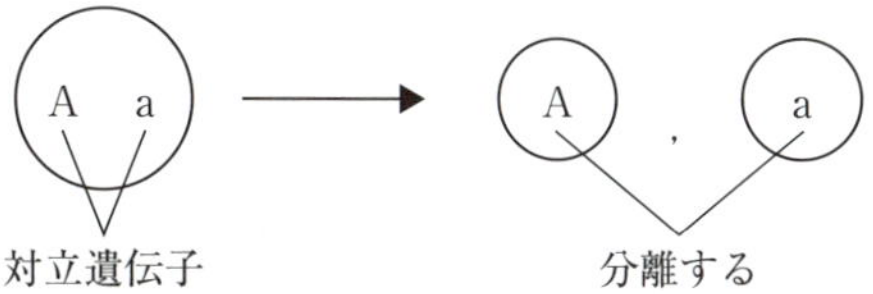

・独立の法則…2対以上の対立遺伝子は，互いに無関係に配偶子に入る。

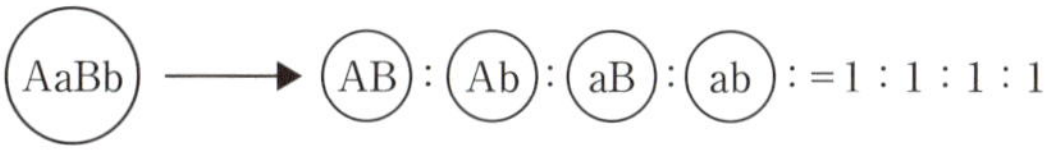

メンデルの法則は，メンデルの死後，ド・フリース，コレンス，チェルマック(1900)によって再発見され，世に認められるようになった。

問1　サットン(1903)は，減数分裂時の染色体の動きとメンデルの法則を結びつけ，遺伝子が染色体に含まれていることに気づきました。これを**染色体説**と呼びます。また，ベーツソンとパネット(1905)は，スイートピーの花の色と花粉の形の2対の形質に関して交雑実験を行うと，これらの2対の形質がメンデルの独立の法則に従わないことを発見しました。モーガン(1912)は，この現象を複数の遺伝子が同一の染色体上に並んでいると説明し，**遺伝子説**を確立しました。

同一染色体上の遺伝子群は組になって行動し，配偶子(卵細胞や精細胞など)に入ることが多いですが，場合によっては組合せを変えることがあります。減数分裂時に染色体が**乗換え**と呼ばれる部分的交換を起こし，その結果，遺伝子の組合せが変わるためです。染色体の乗換えにより，遺伝子の組合せが変わる現象を**組換え**と呼びます。

問2　実験材料として適している生物の一般的な特徴は，飼育・栽培が容易であること，多数の個体数が得られること，世代時間が短いことなどが挙げられます。しかし，ここでは特に「エンドウ」が適している点を挙げるべきです。一般的な植物では自家受精を防ぐしくみが発達しています。自家受精が頻繁に行われることは，遺伝的な多様性が低下すると考えられるからです。しかし，エンドウは自然状態では自家受精を行うのです。自家受精を繰り返すことで純系の個体が増加していきます（・EXTRA ROUND・ 7 参照）。そのため，自然条件下においても純系個体が多く得られ，交雑実験が行いやすいのです。

問3　細胞分裂には分裂の前後で染色体数が変化しない体細胞分裂と，分裂により染色体数が変化する減数分裂があります（05 参照）。減数分裂では2回の連続した分裂により，染色体数が半分になった娘細胞が4個つくられます。このとき，第一分裂の前期では相同染色体の対合がみられます。この対合した染色体を二価染色体と呼びます。

問4　組換え価とは，配偶子形成時に2対の対立遺伝子の間で組換えが起きる割合のことです。例えば，ある個体の染色体上で，遺伝子AとB，aとbが連鎖していたとします。組換えが起きない場合（完全連鎖）には，この個体のつくる配偶子の遺伝子型はABとabの2通りしかできません。しかし，遺伝子A(a)とB(b)の間で染色体の乗換え（正確には奇数回の乗換え）が起きた場合，遺伝子型がAbの配偶子とaBの配偶子ができることになります。このとき，つくられる全ての配偶子に対する組換えによって生じた配偶子（遺伝子型がAbの配偶子とaBの配偶子）の割合を計算することで，組換え価が得られます。しかし，実際には配偶子の遺伝子型を直接調べることはできません。卵や精子などの配偶子を見ても，遺伝子型が書いてあるわけではありませんからね。そのため組換え価を求めるには，一般的には検定交雑（検定交配）を行います。検定交雑とは，検定したい個体に，着目する遺伝子が劣性ホモの個体を掛け合わせる交雑のことです。原理的にはその結果として生じる個体の表現型比は，検定したい個体の配偶子比と一致します（下図）。よって，検定交雑により得られた個体数を，配偶子数と同等に考えて組換え価を求めることができるのです。

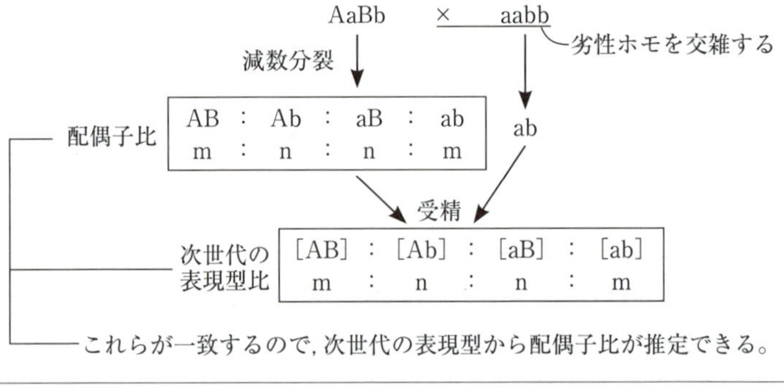

遺伝子間の組換え価は染色体上の相対的な距離を表すため，3対の遺伝子間について，それぞれの組換え価を求めることで3対の遺伝子間の位置関係を図示することができます。このようにして作成した図を染色体地図(とくに連鎖地図)と呼びます。モーガン(1913)はこのような作業を繰り返すことで，ショウジョウバエの染色体地図を作成しました。

Box 組換え価と染色体地図

$$組換え価 = \frac{組換えによって生じた配偶子数}{全配偶子数} \times 100 \ (\%)$$

染色体地図

染色体上の遺伝子の配列順や，相対的な距離を図示したもの。3対の遺伝子間の組換え価を求め，それぞれの組換え価から相対的な遺伝子間の距離を図示したものを連鎖地図(遺伝学的地図)，ショウジョウバエのだ腺染色体などからつくられるものを細胞学的地図という。両者の遺伝子の配列順は同じとなるが，染色体は場所により乗換えのおこりやすさが異なるため，相対的な距離は一致しない。

実際に表2を使って染色体地図を作成してみましょう。まず，遺伝子記号を確認しておきます(「＞」は優劣関係を示す)。

赤眼(R)＞ルビー色眼(r)

正常羽(T)＞切れ羽(t)

横脈有(V)＞横脈欠(v)

遺伝子記号を使って交配実験を図示すると以下のようになります。

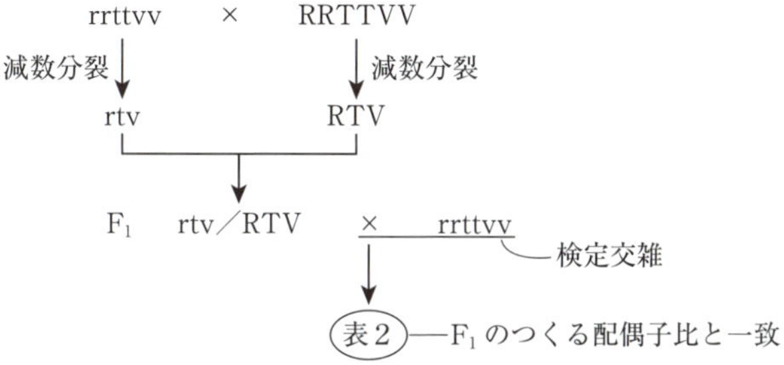

※rtv／RTVは，rtvとRTVが連鎖していることを表す。

表2はF_1の検定交雑によって得られた形質(表現型)と個体数を表していますので，これはF_1がつくる配偶子の遺伝子型の数(比)と考えて差し支えがありません。よって，表2を配偶子の遺伝子型で書き直してみます(もちろん，実際の配偶子数

ではありません)。それが下の表となります。

配偶子の遺伝子型	配偶子数
RTV	857
rtv	851
rTv	98
RtV	93
rTV	47
Rtv	43
RTv	6
rtV	5
	2000

次に，r と t，r と v，t と v の，それぞれの遺伝子間の組換え価を求めていきます(一般に，染色体地図を作成するときには，変異した遺伝子の記号で書くので r，t，v を使う)。

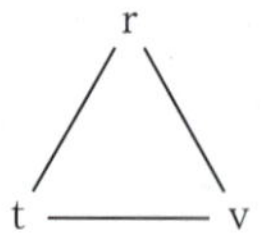

r－t 間，r－v 間，t－v 間の
それぞれの組換え価を求める

では，遺伝子 r と遺伝子 t 間の組換え価を求めてみます。r と t の組換え価を求めるときには，v は関係ありません。よって，以下のようにまとめます。

RT：Rt：rT：rt＝(857＋6)：(93＋43)：(98＋47)：(851＋5)

数の多い RT と rt が連鎖している(交配実験の図からも，どの遺伝子が連鎖しているか判断できる)ので，Rt と rT が組換えによって生じた配偶子です。合計は 2000 ですので，組換え価は以下のように求めることができます。

$$\frac{93 + 43 + 98 + 47}{2000} \times 100 = 14.05(\%)$$

同様にして計算すると，それぞれの組換え価は以下のようになります。

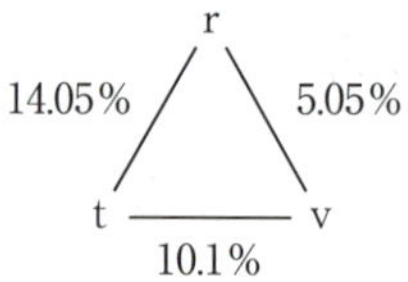

以上から，r と t が両端に，その間に v が位置し，v と r の距離は，v と t の距離より短いことがわかります。このように，3 対の遺伝子間の組換え価を求めて染色体地図を作成する方法を三点交雑と呼びます。

もっと簡単に計算する方法を institute で紹介します。

institute　三点交雑における組換え価の求め方

先ほどの表を使って，異なる方法で組換え価を計算してみましょう。まず，数の多い2種類の遺伝子型に注目します。ここでは，RTVとrtvです。この2種類の遺伝子型をもつ配偶子は組換えを起こしていません。RとTとV，rとtとvがそれぞれ連鎖しているのです。

配偶子の遺伝子型	配偶子数	
RTV	857	←組換えていない
rtv	851	←組換えていない
rTv	98	
RtV	93	
rTV	47	
Rtv	43	
RTv	6	
rtV	5	
	2000	

では，r－t間の組換え価を求めてみましょう。r－t間の組換え価を求めるには，R(r)とT(t)だけに注目すればよいので，上の表から遺伝子型がRtとrTの組合せとなっている配偶子を選んでいけばよいのです。具体的にはrTv，RtV，rTV，Rtvの4種類です。これらの4種類を合計し，全体の割合を計算すれば組換え価が求められます。

$$\frac{98+93+47+43}{2000} \times 100 = 14.05(\%)$$　　簡単ですよ！

なお，RTvとrtVは二重乗換えによって生じた配偶子です。

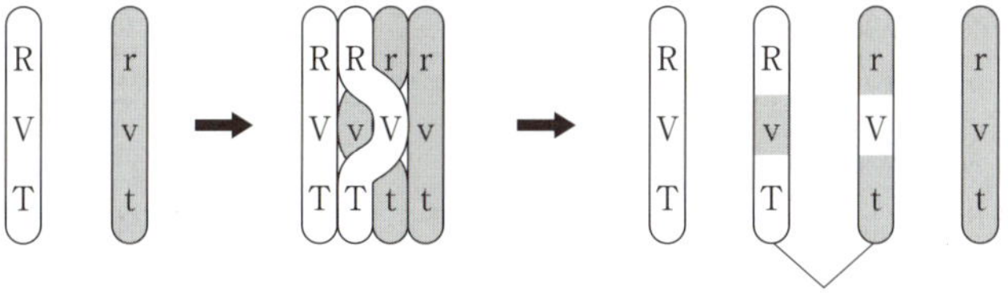

22 解答

問1　無性生殖

問2　ゾウリムシの分裂，ヒドラの出芽，オニユリのむかご　などから二つ

問3　遺伝的な多様性が高まることで，さまざまな環境に適応できる。

問4　正常卵；7×10^4 個/mL　　トリプシン処理卵；1.7×10^5 個/mL

問5　精子濃度が高いほど受精率が高くなる。トリプシン処理卵では，正常卵に比べ受精率が低下する。

問6　影響を与える現象；トリプシンで処理することで，卵表面のタンパク質が分解されたことで精子との結合が弱まったと考えられるので1の現象に影響が与えられたと考えられる。

追加する実験・観察；卵表面のタンパク質を精製し，これでビーズをコーティングしたものと精子が結合することを確かめる。

問7　精子の進入により細胞膜のNa^+の透過性が高まり，Na^+が流入し卵の膜電位が＋になることで多精子受精を防いでいる。

解説

生物には個体としての寿命があります。ずーっと生き続ける生物はいません。そのため生物は生殖します。生物は生殖によって自分と同じような生物をつくります。その繰り返しによって生命は引き継がれてきたのです。生殖には，基本的に自分と同じものをつくる無性生殖と，自分とは似て非なるものをつくる有性生殖があります。

問1　卵や精子などの配偶子をつくらない，あるいは親と遺伝的に同一な個体をつくる生殖法を無性生殖と呼びます。

有性生殖では雌雄が出会い交配する必要があり，また配偶子という特別な生殖細胞をつくる必要があるのに対し，無性生殖では単独での生殖が可能であり，配偶子をつくる必要がありません。そのため，無性生殖は有性生殖よりも繁殖の効率が良いと考えられています。

問2　無性生殖には，親がほぼ同じ大きさに分かれる分裂，親個体から芽が出るように新個体が生じる出芽，植物の根や茎，葉から新個体を生じる栄養生殖などがあります。

問3　有性生殖は両親の遺伝子が混ざり合いますので，遺伝的に多様な子が生じます。そのため，さまざまな環境下で生存できるようになると考えられています。実際には生物学的に非常に難しいテーマですが，「遺伝的に多様」(50 参照)であることを中心に解答を書けば正解になるでしょう。

問4　縦軸が受精率60％となるときの横軸の値を読み取ります。横軸は対数目盛りなので読み取りにくいです。この横軸では，10^4(これを1×10^4と考える)の次は2×10^4，さらにその次は3×10^4，その次は4×10^4…となります。よって，正常卵では7×10^4です。トリプシン処理卵では，はっきりと読み取れないので，解答は1.6×10^5～1.8×10^5ぐらいの範囲なら許容されると思われます。

問5　トリプシンはタンパク質分解酵素であることから，卵の表面に精子と結合するためのタンパク質があり，これが分解されることで精子と結合しにくくなることが予想されます。

問6　この問いでは，実験結果からさらに仮説を立て，それを検証するための追加実験をデザインする力が試されています。つまり，この問いには正式な解答があるわけではありません。そのため，別解として「卵表面のチャネルやポンプをトリプシンが分解したので3の脱分極に影響を与えた。その検証実験として，卵の膜電位を測定する。」なども考えられます。

問7　多精子受精(多精)が起きると，その卵は発生を停止します。せっかくつくった卵(卵をつくるには多大なエネルギーが必要です)を無駄にしないために，多精拒否の機構があります。なお，多精拒否のしくみは動物種によって異なります。

生殖と発生

Box　ウニの多精拒否のしくみ

受精電位の発生

精子進入時の早い反応。精子進入直後にNa^+の流入により膜電位が逆転することで，2個以上の精子の進入を防ぐ。膜電位の逆転は約1分間持続する。

受精膜の形成

受精電位発生のあとに起きる遅い反応。先体反応により形成される。受精膜が完成すると，多精は完全に防がれる。

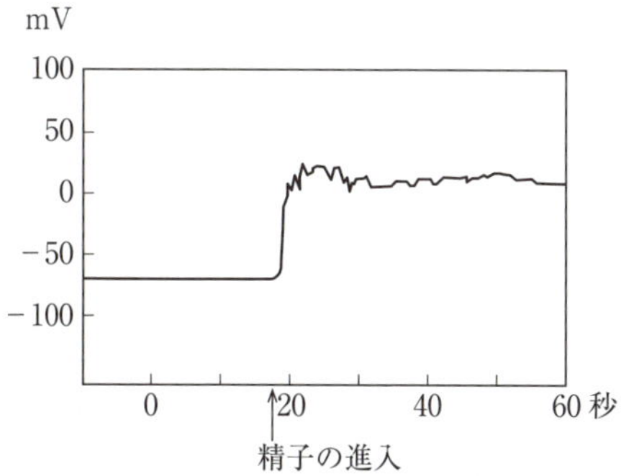

23 解答

問1 ① 卵割　② 割球　③ 小さく　④ 等割　⑤ 桑実胚
⑥ 卵割腔　⑦ 胞胚　⑧ 繊毛　⑨ ふ化　⑩ 植物
⑪ 間充織　⑫ 陥入　⑬ 原腸　⑭ 原口　⑮ 肛門
⑯ 原腸胚　⑰ 外胚葉　⑱ 内胚葉　⑲ 中胚葉　⑳ 骨片

問2

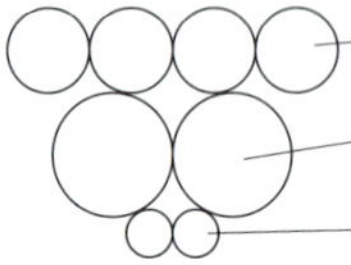

問3 ⑰ 脳，脊髄　⑱ 肺臓，肝臓　⑲ 腎臓，心臓

問4 卵割では，分裂と次の分裂の間に割球の成長がみられないから。

問5 受精卵 $\frac{D^3\pi}{6}$　8細胞期 $\frac{4D^3\pi}{3}$　⑦期の胚 $\frac{(D^3 - I^3)\pi}{6}$

解説

ウニは体外受精を行い，胚が比較的大きく，透明で内部まで観察できるなどの理由で観察しやすいため，発生の研究に用いられてきました。また，種により繁殖期が異なるため，ほぼ一年をとおして卵や精子を得ることができるのも好都合です。

問1 発生初期の体細胞分裂を，特に**卵割**と呼びます。卵割には，割球が成長しない，間期が短く分裂速度が速い，ほぼすべての割球(卵割で生じた細胞を割球と呼びます)が同時に分裂する，といった特徴があります。

卵割により**桑実胚**となったのち，細胞数が1000～2000個ほどの**胞胚**となります。胞胚は**繊毛**をもち，やがて**受精膜**を破り泳ぎ出します。これを**ふ化**と呼びます。その後，植物極から原腸が陥入し**原腸胚**となり，**プリズム幼生**を経て**プルテウス幼生**となります。プルテウス幼生がさらに変態することで成体となります(24 p.80 NEXUS 参照)。

ウニの原口は肛門となり，原腸が伸長した先に口ができます。このような動物は**新口動物**と呼ばれます。

問2 ウニの第一卵割，第二卵割はどちらも**経割**(縦割)で**等割**します。第三卵割では**緯割**(横割)ですが**等割**します。そのため，8細胞期までは割球の大きさはそろっています。しかし，第四卵割では，動物極側は**経割**で**等割**，植物極側では**緯割**で**不等割**を行います。そのため，16細胞期胚では，大きさの異なる3種類の割球(動物極側から中割球，大割球，小割球)からなる特徴的な胚となります。

Box ウニの16細胞期胚と各割球の予定運命

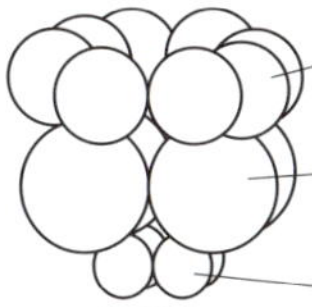

問3　24 p.80 NEXUS 参照。外胚葉からは主に表皮と神経系が分化します。脊椎動物では神経管の先端がふくらみ脳に，それ以外は脊髄になります。内胚葉からは主に消化器系と呼吸器系が分化します。肝臓は消化器系に付随する体内で最大の器官です。肺臓(肺)は言うまでもなく陸上の脊椎動物の呼吸器官です。中胚葉からは骨や骨格筋のほか，心臓や腎臓が分化します。皮膚の真皮も中胚葉由来です。

問4　卵割では割球が成長しないので，胚全体の大きさはほとんど変わりません。

問5　球の体積の公式は，r を半径とすると $\frac{4}{3}\pi r^3$ です。

受精卵の半径は $\frac{D}{2}$ なので，体積は $\frac{4}{3}\pi\left(\frac{D}{2}\right)^3$ となります。これを整理すると $\frac{D^3\pi}{6}$ になります。

8細胞期では，直径Dの割球が8個あります。計算結果は，先ほど求めた $\frac{D^3\pi}{6}$ を8倍すればよいので $\frac{4D^3\pi}{3}$ となります(もちろん，このときのDの長さは受精卵のDの長さとは異なります)。

胞胚では，全体の体積から胞胚腔の体積を引くことで，全ての細胞体積の合計Sが求められます。上と同様に考えて $\frac{D^3\pi}{6} - \frac{I^3\pi}{6}$ の式からSが求められます。よって，胞胚の体積は $\frac{(D^3 - I^3)\pi}{6}$ となります。

24 解答

問1 肝臓，肺，すい臓，気管，ぼうこう，甲状腺　などから二つ

問2 A；(a)　B；(d)　C；(g)

問3 中胚葉誘導

問4 A 割球は外胚葉に分化する予定運命をもつが，D 割球からのはたらきかけを受けると中胚葉へ分化する。このとき，D1 割球は A 割球を脊索などの背側中胚葉へ，D3 割球は A 割球を血球などの腹側中胚葉へと誘導する。

問5 DVP から誘導物質が分泌され，これを AP が受容することで発生運命の変更がおき筋肉へと分化した。

解説

ウニと同様，両生類も発生の研究材料としてよく用いられています。フォークト(1926)はイモリの初期胚を生体染色することで原基分布図(予定運命図)を作成し，シュペーマンとマンゴルド(1924)はイモリ胚の移植実験を行い形成体(オーガナイザー)を発見しました。また，ニューコープ(1969)はメキシコサンショウウオを用いて中胚葉誘導を発見しました。

Box 両生類の胚を用いた研究

原基分布図

フォークトは，胚を無害な色素(ニュートラルレッド，ナイルブルーなど)で染色し，染色部位が将来どのような器官に分化するのかを調べ，イモリの胞胚の原基分布図を作成した。この方法は局所生体染色法と呼ばれる。

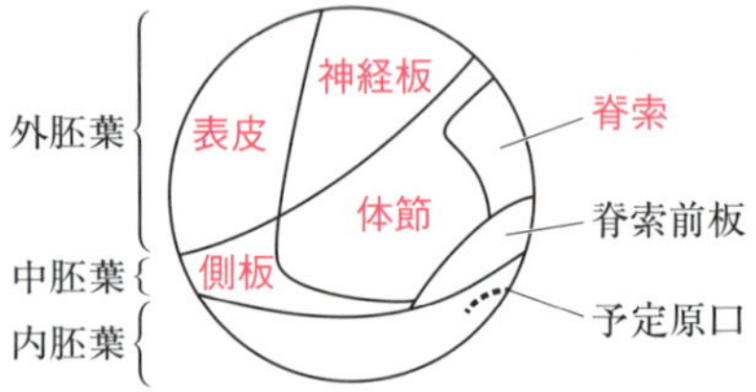

形成体の発見

シュペーマンとマンゴルドは，イモリの原口背唇部が外胚葉に作用することで神経管を分化させることを発見した。ある胚の領域が他の領域にはたらきかけ，分化の方向を決定する現象を誘導と呼び，誘導能をもつ胚の領域を形成体と呼ぶ。

中胚葉誘導

ニューコープは予定内胚葉が形成体となり，接する外胚葉から中胚葉を誘導することを発見した。この現象を中胚葉誘導と呼ぶ。

問1　消化管以外なので，食道，胃，小腸，大腸などは不可です。

問2　A割球からは，おもに表皮，脳，脊髄が分化しています。これらは外胚葉です。B割球からは外胚葉の他に，脊索や体節も分化しています。脊索や体節は中胚葉です。C割球からは外胚葉，中胚葉の他に内胚葉も無視できない程度に分化しています。

問3　単に「誘導」でも悪くなさそうですが，ニューコープの実験を再現したと解釈して「中胚葉誘導」とすべきです。

問4　誘導を受ける側はA割球を使っているのですが，形成体となるD割球がD1の場合は脊索や筋肉を，D3の場合は筋肉や血球を誘導しています。脊索は背側中胚葉，血球は腹側中胚葉です。このことから，背側のD割球(D1)は背側中胚葉を，腹側のD割球(D3)は腹側中胚葉を誘導していると考えられます。

問5　膜の小孔の大きさに注目します。比較的小さな細胞であるヒトの赤血球が7～8μmであることを考えると，0.4μmの小孔を細胞が通ることはできません。このことから実験3では，細胞が移動したのではなく，物質が移動し作用したと考えられます。

神経誘導と形成体　NEXUS

アフリカツメガエルの外胚葉は，単独で培養すると表皮になるが，形成体(原口背唇部)のはたらきかけにより神経に分化する。このことから外胚葉の細胞は，もともと表皮に分化する性質があり，形成体の誘導により神経に分化すると考えられていた。しかし，現在では次のように考えられている。

◎神経誘導のしくみ

❶　外胚葉の細胞は，もともと神経に分化するようにできている。

❷　外胚葉の細胞が，自ら分泌するBMP(骨形成タンパク質)を受容することで表皮に分化する。

❸　形成体がノギンやコーディンを分泌することで，BMPのはたらきが阻害され，その結果，外胚葉の細胞が表皮に分化するのが抑制され，神経に分化する。

ウニとカエルの発生

◎ウニの発生

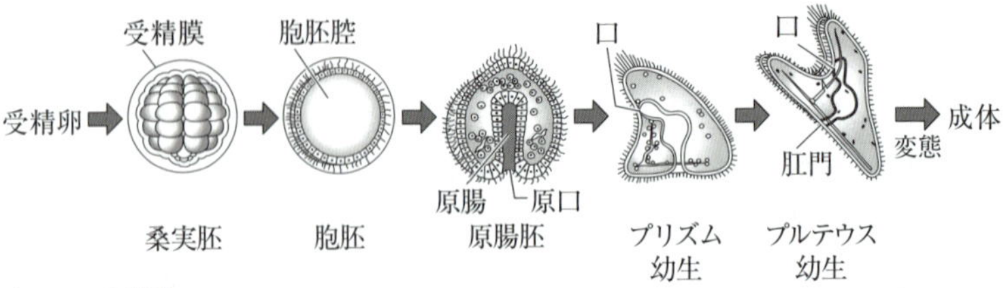
受精卵
受精膜
胞胚腔
口
口
成体
変態
肛門
原腸
原口
桑実胚
胞胚
原腸胚
プリズム
幼生
プルテウス
幼生

◎カエルの発生

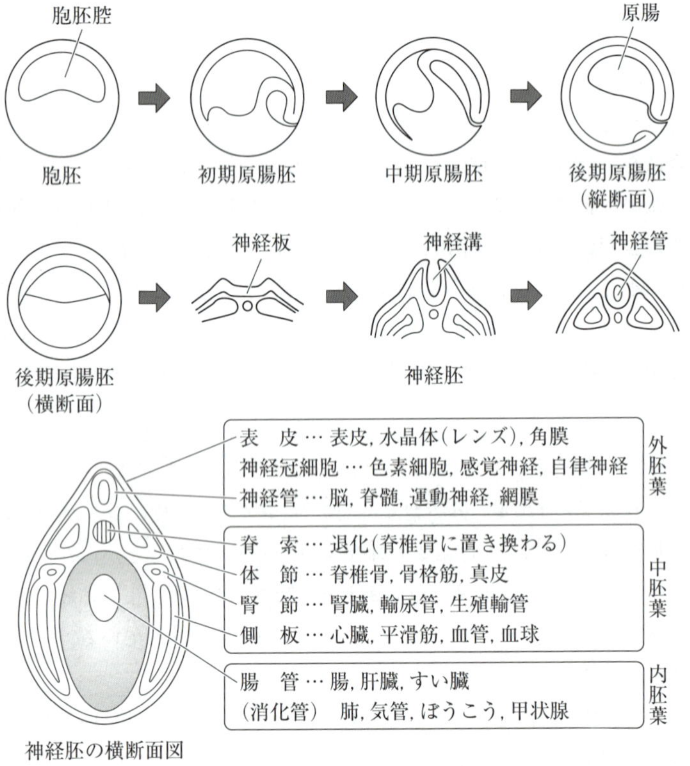
胞胚腔
原腸
胞胚
初期原腸胚
中期原腸胚
後期原腸胚
（縦断面）
神経板
神経溝
神経管
後期原腸胚
（横断面）
神経胚
表　皮 … 表皮, 水晶体（レンズ）, 角膜
神経冠細胞 … 色素細胞, 感覚神経, 自律神経
神経管 … 脳, 脊髄, 運動神経, 網膜
外胚葉
脊　索 … 退化（脊椎骨に置き換わる）
体　節 … 脊椎骨, 骨格筋, 真皮
腎　節 … 腎臓, 輸尿管, 生殖輸管
側　板 … 心臓, 平滑筋, 血管, 血球
中胚葉
腸　管 … 腸, 肝臓, すい臓
（消化管）　肺, 気管, ぼうこう, 甲状腺
内胚葉
神経胚の横断面図

25 解答

問1　初期胚前端の細胞質の因子により胚の前後軸が決まり，初期胚の中央部や後端の細胞質の因子は前後軸の決定には影響しない。

問2　ビコイドが欠損した胚を用いることで，注入したビコイド伝令RNAのはたらきを調べることができる。

問3　(1)　母親a；20　母親c；20　母親d；20

(2)　ビコイド遺伝子のコピー数が多いほど，初期胚前端の細胞質に含まれるビコイドの量も多いと考えられる。その結果，コピー数が少ない胚では頭部後端を形成する濃度が前端側に，コピー数が多くなるにつれて後端側に頭部後端を形成する濃度が移動したと考えられる。

問4

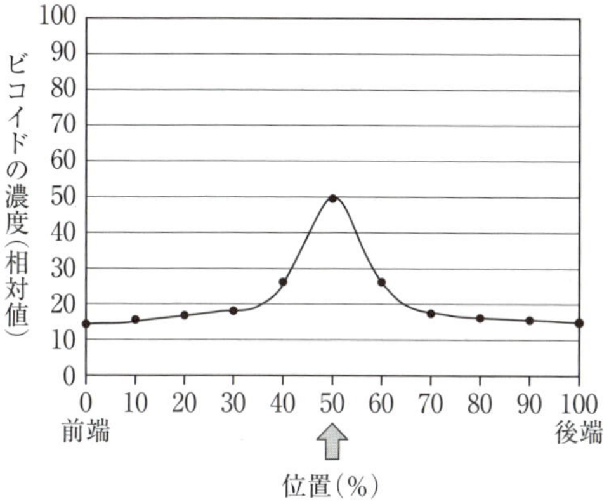

解説

母親は卵をつくる過程で，卵黄とともにmRNAを蓄えていきます。もちろん，このmRNAは母親の遺伝子DNAから転写されたものなので，母親の遺伝子型が子の表現型に影響を与えることになります。このように，子の表現型に影響を与える遺伝子を母性効果遺伝子と呼びます。ショウジョウバエの母性効果遺伝子として，最もよく知られたものにビコイド遺伝子があります。ビコイド遺伝子から転写されたビコイドmRNAは，未受精卵の前方に局在します。受精後に，このmRNAから翻訳されてつくられるビコイドタンパク質も，前方から後方にかけての濃度勾配をつくります。発生が進行すると，ビコイドタンパク質が高濃度の領域から頭部と胸部がつくられていきます。一方，未受精卵の後方には，ナノスmRNAが局在しており，やはり受精後にナノスタンパク質をつくります。これらのタンパク質の濃度勾配が卵における位置情報となり，前後軸が決定します。

Box ショウジョウバエの前後軸形成

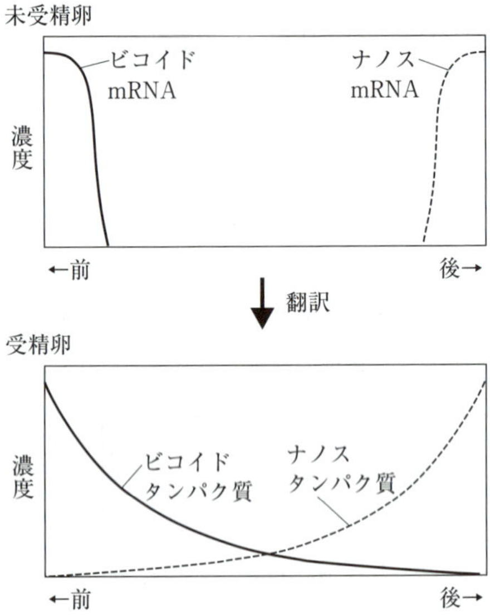

問1　「実験1と実験2の結果のみ」から考えられることを答える必要があります。実験1では母親a(野生型)由来の初期胚を発生させると，正常発生したことが書かれているだけなので，特に重要な情報はありません。実験2では，母親a由来の初期胚の前端から細胞質の一部を除去すると，頭部と胸部を欠く幼虫となったが，前端以外の細胞質を除去しても正常発生しています。ここから，初期胚の前端の細胞質に，頭部と胸部をつくるための因子が含まれていることがわかります。この実験だけからは，この因子がタンパク質だとは判断できないので，解答に「タンパク質」であると書くべきではありません。

問2　ビコイド遺伝子の機能を知るための実験なので，ビコイド遺伝子をもたない胚を用いる必要があります。例えば，味をつけていないスープに味付けをした場合と，すでに味がついているスープに同じ味付けをした場合では，前者の方が違いがわかりやすいのと同じことです。

問3　図2より，頭部の後端となる位置(%)は，どの母親でもビコイド濃度の相対値は20となっています。また，ビコイド遺伝子のコピーが多いほど，つくられるビコイドタンパク質が多くなるので，それだけ頭部後端が胚のより後端側に移動すると考えられます。

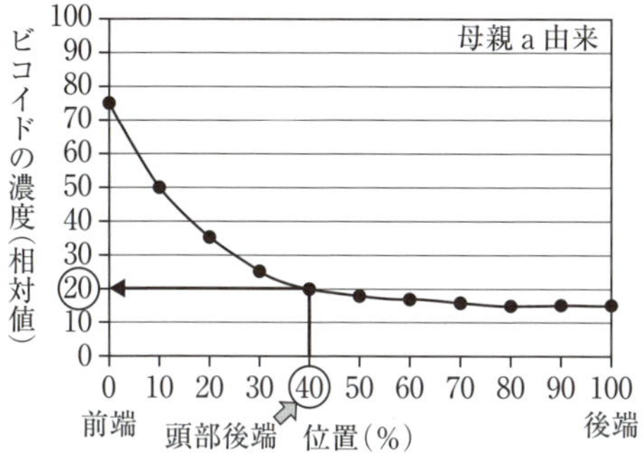

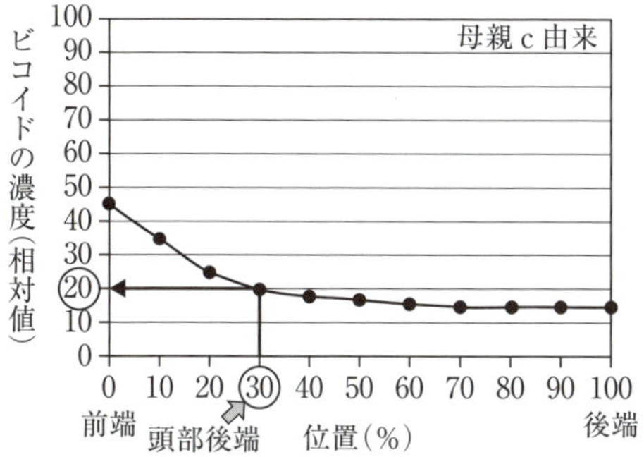

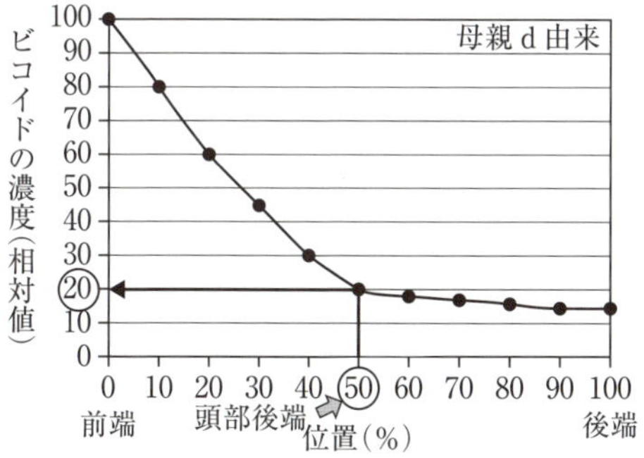

問4　実験6では，胚の中央にビコイドmRNAを注入しました。そのため，胚の中央のビコイド濃度が最も高くなるはずです。ビコイド濃度の相対値は最大で50なので，横軸の50％の位置のビコイド濃度が50となります。ビコイドは胚の内部を拡散しますので，両端に近づくほどビコイド濃度は低下していきます。また，図2より頭部の端のビコイド濃度は20であり，この実験では頭部は35％～65％の間に形成されるということから，35％と65％の位置のビコイド濃度は20となります。ビコイド濃度の最低値は15なので，位置0％と100％のビコイド濃度を15とします(次ページ図)。

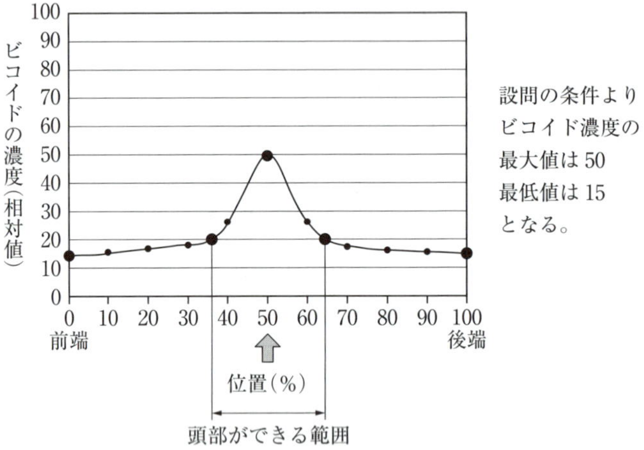

設問の条件より
ビコイド濃度の
最大値は 50
最低値は 15
となる。

ショウジョウバエの体節形成　NEXUS

◎分節遺伝子

ギャップ遺伝子

ビコイドタンパク質やナノスタンパク質のはたらきで，最初に発現する遺伝子。からだを大まかな区切りに分割する。ギャップ遺伝子から生じるタンパク質は，すべて調節タンパク質として，ペア・ルール遺伝子の発現にはたらく。

ペア・ルール遺伝子

体節 2 つ分を単位とし，7 本の縞状に発現する遺伝子。ペア・ルール遺伝子から生じるタンパク質もすべて調節タンパク質としてはたらき，セグメント・ポラリティー遺伝子の発現にはたらく。

セグメント・ポラリティー遺伝子

14 個の体節の境界をつくり出す遺伝子。

◎ホメオティック遺伝子

体節などの形態形成を制御する遺伝子をホメオティック遺伝子，また，ホメオティック遺伝子が原因となり，体の各部の構造が異なる構造に置き換わってしまう突然変異をホメオティック突然変異と呼ぶ。

ホメオティック遺伝子には頭部を形成するアンテナペディア遺伝子群と，胸部と尾部を形成するバイソラックス遺伝子群がある(26 問 9 参照)。

26 解答

問1　①　(イ)　②　調節(転写調節)　③　プロモーター
④　エクジステロイド(エクジソン)

問2　(1)　(ウ)　(2)　(イ)　(3)　(カ)　(4)　(ア)

問3　(1)　×　(2)　○　(3)　○

問4　ウラシル(ウリジン，UTP)

問5　発生の各段階によって異なる遺伝子が発現し，各遺伝子の発現順序や発現量もあらかじめ決められている。

問6　④(エクジステロイド)は核内の受容体と結合し，DNA の調節領域に結合することで転写の調節を行う。

問7　エストロゲン

問8　⑤　ホメオティック　⑥　塩基配列　⑦　ホメオボックス

問9　(1)　×　(2)　○　(3)　×

問10　(ア)　がく片　(イ)　花弁　(ウ)　おしべ(雄ずい)　(エ)　めしべ(雌ずい)

問11　(i)　(エ)　(ii)　(ウ)　(iii)　(ウ)　(iv)　(エ)

解説

発生のしくみは，遺伝子発現の調節(18 問2参照)とは切っても切れない関係です。発生の過程では多くの遺伝子が順序立てて次々と発現し，生物のからだがつくられていきます。ヒトとショウジョウバエなど，系統が離れている動物間にも類似の遺伝子があり，生物が共通の祖先から進化してきたことを物語っています。

問1　2003年，ヒトゲノムが解読されました。それまでヒトのもつ遺伝子の総数は約十万と見積もられていました。しかし解読の結果，遺伝子の総数はそれほど多くなく，現在ではおよそ2万程度であると考えられています。

エクジステロイド(物質の名称としてはエクジソン)は昆虫や甲殻類の脱皮・変態を促進させるホルモンです。

問2　原則としてヒトの細胞の核にはどの組織の細胞でも同じゲノムが含まれていますが，分化した組織では異なる遺伝子が発現(17 参照)しています。その結果，組織ごとに特徴的なタンパク質がつくられます。なお，クリスタリンは水晶体，フィブリンは血液凝固に関するタンパク質です。

問3　(1)　タンパク質合成は細胞質のリボソームで行います。

(3)　例えば，ショウジョウバエの初期発生における体節構造が，何段階もの調節タンパク質の遺伝子発現調節を経てつくられていきます(25 参照)。

問4　「mRNA」を合成する材料なので，DNAの材料にはならないウラシル(ウラシルとリボースからなるウリジン，さらにリン酸が結合したUTPも可)が適当でしょう。DNAの材料にもなるアデニン，グアニン，シトシンは避けるべきです。

問5　パフがmRNAの合成の場であるなら，発現がさかんな遺伝子ほどパフが大きいと言えます。

問6　エクジステロイドは文字どおりステロイドホルモンです。ステロイドホルモンは細胞膜を透過でき，多くの場合，その受容体は細胞内(エクジステロイドの受容体は核内)にあります。エクジステロイドが結合した受容体は，DNAに結合することで脱皮や変態のための転写調節を行います。

問7　哺乳類のステロイドホルモンには，エストロゲン(女性ホルモン)の他にアンドロゲン(男性ホルモン)，糖質コルチコイド，鉱質コルチコイドなどがあります。

問8　**問3**(3)のショウジョウバエの体節構造をつくる調節遺伝子群には，ギャップ遺伝子群，ペア・ルール遺伝子群，セグメント・ポラリティー遺伝子群があります(**25**参照)。それらの遺伝子のはたらきで14の体節に区画されます。各体節ごとに特有の構造がつくられますが，その構造をつくる調節遺伝子がホメオティック遺伝子です。この遺伝子が変異すると，本来とは異なる構造に置き換わってしまうことがあります。このような現象をホメオーシス，このような個体をホメオティック突然変異体と呼びます。

問9　(1)　未受精卵の中には，母性効果遺伝子であるビコイド遺伝子やナノス遺伝子のmRNAが含まれています。これらのmRNAが翻訳され，タンパク質となるのは受精後です。この問いでは「未受精卵では調節タンパク質の濃度勾配が生じており」とあるので誤りとなります(**25**参照)。

(2)・(3)　ホメオティック突然変異体の例には，頭部に触角のできる位置に脚ができるアンテナペディア突然変異体や，翅が4枚(通常，ハエやカなどの双翅目の翅は2枚)できるバイソラックス突然変異体などがあります。

問10　花の形態形成の過程でも，ホメオティック遺伝子がはたらきます。一般的な花が外側から，がく片，花弁，おしべ，めしべの順に並んでいるしくみは「ABCモデル」で考えられています。

ABCモデルにしたがうと，(i)の領域ではAの遺伝子のみが発現することでがく片に，(ii)の領域ではAとBの遺伝子が発現することで花弁に，(iii)の領域ではBとCの遺伝子が発現することでおしべに，(iv)の領域ではCの遺伝子のみが発現することでめしべにそれぞれ分化します。

Box ABC モデル

がく片	花弁	おしべ	めしべ
A		C	
	B		

遺伝子 A のみが発現→がく片
遺伝子 A と B が発現→花弁
遺伝子 B と C が発現→おしべ
遺伝子 C のみが発現→めしべ

問11　A がはたらかなくなり，その領域で C がはたらくと下図のようになります。

めしべ	おしべ	おしべ	めしべ
C			
	B		

なお，B あるいは C がはたらかなくなった場合は，それぞれ下図のようになります。

B がはたらかなくなった場合

がく片	がく片	めしべ	めしべ
A		C	

C がはたらかなくなった場合

がく片	花弁	花弁	がく片
A			
	B		

植物の発生　NEXUS

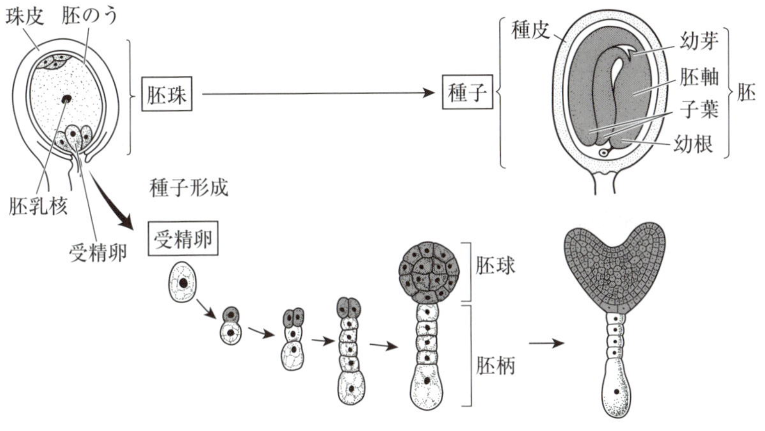

胚球から子葉，幼芽，胚軸，幼根が生じ，胚柄は退化・消失する。

27 解答

問1　ア　S型菌　　イ　S型菌　　ウ　R型菌　　エ　R型菌　　オ　S型菌
　　カ　R型菌　　キ　S型菌

問2　a　形質転換　　b　真核　　c　原核　　d　スプライシング
　　e　イントロン　　f　エキソン　　g　アンチコドン
　　h　t(転移，運搬)　　i　ペプチド

問3　E

問4　D

問5　切る酵素；制限酵素　　つなぐ酵素；DNAリガーゼ

問6　D

解説

細胞や核が，その種のすべての組織・器官にまで分化できる能力を全能性(分化全能性)といいます。ガードン(1962)はアフリカツメガエルのいろいろな発生段階の核を，除核未受精卵に移植することで，わずかながらも成体にまで発生させることに成功しました。移植した核のなかには，オタマジャクシの小腸上皮にまで分化していたものもありました。ガードンは，分化した細胞の核でも全能性を維持していることを示したのです。

哺乳類でも体細胞核が全能性を維持していることが，クローンヒツジの誕生により示され，近年では，胚性幹細胞(ES細胞)や人工多能性幹細胞(iPS細胞)を用いた再生医療の研究が進んでいます。

Box ES細胞とiPS細胞

幹細胞

多分化能を維持したまま増殖可能な細胞。成体内にも，骨髄や皮膚，筋肉などに組織幹細胞(体性幹細胞)として存在する。

胚性幹細胞(ES細胞)

哺乳類の胚盤胞(胞胚)の内部細胞塊に由来する細胞。作製には胚を壊すことが必要なことから，倫理面での問題が指摘されている。

人工多能性幹細胞(iPS細胞)

体細胞に細胞を初期化する遺伝子を導入することで作製された細胞。胚を壊すことなく，また自己の細胞からの作製が可能であるため拒絶反応を起こさない臓器の作製が期待されている。

問1　形質転換とは細菌などが外来遺伝子を取り込み，遺伝子の組換えにより遺伝形質を変化させる現象です。この現象を発見したのはグリフィス(1928)で，肺炎のワクチンを開発する研究の過程で発見しました。その後，エイブリー(1944)が，形質転換の原因物質がDNAであることを示しました。これらの実験をきっかけにDNAが注目され始めたのです。

問2　15 参照。アンチコドンとは，mRNAのコドンと相補的なtRNAの3つの塩基配列です(右図)。

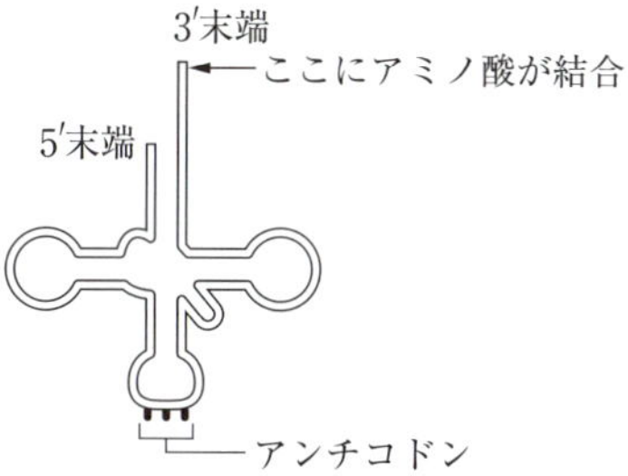

問3　15 参照。mRNAの前駆体がスプライシングなどによりmRNAとなるまでは核内で行われます。

問4　A・B　二次応答なので10日より早く脱落するはずです(35 **問4**参照)。

C　系統Xに由来するiPS細胞であれば，これも二次応答と同じ結果となります。

D・E　系統Yに由来するiPS細胞であれば自己と認識されます。そのため皮膚は定着すると考えられます。

問5　20 参照。

問6　「iPS細胞にはNanogと呼ばれる特徴的な遺伝子が発現している」とあります。この領域にGFPの遺伝子をつなげているので，iPS細胞は緑色蛍光を発すると考えられます。よって，Dのように「緑色に光る細胞を採取」すれば選別できるわけです(下図)。

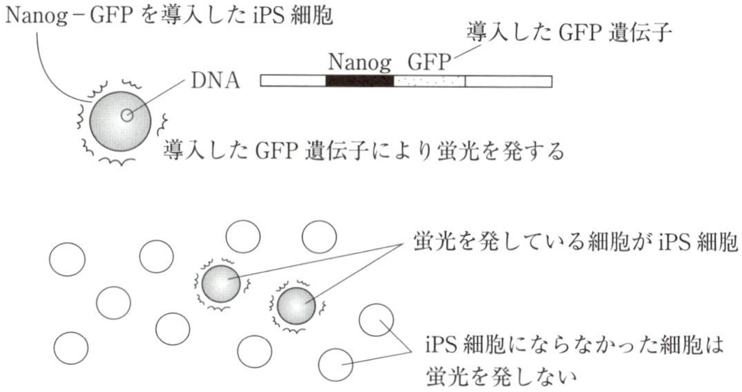

28 解答

問1　1　発生　　2　卵割　　3　卵割腔　　4　桑実胚　　5　胞胚
6　調節卵　　7　モザイク卵　　8　ES細胞(胚性幹細胞)　　9　免疫

問2　通常は分裂後に成長してから次の分裂を行い，分裂速度は遅いが，受精卵では細胞が成長しないで次の分裂を行い，分裂速度が速い。

問3　作用；食作用　　白血球の名称；マクロファージ(好中球，樹状細胞)

問4　インターロイキン4と13は線虫の感染時にリンパ球より分泌され線虫の排除を行う。インターロイキン4と13は同様のはたらきをもち，どちらか片方でも分泌されれば線虫の数を減少させるのには充分である。

解説

もし，文字が無くなってしまったら，どのようなことになるでしょうか。情報は口頭による伝達だけになり，記憶だけが頼りになります。記憶なんてあいまいなものですので，情報が錯綜することは間違いないでしょう。文字が無くなるなんて，あまり考えたことがなかったかも知れませんが，いざ無くなってみるとその重要性がわかるのです。遺伝子のノックアウトも同じ理屈です。はたらきのわからない遺伝子のはたらきを知るために，遺伝子をノックアウトさせる(欠損させる)のです。

Box ノックアウトマウス

ノックアウトマウス

ある遺伝子を破壊したマウス。ノックアウトマウスを作製し，その表現型を調べることで，破壊した遺伝子のはたらきが推定できる。

例；ある遺伝子を破壊すると，眼のできないマウスが産まれた
→その遺伝子は，眼をつくるために必要であることが推定できる

問1　発生の基本的知識については **22**，**23**，**24** 参照。

調節卵とは，発生初期に割球を分離しても正常に発生が進行する卵のことです。例えば，ウニの2細胞期で割球を分離しても，どちらの割球からでも完全な個体を得ることが可能です。一方，モザイク卵とは，発生初期に割球を分離すると，発生が進行しない，または体の一部を失っている，あるいは異常な形状の個体となるような卵を指します。例えば，クシクラゲは本来8列のくし板をもちますが，2細胞期で割球を分離すると，くし板が4列の個体が2個体得られます。調節卵とモザイク卵の違いの一つは，発生運命の決定時期の違いと考えられています。発生運命の決定が，遅い卵を調節卵，早い卵をモザイク卵と呼ぶわけです。

哺乳類の胞胚のことを特に胚盤胞(下図)と呼びます。胚盤胞は，内部細胞塊と栄養芽層(栄養外胚葉)からなります。胚盤胞を構成する細胞のうち，内部細胞塊の細胞から胚(後に個体となる)がつくられます。つまり，内部細胞塊の細胞は，体をつくるすべての組織・器官に分化可能というわけです。エヴァンスら(1981)は，この内部細胞塊を培養し，未分化状態を維持したまま多分化能を保持した細胞を作製しました。この細胞がES細胞(胚性幹細胞)です(27 参照)。

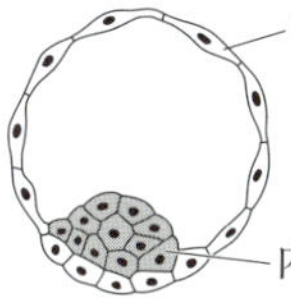

問2　初期胚が行う体細胞分裂を卵割と呼びます。卵割は分裂しても染色体数は変化しないので，もちろん体細胞分裂なのですが，通常の体細胞分裂とは異なる性質があります(23 問1参照)。ここでは，卵割の特徴のうち「割球が成長しないこと」，「分裂速度が速いこと」を書けば充分でしょう。同調して分裂することまで書くと制限字数に収まりません。論述問題では，書きたいことをすべて書けるわけではないので，重要な事項を優先的に書いていきましょう。

問3　体内に侵入した異物を取り込む作用を，食作用といいます。食作用をもつ細胞を食細胞と呼び，マクロファージ，好中球，樹状細胞などが知られています(34 参照)。

問4　図2より，IL−4とIL−13の両方をノックアウトしたマウスでは，線虫が100匹ほど見られますが，片方だけノックアウトしたマウスでは野生型と同様に5匹ほどしか見られません。このことから，線虫の排除にはIL−4，あるいはIL−13の片方あれば充分だということがわかります。IL−4とIL−13は，線虫の排除に関して同じように機能しているのだろうと推定できます。ただし，表面的には同じであっても，本当に同じはたらきをしているとは限らないので注意しましょう。

Box　遺伝子Aのノックアウトマウスの作製

❶　遺伝子型AAの個体どうしを交配し，遺伝子型がAAの胚盤胞を得る。

❷　遺伝子型がAAの胚盤胞の内部細胞塊からES細胞を作製する。

❸　ES細胞に遺伝子Aを破壊(以下，破壊した遺伝子Aを遺伝子aとする)したDNAを取り込ませ，組換えにより遺伝子Aの片方を遺伝子aで置き換える。

❹　ES細胞を正常胚の胚盤胞へ入れる。

❺ 胚盤胞を代理母の子宮に入れる。

❻ ES 細胞と正常胚の細胞からなる*キメラマウスを得る。

❼ キメラマウスを遺伝子型 AA の正常マウスと交配する。

❽ 生じた遺伝子型 Aa のマウスどうしを交配させる。

❾ 遺伝子型 aa のマウスが生じれば，遺伝子 A のノックアウトマウスである。

＊キメラマウスとは，異なる遺伝子型(ここでは AA と Aa)の細胞が混在しているマウスのこと。始原生殖細胞も ES 細胞(遺伝子型 Aa)由来の細胞からできていれば，遺伝子型 a の配偶子をつくるため，遺伝子型 AA の正常マウスと交配させれば，遺伝子型 Aa の個体を得ることができる。

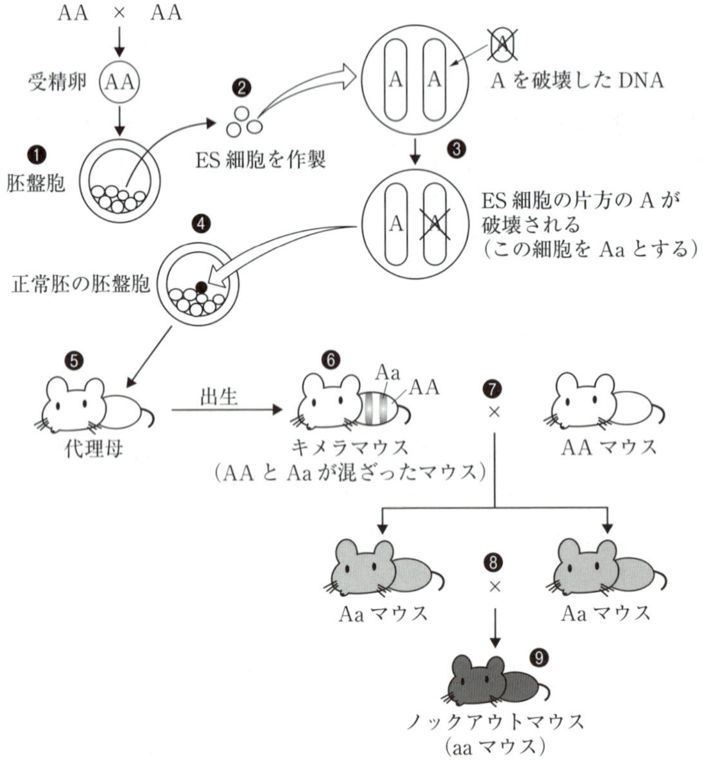

トランスジェニックマウスの作製

NEXUS

トランスジェニックマウス

外来の遺伝子を導入したマウス。受精卵(卵に侵入した直後の精子の核)に外来遺伝子 DNA を注入し，発生させることで，体細胞のすべてに外来遺伝子を組み込むことができる。ヒトの成長ホルモンを組み込んだスーパーマウスや GFP 遺伝子を組み込んだ蛍光を発するマウスなどが作製されている。

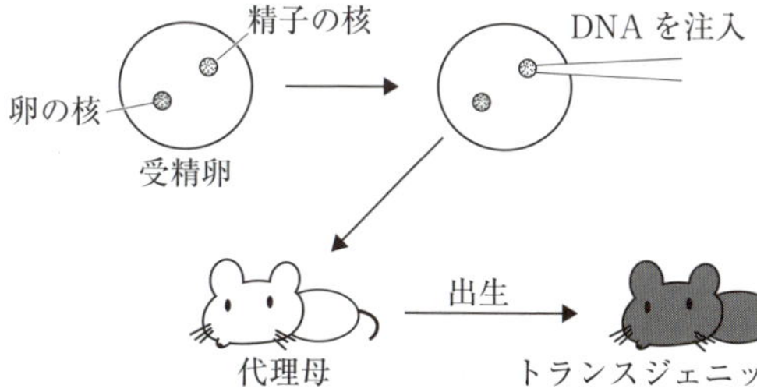

Break

ホムンクルス

17～18世紀に「前成説 VS 後成説」という対立がありました。さらに前成論者のなかにも，精子のなかにあらかじめ個体が入っていると主張する精子論者と，個体は卵のなかに入っていると主張する卵子論者がいました。

ここでは精子論者の話。精子論者は顕微鏡観察により，精子のなかにホムンクルスと呼ばれるこびとを見ています。有名なスケッチがありますね。言うまでもなく，現在では精子のなかにこびとはいないことがわかっています。しかし，信じていると見えてしまうものなのですね。「幽霊の正体見たり枯れ尾花」という言葉を思い出します。「尾花」とはススキのこと。怖い怖いと思っていると，枯れたススキでも幽霊に見えてしまうのです。

「科学では証明できないことがある」と主張し，超常現象を幽霊か何かの仕業と信じている人は多いですね。でも，それは投げやりな態度でしかないと思うのです。超常現象らしき事象があったとします。現段階では科学で証明できないかも知れないですが，いずれ証明できるかも知れません。スカイフィッシュの正体が，その辺に飛んでいる虫だったのは興ざめですけど。

29 解答

A

問1　A　白血球　　B　血小板　　C　赤血球　　D　トロンビン
E　フィブリノーゲン　　F　フィブリン　　G　血ぺい
H　ヘモグロビン

問2　血液凝固

問3　酸素解離曲線

問4　①
理由；ヘモグロビンは二酸化炭素濃度が低いほど酸素と結合しやすく，肺胞の二酸化炭素濃度は組織よりも低いから。

問5　68(%)

B

問6　7.2(L)

問7　21(g)

問8　グルコース

問9　血しょう中のタンパク質を除いた成分が，糸球体からボーマンのうへこし出される(ろ過される)ことで原尿となる。原尿の成分のうちの有用成分は，細尿管から毛細血管へ再吸収され，さらに集合管では水分の再吸収量の調節が行われ尿ができる。

解説

誰もが知っているように血液は体内を循環していますが，ハーベイ(1628)が血液循環説を提唱するまでは，血液が循環していることは知られていませんでした。それどころか，当時ハーベイは強烈に批判されました。今の常識も，かつては非常識，かつての常識も今の非常識なのです。

ヒトの循環系には2つの経路があります。一つは左心室から大動脈を経て体中を移動し，大静脈を経て右心房へ戻る**体循環**，もう一つは右心室から肺動脈を経て肺へ向かい，肺静脈を経て左心房へ戻る**肺循環**です(30 問5参照)。**ヘモグロビン**は，肺で酸素を受け取り組織へ運んでいきます。また組織では，二酸化炭素や尿素などが血液に受け渡されます。血液は体中を循環し，組織間での物質の移動を助けているのです。

A

問1　血液は有形(細胞)成分と液体成分に分けられます。有形成分には赤血球，白血球，血小板があります。ヒトなどの哺乳類の赤血球には核がありません。また，血小板は巨核球と呼ばれる大きな細胞がちぎれてできる(大きなパンをちぎって小さくするイメージですね)ので，これにも核がありません。対して白血球には核があり，DNAを持ちます。膿(うみ)は白血球の一種の好中球の死がいですから，ミーシャー(1869)は好中球のDNA(当時はヌクレインと呼んでいました)を見つけたわけです。なお，血液中の有形成分の割合をヘマトクリットと呼び，おおよそ45％程度です。血球について下にまとめておきます。

血　球	大きさ（μm）	数（個 /mm^3）	はたらき	寿命
赤血球	7～8	450万～500万	酸素の運搬	120日
白血球	7～15	4000～8000	免疫，食作用	3～21日
血小板	1～5	20万～40万	血液凝固	7～10日

血液凝固に関しては 30 問1参照。

問2　止血のための一連の反応なので，血液凝固です(30 問1参照)。

問3・4　ヘモグロビンの酸素との親和性(結合のしやすさ)を表す曲線を，酸素解離曲線と呼びます。ヘモグロビンはα鎖2本とβ鎖2本の4本のポリペプチド鎖からなる四量体です。ヘモグロビンの1本のポリペプチド鎖に酸素が結合すると，他の3本も酸素と結合しやすくなる(アロステリック効果)ことで，酸素解離曲線はS字状となります。また，ヘモグロビンは，酸素分圧以外にも二酸化炭素分圧，pH，温度などの条件によって酸素との親和性が変化します。酸素との親和性が低下すると，酸素解離曲線は右方向へ移動(右へシフト)します。ヘモグロビンの構造については 30 問7参照。

Box　酸素解離曲線

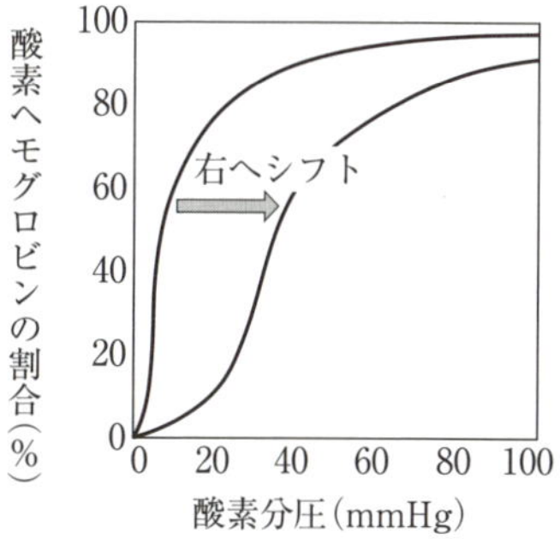

CO_2 分圧が高いとき
pH が低いとき
温度が高いとき
} 右へシフトする

体内環境の維持

問5　酸素解離曲線を読み取っていきましょう。下の図を見ながら考えていきます。肺胞の酸素濃度は100と与えられていますので，図1の酸素濃度100のところを見ます。○でもつけておきましょう。**問4**で答えた①の曲線が，肺胞の二酸化炭素濃度における曲線なので，①の曲線の酸素濃度100のところが肺胞における酸素ヘモグロビン(HbO_2)の割合となります。この数値は98％と読み取れます。組織でも同様に考えると，酸素ヘモグロビンの割合は30％です。

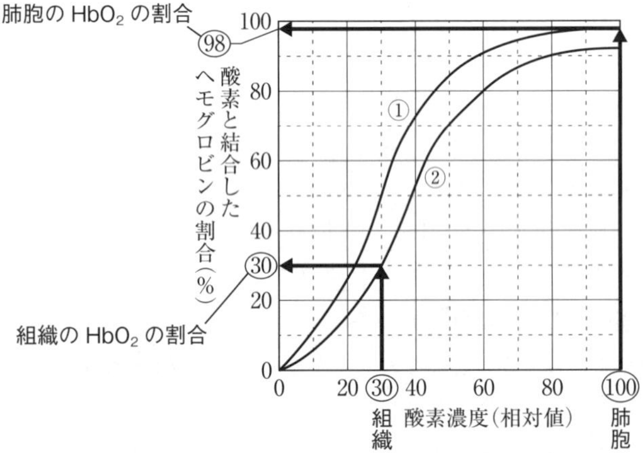

さて，肺胞では98％，組織では30％のヘモグロビンが酸素と結合していることがわかりました。仮に，ヘモグロビンが100個あったとすると，肺胞では98個，組織では30個のヘモグロビンが酸素と結合しているということになります。つまり，組織で酸素を放出(解離)したヘモグロビンは98－30＝68より68個ということになります。ヘモグロビンの合計を100個としていますので，組織において酸素を放出するヘモグロビンの割合は，次のように求められます。

酸素を解離したヘモグロビンの数

$$\frac{98-30}{100} \times 100 = \underline{68(\%)}$$

全てのヘモグロビンの数

なお，仮に「組織で酸素を放出する酸素ヘモグロビンの割合」を問われたら，

酸素を解離した酸素ヘモグロビンの数

$$\frac{98-30}{98} \times 100 \fallingdotseq \underline{69(\%)}$$

全ての酸素ヘモグロビンの数

となるので注意しましょう。

B

問６　原尿の体積は，次の式から求めることができます。公式のように使ってもかまいません。

$$原尿の体積 = 尿の体積 \times \frac{尿中のイヌリン濃度}{血しょう中のイヌリン濃度} \quad \cdots 式1$$

※血しょうのイヌリン濃度と原尿のイヌリン濃度は通常等しいので，どちらを使ってもかまいません。

この式の導き方は，後に institute で説明します。先に進みましょう。問われているのは１時間あたりの原尿の体積です。問題文中に与えられているのは10分間あたりの尿の体積（10 mL）なので，尿は１時間あたり 60 mL つくられることがわかります。よって，式１の「尿の体積」は 60 mL です。次に尿と血しょうのイヌリン濃度ですが，これは表１に書いてあります。それぞれ式１に入れましょう。すると，下の式となります。

$$60\text{mL} \times \frac{12.0(\text{mg/mL})}{0.10(\text{mg/mL})}$$

これを計算すれば，7200 mL となりますので，答えは7.2 L です。

institute　原尿の体積を求める方法

「重さ＝濃度×体積」の関係があります。この式を使うことが多々あります。

さて，イヌリンは，ろ過されるが再吸収されない物質です。よって，原尿に含まれていたイヌリンは，再吸収されずにすべて尿として排出されるため，原尿中のイヌリンの重さと尿中のイヌリンの重さは等しいはずです（下図）。

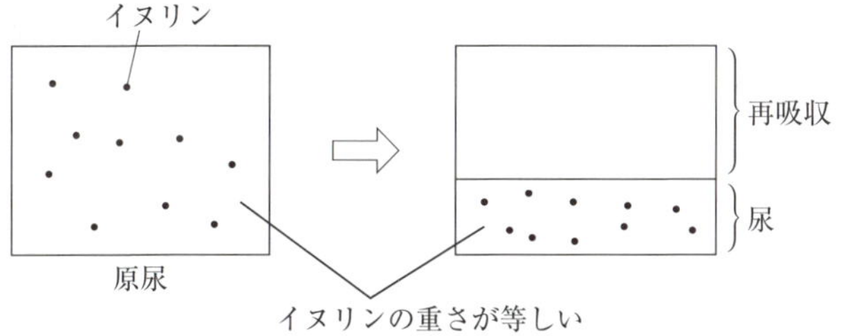

ここから，次の式が得られます。

原尿中のイヌリンの重さ＝尿中のイヌリンの重さ

ここで，「重さ＝濃度×体積」であることから，さらに次の式が得られます。

$$\underbrace{原尿中のイヌリン濃度 \times 原尿の体積}_{原尿中のイヌリンの重さ} = \underbrace{尿中のイヌリン濃度 \times 尿の体積}_{尿中のイヌリンの重さ}$$

これを式変形(両辺を原尿中のイヌリン濃度で割る)すると，次の式が得られます。

$$\text{原尿の体積} = \text{尿の体積} \times \frac{\text{尿中のイヌリン濃度}}{\text{原尿中のイヌリン濃度}}$$

原尿と血しょうではイヌリン濃度が等しいと考えると，式1が得られます。

また，$\text{濃縮率} = \dfrac{\text{尿中の物質濃度}}{\text{血しょう中の物質濃度}}$ なので，

$$\text{原尿の体積} = \text{尿の体積} \times \text{イヌリンの濃縮率}$$

という式も得られます。

問7　再吸収量を求めるには，次のように考えましょう。例えばある物質が，ろ過されて原尿に10g含まれたとします。このうち何gか再吸収され，3gが尿として排出されたとします。このとき，再吸収量は何gでしょうか？悩むまでもなく7gですよね。ナトリウムイオンの再吸収量も同様に求めていきましょう！

まずは，1時間につくられる原尿に含まれるナトリウムイオンの重さを計算します。次に，1時間につくられる尿に含まれるナトリウムイオンの重さを計算します。上記の institute と同様，ここでも「重さ＝濃度×体積」を使います。下図のように図示すると考えやすいです。原尿の体積は**問6**の過程で求めた数値(7200mL)を，尿の体積は問題文に書かれてある数値(10分あたり10mLなので1時間で60mL)を使います。

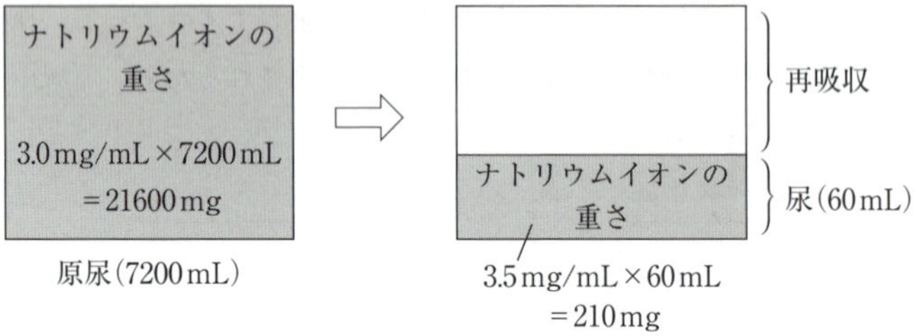

以上より，再吸収量＝(21600 − 210)mg＝21390mgとわかります。答えは有効数字2桁で，g単位で答えるので21gです。

問8　再吸収される割合が最も高いのは，すべて再吸収されるグルコースです。なお，一般に濃縮率(血しょう中の濃度に対する尿中の濃度)が低い物質ほど再吸収される割合が高いと言えます(次ページ **Box** 参照)。

問9　尿はろ過と再吸収によってつくられます。ろ過とは，血しょう成分が糸球体からボーマンのうへこし出される過程で，これにより原尿がつくられます。再吸収とは，原尿成分のうちの有用成分が血しょう中へ戻される過程で，これにより尿がつ

くられます。グルコースなどは細尿管(腎細管)から毛細血管へ再吸収され，水の再吸収は集合管でも行われます。集合管にはバソプレシンの標的細胞があり，バソプレシンのはたらきで水の再吸収が促進されます。

Box 腎臓の構造と機能

腎臓は，体液中の不要物を濃縮し排出するはたらきをもつ。

・ネフロン(腎単位)…尿生成の基本構造。腎小体(糸球体＋ボーマンのう)と細尿管(腎細管)からなる。腎臓1個あたり約100万個ある。

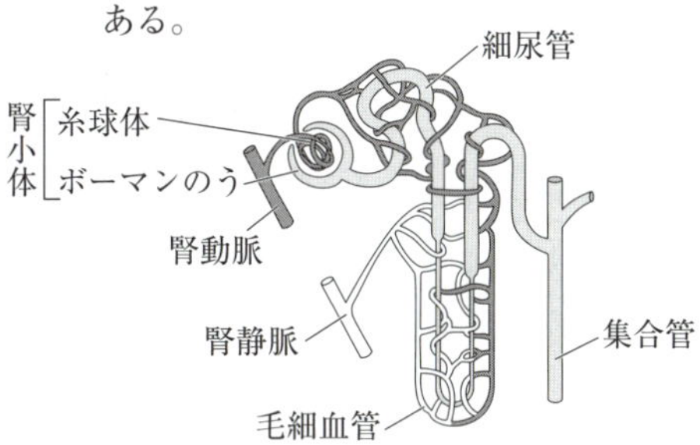

尿生成の過程

・ろ過…糸球体からボーマンのうへ血圧によって血しょう成分がこしだされる過程。

・再吸収…細尿管から毛細血管へ能動輸送によって物質が吸収される過程。水の再吸収は集合管でも行われる。

※パラアミノ馬尿酸のように毛細血管から細尿管へ分泌される物質もある。腎臓へ流入したパラアミノ馬尿酸は，ろ過と分泌により90％以上が尿中へ排出される。

◎ろ過されない物質と再吸収されやすい物質

○比較的大きなものはろ過されない

血球・タンパク質はろ過されない→原尿・尿には含まれない。

○生体にとって有用なものほど再吸収されやすい

グルコースはすべて再吸収される→原尿に含まれるが尿には含まれない。

ナトリウムイオンは水とほぼ同じ割合で再吸収される→濃縮率≒1

○濃縮率が高い物質ほど再吸収されにくく，排出されやすいと言える

$$濃縮率 = \frac{尿中の物質濃度}{血しょう中の物質濃度}$$

30 解答

問1　ア　血小板　　イ　トロンボプラスチン　　ウ　トロンビン
　　エ　フィブリノーゲン　　オ　フィブリン　　カ　血ぺい

問2　(1)　右心房

(2)　右心房には自動性をもつペースメーカーとなる洞房結節があるから。

(3)　アセチルコリン　0.2秒　　　　ノルアドレナリン　0.2秒

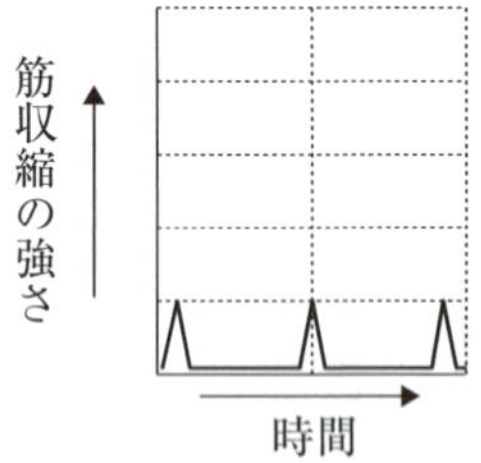

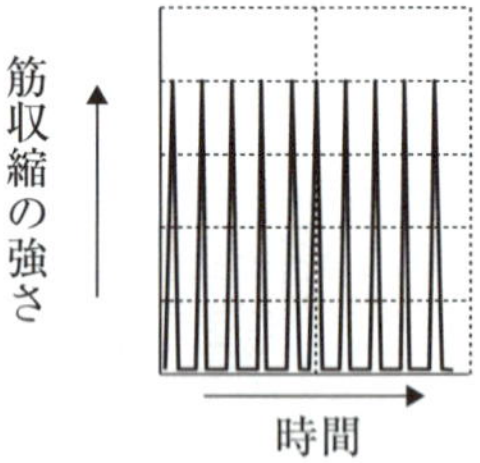

問3　組織へ酸素や栄養分を供給したり，老廃物を受け取ったりする効率が高まる。

問4　骨格筋がポンプとしてはたらき，収縮により静脈内の血液を心臓へ送ることができる。

問5　(B) (D) (E) (F) (A) (C)

問6　カルシウムイオンを，クエン酸カルシウムやシュウ酸カルシウムとして除去できる。

問7　激しい運動を行うと，組織での二酸化炭素分圧が上昇する。二酸化炭素分圧が高いほどヘモグロビンと酸素との親和性が低下するので，より多くの酸素を組織で解離することになり，多くの酸素を組織へ供給できる。

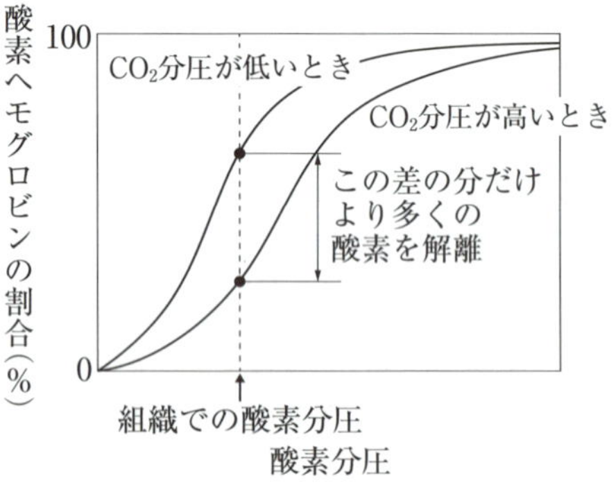

問8　薬剤 x はアデニル酸シクラーゼの活性化までの過程，薬剤 y は cAMP による酵素の活性化からグルコースの放出までの過程を阻害する。

解説

血液，リンパ液，組織液を体液と呼び，心臓とそれにつながる血管やリンパ管をあわせて循環系といいます。このうち，血液が流れる経路は血管系と呼ばれ，脊椎動物などがもつ閉鎖血管系と，節足動物などがもつ開放血管系に分けられます。閉鎖血管系は心臓から出た血液が毛細血管を経て静脈に戻る血管系で，開放血管系には毛細血管がなく，血液は一時的に血管外を流れます(下図)。

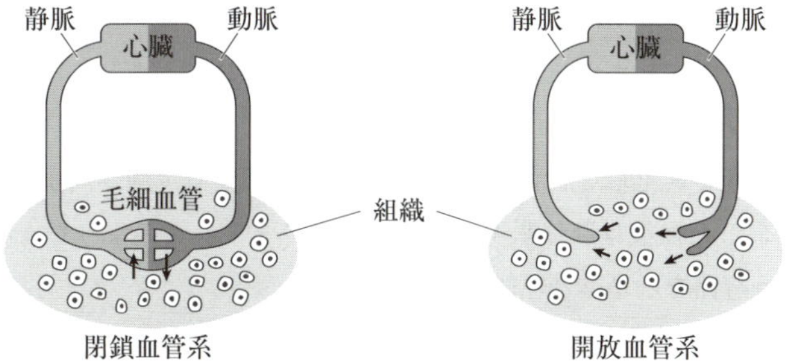

問1　血液を採取したまま放置すると，やがて沈殿と上澄みに分離します。この沈殿を血ぺい，上澄みを血清と呼びます。血ぺいは血しょう中の血液凝固因子のはたらきでつくられたフィブリンと血球がからみついたもので，血清は血しょうから血液凝固因子を除いたものと言えます。

Box 血液凝固

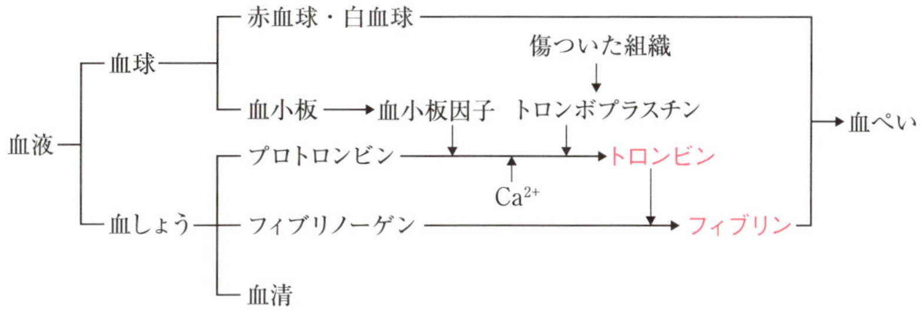

問2　(1)・(2)　心臓には右心房の上方に洞房結節と呼ばれるペースメーカーがあり，自動性をもつため，中枢神経の支配がなくても規則的に収縮します。

(3)　**31** **問2の問(1)**参照。アセチルコリンは副交感神経の末端から分泌され，心拍に抑制的に作用します。一方，ノルアドレナリンは交感神経の末端から分泌され，アセチルコリンとは反対に心拍に促進的に作用します。なお，解答に示した収縮の強さや収縮間隔は任意ですので，解答するにあたっては図1と比較して違いがわかるように描けばよいです。

問3　血液の重要な役割は物質の運搬です。ゆっくり流れることで組織へ栄養が供給でき，また組織から老廃物を受け取りやすくもなります。

問4　心臓の拍動は血液を押し出すのには有効ですが，末端から心臓へ戻すためには有効ではありません。それというのも毛細血管の総断面積は大きく，心臓の圧力が伝わらなくなるからです。そのため体の末端から血液を心臓へ戻すには，別の機構が必要となります。その機構が骨格筋の収縮です。骨格筋が収縮し血管(静脈)が圧迫されることで，血液が押し出されます。押し出された血液が逆流するのを防ぐために静脈には弁があります。なお，リンパ管にも同様に弁があり，リンパ液の逆流を防いでいます。

問5　組織へ酸素を供給した血液は心臓へ戻り，肺動脈を経て肺へ向かいます。肺で酸素を受け取った血液は肺静脈を経て心臓へ戻ります。このような，心臓→肺→心臓，という経路を肺循環と呼びます。

酸素濃度の高い血液は左心房から左心室へ流れ，大動脈を経て全身に運ばれます。そして，組織へ酸素を供給すると，大静脈を経て再び心臓へ戻ります。このような，心臓→体→心臓，という経路を体循環と呼びます。

酸素濃度が高い血液を動脈血，低い血液を静脈血といいます。肺は酸素を供給する器官ですので，心臓から肺へ向かう肺動脈には静脈血が流れています。一方，肺で酸素を受け取った血液は動脈血であり，肺静脈を流れて心臓へ向かいます。

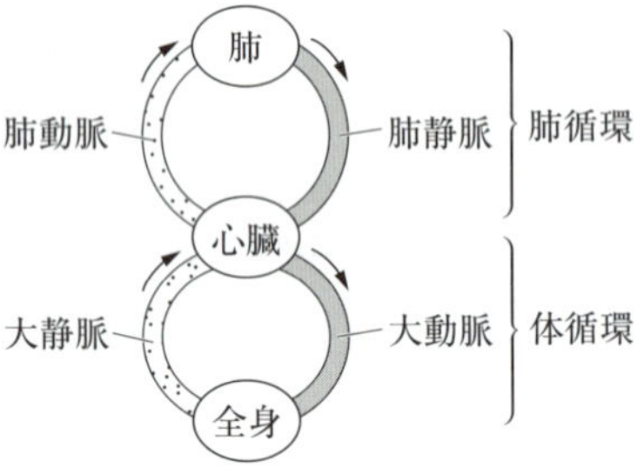

問6　上記 **Box** にもあるように，血液凝固には Ca^{2+} が必要です。クエン酸ナトリウムを加えると，Ca^{2+} がクエン酸カルシウムとなることで除去できます。

その他の血液凝固を防止する方法として，ヘパリンを加える(トロンビンの阻害)，低温に保つ(酵素の活性を抑える)，棒でかきまぜる(フィブリンを除去する)などがあります。

問7　ヒトの体内のほとんどの組織は，酸素を使って呼吸をしています。酸素は肺で取り込まれ，血液によって組織へと運ばれます。ヒトなどの脊椎動物は呼吸色素としてヘモグロビンをもちます。ヘモグロビンは鉄を含むヘム(このヘム鉄に酸素が結合します）とグロビンからなる色素タンパク質で，酸素の運搬に適した性質をもち，より多くの酸素を組織へ供給できるようになっています（29 問3・4参照）。

肺は骨格筋などの組織に比べ，酸素分圧が高く，二酸化炭素分圧が低く，pHは高く，低温です。これらの条件は，ヘモグロビンが酸素と結合しやすい条件です。そのためヘモグロビンの多くが酸素と結合します。これに対し，骨格筋などの組織では，より酸素を解離しやすい条件となっていますので，多くの酸素ヘモグロビンが酸素と解離します。ヘモグロビンのこのような性質により，肺から組織へ効率よく酸素が供給されるのです。うまくできてますね！！

問8　この反応を簡単に考えると，

アドレナリンが受容体と結合

→アデニル酸シクラーゼの活性化

→cAMPの合成

→別の酵素の活性化

→グルコース放出

となります。

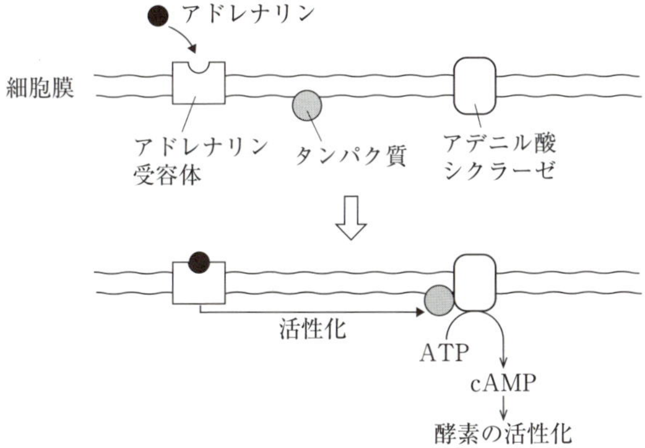

この反応経路のうち，どこかに異常があるとグルコースの放出が見られなくなります。

薬剤xの投与ではcAMPの合成が見られなかったので，薬剤xはcAMPの合成までのどこかを阻害していると考えられます。これに対し薬剤yの投与ではcAMPの合成は見られたので，cAMPの合成までは阻害せず，それ以降の反応経路を阻害していると考えられます。

31 解答

問1　ア　静止　　イ　活動　　ウ　ナトリウムポンプ　　エ　ナトリウム
オ　カリウム　　カ　シナプス

問2

問(1)　(イ), (エ)

問(2)　A　メラニン顆粒は凝集する。
B　メラニン顆粒は凝集しない。
C　メラニン顆粒は凝集しない。

問(3)　モータータンパク質がはたらく際に必要なATPが，消費されてしまっていたから。

解説

「心臓の拍動を促進させよう」と思っても，それだけでは心臓の拍動速度は変化しません。心臓の拍動速度は自律神経系が支配し，自律神経系の中枢は大脳には無いからです。大脳には感覚や随意運動の中枢などはありますが，自律神経系の中枢は，間脳の視床下部にあります。そのため，心臓を「速く動かそう」と思っても(「思う」ことは意志，つまり大脳による支配です)心臓は速く動きません。心臓を速く動かすためには交感神経をはたらかせることが必要です。交感神経がはたらく条件は，体が活動状態のときであり，語呂よく「闘争と逃走」と言われます。英語でも「fight or flight」と言われ，こちらも語呂がよいです(下記 Box 参照)。

問1　38 問2参照。

問2　自律神経系と内分泌系による恒常性の維持に関しては 32 参照。

問(1)　交感神経がはたらくのは，体が活動状態のときですが，具体的にどのようにはたらくかを，Box にまとめておきます。休息状態ではたらく副交感神経とあわせて理解しておきましょう。なお，交感神経と副交感神経は，多くの場合同じ器官に分布し，互いに拮抗的(反対の作用)にはたらきますが，副交感神経は皮膚の表面や副腎皮質には分布しません。

Box 交感神経と副交感神経のはたらき

	立毛筋	気管支	心拍	皮膚の血管	瞳孔	消化管の運動	ぼうこう
交感神経	収縮	拡張	促進	収縮	拡大	抑制	弛緩
副交感神経	—	収縮	抑制	—	縮小	促進	収縮

—；分布していない

○交感神経のはたらき

（ア）　随意運動の中枢は大脳なので，自律神経系は関与しません。

（イ）　自律神経系の最高中枢は間脳視床下部です。

（ウ）　交感神経が出るのはすべて脊髄(胸髄と腰髄)です。なお，副交感神経は中脳，延髄，脊髄(仙髄)から出ます。

（エ）　副交感神経の末端からは，神経伝達物質としてアセチルコリンが分泌されます。交感神経(正確には交感神経の節後神経)では，汗腺を除きノルアドレナリンが分泌されます(38 問5参照)。汗腺につながる交感神経は例外的にアセチルコリンを分泌します。

（オ）　心臓の拍動は交感神経により促進されます。

（カ）　胃などの消化器系は，副交感神経により活動が促進されます。「交感神経は何でも促進，副交感神経は何でも抑制」だと思ってはいけません。

問(2)　高カリウムリンガー液により交感神経の末端からノルアドレナリンが分泌され，メラニン顆粒の凝集を引き起こします(下図)。

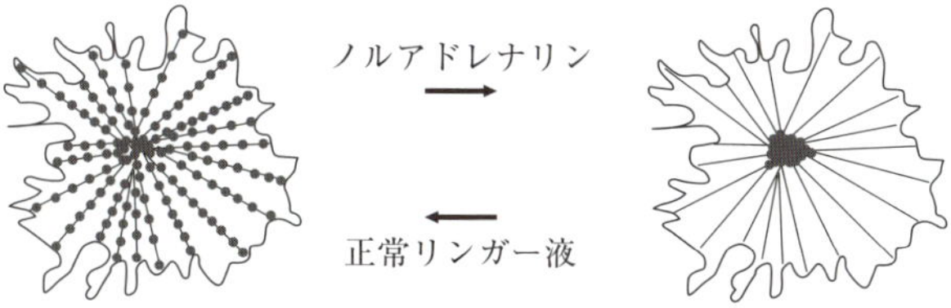

薬品A：仮説は「高カリウムは，うろこの黒色素細胞に接した交感神経に作用し，ノルアドレナリンを分泌させることにより，黒色素細胞内のメラニン顆粒凝集を引き起こす」なのですが，薬品Aは「黒色素細胞の細胞膜上にあるカリウムチャネル」

を阻害なので，仮説が正しければこの薬品の影響は無いと考えられます。よって，メラニン顆粒は凝集します。

薬品B：仮説は「ノルアドレナリンを分泌させることにより」なので，仮説の通りであれば，ノルアドレナリンの分泌を阻害すれば，凝集はおこらないはずです。

薬品C：ノルアドレナリンが分泌されても，ノルアドレナリンの受容体と結合できなければ，ノルアドレナリンの効果は期待できません。よってメラニン顆粒は凝集しないと予想できます。何らかの物質が作用するには，物質が受容体と結合し，さらにその後の一連の反応(酵素の活性化や遺伝子の発現など)が起きることが必要となります。

問(3) 問題文中にあるように，モータータンパク質がはたらくにはATPが必要です。しかし，細胞内に蓄えられているATP量はごくわずかです。通常は呼吸により常にATPが合成されていますが，この実験ではうろこを取り出していますから，ATPの合成はほとんど行われていないと考えても差し支えないでしょう。[操作2]は[操作1]に引き続き行われたことを考えると，ATPが消費されたことでATPが不足したと考えるのが最もありそうです。これに対して「モータータンパク質の異常によりATPが分解できない」のような解答では，「ATP」を指定語句とする必然性に欠ける(「ATP」を使わなくても「モータータンパク質が異常だから凝集しなかった」で充分)ため，不正解になると思われます。

Box モータータンパク質

ATPのエネルギーを利用して，アクチンフィラメントまたは微小管にそって運動するタンパク質。

ミオシン…アクチンフィラメント上を移動。

キネシン…微小管上を＋側へ移動。

ダイニン…微小管上を－側へ移動。

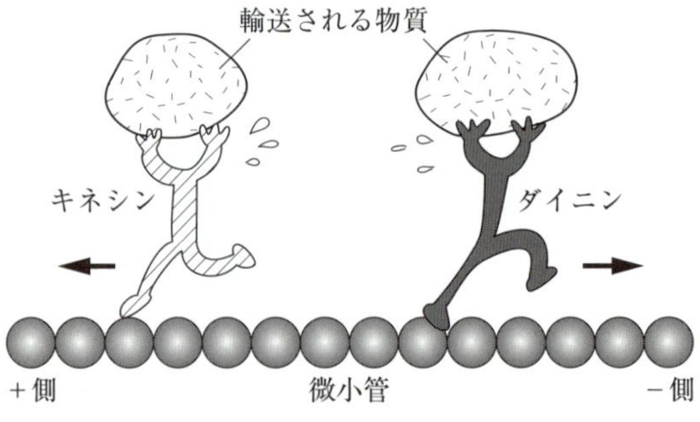

脳の構造と機能中枢　NEXUS

大脳…新皮質は記憶，創造，感覚，随意運動の中枢。
　　　辺縁皮質(大脳辺縁系，古い皮質)は感情や情緒の中枢。
間脳…自律神経系の最高中枢。
中脳…姿勢保持，眼球運動の中枢。
小脳…平衡保持の中枢。
延髄…呼吸・心拍の中枢。

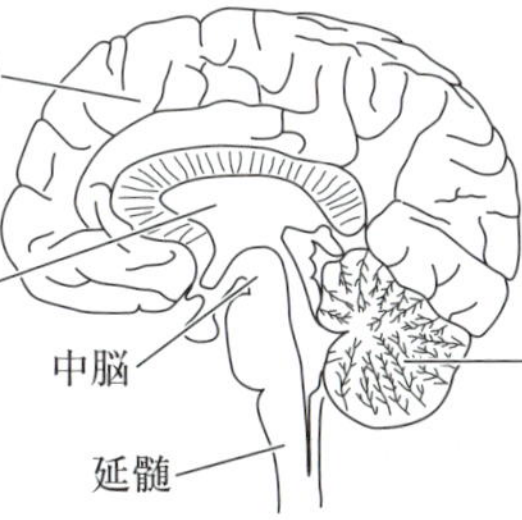

間脳，中脳，延髄などには，生命維持のための機能中枢が集まっているため，特に脳幹と呼ばれる。

脳幹の死(脳幹が死ぬと大脳と小脳も死ぬ)を脳死と呼び，大脳の死である植物状態とは区別される。

※間脳を脳幹に含めないこともある。

動物の神経系　NEXUS

動物の神経系には，中枢のない散在神経系と脳や脊髄などの中枢をもつ集中神経系がある。集中神経系は細かく分けるといくつかの種類がある。

散在神経系…中枢が無く，ニューロンが網目状に分布している。
　　例；刺胞動物(ヒドラ，クラゲなど)

集中神経系…脳・脊髄や神経節といった中枢がある。

・かご形神経系…からだの前方に脳神経節をもつ。
　　例；扁形動物(プラナリアなど)

・はしご形神経系…体節ごとに神経節をもち，神経節が前後左右に連絡している。
　　例；環形動物(ミミズなど)，節足動物(ハエなど)

・管状神経系…神経管から生じる神経系。脊椎動物では，脳や脊髄が発達する。
　　例；脊索動物(ナメクジウオ，ヒトなど)

32 解答

問1 ア 副交感　イ ランゲルハンス島　ウ インスリン
エ グリコーゲン　オ 交感　カ グルカゴン　キ 自律

問2 間脳視床下部

問3 標的器官

問4 ホルモン；糖質コルチコイド　調節機構；フィードバック調節

問5 X；③　Y；⑤

解説

多細胞動物の細胞は体液に浸っています。この体液のことを体内環境(内部環境)と呼びます。体内環境は体外環境が変化しても一定に保たれています。このような性質を恒常性(ホメオスタシス)と呼び，自律神経系と内分泌系により調節されています。自律神経系のはたらきについては 31 問2の問(1)参照。

Box 自律神経系と内分泌系

自律神経系

内臓筋や分泌腺などを支配する神経系。交感神経と副交感神経があり，互いに拮抗的に作用することが多い。間脳視床下部を最高中枢とし，自分の意志ではたらかせることはできない。

・交感神経…脊髄(胸髄と腰髄)から出て各器官に分布する。主に活動状態のときにはたらく。

・副交感神経…中脳，延髄，脊髄(仙髄)から出て各器官に分布する。主に休息状態のときにはたらく。代表的な副交感神経である迷走神経は，延髄から出て心臓や気管支，胃やすい臓などに作用する。副交感神経は皮膚表面には分布していない。

内分泌系

ホルモンを分泌する器官系。ホルモンとは，内分泌腺から排出管を経ないで血液中に分泌され，標的器官に作用する物質である。ホルモンは全身に運ばれるが，標的器官を構成する標的細胞にある受容体に特異的に結合し反応を引き起こす。

問1 血糖とは血液中のグルコースのことで，その濃度(血糖濃度)を血糖量と呼びます。標準的な血糖量は100 mg/100 mL(0.1 %)で，自律神経系と内分泌系(ホルモン)のはたらきにより一定の範囲に保たれています。

Box 血糖量調節に関わるホルモン

血糖量を上昇させるホルモン

グルカゴン…すい臓のランゲルハンス島A細胞から分泌され，肝臓に作用し，グリコーゲンの分解を促進する。グリコーゲンを分解することでグルコースを生じる。

アドレナリン…副腎髄質から分泌され，肝臓や筋肉に作用し，グリコーゲンの分解を促進する。

糖質コルチコイド…副腎皮質から分泌され，肝臓や筋肉，脂肪組織などに作用し，タンパク質からのグルコース合成を促進する。補助的な調節。

チロキシン，成長ホルモン…補助的な調節。

血糖量を低下させるホルモン

インスリン…すい臓のランゲルハンス島B細胞から分泌され，さまざまな細胞に作用し，グルコースの取り込み，呼吸によるグルコースの分解，細胞内でのグルコースからグリコーゲンの合成を促進する。

インスリンの分泌量や，はたらきが低下することで発症する病気が糖尿病です。糖尿病にはⅠ型とⅡ型があります。Ⅰ型糖尿病は自己免疫疾患(35 参照)が原因です。免疫細胞によりランゲルハンス島のB細胞が破壊され，インスリンの分泌が不足することで発症します。Ⅱ型糖尿病はⅠ型以外の原因でB細胞が破壊されるか，あるいは受容体の異常などで標的細胞が反応しなくなることで発症します。インスリンはグルコースの細胞への取り込みを助けているので，インスリンの作用が低下すると細胞はグルコースを取り込めず，栄養不足になってしまいます。

問2　血糖量や体温など，体内環境を維持する中枢は間脳視床下部です。

問3　ホルモンが作用する器官を標的器官，ホルモンの受容体をもつ細胞を標的細胞と呼びます。

問4　脳下垂体前葉から分泌された副腎皮質刺激ホルモンが副腎皮質に作用(これが原因)すると，糖質コルチコイドが分泌(これが結果)されます。糖質コルチコイドの血中濃度が増加すると，糖質コルチコイド自身が脳下垂体前葉に作用して副腎皮質刺激ホルモンの分泌を抑制します。このように，結果が原因に作用する現象をフィードバック調節と呼びます。

また，先の結果と反対の効果を示す場合を負のフィードバック調節と呼びます。

負のフィードバック調節により，分泌量が増加したときには分泌の抑制を，分泌量が減少したときには分泌の促進が行われるため，血中濃度が一定となるように調節されます。

問5　「絶えず食べ続ける」原因(仮説)を3つ考えてみます。1つは「摂食を促進するホルモン」の分泌過剰，2つめは「摂食を抑制するホルモン(以下ホルモンLとする)」の分泌不足，3つめはホルモンLの標的細胞の異常です。

摂食を促進するホルモンの分泌過剰であれば，過食ハツカネズミを正常ハツカネズミと結合させたとき，摂食を促進するホルモンが正常ハツカネズミの体内へ移動し，過食にしてしまうと考えられます。しかし実験1，2とも，正常ハツカネズミは過食になっていないので，これは原因ではありません(下図(i))。

(i)
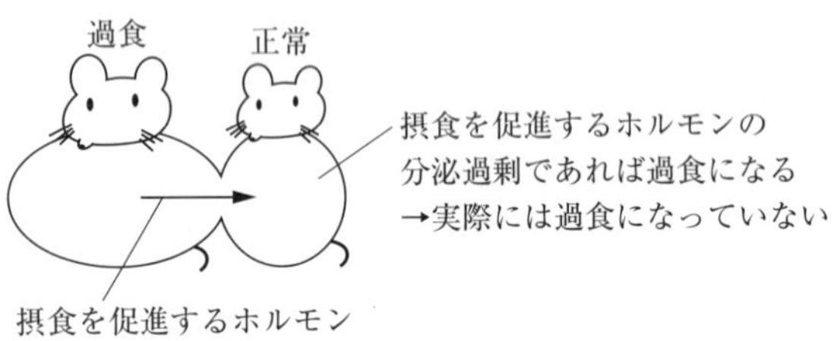

次に，ホルモンLの分泌不足が原因の過食ハツカネズミと，正常ハツカネズミを結合させるとどのような結果となるかを考えてみましょう。これらのネズミどうしで血液の交流が起きれば，正常ハツカネズミのホルモンLが過食ハツカネズミに作用して，食欲が低下すると予想されます(下図(ii))。実験1の系統Xは食欲が低下していますので，系統XはホルモンLの分泌不足とわかります。

同様にホルモンLの標的細胞の異常でも考えてみましょう。ホルモンLの標的細胞に異常が生じ，ホルモンLが作用しなくなった場合，負のフィードバック調節が行われず，ホルモンLの分泌が過剰となります。これらのハツカネズミの血液を交流させると，過剰なホルモンLが正常ハツカネズミの標的細胞に作用し食欲を低下させます(下図(iii))。実験2の正常ハツカネズミは餌を食べなくなったので，系統YはホルモンLの標的細胞が異常であると予想できます。

(ii)
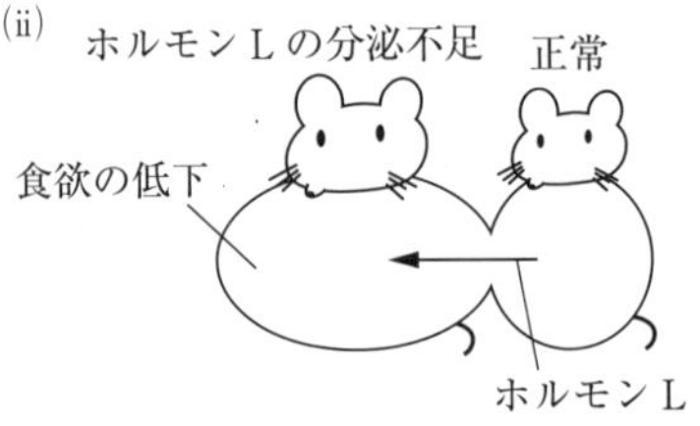

(iii)
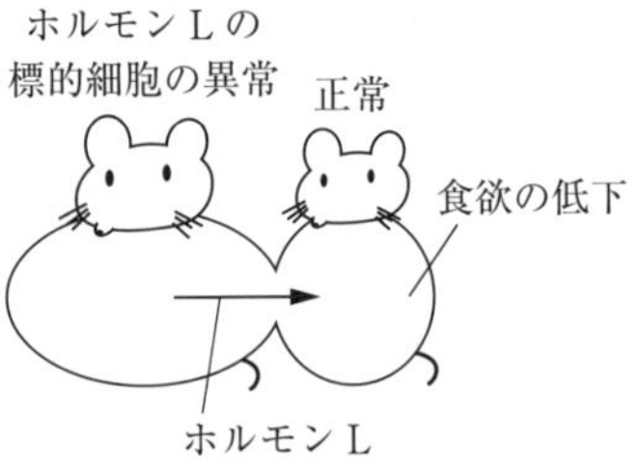

33 解答

問１　A　収縮胞　　B　尿素　　C　塩類腺　　D　えら　　E　塩類細胞

問２　Ⅰ　(b)　　Ⅱ　(a)　　Ⅲ　(c)

問３　器官；腎臓　　役割；体液と等張な尿をつくる。
器官；えら　　役割；能動輸送により塩類を排出する。
器官；腸　　役割；飲んだ海水の水分を吸収する。

問４　1　プロラクチン　　2　脳下垂体(前葉)

問５　脳下垂体を除去した後にプロラクチンを注射し，淡水中で生きられることを確かめる。

問６　海水，３％食塩水

解説

生命は，約40億年前に海水中で誕生しました。そのときの細胞内の液体は，海水と近似した成分であったはずです。そのため，体液濃度の調節は必要ありませんでした。しかし，生息域を淡水へ広げた動物は体液の濃度調節が必要となりました。淡水の塩分濃度は体液よりずっと低いので，調節しないわけにはいきません。調節しないと，塩分が流出してしまうからです。そのため，淡水で生息するサワガニや淡水生の魚類は体液濃度の調節を行っています。これに対して海産の無脊椎動物は，体液濃度の調節の必要はありません。海水の塩分濃度こそ，ちょうど良い濃度なのです。ところが，海水生硬骨魚類は調節が必要です。実は，海水生硬骨魚類は一度淡水へ生息場所を移した後に，海水に戻ってきたという経緯があります。そのため，体液濃度を海水よりも低い状態で維持しているのです。

問１　体液の浸透圧(塩分濃度)の調節法は，生物の生息環境によって異なります。

ゾウリムシは淡水生ですので，体内に水が浸入してきます。無抵抗であれば破裂はまぬがれません。そのため収縮胞を使って水を排出しています。ゾウリムシの収縮胞を観察し，収縮頻度と食塩水濃度の関係を調べると下図のようになります。

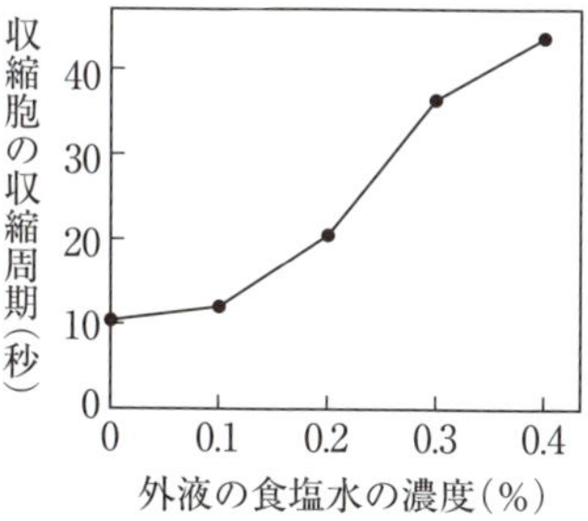

この図より，外液の食塩水の濃度が低いほど収縮胞の収縮周期が短く，浸入してきた水を積極的に排出していることが読み取れます。なお，ゾウリムシは動きが素早いため，そのままでは収縮胞の観察はできません。ゾウリムシの収縮胞を観察するには，ゾウリムシが動かないように塩化ニッケルまたはメチルセルロースを使う必要があります。塩化ニッケルは繊毛運動を乱し，メチルセルロースは，その粘性によりゾウリムシの動きを鈍くします。

魚類の浸透圧調節法には，大きく分けて3通りあります。サメやエイなどの海水生の軟骨魚類は，体液中に尿素を溶かし，浸透圧を海水程度まで高めています。これら海水生の軟骨魚類の腎臓には尿素を排出しないしくみが備わっています。海水生の硬骨魚類は，体液の浸透圧が海水の3分の1程度なので，えらや口腔上皮から海水中へと水が出て行ってしまいます。そのため，海水を飲み，腸で水を吸収し，腎臓では体液と等張な尿を少量つくります。また，えらにある塩類細胞が能動輸送を行い塩類を積極的に排出します。一方，淡水生の硬骨魚類は，体内の浸透圧が淡水より高いため，えらや口腔上皮から水が浸入します。そのため，積極的には水を飲まず，腎臓では体液より低張な尿を多量につくります。また，えらにある塩類細胞が能動輸送を行い塩類を積極的に取り込みます。

Box 硬骨魚類の浸透圧調節

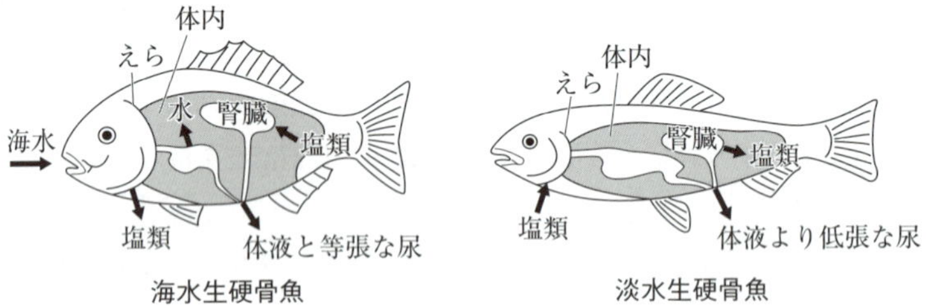

海水生硬骨魚…能動輸送によって塩類を排出。

淡水生硬骨魚…能動輸送によって塩類を吸収。

問2 簡単そうなところから考えてみましょう。まずはⅢのカニに注目します。Ⅲのカニは環境水の浸透圧と体液の浸透圧がいつでも同じ値です。これは浸透圧の調節を行っていないことを意味します。そのため，環境水の浸透圧が低すぎる100のときや，高すぎる2000のときは死んでしまいます。このようなカニは外洋性のケアシガニです。

次はⅡのカニです。Ⅱのカニは，環境水の浸透圧が低いときは調節しています。しかし，環境水の浸透圧が2000のときは調節できずに死んでしまいます。このようなカニは河口付近のヨーロッパミドリガニです。

最後はⅠのカニです。消去法で干潟のシオマネキに決まっていますが，確認してみましょう。Ⅰのカニは，環境水の浸透圧が100のときに体液の浸透圧が650ですから，環境水よりも高い浸透圧になるように調節しています。一方，環境水の浸透圧が2000のときに体液の浸透圧が1000ですから，環境水よりも低い浸透圧になるように調節しています。つまり，環境水の浸透圧が低いときも高いときも調節しているのです。干潟は環境が変化しやすく，浸透圧が高くなったり，低くなったりするのでそれに適応していると考えられます。以上より，やはりⅠはシオマネキです。

カニの生息環境と，調節法を下の **Box** にまとめておきます。淡水中では調節が必要で，海水中では調節しないのが基本です。海で生活するカニ(カニだけでなくクラゲなども)は体液濃度を調節するしくみを持ちません。一生，海から出ることはないのでその必要がないのです。

Box カニの浸透圧調節

①淡水域に生息するカニ…外液が低張なときには調節を行う。
②汽水域に生息するミドリガニ…外液が低張なときには調節を行う。
③海水域に生息するケアシガニ…浸透圧を調節するしくみをもたない。
④海と川を往来するカニ…外液が低張のときも高張のときも調節を行う。

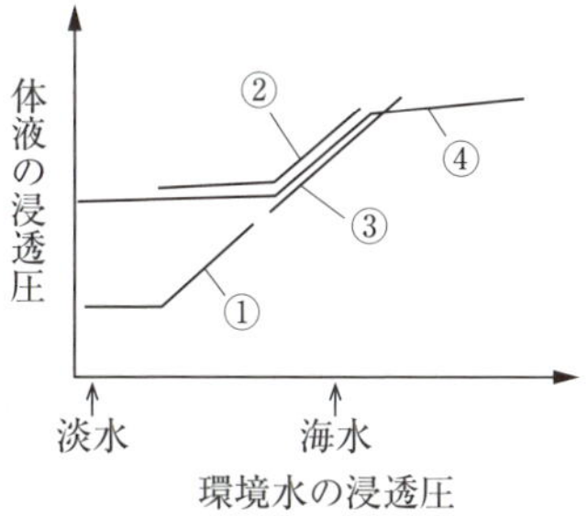

問3　上記**問1**参照。海水生の硬骨魚類は，体液と等張な尿をつくっています。硬骨魚類は体液より高張な尿はつくれないので注意しましょう。

問4　プロラクチンは，黄体刺激ホルモン，乳汁分泌ホルモンとも呼ばれています。脳下垂体前葉から分泌され，乳腺の発育，乳汁の分泌の促進などのはたらきがあります。分泌量の調節は，視床下部からのプロラクチン抑制ホルモンや，プロラクチン放出ホルモンによって行われています。

問5　脳下垂体を除去することで，プロラクチンが分泌されなくなりますが，脳下垂体を除去してしまうことで，脳下垂体から分泌される他のホルモンの血中濃度も低下します。そのため，脳下垂体を除去したウミメダカが淡水中で生存できない理由が，プロラクチンの分泌量不足にあるとは言い切れません。よって，脳下垂体を除去したウミメダカにプロラクチンを注射し，淡水中で生存できることを示せばよいわけです。この実験のように，調べたいこと以外の条件を同じにして行う実験を対照実験といいます。

問6　メダカは知ってのとおり淡水魚ですが，海水中でも短期間生存するということから，海水に入れられたメダカの塩類細胞は塩分の排出を行うと考えてよいでしょう。この設問で「塩化物イオンが存在する」というのは塩化ナトリウム(食塩)が存在することと同じととらえてよいので，塩類細胞が塩化ナトリウムを排出する条件を選べばよいと考えられます。上記**問1**の **Box** のとおり，海水中では塩類が過剰となるため，塩類細胞から塩類を排出します。この設問においても，海水，あるいは海水と同程度の濃度の3％食塩水で飼育したメダカから塩化ナトリウムが排出され，白色沈殿が生じると考えられます。この実験では，えらだけを取り出していますが，塩類細胞には塩化ナトリウムが残存しているため，それが排出されることで硝酸銀と反応したと考えてよいでしょう。なお魚類は，海水中で塩類細胞からは1価のイオン(Na^+ と Cl^-)を，腎臓からは2価のイオンを排出します。塩化物イオン(Cl^-)は1価のイオンなので，塩類細胞に取り込まれて排出されます。

神経分泌　NEXUS

神経分泌細胞が，神経伝達物質ではなくホルモンを分泌する現象を神経分泌という。間脳視床下部からの放出ホルモンや抑制ホルモンは，神経分泌細胞で合成・分泌される。また，バソプレシンやオキシトシンは神経分泌細胞が脳下垂体後葉へ軸索を伸ばし，ここから血液中へ分泌される。

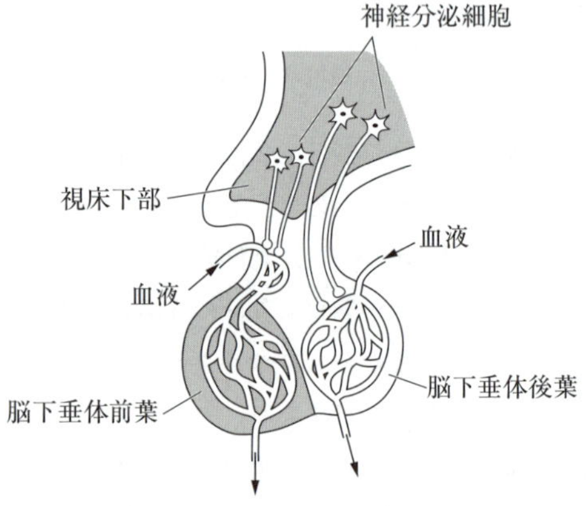

34 解答

(1)

問１　ア　アミノ酸　　イ　樹状細胞　　ウ　インターロイキン(サイトカイン)
エ　食作用　　オ　体液性免疫

問２　③

問３　③

問４　2,625,000

問５　リンパ球やマクロファージや樹状細胞は，リンパ管のところどころにあるリンパ節に集まるため，効率よく抗原の認識ができる。

問６　④

問７　抗体は細胞内に入れないため。

(2)

問１　③

問２　抗原となるニワトリのアルブミンが分解されたから。

問３　ウサギの血清アルブミンは自己の成分だから。

問４　AB型

問５　AとBはOに対し優性なので，AAとAOはA型，BBとBOはB型，ABはAB型，OOはO型となる。

解説

我々の周囲には多くの病原体がいます。それらは常に体内に侵入してきますが，そう簡単には病気にかかりません。また病原体の侵入により病気になったとしても，快復後には同じ病気にかかりにくくなることも知られています。このような病原体に対する抵抗は，免疫のしくみによるものです。

免疫とは「自己と非自己を認識し，非自己を排除するしくみ」です。たとえ病原体でなくても，「非自己」が侵入したときには異物として排除します。問答無用というわけです。また，日常的に「免疫がつく」と言うと，二度目以降のことを指しますが，初めて侵入した異物でも排除されます。初犯だからといって甘くみてはくれないのです。

初めて侵入してきた異物に対する免疫を自然免疫と呼びます。例えば微生物が侵入してきたときには，マクロファージや好中球あるいは樹状細胞の食作用によって排除されます。同じ異物が再び侵入してきたときには獲得免疫がはたらきます。一度目の侵入時につくられた記憶細胞が待機していますので，素早い反応で異物を徹底的にたたきのめすのです。まさに「飛んで火に入る夏の虫」ですね。

Box 自然免疫と獲得免疫

自然免疫(先天性免疫)

生まれながらにもっている免疫系。皮膚や粘膜による防御。食細胞(食作用をもつ白血球)による防御。食作用をもつ細胞には，好中球，マクロファージ，樹状細胞などがある。

マクロファージや樹状細胞などの表面にある TLR (トル様受容体)が，細菌の細胞壁成分やウイルスの RNA を結合させ免疫機能を促進させる。

獲得免疫(適応免疫，後天性免疫)

リンパ球である T 細胞や B 細胞による免疫系。異物を記憶して特異的に排除できる。体液性免疫と細胞性免疫がある。記憶細胞による二次応答がみられる。

(1)

問1 体液性免疫は抗体による免疫です。抗体をつくるタンパク質を免疫グロブリン(Ig)といいます。抗体は B 細胞から分化した抗体産生細胞(形質細胞)が分泌しますが，B 細胞ごとに異なる可変部(**問2**，**問4**参照)をもつ抗体を分泌します。

インターロイキン(IL)は免疫系においてはたらく情報伝達物質の総称で，リンパ球の増殖や分化を促すものや，はたらきを増強させるものなどが知られています。

問2 抗体(免疫グロブリン)には IgM，IgD，IgG，IgA，IgE の 5 種類があります。そのうちもっとも一般的な抗体が IgG(下図)です。同一種であれば，基本的には定常部のアミノ酸配列は共通していますが，可変部はそれを分泌する B 細胞(抗体産生細胞)ごとに異なります。

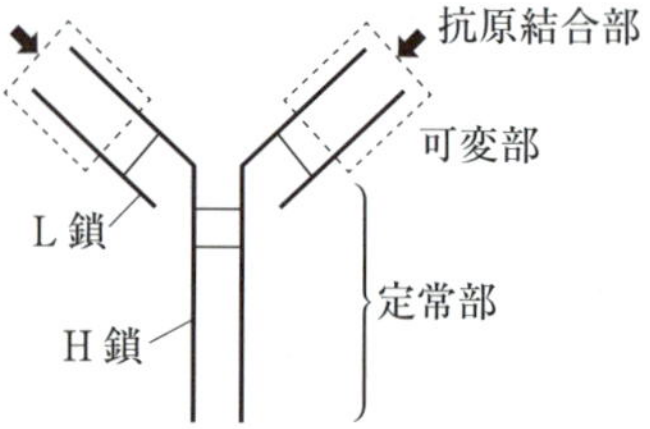

問3 免疫反応にたずさわる細胞を，特に免疫担当細胞(免疫細胞)と呼びます。免疫担当細胞にはリンパ球，マクロファージ，顆粒白血球(好中球など)，樹状細胞などがあります。血球はすべて骨髄の造血幹細胞でつくられます。骨髄でつくられ骨髄で分化するリンパ球が B 細胞，胸腺で分化するリンパ球が T 細胞です。また，B 細胞は骨髄から脾臓へ移動し，脾臓で成熟します。

問4　ヒトのもつ約30億塩基対のゲノムには，約20,000の遺伝子が含まれています。しかし，抗体の種類は20,000をゆうに超え，1000億以上とも言われています。抗体はタンパク質ですから，遺伝子の発現によりつくられます。遺伝子の数よりもずっと多種類の抗体をつくるしくみは生物学の大きな謎でしたが，これを解明したのが利根川進ら(1976)です。

抗体遺伝子の多様性の一つは，遺伝子再編成(遺伝子再構成)というしくみで説明されています。例えば，次のように考えてみましょう。ある人が服を15着，ズボンを5本，靴を4足持っていたとします。この人の服装の組み合わせは，最大で何種類できるでしょうか？これは簡単ですね。15 × 5 × 4 = 300で300種類です。抗体の多様性のしくみもこれと同様に考えることができます。[仮定]の数字を使って同様の計算を行えばよいのです。よって，50 × 25 × 6 × 70 × 5 = 2,625,000種類となります。

問5　リンパ節はリンパ管のところどころにある，リンパ球が集まる組織です。リンパ節は多くの免疫細胞が集まり，抗原提示などの免疫反応の場となります。

問6　T細胞もB細胞も認識する抗原が決まっており，それぞれの認識する抗原に対してはたらきます。

問7　抗体は細胞内に入ることはできません。そのため結核菌やウイルスに感染した細胞に対しては，体液性免疫ではなく細胞性免疫がはたらきます。

(2)

問1　**30** 問4・5参照。

問2　〔実験1〕ではニワトリのアルブミンを異物(抗原)と認識し，これに対して抗体がつくられました。血清中には抗体が含まれるので，血清にニワトリのアルブミンを加えれば抗原抗体反応により沈殿ができます。〔実験2〕ではニワトリのアルブミンを分解したことで，抗体が結合する立体構造が失われ，抗原抗体反応が起こらなかったためだと考えられます。

問3　免疫系は自己成分などの特定の抗原に対しては反応しません。これを免疫寛容(**35** 参照)といいます。〔実験3〕では，もともと自身の体内にあったアルブミンを用いたので，〔実験1〕とは異なり，それに対する抗体は生じません。

問4　凝集素α，凝集素βと凝集するのは，それぞれ凝集原A，凝集原Bです。凝集原AとBを両方持つのはAB型です。

問5　AとBは不完全優性，AとBはともにOに対して優性の関係にあるため，遺伝子型と表現型の対応関係は，下のようになります。

AA，AO…A型　　BB，BO…B型　　AB…AB型　　OO…O型

体内環境の維持

35 解答

問1 ア 体液性免疫　イ 細胞性免疫　ウ 骨髄　エ 胸腺
オ マクロファージ

問2 ホルモンとホルモン受容体の結合，神経伝達物質と受容体の結合　など

問3 がん細胞は抗原となる特有の構造を細胞表面につくるから。

問4 同じ抗原に対しては記憶細胞が分裂し，早く激しい反応を行う。

問5 新生児の時期に体内に存在している抗原は自己とみなされ，成熟後も維持される。

問6 生後間もない時期は免疫系が未成熟であり，この時期に移植されたY系の皮膚細胞のMHCを異物と認識して攻撃するT細胞は排除されるため，成熟してからもY系マウス由来のすべての組織片を受け入れる。

解説

免疫系は非自己に対して，強力無比・容赦無用・徹底的に攻撃します。しかし，自己に対しては穏和です。これも免疫の特徴の一つです。自己物質に対しては免疫系がはたらかないように，ある抗原に対して免疫系が抑制される現象を**免疫寛容**といいます。

T細胞は胸腺において，自己と非自己を見分けるすべを教育されます。自己に対しては免疫反応を起こさず，非自己に対してのみ免疫反応を起こす必要があるからです。仮に，自己に対して免疫反応を起こす免疫細胞がいたら大変です。そのようなT細胞は，アポトーシス（細胞の積極的な死）を起こすことで消滅します。正しい教育を受け，自己と非自己の識別ができるようになったT細胞だけが胸腺から出られるのです。

Box 免疫寛容と自己免疫疾患

免疫寛容

免疫系が，自己抗原などの特定の抗原に対して免疫反応を起こさない現象。胎児，あるいは出生直後は自己と非自己を学習する時期なので，この時期に体内にあるものを自己とみなす。そのため，この時期に他の個体の細胞などを移入した場合，それ以後もその細胞と同じMHC（36 参照）をもつ細胞は自己と見なされ排除されない。

自己免疫疾患

免疫系が自己の組織・器官に対して攻撃してしまうことで引き起こされる疾患。

例；リウマチ性関節炎，I型糖尿病（32 問1参照）など

問1　免疫についての基本事項については **34** 参照。マクロファージの「マクロ」は大きいという意味なので，オはマクロファージでしょう。

問2　ホルモンや神経伝達物質は，それと特異的に結合する受容体に受けとられることで作用します。他に「カドヘリンによる細胞接着」なども良さそうです。カドヘリンはCa^{2+}存在下ではたらく接着タンパク質で，同じ型のカドヘリンどうしが結合することで細胞どうしが接着します。

問3　正常細胞ががん化すると，がん細胞に特有の抗原分子(がん抗原)をつくるため，もとは自己の細胞であっても異物と認識され攻撃対象になります。

問4　免疫系の大きな特徴として，同じ抗原が再度侵入してきたときには1度目よりも速やかに激しい反応が起きることです。これを二次応答と呼び，体液性免疫(下図)と細胞性免疫の両方で見られます。なお，1回目につくられる抗体は，主にIgMで，2回目につくられる抗体は主にIgGです。

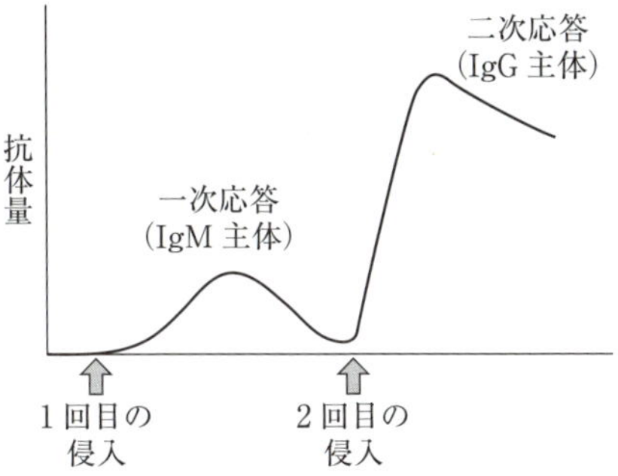

問5　上記 **Box** にも記したように，新生児の段階で移入された細胞を自己とみなしたため，成熟してからも拒絶反応が起きなくなったのです。

問6　異物が体内に侵入してきても，それを抗原と認識するT細胞が存在しなければ免疫反応は起きません。自己のタンパク質が攻撃されないのは，自己のタンパク質を抗原と認識するT細胞が存在しないからです。T細胞もB細胞と同様に，遺伝子の再編成(**34** 問4参照)によって特定の抗原に対してのみ免疫反応を示すようになります。遺伝子再編成はランダムですから，自己の成分に反応するT細胞もつくられます。しかし，自己の成分を抗原とみなすT細胞はアポトーシスにより排除されるのです。このようなT細胞の分化は，新生児の段階でも行われていますから，X系新生児に成熟Y系の細胞を移入すると，Y系マウスのMHCを攻撃するT細胞がつくられてもアポトーシスにより排除されます。そのようにY系マウスを自己とみなしたマウスでは，成熟した後でもY系組織を攻撃するT細胞はつくられませんから，Y系組織を移植しても受け入れられるのです。

体内環境の維持

36 解答

問1　ア　ポリペプチド　　イ　アミノ酸

ウ・エ　アミノ基，カルボキシ基　　オ　ペプチド

問2　一定の配列；定常部　　配列が異なる部分；可変部

問3　HLA－A；A1とA9　　HLA－B；B7とB8　　HLA－DR；DR2とDR4

HLA－A；A2とA3　　HLA－B；B5とB12　　HLA－DR；DR1とDR3

HLA－A；A2とA9　　HLA－B；B5とB8　　HLA－DR；DR1とDR4

問4　これらの遺伝子は連鎖し，遺伝子間の距離が短く組換えが起こりにくいから。

問5　これらの遺伝子間で染色体の乗換えが起き，遺伝子の組換えが起きた。

解説

同種の動物間であっても，他個体の皮膚や臓器を移植すると拒絶反応が起きます。これは細胞表面に自己を示す名札であるMHC分子（主要組織適合抗原）があり，これが異なる細胞は免疫系により攻撃を受けるからです。なおヒトのMHC分子を，特にHLA抗原（ヒト白血球抗原）と呼びます。

Box　MHC分子とTCR

MHC分子

個体に特有の細胞表面のタンパク質。皮膚や臓器の移植を行った場合，一般に移植片と宿主とではMHC分子が異なるため免疫系に攻撃され，拒絶される。血縁関係のない個体間でMHC遺伝子の一致する確率は極めて低いが，同じ両親から生まれた子供では25%，一卵性双生児では100%一致する。また，MHC分子は抗原提示にも利用される。

TCR（T細胞受容体）

T細胞表面にある抗原を認識するための受容体。TCRの違いにより，B細胞と同様に1種類の抗原のみ認識する。

マクロファージや樹状細胞が異物を取り込み，食作用で分解したペプチド断片は，細胞内でMHC分子と結合し，やがて細胞表面に現れる。このMHC分子と異物のペプチド断片がTCRと結合することで抗原提示が行われる。

問1　01 問3・4参照。

問2　34 問2参照。

問3　問4で記すように，HLA－A，HLA－B，HLA－DRの3つの遺伝子座は1つの

染色体上の接近した部位に連鎖しています。かなり接近しているため組換えはほとんど起きません。

父親と母親が下図のように遺伝子を持っていることは，すぐにはわかりません。設問文の「4つのパターンの遺伝子型組み合わせのうちの1つは，HLA－AがA1とA3，HLA－BがB7とB12，HLA－DRがDR2とDR3の遺伝子型であった。」に注目します（ここではこのパターンを「パターン1」と呼ぶことにします）。それぞれの遺伝子に関して，父親から受け継いだ遺伝子と母親から受け継いだ遺伝子を選別してみます。HLA－Aに関して，父親はA1とA2，母親はA3とA9を持っていますから，パターン1のA1は父親から，A3は母親から受け継いだことがわかります。また，HLA－Bに関して，父親はB5とB7，母親はB8とB12を持っていますから，パターン1のB7は父親から，B12は母親から受け継いだことがわかります。同様にHLA－DRはDR2は父親から，DR3は母親からです。以上から，パターン1は父親からA1，B7，DR2を，母親からA3，B12，DR3を受け継いだのです。これらの遺伝子は連鎖しているので，父親と母親の遺伝子の連鎖のしかたが下図のようになっているとわかります。

これらの遺伝子が完全連鎖していれば，子供のパターンは4つのどれかになります（下図）。

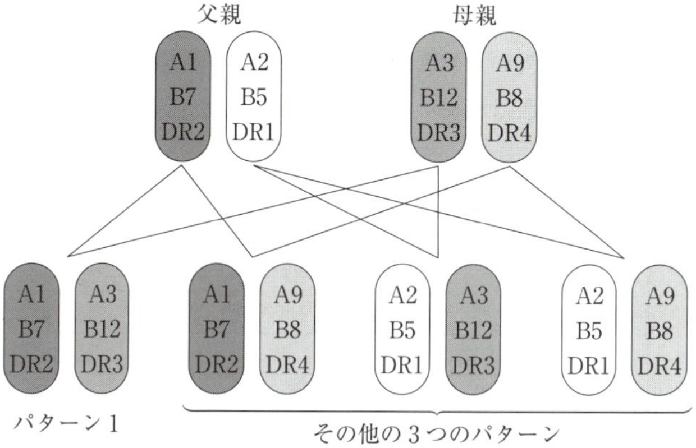

問4　上記の**問3**でも記したように，子供の遺伝子型のパターンが4つしかないのは，これらの遺伝子座が接近しており，ほとんど組換えが起きないということで説明できます。

問5　「ほとんど組換えが起きない」とは言え，絶対に組換えが起きないわけではありません。まれに，これらの遺伝子座の間で染色体の乗換えが起きることで，新しい遺伝子の組み合わせができます。

第6章　生物の環境応答

37 解答

問1　ア　水晶体　　イ　黄斑　　ウ　盲斑　　エ　前庭　　オ　半規管
カ　平衡石(耳石)　　キ　リンパ液　　ク　感覚毛

問2　錐体細胞，桿体細胞

問3　(a)　明順応
(b)　視細胞にあるロドプシンなどの視物質が光により分解され，感度が低下する。

問4　毛様体の毛様筋が収縮し，チン小帯がゆるむことで水晶体が自身の弾力により厚くなる。その結果，光の屈折率が上昇し，焦点距離が短くなる。

問5　a；(ス)　　b；(ウ)　　c；(コ)　　d；(カ)

問6　鼓膜の振動は中耳の耳小骨により増幅される。耳小骨から内耳のうずまき管のリンパ液へ振動が伝わり，基底膜上の聴細胞の感覚毛がおおい膜に触れると聴細胞が興奮し，興奮が聴神経から大脳へと伝わる。

解説

生物のからだには，体外からの刺激を受け取る受容器(感覚器)があります。受容器が受け取ることができる刺激は決まっており，そのような刺激を適刺激と呼びます。各受容器と適刺激，また刺激によって生じる感覚を Box にまとめておきます。

Box 受容器と適刺激

受容器		適刺激	感覚
眼	網膜	光（可視光）	視覚
耳	コルチ器	音	聴覚
	前庭	傾き	平衡覚
	半規管	回転	平衡覚
鼻	嗅上皮	気体の化学物質	嗅覚
舌	味覚芽	可溶性の化学物質	味覚
皮膚	圧点	接触などによる圧力	圧覚
	痛点	強い圧力・熱など	痛覚
	温点	高い温度	温覚
	冷点	低い温度	冷覚

問１　網膜には光が入射する側(ガラス体がある側)から視神経細胞，連絡の神経細胞，視細胞，色素細胞などの細胞が並んでいます。また，ある点を注視したときに像を結ぶ中心部である黄斑と，視細胞が存在しない盲斑があります。

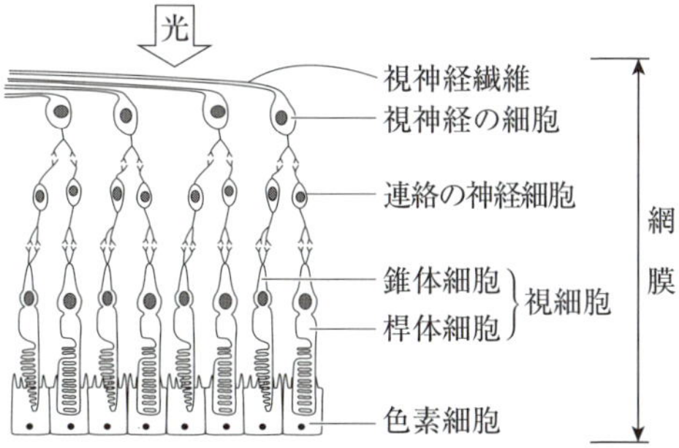

問２　視細胞には視物質としてフォトプシンをもつ錐体細胞と，視物質としてロドプシンをもつ桿体細胞があります。

Box 視細胞

錐体細胞

強い光に反応し，色彩を識別できる。網膜の黄斑に分布する。青錐体細胞(吸収極大は 420 nm)，緑錐体細胞(吸収極大は 530 nm)，赤錐体細胞(吸収極大は 560 nm)の３種類があり，これらの興奮の程度により色を識別する。

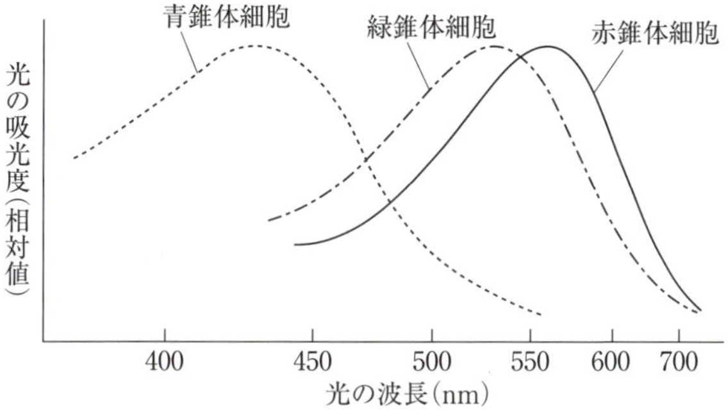

桿体細胞

弱い光でも反応し，明暗を識別する。網膜の周辺部に分布する。

問３　桿体細胞でロドプシンが合成されると感度が上昇します(暗順応)。明所ではロドプシンが分解され感度が低下します(明順応)。なお，このように外的環境に合わせて生理活性が変化する現象を順応といいます。これに対し，環境に適した性質を長い年月をかけて(何世代にもわたって)獲得することを適応といいます。

問4　遠近調節には，毛様体，チン小帯，水晶体が関わっています。

水晶体には弾力があり，力が加わらない状態では厚くなります。近くを見るときには，毛様体の毛様筋が収縮し，チン小帯が緩み，水晶体が厚くなります。水晶体が厚くなることで光の屈折率が大きくなり，焦点距離が短くなります。

一方，遠くを見るときには，毛様筋が弛緩することでチン小帯が緊張し，水晶体が引っ張られます。水晶体は引っ張られると薄くなり，光の屈折率が小さくなるので焦点距離が長くなります。

	毛様筋	チン小帯	水晶体
近くを見る	収縮する	緩む	厚くなる
遠くを見る	弛緩する	緊張する	薄くなる

問5　網膜に進入した光は，下図の矢印のように網膜に照射します。a～dの位置で視神経が切断された場合，点線で示した視神経は大脳へ情報を伝えられなくなります。そのため，下図の黒く塗った領域の視野が欠損します。

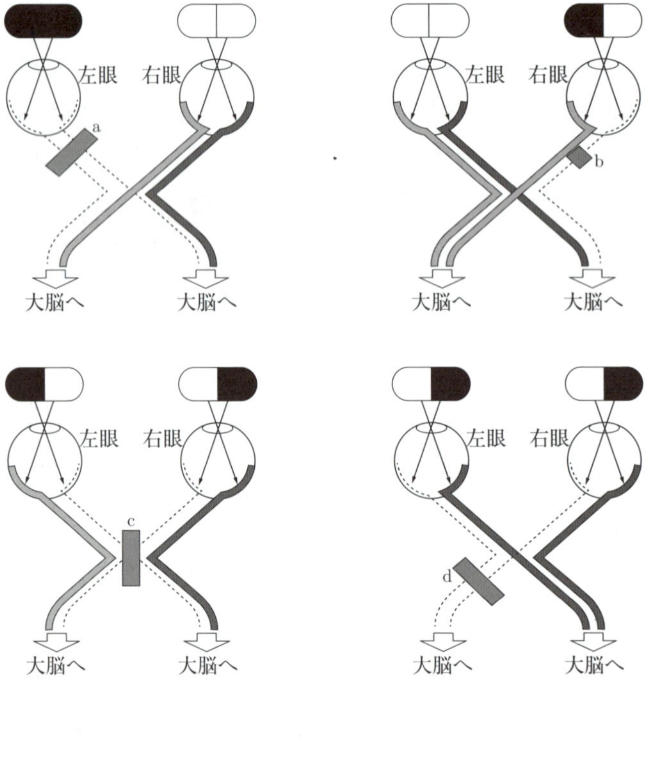

問6　耳小骨(つち骨，きぬた骨，あぶみ骨の3つ)は人体に約200個ある骨のなかで最も小さな骨です。これが鼓膜とうずまき管をつなぎ，鼓膜の振動を増幅させています。

音を直接受容するのは，うずまき管のコルチ器です。コルチ器は聴細胞とおおい膜からなり，基底膜が振動すると聴細胞の感覚毛がおおい膜に触れ，これにより聴細胞に興奮が生じます。聴細胞に生じた興奮は，聴神経から大脳へ到達し，大脳の聴覚野で聴覚を生じます。

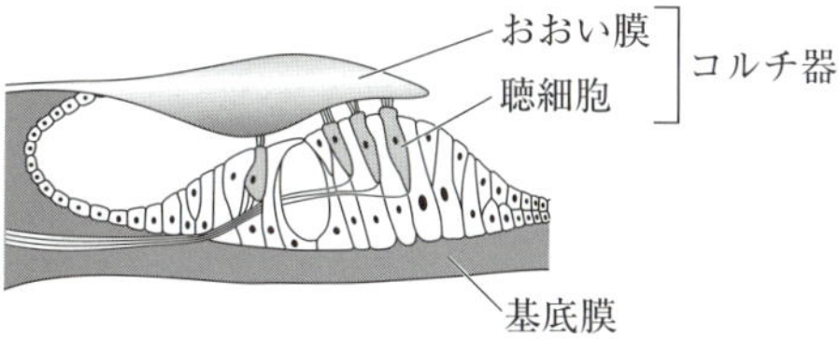

Box 耳の構造

ヒトなどの哺乳類では，大きく外耳，中耳，内耳の3つの領域に分かれており，音や平衡を受容する感覚細胞は内耳にある。エウスタキオ管(耳管)は中耳と咽頭をつなぐ管で，鼓膜内外の気圧を等しくする役割がある。

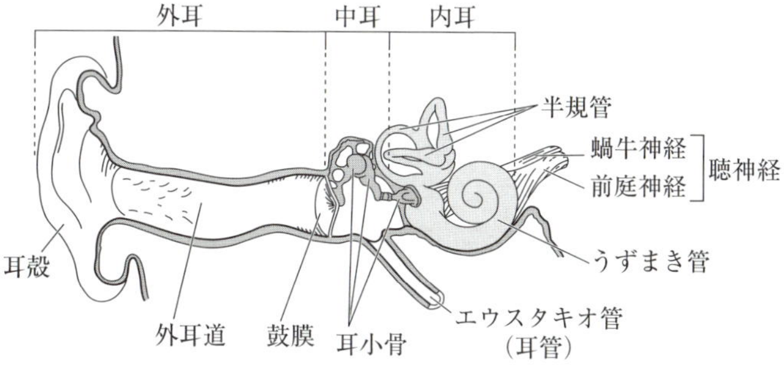

◎平衡の受容

- 前庭…傾き(重力方向)の受容。からだが傾くと平衡石(耳石)が動き，受容細胞の感覚毛を動かし，これが刺激となり傾きを感じる。
- 半規管…回転方向の受容。からだが回転すると，リンパ液が受容細胞の感覚毛を動かし，これが刺激となり回転を感じる。原始的な魚類を除いて半規管は3つあり，それぞれ直交することであらゆる方向の回転を受容できる。

38 解答

問1　A；60 m/秒　　B；1.6 m/秒

有髄神経は軸索に髄鞘をもち，跳躍伝導を行うため無髄神経よりも伝導速度が大きい。そのため，A が有髄神経で B が無髄神経である。

問2　刺激を受ける前は細胞内にカリウムイオン，細胞外にナトリウムイオンが多く，膜電位が細胞外に対し細胞内は負となる静止電位を生じている。刺激を受けるとナトリウムイオンが細胞内に流入することで膜電位が逆転し細胞内が正となり，続いてカリウムイオンが流出することで再び細胞内が負に戻る。このような一連の電位変化を活動電位という。

問3　$\dfrac{1.5\,\text{m}}{50\,\text{m/秒}} = 0.03\,\text{秒} = 30\,\text{ミリ秒}$

$56.8\,\text{ミリ秒} - (30 + 25)\,\text{ミリ秒} = 1.8\,\text{ミリ秒}$

$\dfrac{1.8\,\text{ミリ秒}}{2} = \underline{0.9\,\text{ミリ秒}}$

問4　$(433.2 - 430.5)\,\text{ミリ秒} = 2.7\,\text{ミリ秒}$

$\dfrac{2.7\,\text{ミリ秒}}{0.9\,\text{ミリ秒}} = \underline{3}$

問5　興奮が軸索末端(神経終末)まで伝わると，シナプスでは軸索末端のシナプス小胞から神経伝達物質が分泌される。これが次のニューロンの細胞体または樹状突起の受容体に結合することで，ナトリウムイオンが細胞内に流入し，化学的伝達が行われる。

解説

受容器が刺激を受容すると，その情報は神経により脳や脊髄といった中枢へ伝わります。また，中枢からの指令は神経により筋肉などの効果器(39 参照)へ伝わります。神経は**ニューロン**と呼ばれる神経細胞の束からなり，**神経系**を構成します。動物の神経系については 31 p.107 NEXUS 参照。

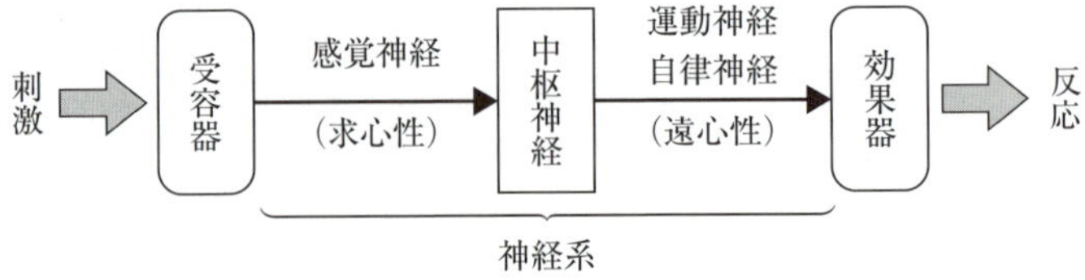

Box ヒトの神経系

- 管状神経系
  - 中枢神経系
    - 脳 ―― 大脳・間脳・中脳・小脳・延髄
    - 脊髄 ―― 頸髄・胸髄・腰髄・仙髄
  - 末梢神経系
    - 自律神経系
      - 交感神経(遠心性)
      - 副交感神経(遠心性)
    - 体性神経系
      - 運動神経(遠心性)
      - 感覚神経(求心性)

◎末梢神経の構造による分類

・**脳神経**…脳から出る神経の総称。12 対ある。

・**脊髄神経**…脊髄から出る神経の総称。31 対ある。

問1　実験1で，神経Aは120mmの距離を2ミリ秒で伝導しているので，伝導速度は

$$\frac{120\,\text{mm}}{2\,\text{ミリ秒}} = \underline{60\,\text{m/秒}}$$

の計算で求められます。

神経Bも同様に，

$$\frac{120\,\text{mm}}{75\,\text{ミリ秒}} = \underline{1.6\,\text{m/秒}}$$

となります。

実際には神経を刺激してから興奮が生じるまでにわずかな時間が必要ですので，この実験からでは正確な伝導速度は求められません。

有髄神経は軸索に髄鞘をもつ神経です。髄鞘は絶縁体なので，その部分には興奮は発生しません。有髄神経では髄鞘間の隙間であるランビエ絞輪でのみ興奮が発生します。興奮はランビエ絞輪をとびとびに伝わるので，このような伝導様式を跳躍伝導と呼んでいます。跳躍伝導により伝導速度は最大で約120m/秒にもなります。

問2　興奮していない状態ではナトリウムポンプがはたらき，Na^+を軸索外へK^+を軸索内へ能動輸送し，イオンの濃度勾配をつくります。細胞膜はNa^+を透過させにくいのに対し，K^+は比較的透過させやすい(電位変化と無関係に開くリークカリウムチャネルが開いている)ので，受動輸送によりK^+が流出し，軸索内が外に対して60～90mVほど負となっています(この状態を「分極している」と表現します)。このときの電位差を静止電位と呼びます。閾値以上の刺激によりナトリウムチャネルが開くと，Na^+が流入し電位が逆転します(分極している状態から電位差がなくなる方向への変化を脱分極と呼びます)。すると，電位変化により開くカリウム

チャネル(電位依存性カリウムチャネル)が開き，K^+が流出します。それにより，再び軸索内が負となります。この電位変化を活動電位と呼びます。

問3　感覚神経Cを刺激し，運動神経Eが制御している筋繊維が収縮するまでの時間(56.8ミリ秒)には以下の4つの時間が含まれています。実際には筋繊維が反応し収縮するまでの時間がかかりますが，この問題では無視しています。

ⅰ；感覚神経Cでの伝導時間

ⅱ；シナプスでの伝達時間

ⅲ；運動神経Eでの伝導時間

ⅳ；運動神経Eと筋繊維での伝達時間

このうち，仮定bよりⅱとⅳの時間はともに同じなので，どちらもtです。また，図4より，ⅰの時間が25ミリ秒とわかります。あとはⅲですが，運動神経Eの伝導速度は50m/秒なので，1.5mを伝導するのにかかる時間は$\frac{1.5\,\text{m}}{50\,\text{m/秒}}$より30ミリ秒です。よって，以下の計算からtが求められます。

25ミリ秒＋t＋30ミリ秒＋t＝56.8ミリ秒

より，t＝0.9ミリ秒です。

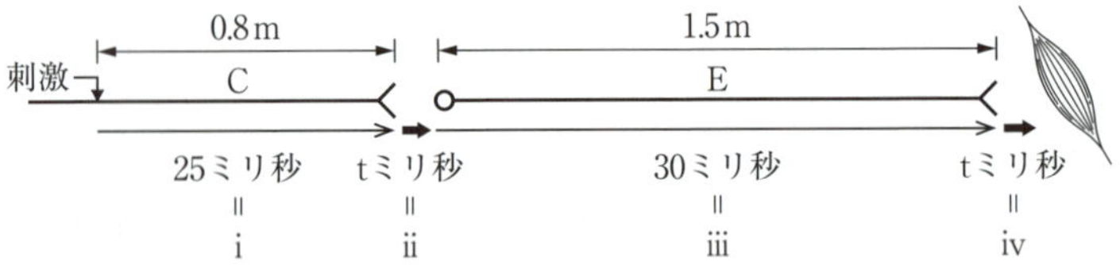

※ ⟶ は伝導，➡ は伝達を表す

問4　図5の③から④の差は2.7ミリ秒です。$\frac{2.7\text{ミリ秒}}{0.9\text{ミリ秒}}$より，感覚神経Dから運動神経Fまでの間にシナプスは3つあることがわかります(下図参照)。

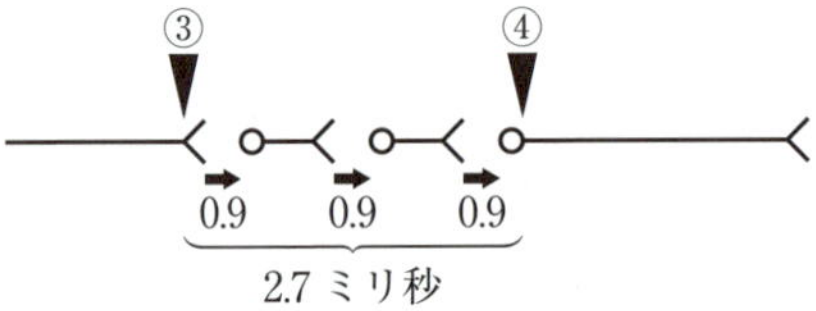

問5　軸索上を興奮が伝わる伝導の様式は，活動電流による電気的なしくみです。これに対し，シナプスでは物質を介した化学的なしくみであることから，化学的伝達と呼びます。伝達においてシナプス小胞から放出される物質を神経伝達物質と呼び，アセチルコリンやノルアドレナリン，グルタミン酸，γ-アミノ酪酸(GABA)，ドーパミンなど多数知られています。なお，軸索上を興奮が伝わることを伝導とい

うのに対し，シナプスを興奮が伝わることを伝達といいます。

Box 興奮伝達のしくみと神経伝達物質

◎興奮伝達のしくみ

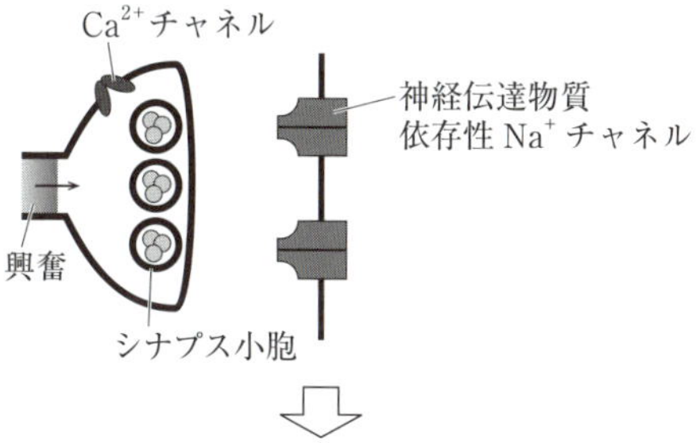

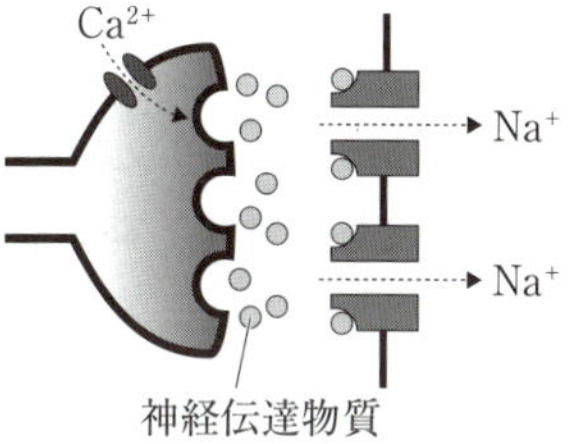

興奮が軸索末端に伝わると，Ca^{2+}チャネルが開きCa^{2+}が流入する。
Ca^{2+}によりシナプス小胞から神経伝達物質が放出される。
神経伝達物質が神経伝達物質依存性チャネルと結合すると，チャネルが開きNa^{+}が流入することで興奮が伝達される。

◎神経伝達物質

アセチルコリン

運動神経，副交感神経の末端から分泌される。アセチルコリン受容体に結合すると，アセチルコリンを分解する酵素であるコリンエステラーゼにより コリンと酢酸に加水分解される。

ノルアドレナリン

ドーパミンから生成され，交感神経の末端から分泌される。

グルタミン酸

タンパク質を構成するアミノ酸の一種。興奮性の神経伝達物質としてはたらき，脳内の主な神経伝達物質として記憶や学習に重要な役割を果たす。なお，うま味の成分としても有名。

γ-アミノ酪酸（GABA）

中枢神経系における抑制性の神経伝達物質で，ストレス緩和などにはたらく。

ドーパミン

中枢神経系における神経伝達物質で，意欲や学習の強化などにはたらく。

39 解答

問1　イ　横紋筋　　ロ　平滑筋　　ハ　心筋　　ニ　筋原繊維

問2　(1)　ミオシンフィラメント　　(2)　アクチンフィラメント

問3　アデノシン三リン酸(ATP)

問4

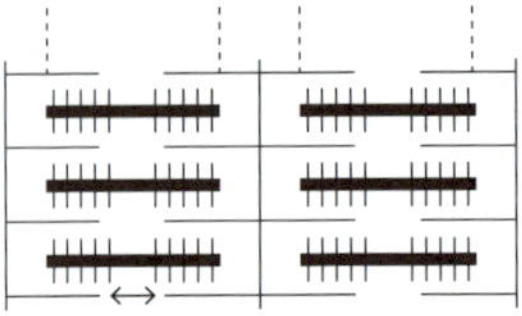

問5　③

問6　(1)　1.50 μm　　(2)　1.00 μm

解説

刺激を受け取る器官を受容器というのに対し，中枢からの指令により反応する器官を効果器といいます。効果器には，筋肉のほか，分泌腺，べん毛，繊毛，発光器(ホタルなど)，発電器(デンキウナギなど)などがあります。

問1　筋肉をつくる筋細胞を筋繊維，その内部構造を筋原繊維といいます。

Box 筋肉の分類

横紋筋

顕微鏡観察により横紋が見られる筋肉。さらに骨格筋と心筋に分類される。

骨格筋

骨格を動かすための筋肉。多核の長大な筋繊維からなり，内部には多数の筋原繊維(太さ約1 μm)が規則正しく束になって入っている。基本的には大脳の支配を受ける随意筋。

心筋

心臓をつくる筋肉。単核の分岐形をした筋繊維からなる。刺激伝導系が分化し自動性を示す。比較的疲労しにくい。大脳の支配を受けない不随意筋。

平滑筋

横紋が見られない筋肉。単核の紡錘形をした筋繊維からなり，内臓や血管，虹彩などにみられる。大脳の支配を受けない不随意筋。

問2　筋原繊維をつくる繰り返しの単位をサルコメア(筋節)と呼びます。サルコメアを構成する2種類のフィラメントのうち，太いものをミオシンフィラメント，細いものをアクチンフィラメントと呼びます。

　ミオシンフィラメントは，ミオシンというタンパク質を主成分とします。顕微鏡観察により暗く見えるので，ミオシンフィラメントがある領域を暗帯と呼びます。

　一方，アクチンフィラメントは，アクチン，トロポニン，トロポミオシンといったタンパク質からなります。Z膜を起点としており，アクチンフィラメントのみの領域を明帯と呼びます。

問3　ミオシン頭部はATP分解酵素（ATPアーゼ）としてはたらき，ATPのエネルギーを利用してアクチンフィラメントをたぐりよせます。ミオシンのように，ATPのエネルギーを利用して運動するタンパク質をモータータンパク質と呼びます（**31** **問2の問**(3)参照）。

問4　本文にもあるように，張力の大きさはミオシンフィラメントの小突起がある領域とアクチンフィラメントとの重なりの長さに比例します（下図ｉ）。これを考慮するとサルコメアの長さが2.00 μm，2.25 μm（**問6**でａの長さを0.25 μmとするとあるので）のときの様子は，それぞれ下図ⅱ，ⅲとなります。図よりⅱとⅲの長さの差は，ミオシンフィラメントの小突起のない領域の長さに相当することがわかります。

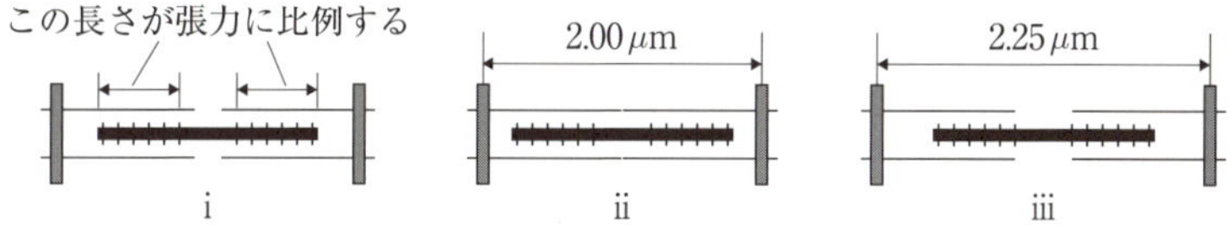

問5　問題文の「張力は～重なり合いの程度に比例」より張力が0の状態は，小突起とアクチンフィラメントが重なっていないときです。

問6　図を描いて考えればすぐにわかります。下図ⅳは図ⅱと同じサルコメアの長さが2.00 μmのときですが，この長さはアクチンフィラメントの長さの2倍です。ここからアクチンフィラメントの長さが1.00 μmであることがわかります。これを下図ⅴのようにサルコメアの長さ3.50 μmのときの図に描き入れると，3.50 μm − (1.00 μm × 2) = 1.50 μm　となり，ミオシンフィラメントの長さが1.50 μmとわかります。

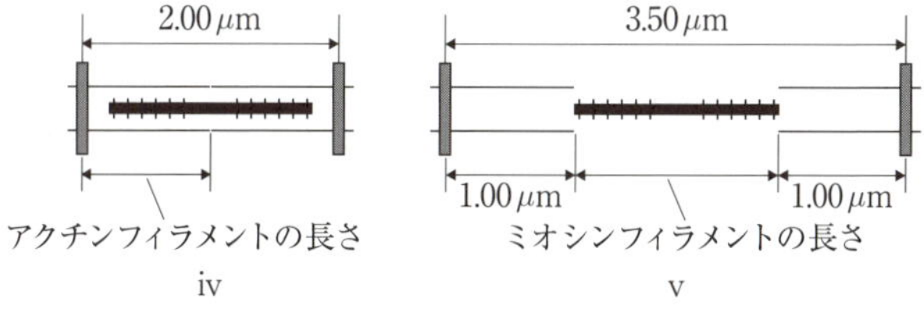

生物の環境応答

40 解答

問1　ア

問2　刷込み

問3　音や形ではなく，動くものであればよい。

問4　イ

問5　エ

問6　試行錯誤

問7　実験1のタイプでは生後の一定期間にのみ学習が成立するのに対し，実験2のタイプでは学習の成立する時期が決まっていない。また，実験1のタイプでは一度成立した行動が変更されることはないが，実験2のタイプでは試行を繰り返すことで行動が変化する。

解説

みなさん受験生は，日々学習していますね。ところで「学習」とはどのような現象を指すのでしょうか？生物学では学習を「経験による持続的な行動の変化」と定義づけています。そのため，日常的に使われている「学習」という言葉と，生物学における「学習」には多少の違いがあると思います。

Box 学習による行動

試行錯誤

動物が新しい場面に遭遇したときに，偶然とった行動が成功をもたらした場合，その行動を繰り返すことで次第に記憶が定着していく学習様式。

刷込み

生後の早いある一定の時期に起きる特殊な学習様式。一度学習が成立すると，以後の変更がきかない。刷込みが成立する時期は限られており，この時期のように，ある現象や反応が起きるか起きないかの限界の時期を**臨界期**と呼ぶ。

慣れ

同じ刺激を繰り返し与えることで，反応しなくなるような学習様式。

鋭敏化

ある強い刺激を与えると，同様な弱い刺激でも過剰に反応するようになる学習様式。

問1・2　実験1の現象は**刷込み**ですので，生後の特定の一時期に行動の発現率が極大となります。

問3　音を発せず，親鳥のような形をしていないものにも後追い行動を示しています。後追い行動では，生後に見たという「経験」により，追従するようになるという「変化」が起きます。

問4　上記 **Box** 参照。刷込みでは，学習が一度成立すると変更ができません。

問5　初めて見るグラフでは，縦軸と横軸に注意し「グラフを文章化」してみましょう。文章化というのを難しく考えず，自分なりの言葉で表現してみればよいです。例えば下図では，おおざっぱに右下がり傾向であることを文章にしました。

このように意識してグラフの傾向を読みとる練習を繰り返せば(経験ですね)，もっと難しいグラフでも理解できるように(変化ですね)なります。

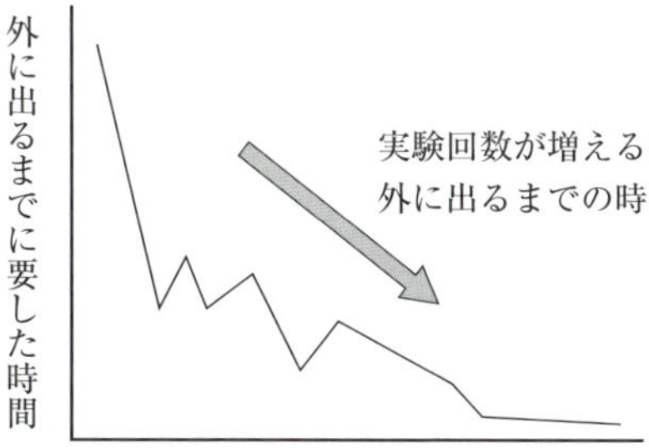

問6　上記 **Box** 参照。初めは偶然ですが，繰り返すことでやがて成功率が高まっています。このような学習を試行錯誤といいます。

問7　刷込みは特殊な学習様式ですので，刷込みの特徴を中心に解答をつくるのが良いでしょう。具体的には，刷込みは特定の時期にのみ学習が成立し，学習が成立すると忘れにくいことを，試行錯誤は学習が行われる時期は決まっておらず何回も繰り返すことで学習が変化する(強化される)という内容を書けばよいでしょう。

生得的行動　NEXUS

生後に獲得する行動様式である学習に対し，遺伝的にプログラムされている生まれつき備わった定型的な行動様式を生得的行動と呼ぶ。

かぎ刺激…動物に特定の行動を引き起こすために外部から与えられる刺激。かぎ刺激により，一連の行動が引き起こされることがあり，そのような一定順序で起きる一連の行動を固定的動作パターンと呼ぶ。

走性…動物が刺激源に対して，一定の方向へ移動する行動。刺激源に接近していくような行動を正の走性，遠ざかっていくような行動を負の走性と呼ぶ。刺激の種類により，光走性，重力走性，化学走性などがある。

41 解答

問1 (1) 減数分裂の第一分裂前期に相同染色体の対合が起きる。このとき染色体の乗換えが行われ，両親にない新しい遺伝子の組み合わせが生じる。この現象を遺伝子の組換えという。

(2) C　(3) 核1　Ab と AB　核2　aB と ab

問2 アルギニン，アラニン

問3 66.7 %

問4 (a)，(d)

問5 ア　$nnLL$，$nnLl$　イ　$NNll$，$Nnll$

問6 $NNLL$…1：0：0　$NnLL$…3：1：0　$NNLl$…3：0：1

$NnLl$…9：4：3

解説

ジベレリン(GA)が，イネの馬鹿苗病菌から発見されたことは有名です。その後マメ科植物から GA_1 が発見され，以降130種類以上のGA(GA_1，GA_{20} などの番号は発見された順を表す)が見つかっています。これらのうち，生理活性をもつ活性型のGAは数種類で，多くは前駆体または不活性型です。

活性型のGAは伸長成長を補助するはたらきがあるため，その合成酵素が変異している個体は茎が低くなります(このような状態を矮性という)。このような矮性個体に活性型のGAを与えると，茎の高さは回復するため，変異遺伝子のはたらきは「茎を低くする」というより「茎が高くならない」とした方が正確と言えるでしょう。

Box ジベレリンのはたらき

- オーキシンと協調して茎の伸長促進(細胞壁の伸長方向の調節)。
- 休眠打破(アブシシン酸による発芽抑制の解除)。
- 光発芽種子の発芽促進(フィトクロムにより GA_{20} が GA_1 となることによる)。
- アミラーゼの合成分泌を誘導(44 問1参照)。
- 単為結実の促進(種なしブドウの作製)。

問1 (1) 遺伝子の組換えの原因は染色体の乗換えです。染色体の乗換えとは，染色体の一部分を交換する現象です。遺伝子の組換えにより新しい遺伝子の組合せを生じます(21 問1参照)。

(2) 被子植物の花粉形成の過程と図2を対応させたものが次ページの図です。遺伝子の組換えは第一分裂前期に起きるので，Cの時期です。

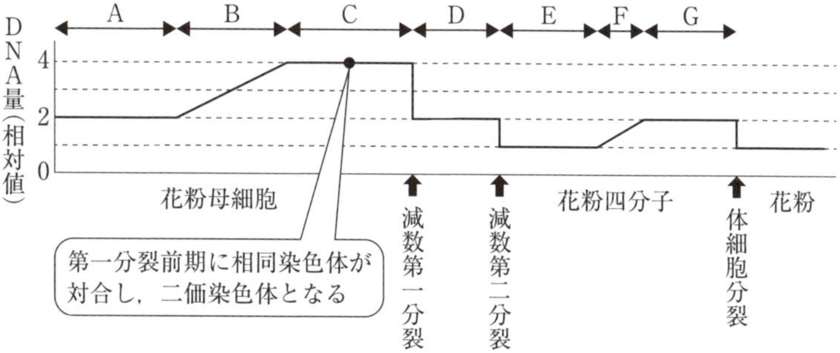

(3)　遺伝子型 *AABB* と *aabb* の掛け合わせにより生じた植物体は，*AB*／*ab* と表記できます。これが減数分裂を行い，生じた花粉の一つが *Ab* なので，*Ab* の花粉が生じるには，下図のように *A* と *B* の間で乗換えが起きる必要があることがわかります。

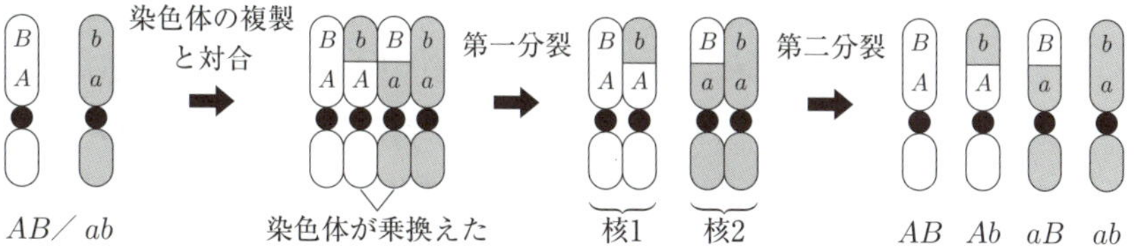

問2　対立遺伝子 *L* の下線のGを含むコドンは，UCG，CGC，GCCの3通りが考えられます。このうちUCGのGはどのように置換してもセリンのままです。また，遺伝子 *L* のGがAに置換したことで，「アミノ酸構成が変化した」とあります。以上より，可能性のあるものはCGCのアルギニンとGCCのアラニンです。

問3　トレオニンのコドンはACU，ACC，ACA，ACGの4通りです。3番目の塩基は置換してもトレオニンのままなので，2/3の66.7％です。

問4　本文には，*L* と *N* の遺伝子からつくられる酵素は，それぞれ下図の経路ではたらくことが書かれています。この図をもとに1～4の処理の結果を考えます。

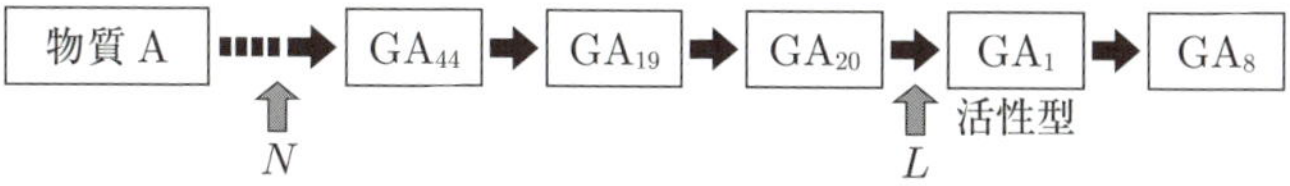

〔処理1〕　GA_1 を与えれば遺伝子型に関わらず茎は伸長する。

〔処理2〕　GA_{20} があっても *L* がないので茎は伸長しない。

〔処理3〕　GA_1 を与えれば遺伝子型に関わらず茎は伸長する。

〔処理4〕　*L* があるため，与えた GA_{20} が GA_1 に変わることで茎が伸長する。

以上から〔処理2〕のみ，あまり伸長が見られないことがわかります。

問5　まず下線部④で「台木のジベレリンが接ぎ穂に移動する」と考えた理由を考えてみましょう。仮に，台木からジベレリンが移動しないで接ぎ穂でGA_1を合成するのであれば，台木が$NNLL$であっても$nnLL$であっても，接ぎ穂は$nnLL$なのでGA_{44}をつくれず，茎は伸長しないはずです。しかし，台木を$NNLL$としたときは$nnLL$としたときより茎が伸長したことから，台木から接ぎ穂へジベレリンが移動したことがわかったのです。

移動したジベレリンが，前駆体なのかGA_1なのかを考えてみましょう。まずは移動したジベレリンが前駆体であると仮定して考えてみます。この場合，台木で前駆体のみをつくり，接ぎ穂において前駆体からGA_1をつくれば茎は伸長するはずです。前駆体のみをつくる遺伝子型は$NNll$または$Nnll$であり，前駆体はつくれないが前駆体からGA_1をつくることのできる遺伝子型は$nnLL$または$nnLl$です。以上から，接ぎ穂の遺伝子型[ア]が$nnLL$または$nnLl$，台木の遺伝子型[イ]が$NNll$または$Nnll$であれば，茎の伸長がみられることになります。次に，移動するのがGA_1であると仮定します。台木の遺伝子型[イ]が$NNll$または$Nnll$だとすると，台木ではGA_1がつくれないので前駆体のままです。移動するのがGA_1であると仮定していますので，前駆体では移動できません。よって茎の伸長はみられないはずです(下図)。

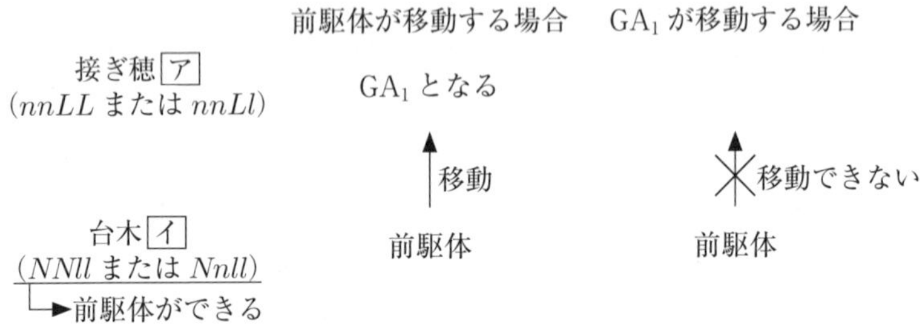

これに対し，接ぎ穂も台木も[ア]にした場合は，移動するのが前駆体であってもGA_1であっても，遺伝子Nをもたないため物質AからGA_{44}の合成ができません。GA_{44}を合成できなければ茎の伸長は見られません。

以上より，[ア]が$nnLL$または$nnLl$，[イ]が$NNll$または$Nnll$であれば，前駆体が移動するのか，あるいは活性型のGA_1が移動するのかを調べることができます。

オーキシン NEXUS

光屈性の作用をもつ化学物質の総称を**オーキシン**と呼ぶ。植物が合成するオーキシンの本体は**インドール酢酸**(IAA)であり，人工合成される，**2,4-D** や**ナフタレン酢酸**にも同様の作用が見られる。

◎オーキシンのはたらき

・茎の伸長成長促進

・落葉・落果の抑制

・頂芽優勢の維持

◎オーキシンの特性

・光の当たらない側へ移動

・先端部から基部へと移動(極性移動)

・最適濃度がある(高濃度では成長阻害)

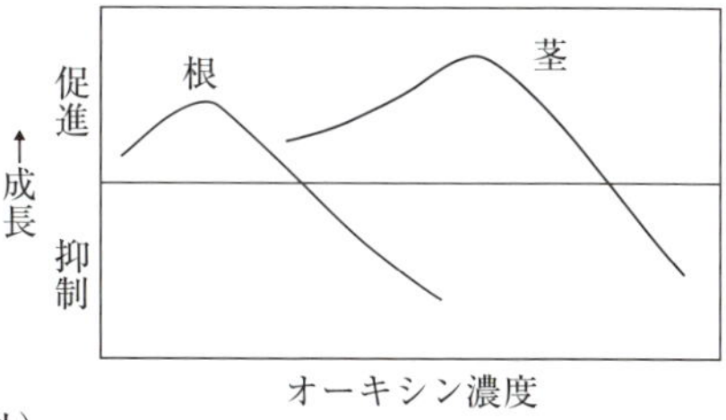

問6　基本的な遺伝の問題です。設問文に「$N(n)$，$L(l)$は異なる染色体上にある」とあるので，$N(n)$と$L(l)$は独立です。雑種第一代は$NnLl$となるので，これを各個体と掛け合わせます(下図)。遺伝子Lと遺伝子Nを両方持った〔NL〕が(X)，遺伝子Nを持たない〔nL〕と〔nl〕はどちらもGA_{44}を合成できないため(Y)，遺伝子Nのみを持つ〔Nl〕は(Z)となります。

$NNLL$ × $NnLl$
↓
〔NL〕のみ
すべて (X)

$NnLL$ × $NnLl$
↓
〔NL〕:〔nL〕
3 : 1
(X)　(Y)

$NNLl$ × $NnLl$
↓
〔NL〕:〔Nl〕
3 : 1
(X)　(Z)

$NnLl$ × $NnLl$
↓
〔NL〕:〔Nl〕:〔nL〕:〔nl〕
9 : 3 : 3 : 1
(X)　(Z)　(Y)［〔nL〕と〔nl〕］

42 解答

問1　a　オーキシン　　b　ジベレリン　　c　アブシシン酸
　　d　サイトカイニン

問2　(1)　アミラーゼ　　(2)　植物ホルモン；胚　　デンプン；胚乳

問3　Wm 変異体：エチレンが存在しない状態

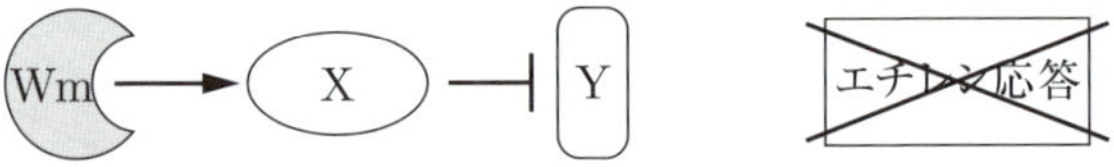

Wm 変異体：エチレンが存在する状態

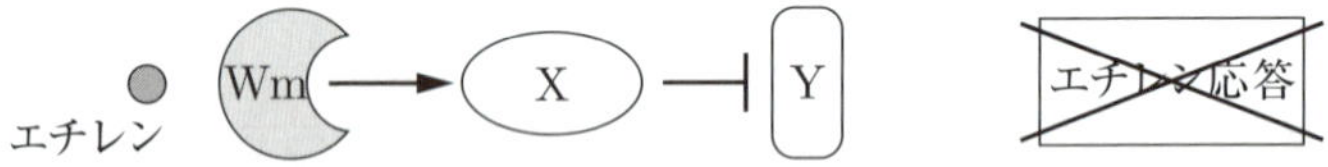

Xm 変異体：エチレンが存在しない状態

Xm 変異体：エチレンが存在する状態

問4　(1)　(イ)　　(2)　(ウ)　　(3)　(ア)：(イ)：(ウ)＝3：9：4

問5　(1)　(イ)　　(2)　(ア)：(イ)：(ウ)＝3：13：0

解説

植物が合成し，微量で作用する生理活性物質・情報伝達物質のうち，化学構造が明らかになった物質を植物ホルモンと呼んでいます。古くから知られている植物ホルモンにはオーキシン，ジベレリン（41 参照），サイトカイニン，アブシシン酸，エチレンの5種類があります。現在ではその他に，ブラシノステロイドやジャスモン酸など数種類が知られています。

エチレンは唯一の気体状の植物ホルモンです。そのため，拡散して他の植物にも作用します。成熟したリンゴが，未成熟のリンゴの成熟を早めることは有名ですね。エチレンの植物ホルモンとしてのはたらきは，街灯付近の街路樹が落葉しやすいことから発見されました。以前は街灯にエチレンガスが使われており，周囲にエチレンを発していたのです。街灯から発せられたエチレンが，街路樹の落葉を早めたのです。

問1　植物ホルモンの作用は極めて複雑ですが，まずは主なはたらきを覚えておきましょう。

Box 植物の反応と植物ホルモン

・屈性…オーキシン(茎；正の光屈性，負の重力屈性　根；負の光屈性，正の重力屈性)
・成長…ジベレリン(＋)，オーキシン(茎；＋　根；－)，ブラシノステロイド(＋)
・落葉・落果(離層形成)…エチレン(＋)，オーキシン(－)
・休眠…アブシシン酸(＋)，ジベレリン(－)
・頂芽優勢…オーキシン(＋)，サイトカイニン(－)
・食害に対する防御応答…ジャスモン酸(＋)

(＋)は促進，(－)は抑制を示す。

問2　41，44 問1参照。

問3　Wm変異体はエチレンに結合できない変異タンパク質であるWmをつくり，エチレンの有無に関わらずXにはたらきかけます。そのため，どちらでもエチレン応答は起こりません。

Xm変異体のつくるXmは，エチレンの有無に関わらずYのはたらきを抑制しません。そのため，どちらでもエチレン応答は起きます。

問4　(1)　WmはWに対して優性なので，Wm変異体とXm変異体の交配によって生じるF_1(WmWXXmYY)は，Wmをつくります。Wmはエチレンの有無に関わらずXにはたらきかけるため，Wm変異体と同じ表現型となります。

(2)　WmWmXmXmYYではXmがYのはたらきを抑制しませんので，Xm変異体と同じ表現型となります。

(3)　優性遺伝子をもつ場合を〔Wm〕，劣性遺伝子のみの場合を〔W〕のように表します。例えばWm変異体(WmWmXXYY)は〔WmXY〕と表します。ただし，〔　〕つきの表記は遺伝子型ではないので注意してください。

F_2は，F_1(WmWXXmYY)どうしの交配なので，以下のようになります。

〔WmXY〕(イ)：〔WmXmY〕(ウ)：〔WXY〕(ア)：〔WXmY〕(ウ)＝9：3：3：1

問5　(1)　**問4**と同様に考えてみます。F_1(WmWXXYYm)はWmをつくり，Wmはエチレンの有無に関わらずXにはたらきかけるため，Wm変異体と同じ表現型となります。

(2)　F_2では，F_1(WmWXXYYm)どうしの交配なので，以下のようになります。

〔WmXY〕(イ)：〔WmXYm〕(イ)：〔WXY〕(ア)：〔WXYm〕(イ)＝9：3：3：1

43 解答

問1　ア　中性　　イ　光周性　　ウ　フィトクロム　　エ　葉　　オ　師管

問2　限界暗期

問3　光中断

問4　赤色光

問5　アサガオは花芽形成のための限界暗期が短く，初夏の暗期の長さであっても限界暗期より長くなるから。

問6　B，C，D，F

問7　⑤

解説

生物が日長条件に対して反応する性質を**光周性**と呼びます。光周性を示す現象として，植物の**花芽形成**，動物の繁殖や冬眠などが知られています。

植物は栄養成長の時期には茎頂を葉に分化させますが，日長や温度などの条件が整うと生殖成長に切り換え，茎頂を花芽に分化させます。このとき連続した暗期の長さが，一定以下となる条件で花芽形成する植物を**長日植物**，一定以上となる条件で花芽形成する植物を**短日植物**といいます。

問1　**フィトクロム**は光形態形成反応に関わる色素タンパク質です。フィトクロムが関与する現象は多く，花芽形成や発芽誘導の他，遺伝子の発現調節や細胞分裂の調節などがあります。フィトクロムには赤色光吸収型（Pr 型）と遠赤色光吸収型（Pfr 型）があり，これらは光を吸収することで可逆的に分子構造が変化します。

Box　フィトクロム

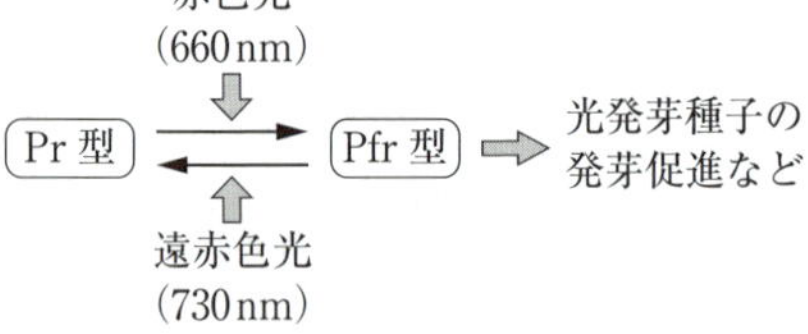

問2　花芽形成を引き起こすための，長日植物では最長，短日植物では最短の連続した暗期の長さを**限界暗期**と呼びます。長日植物では連続暗期が限界暗期以下，短日植物では連続暗期が限界暗期以上になると花芽形成すると言えます。限界暗期の長さは植物の種によって異なるので，長日植物であっても日の短い2月ごろに開花する種や，短日植物であっても日の長い8月ごろに開花する種があります。

Box 花芽形成と光周性

長日植物…連続した暗期の長さが，限界暗期以下になると花芽形成する植物。
例；アブラナ，ホウレンソウ，コムギ，ダイコンなど

短日植物…連続した暗期の長さが，限界暗期以上になると花芽形成する植物。
例；アサガオ，キク，オナモミ，コスモスなど

中性植物…日長条件に関係なく花芽形成する植物。
例；トマト，ナス，キュウリ，トウモロコシなど

問3・4　連続した暗期の途中で光を照射し，連続暗期を中断させる操作を光中断と呼びます。光中断にはフィトクロムが関与するため，赤色光の照射が有効です。なお，白色光には赤色光も含まれていますので，白色光でも光中断効果は得られますが，問題文に「特定波長」とありますので，解答としては不適当でしょう。

問5　「明期と暗期のどちらが長いか」ではなく，その植物にとっての限界暗期の長さに対し連続暗期の長さが長いか，あるいは短いかが決め手となります。アサガオは限界暗期がかなり短い短日植物なので，明期が暗期よりも長い時期から花芽形成し，開花します(**問2**参照)。

問6　図1で特に注意すべきは横軸です。横軸は「1日の明期」となっているので，暗期の長さは24時間から横軸の時間を引いたものになります。花芽形成率は明期14時間から15時間で急激に低下していますので，これを暗期の長さに直し「暗期が10時間あれば花芽形成」し，「9時間以下であれば花芽形成しない」と読み取ります。図2においては，1時間の光中断を考慮し，連続暗期が10時間以上であるB(12時間)，C(16時間)，D(11時間)，F(11時間)を選びます。

問7　本文の「生育の初期に～花芽を形成しない」より，発芽後，生育を開始してからの幼植物にのみ低温処理の影響があると考えてよいでしょう。そのため，①～④の乾燥種子は春化処理の影響を受けずAもBも開花しません。また，図3から春化処理した日数が40～100日の間では，AもBも大差ないので⑦と⑧ではAとBはどちらも同じ結果となるでしょう。最後に日長条件ですが，秋まきコムギは長日植物なので⑥ではAも開花しません。よって解答は⑤のみとなります。

44 解答

問1 ① 胚　② 種皮　③ デンプン　④ 胚乳　⑤ ジベレリン
⑥ 糊粉層　⑦ フィトクロム

問2 ⑧ 調節タンパク質　⑨ 転写調節　⑩ プロモーター
誤；翻訳 → 正；転写

問3 (a) 光発芽種子
(b) 光合成に有効な波長の光を受容したときにのみ発芽することで，発芽後に成長に必要な充分量の光合成を行い，繁殖することができる。

問4 4

解説

紀元前4世紀のアリストテレスは広い視野を持ち，研究・観察をしていました。時代が進み20世紀末ごろになると研究の専門性が高まり，研究者の視野は非常に狭くなりました。しかし，狭い視野では説明できない現象を解明するため，近年は視野を広げることが推奨されるようになってきました。また工学機器の発達により，かつてより精密な分析ができるようになってきました。そのような背景のもと，植物ホルモンのはたらきも遺伝子レベルで解明されてきています。

問1 41，42，43 参照。オオムギの種子が適温，有酸素の条件で吸水すると，胚からジベレリンが分泌されます。ジベレリンは，種皮の内側の層である糊粉層に作用し，糊粉層はジベレリンを受けてアミラーゼを分泌します。アミラーゼは胚乳に蓄えられているデンプンを糖に分解し，胚はこの糖を利用し発芽・成長します。

Box ジベレリンによるアミラーゼ合成

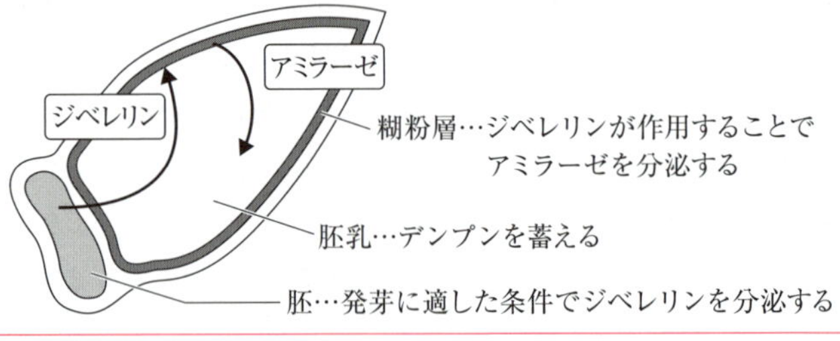

アミラーゼ
ジベレリン
糊粉層…ジベレリンが作用することでアミラーゼを分泌する
胚乳…デンプンを蓄える
胚…発芽に適した条件でジベレリンを分泌する

問2 18 問2参照。基本転写因子はプロモーターに結合し，RNAポリメラーゼによる転写を促進することから⑩はプロモーターです。また，遺伝子の左側(上流という)には転写調節配列があり，ここに調節タンパク質(転写調節因子)が結合することで，転写を促進あるいは抑制します。

問3　発芽の3条件は，水，適当な温度，酸素ですが，発芽に光を必要とする種子もあり，このような種子は光発芽種子と呼ばれています。その利点は，解答にも示したように発芽後の生存率を高めることにあります。なお，フィトクロムは調節タンパク質と基本転写因子に結合することで，転写を調節していると考えられています（下図）。

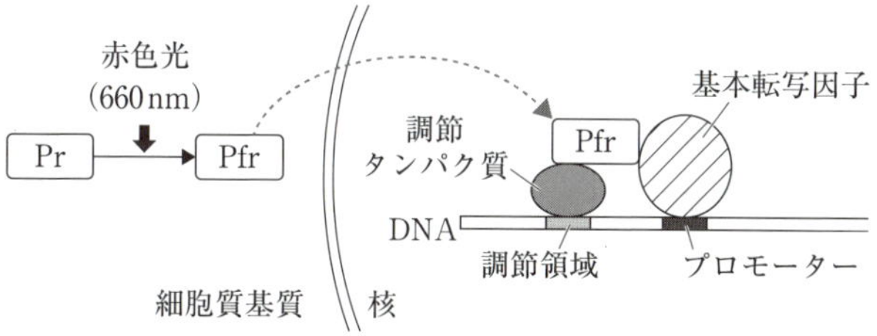

問4　クロロフィルは緑色をしていますが，これはクロロフィルが赤色や青紫色を効率的に吸収し，緑色は反射・透過するためで，吸収されなかった緑色の光が眼に届くからです。

Break

王英と扈三娘

「ジベレリンは矮性の植物を伸長させる」ことがあります。この「矮」とは「極端に短い」という意味です。メンデルが調べたエンドウの7つの形質の一つに，「背丈が高い・低い」というのがありますが，この低い形質が矮性です。

ところで，中国の奇書『水滸伝』の登場人物に「矮脚虎 王英」と呼ばれる人物がいます。水滸伝の主要登場人物にはあだ名がつくのですが，王英のあだ名「矮脚虎」とは，「短足の虎」という意味です。虎と呼ばれる割にはたいして強くなく，「一丈青 扈三娘」という女戦士にあっさり負けてしまいます。その扈三娘は，水滸伝のスーパースターである「豹子頭 林冲」に捕らえられるのですが，その後，なんだかんだで王英と結婚することになります。

話は変わり，細胞分裂後の細胞を娘細胞と呼びますが，これは本来「じょうさいぼう」と読みます。「娘」を「じょう」と読む例は意外と少ないのですが，扈三娘の「娘」は「じょう」と読むのです。王英と扈三娘は，ともに生物用語にわずかながらもかする名をもつ夫婦なのです。なお，「一丈青 扈三娘」のあだ名である「一丈青」の意味はよくわかっていないのですが，一丈が背丈を意味するという説があります。「身の丈」は成人男子の身長の意味があることからもわかります。つまり扈三娘は女性の割に背が高く，王英の「矮脚」と対比を表現しているのかも知れませんね。

45 解答

問1　科，目，綱，門，界

問2　落葉樹はある時期になると一斉に落葉するが，常緑樹は一斉に落葉せず葉ごとに落葉する。

問3　年降水量，年平均気温

年降水量が少ないと加水分解に必要な水が得られず反応が進行しにくくなり，年平均気温が高いと酵素の活性が高まり反応は進行しやすくなる。

問4　同一個体で雄花と雌花が混在すると自家受粉が起きる可能性が高いが，雄花と雌花の開花時期がずれることで自家受粉を防ぐことができる。

問5　やくの中の花粉母細胞が減数分裂すると，染色体数が半減した4個の細胞からなる花粉四分子ができる。花粉四分子のそれぞれは，さらに体細胞分裂を行い花粉管細胞の中に雄原細胞をもつ成熟した花粉となる。

問6　(1)　離層　　(2)　エチレン，アブシシン酸

(3)　オーキシンは離層の形成を抑制する。アブシシン酸は葉の老化を促しエチレン合成を誘導し，エチレンの作用により離層が形成される。

問7　(1)　ゲノム

(2)　親個体との競争を避けることや，生息場所の拡大などの目的。

(3)　自家受粉の防止と他家受粉を促す目的。

解説

生物が体外の環境や生活様式に対してどのような形態をとるのか，そのような形態の違いを**生活形**と呼びます。

Box 植物の生活形

◎落葉樹と常緑樹

落葉樹…葉は1年以内で枯死し，ある時期に一斉に落葉する。

常緑樹…一斉に落葉しないで，落葉する時期は個々の葉によって異なる。

◎広葉樹と針葉樹

広葉樹…葉が幅広く薄い。

針葉樹…葉が細長い。

◎陸生植物と水生植物

陸生植物…陸上に生息する植物。

水生植物…植物体全体，あるいは器官の一部が水中にある植物。

問1　55 p.178 NEXUS 参照。

問2　落葉とは文字通り「葉が落ちる」ことですが，特に落葉樹と呼ぶ場合には，ある時期に一斉落葉するものを指します。ブナやミズナラは冬季に，チークやコクタンは乾季に落葉する落葉樹です。

問3　設問文にある環境要因は，バイオームを決める要因と考えればよいでしょう（49 参照）。スクロースの分解は，水を利用して分解（グルコースとフルクトースとなる）する加水分解反応なので，乾燥した状態では進行しにくいと予想できます。また，酵素による反応なので，低温では進行しにくく高温では進行しやすいと予想できます。

問4　問題文に「同じ個体内の多くの新しい梢では雌花が先に開花し，雄花は遅れて開花する。雄花が作る花粉は風によって雌花に運ばれる」とあります。花粉を作った雄花と花粉を受けとった雌花は同じ個体内についている花なのでしょうか？そんなことはないですよね。雄花と雌花の開花時期は異なるので，この文章中の雄花が作った花粉は，他の個体の雌花に運ばれたことを意味しているはずです。このように，花粉が他の個体のめしべに受粉することを他家受粉と呼び，その結果として受精が起きることを他家受精と呼びます。これに対し，同一の個体内で受粉が起きることを自家受粉，その結果として受精が起きることを自家受精と呼びます。

生物には自家受精を防ぐしくみがあります。ほとんどの動物は雌雄異体なので，自家受精の心配はありません。これに対して植物では，おしべとめしべが同一の花にある（両性花）ことや，同一個体に雄花と雌花がつくことが多いため，自家受精が起きる可能性は充分に考えられます。そのため，植物は自家受精を防ぐしくみを発達させています。例えば，多くの植物は自家不和合性という性質をもっています。自家不和合性とは，自身の花粉がめしべの柱頭に受粉した場合，花粉管の発芽を抑制したり，花粉管の伸長を停止させたりする性質です。この性質によって，自家受精を防いでいるのです。

この問いでは「雄花と雌花の開花時期がずれること」の利点を問われており，先に記したように問題文中に「雄花が作る花粉は風によって雌花に運ばれる」とあるので，開花時期をずらすことで自家受粉を防ぎ，他個体との他家受粉を促すという利点が予想できます。

ところで，自家受精はなぜ避けるべきなのでしょうか？自家受精，あるいは近親交配が頻繁に起きると，遺伝子をホモにもつ可能性の増加や，遺伝的な多様性の低下が考えられます。その結果，有害遺伝子をホモに持つ確率が高まったり，外的な環境変化に対して種全体が抵抗力を失うからであると考えられています。

問5　花粉がつくられる過程は下図のようになります。

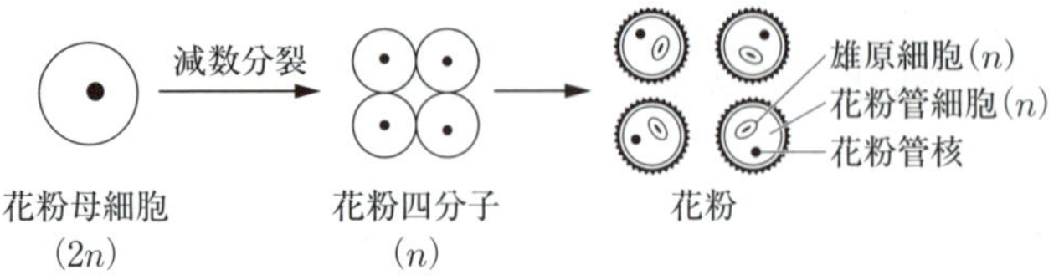

問6　42 **問1**参照。離層とは葉柄や果柄にできるもろくなった層のことです。この部分ではセルラーゼやペクチナーゼの作用で細胞壁が分解されたり，細胞間が離れやすくなったりしています。アブシシン酸はワタの果実を落果させる現象から発見されたため，かつては離層の形成を直接促進させる物質と考えられていました。しかし現在では，アブシシン酸が葉の老化を促進させ，葉の老化によりエチレンが合成される結果として離層の形成が促進されると考えられています。

問7　ゲノムとは「生命維持に必要な遺伝子の組」のことです。ヒトであれば1倍体23本の染色体が持つ遺伝情報を指します。花粉は単相(*n*)なのでゲノムを1組もちます。種子(内部にある胚)は受精によってできるので複相(2*n*)です。

種子散布は生息場所の拡大が目的です。種子が散布されないで，そのまま落下した場合，親個体に太陽の光を遮られることで発芽しても成長できない可能性があります。また，種子が散布されなければ多くの種子が密集することになり，種内競争が激しくなります。これに対して種子が他の地域へ散布された場合，太陽光を多く受けることのできる土地へ運ばれる可能性があります。また，ある地域が地殻変動などにより破壊された場合でも，他の地域に分布域を拡大していれば全滅を防ぐことができます。一方，送粉の目的は上記**問4**に記したように自家受粉を防ぐことです。植物は送粉に多くのコストをかけています。例えば，栄養分が多く含まれる蜜や派手な花弁でミツバチなどの昆虫を引き寄せ，送粉を促すことはよく知られています。コストをかけてでも他家受粉を促すことは，それに見合った利益が得られることを意味しています。

Break

学問を楽しむ

北里柴三郎は細菌学の大御所コッホに師事し，1889 年，当時不可能と言われた破傷風菌の純粋培養に成功しました。破傷風菌の純粋培養が難しかったのは破傷風菌が嫌気性細菌であり，酸素に接すると生育できない偏性嫌気性菌であることが一因です。そのため深い傷を負ったときに，傷口の奥の方で破傷風菌が生育することで発病に至ります。さらに北里は，破傷風の血清療法も確立させました。この業績は充分にノーベル賞に値します。実際，同門のベーリングは北里とともに破傷風の血清療法を応用して，ジフテリアの血清療法を確立したことにより，1901 年に第 1 回のノーベル生理学･医学賞を受賞しました。今でこそ日本人がノーベル賞をとるのは珍しくありませんが，当時の日本は科学における後進国であったため，北里はノーベル賞受賞に至りませんでした。日本人というだけで偏見があったのです。日本人初のノーベル賞受賞は，1949 年の湯川秀樹まで待たねばなりませんでした。とはいえ，ノーベル賞の受賞は，目的ではなく結果であると思います。ノーベル賞を目標とするのは誤りです。やはりサイエンスを楽しんだ結果として，たまたまノーベル賞がついてきたと考えるべきでしょう。北里はノーベル賞がとれなかったことに関して悔しがることはなく，「世界的環境で研究させてもらえただけで感謝している」と語っていたそうです（『心にしみる天才の逸話 20』山田大隆　講談社）。このような姿勢はすばらしいですね。

時代をさかのぼりますが，前野良沢の話も感動を覚えます。前野は鎖国時代の人で，オランダ語の習得に人生を捧げたと言える人物です。当時の環境でオランダ語を習得するのは困難を極め，大宰府天満宮にて学問の神である菅原道真に「名誉はいらないからオランダ語を習得させてください」と願をかけました。後に前野は，『ターヘル・アナトミア』を杉田玄白，中川淳庵らとともに日本語訳し，『解体新書』として刊行するに至ります。ところが『解体新書』には，杉田玄白，中川淳庵ほか二人の名はありますが，前野良沢の名はありません。前野は「自分の名を載せてしまったら，菅原道真への誓いに反する」として，自らの名を記載することを拒否したのです。

学問というのは，本来，楽しいものです。興味を持って新しい知識を得たり，新しい事実を発見したりすることで知的興奮が得られるのです。しかし，「受験のためだから仕方なしに」とか，「苦手科目で成績が伸びない」といった意識だと楽しくありませんよね。誰にでも興味のある分野があると思います。まずは興味がある分野から楽しんで学んでみましょう。そして少し視野を広げてみると，苦手でつまらないと思っていた分野と興味のある分野が実は関係していた，なんてことがあるのです。世の中どこでつながっているか，意外とわからないものですよ。

第7章　生物群集と生態系

46 解答

問1　ア (e)　イ (a)　ウ (b)　エ (g)　オ (i)　カ (f)　キ (h)
ク (j)　ケ (n)　コ (l)

問2　環境収容力

問3　密度効果

問4　(b), (c)

問5　(1) 18.75　(2) 1530

解説

生物の生活に関する生物学の分野を生態学と呼びます。特にその基本となるものが個体群生態学です。**個体群**とは，ある地域に生息し互いに関係をもつ同種個体の集合のことです。個体「群」と言っても「群れ」とは意味が異なります(47 参照)。

また生態系内にはさまざまな種の個体群が互いに関係をもちながら共存しています。このような個体群の集合を生物群集と呼びます。ある種が生態系内において占める位置(生活要求)を**生態的地位**(**ニッチ**)と呼び，「ニッチが近似した種は共存できない」という原則があります。例えばある種のタカは森林に生息し，昼に行動し，小動物を食べて生活しています。仮に同じような生活要求をとる種(**生態的同位種**)がいた場合，タカとの間に**種間競争**が起きます。種間競争の結果，どちらかの種が絶滅に追い込まれることがあり，このような現象は**競争的排除**(競争排除則)と呼ばれます。そのため，そのような種間ではしばしばニッチをずらして共存するという手段がとられています。つまり，ある種が生活するための理想的なニッチ(**基本ニッチ**)と実際に生活しているニッチ(**実現ニッチ**)は多少異なるということです。生きるためには「次善の策」も必要なのです。

問1～3　個体群の成長とは，個体数の増加のことです。また，個体群の成長の様子を表したグラフを**成長曲線**と呼びます。資源が無限にあると仮定した場合，個体数は無限に増加しますが，実際には食料や生活空間の不足，排泄物の蓄積による環境悪化などといった原因(これらを**密度効果**と呼びます)で個体数は頭打ちになり**S字状**になります。そのときの，ある地域に生息できる個体数の上限を**環境収容力**と呼びます。

Box 成長曲線

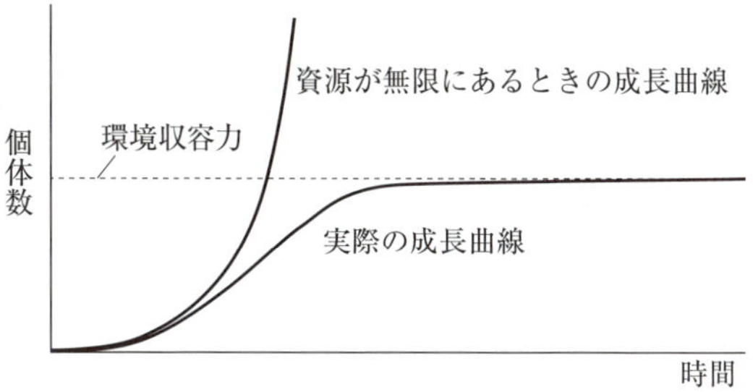

問4　ある種の昆虫では密度効果によって，相変異と呼ばれる現象が見られます。相変異とは，同一種の生物間で形態や行動などに著しい差を生じる現象です。低密度で成長した個体(孤独相)は体が大きく，移動力は乏しく，単独で行動する傾向を示します。一方，高密度で成長した個体(群生相)は体は小さく，移動力が高まり，集団で大移動を行う傾向を示します。またワタリバッタ(相変異がみられるバッタの総称)の体色は，孤独相では緑色，群生相では黒褐色になります。

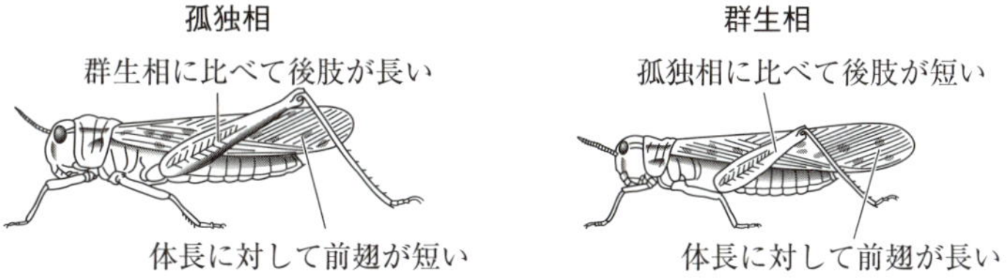

問5　個体数の推定法には標識再捕法と区画法(コドラート法)があります。

区画法は，フジツボや植物など移動力の乏しい生物の個体数の推定に利用します。区画法の原理は簡単で，個体数を調べたい地域のうち，ある区画の個体数をすべて数え，地域全体と区画との面積比から全個体数を計算するだけです。この設問では，a～hの各区画(1区画あたり $2\,\mathrm{m} \times 2\,\mathrm{m} = 4\,\mathrm{m}^2$)の平均値を計算します。

$$\frac{22+8+10+30+17+24+16+23}{8} = \underline{18.75}$$

1区画あたりの平均が18.75個体なので，ここから全面積($20.4\,\mathrm{m} \times 16\,\mathrm{m} = 326.4\,\mathrm{m}^2$)あたりの個体数を以下のように計算します。

$$\underset{\text{区画の面積}}{\underline{4\,\mathrm{m}^2}} : \underset{\text{区画あたりの個体数}}{\underline{18.75\text{ 個体}}} = \underset{\text{全面積}}{\underline{326.4\,\mathrm{m}^2}} : \underset{\text{全個体数}}{\underline{\boxed{1530}\text{ 個体}}}$$

47 解答

問1　群れが大きいほど見張りを行う個体数が増えるため，遠くにいるタカなどの天敵を発見しやすい。そのため，タカの攻撃成功率は1個体で行動すると80％にもなるが，群れの大きさが51以上になると，10％以下となり，捕食を回避しやすい。

問2　A　順位　　B　リーダー　　C　縄張り(テリトリー)

問3　シカ，アシナガバチなど

問4　ニホンザル，ゴリラなど

問5　イトヨ，アユなど

問6

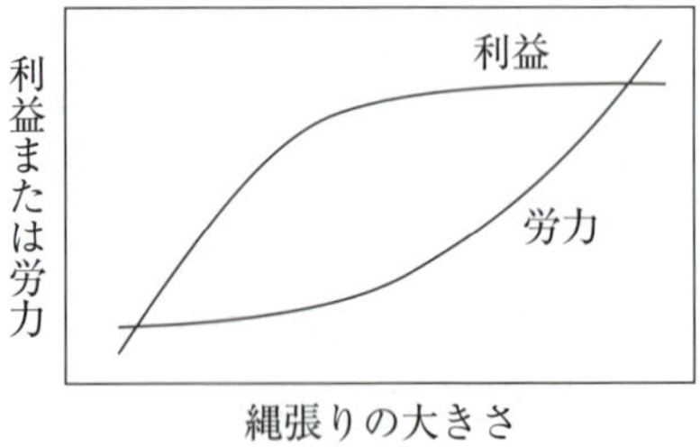

解説

生物どうしのはたらき合いを相互作用と呼びます。種内競争や群れなどの同種個体群内の相互作用と，種間競争(46 参照)や相利共生などの異種個体群間の相互作用があります。

鳥類には群れをつくるものが多く見られます。「群れ」とは，統一的な行動をとる動物の集団を指します。ところで，群れることで得られる利益とは何でしょうか？群れの利益を表す言葉に「目の数を増やす」というものがあります。群れをつくり見張りを増やすことで，天敵を発見しやすくするという意味です。また，集団で狩りをすることで効率よく食料を得ることも利益のひとつです。例えばヒト1人ではマンモスを狩ることはできないでしょうが，集団では可能になります。一方，群れることでは損失も生まれます。個体群密度が上昇しますから，種内競争が激しくなります。そのため，群れには最適な大きさ(個体数)があります。群れが大きいほど個体あたりの警戒時間が減少しますが，争いの時間が増加します。警戒と争いを除いた時間を採餌に使うと考えた場合，警戒と争いの時間の合計が最小となるときに採餌に使える時間が最大となります。よって，そのときの個体数が最適な群れの大きさであると考えられます。

Box 群れの最適な大きさ

群れが大きいほど，個体あたりの警戒時間は減少し，競争にかける時間が増加する。これらの時間は採餌に使えず，それ以外の時間を採餌に使えると考える。

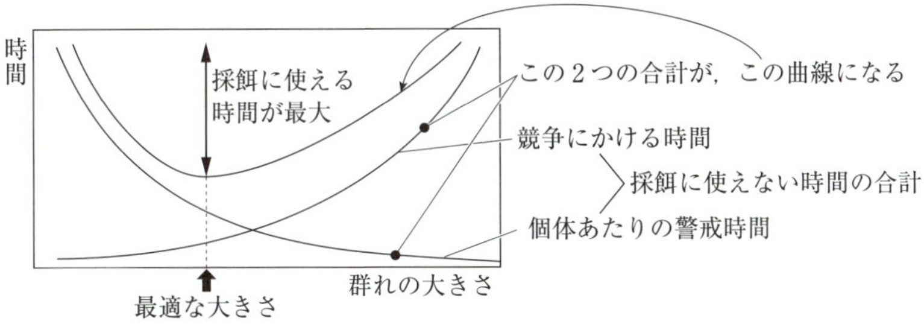

問１　図１(a)より，群れが大きいほどタカを発見する平均距離が長くなっています。これは「目の数」が増えた(見張りが増えた)ことで遠くの天敵を発見しやすくなったことを意味します。また(b)より，群れが大きいほどタカの攻撃成功率が低下しています。解答には(a)と(b)を結びつけ「群れが大きいほど天敵を発見しやすいため，攻撃の回避率が高くなる」という内容を書きましょう。

問２　群れには多くの個体がいますから，個体間には年齢や力の差があります。この差により個体間に順位ができます。また，特定の個体が群れを統率することがあり，この個体をリーダーと呼びます。縄張りについては下記**問５・６**参照。

問３　順位が成立するには，個体間の優劣を学習し記憶する必要があります。そのため，個体間の順位は多くの場合，鳥類や哺乳類などの大脳が発達した動物で見られます。解答の他にリス，ネズミ，カラス，アリなどで順位が見られます。

問４　ある特定の個体が群れを統率している場合，その個体をリーダーと呼びます。問題文にもあるとおり，オオカミなどでもリーダーが見られます。

問５・６　ある個体が占める占有空間を，縄張り(テリトリー)と呼びます。縄張りには配偶者や，えさを確保する目的があります。アユやイトヨなどの魚類のほか，大型の猛禽類(タカのなかま)などで見られます。

えさの確保を目的とした場合，食べることのできるえさの量には限界がありますので，一定以上に縄張りが大きくなっても，利益はそれ以上大きくなりません。一方，縄張りが大きくなると侵入者を追い払うための労力は増えていきます。そのため，利益と労力の差が最も大きくなるところが，縄張りの最適な大きさです。また，労力が利益を上回る範囲では縄張りは成立しません。

生物群集と生態系

48 解答

問1　同種の雌雄を識別できるため，効率よく配偶相手を見つけられる。

問2　種Ａ，Ｂ，Ｃの雌雄は反応せず，種Ｄの雄は反応して種Ｄの雌に近づく。種Ｄの雌は種Ｄの雄が近づくと交尾を行う。

問3　種Ａの雌と種Ｂ，Ｃの雌雄および種Ｄの雄は反応しないが，種Ａの雄は反応し種Ｄの雌に近づく。種Ｄの雌は近づいてきた種Ａの雄を捕食する。

問4　すみわけといい，生態的地位が似た種は共存できないので，生活場所を変えて共存できるようにする利点がある。

問5　食物連鎖

問6　①　摂食量　　②　不消化排出量　　③　生産量　　④　死滅量(死亡量)
⑤　被食量

問7　護岸工事などによりホタルの産卵場所が失われた。など

問8　もとから生息していた生物の生活場所を奪ったり，その地域の生物を捕食してしまったりする可能性がある。

【別解】　その地域に特有の遺伝的形質をもった生物と交配することで，地域特有の形質が失われる可能性がある。

解説

ホタルは光を利用して配偶相手を見つけています。ただ光るだけではなく，発光パターンを変えることで同種と異種を見分けています。

余談になりますが，ホタルにも光を使わずフェロモンを使って配偶行動を行う種が多くいます。光を使う種では眼が大きく触角が短いのに対し，フェロモンを使う種では眼が小さく触角が長く，触角に枝分かれが見られることもあります。光を使う種は原始的で，フェロモンを使う種ほど進化している傾向にあります。光は天敵に発見される危険性があり，フェロモンは昼間でも利用できる利点があるからと考えられています。

問1　同じ発光パターンでは，異種の雌雄が出会ってしまいます。それを防ぐために種によって発光パターンを変えています。

問2　種Ｄ雌のパターン１は種Ａ，Ｂ，Ｃでは見られない発光パターンです。そのため種Ａ，Ｂ，Ｃの雌雄は反応しないでしょう。種Ｄの雌の発光パターンのうち，パターン２，３，４はそれぞれ種Ａ，Ｂ，Ｃの雌の発光パターンと同じです。そのため，種Ｄの雄がこれに反応することは考えられません。(エ)において，種Ｄの雄は１つのパターンのみ反応することが記されているので，パターン１に反応して配偶行動を示すと予想できます。

問3　上記**問2**のように，種Dの雌は，種A，B，Cの雌の発光パターンをまねることができます。(オ)を見れば，もうこれ以上言う必要はないでしょう。なお，このような他種のホタルをだまして捕食してしまう雌は「妖婦」と呼ばれ，他種の雄ホタルに恐れられています。

問4　日本で双璧をなすゲンジボタルとヘイケボタルは幼虫が水生ですが，実は水生のホタルは世界的に珍しく，ホタルの幼虫はほとんど陸生です。

多くの種のホタルの幼虫はカタツムリのなかまを食べるので，他種のホタルと種間競争が生じることがあります。しかし，ニッチ(**46**参照)をずらすことで共存できています。この設問では，水生種と陸生種の比較で「異なる生息場所」とあるので，すみわけを行っていると言えます。

問5　被食者と捕食者の関係を，被食者－捕食者相互関係と呼びます。この関係は，設問のように複数の種が鎖状につながっていますので，食物連鎖と呼ばれます。実際には，生態系内で網目状のつながりをつくっています。このような網目状のつながりは食物網と呼ばれます。

問6　物質の生産と消費を表す式は，**Box**のように足し算で考えるとわかりやすいです。まずは足し算の式をつくり，問題にあわせて式変形すればよいのです。「同化量＝摂食量－不消化排出量」などと覚えると混乱しやすく覚えにくいです。なお，不消化排出量とは，食べても栄養にならず「ふん」として排出された量です。また，消費者にとっての同化量は，生産者の総生産量と同様の式となりますので，同化量ではなく総生産量と書かれていることもあります。

Box　物質の生産と消費

生産者

総生産量＝成長量＋被食量＋枯死量＋呼吸量
（成長量＋被食量＋枯死量＝純生産量）

消費者

摂食量＝(前の栄養段階の生物の)被食量＝同化量＋不消化排出量

同化量＝成長量＋被食量＋死滅(死亡)量＋呼吸量
（成長量＋被食量＋死滅(死亡)量＝生産量）

問7　「生活排水による水質の悪化」や，「住宅地などの照明により，発光による交信が妨げられた」などの解答でもよいでしょう。

問8　日本国内であっても，他の地域から生物を移入することは極力避けるべきです(**52** **問4**参照)。

49 解答

問1 ア ツンドラ イ 熱帯林 ウ 388 エ 60 オ 15 カ 37 キ 52

問2 (1) ア 277 g/m^2 イ 64 g/m^2

(2) 熱帯林ではツンドラに比べ，同化器官に対する非同化器官の割合が大きいから。

問3 (1) ステップ 1年 (2) 亜寒帯林 22年

(3) ステップは主に草本で個体の寿命が短いが，亜寒帯林は主に樹木からなり，寒冷で成長が遅く寿命が長いから。

問4 (1) 4700 g/m^2 (2) 0.2年

(3) 浅海の生産者は植物プランクトンであり，捕食されやすいが純一次生産量が高いため，現存量の回復が速いから。

解説

世界は広いです。暑い地域から寒い地域，年中多雨の地域もあれば，ほとんど雨の降らない地域もあります。当然ながら，その地域の気候によって生息する生物相(一定地域に生息する生物の全種類)は異なります。その生物相を**相観**(見ため)で区分したものを**バイオーム**(生物群系)と呼びます。

Box 世界のバイオーム

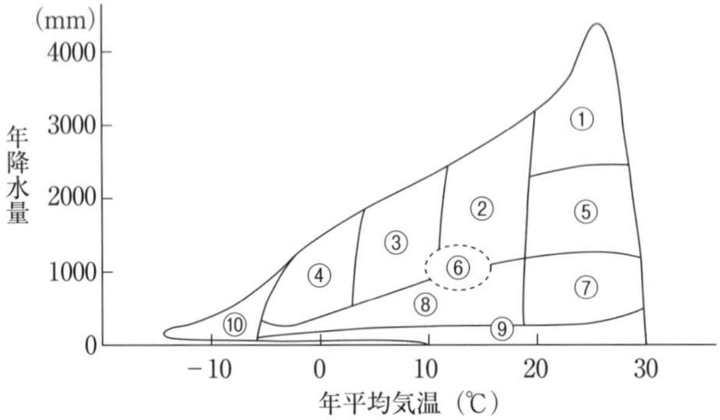

①熱帯多雨林…常緑広葉樹林，**つる植物**や**着生植物**が多い。
土壌の腐植層は薄く，土壌動物は少ない。
河口には**マングローブ林**がみられる。

※熱帯多雨林より気温が低い亜熱帯では亜熱帯多雨林が分布する。

②照葉樹林…常緑広葉樹林，クチクラ層が発達。
③夏緑樹林…落葉広葉樹林，夏季に葉をつけ冬季に落葉。
④針葉樹林…常緑針葉樹林。
⑤雨緑樹林…落葉広葉樹林，雨季に葉をつけ乾季に落葉。
⑥硬葉樹林…常緑広葉樹林，クチクラ層が発達。照葉樹に比べ小葉で硬い。
⑦サバンナ…イネ科の草本が主で，高木や低木の木本植物が点在。
⑧ステップ…イネ科の草本が主で，木本植物はほとんどない。
⑨砂漠…乾燥に強い多肉植物や一年生植物。
⑩ツンドラ…短い夏季に地衣類やコケ植物が生育する。

問1　現存量は地上部と根の合計になりますので，［ア］はツンドラ(現存量は650 g/m^2)，［イ］は熱帯林(現存量は38800 g/m^2)です。

［ウ］の計算式は以下のようになります。問われているのは「1ヘクタール(100 m × 100 m = 10000 m^2)当たり」であることに注意しましょう。

$$(30400 + 8400)\,g/m^2 = 38.8\,kg/m^2 = 388000\,kg/10000\,m^2$$
$$= 388\,トン/10000\,m^2$$

［エ］は同面積で比較すればよいので，次のように計算しましょう。

$$\frac{(30400 + 8400)\,g}{(250 + 400)\,g} = 59.6\cdots(倍)$$

［オ］は総面積当たりの［イ］(熱帯林)の面積ですので，表の数字を使って計算すればよいです。

$$\frac{17.5 \times 10^6\,km^2}{120.3 \times 10^6\,km^2} \times 100 = 14.5\cdots(\%)$$

［カ］と［キ］も同様に計算してください。

$$\frac{21.9 \times 10^{12}\,kgC}{58.5 \times 10^{12}\,kgC} \times 100 = 37.4\cdots(\%) \qquad \frac{340 \times 10^{12}\,kgC}{650 \times 10^{12}\,kgC} \times 100 = 52.3\cdots(\%)$$

問2　「単位現存量当たりの年間の純一次生産量」とは，表1における純一次生産量を，地上部と根の現存量で割った値です。これは現存量が1 kgあったときに，どれだけ純一次生産量が得られるのかを意味します。

(1)　ツンドラの現存量は1 m^2 当たり 650 g = 0.65 kg です。また，ツンドラの純一次生産量は1 m^2・1年当たり 180 g です。よって，単位現存量(現存量1 kg)当たりの年間純一次生産量は，

生物群集と生態系

$$\frac{180\,\mathrm{g}}{0.65\,\mathrm{kg}} = 276.9\cdots\mathrm{g/kg}$$

となります。この値はツンドラの現存量が1 m^2 に1kg あった場合，約277gの純一次生産量が得られるということを意味します。よって，現存量1kg当たりの年間純一次生産量は，約277 g/m^2 となります。

熱帯林も同様の計算を行うと，

$$\frac{2500\,\mathrm{g}}{38.8\,\mathrm{kg}} = 64.4\cdots\mathrm{g/kg}$$

となるので，現存量1kg当たりの年間純一次生産量は，約64 g/m^2 となります。

(2) (1)の両者の違いは同化器官と非同化器官の割合の差です。ツンドラで優占する地衣類やコケ植物は，体全体で光合成を行うので，現存量当たりの純一次生産量が大きくなります。しかし，熱帯林などの場合は幹や根などの非同化器官が多くなるので，現存量当たりの純一次生産量が小さくなります。

問3 (1)・(2) これも設問文に従って計算しましょう。最も小さいものと大きいものを答えなければいけないので，正確にはすべてを計算する必要があります。

熱帯林…(38800/2500) ≒ 15.5

温帯林…(26700/1550) ≒ 17.2

亜寒帯林…(8300/380) ≒ 21.8 ←これが最も大きい

硬葉樹林…(12000/1000) = 12.0

サバンナ…(5700/1080) ≒ 5.3

ステップ…(750/750) = 1.0 ←これが最も小さい

ツンドラ…(650/180) ≒ 3.6

砂漠…(700/250) = 2.8

(3) ステップのターンオーバータイムは1年ですから，一年生の草本が中心であることが予想できます。一方，亜寒帯林は樹木中心であり，しかも亜寒帯なので，気温が低く成長に時間がかかるため，何年もかけて同化産物を幹，枝，根などに蓄積させていきます。その結果ターンオーバータイムが長くなります。

問4 (1) 現存量が100gのとき純一次生産量が470gなので，現存量1kgあたりでは4700gとなります。

(2) **問3**と同じ計算をすると，(100/470) ≒ 0.21となります。

(3) 海洋での主な生産者は植物プランクトンです。植物プランクトンは寿命は短いですが，コケ植物のように体全体で光合成を行うので，捕食されても回復が早く，ターンオーバータイムは短くなります。

50 解答

問１　１　コウノトリ　　２　種　　３　里山

問２　ア，ウ，エ

問３　供給サービス；ア，ウ，カ，ケ　○

調整サービス；イ，オ，キ　○

文化サービス；エ，ク，コ　○

問４　(1)　変化していく様子；遷移　　森林の状態；極相(クライマックス)

(2)　遷移が進み極相に近づくと森林の多様性が減少するので，適度にかく乱することで多様性を保つことができる。

解説

「生態系の保全」という言葉をよく目にします。生態系の保全とは，ただ自然を守るという「自然保護」だけでなく，人間が積極的に自然を利用しつつ保護していこうという考え方です。そのキーワードは「生物多様性」です。

生物多様性には種の多様性，遺伝的多様性，生態系の多様性の３つがあります。また，近年，多様性の観点から特に注目されているのが里山です。

Box 生物多様性

・**種の多様性**…生態系内にさまざまな種が存在すること。

・**遺伝的多様性**…同一の種内にも遺伝的な多様性があり，遺伝形質に個体差があること。

・**生態系の多様性**…地球上にはさまざまな地域があり，地域ごとに気候条件や地形が異なり，生物相が異なること。

問１　里山とは人間が管理・維持している自然環境で，田んぼや畑，小川，あるいは山林などの環境です。里山が農用林や薪炭林(しんたんりん)(薪(たきぎ)や木炭を得るための林)として利用されると，伐採により適度なかく乱を受けます。それにより，遷移の進行が止まることで生物多様性が維持されます(**問４**参照)。しかし現在では，里山の人口減少により放置された林が増えてきました。また，宅地化された里山も少なくありません。里山は消滅の危機にさらされているのです。里山は人間に，さまざまな「自然の恵み」を与えてくれます。農用林，薪炭林としてだけでなく，野生動物の狩猟や植物の採集，また，ハイキングやキャンプなどのレクリエーションにも利用されます。現在では里山の価値を見直し，里山を再生させようという活動が見られます。

問２　ア；外来生物(52 **問４**参照)の影響が考えられます。

イ；適度に間伐を行うことで陽のあたる場所ができ，陽生植物やそれに群がる動物相の維持もできるため，種の多様性維持に効果的であると考えられます。

ウ；ダム建設によって，ある地域一帯の生態系を破壊してしまいます。

エ；熱帯では焼き畑による砂漠化が進行しています。

オ；ペットの飼育だけでは種の絶滅は起きないでしょう。しかし，ペットとして飼育していたアライグマやカミツキガメなどが放たれ，定着してしまうことが問題視されています（52 問4参照）。

カ；動物園が原因で，種の絶滅を起こすことは考えにくいです。

ダム建設や焼き畑などは人間の生活に必要な行為なので，絶対にやめるべきとは言えませんが，それによって生じる影響の調査は必要でしょう。

問3　生態系サービスとは，生態系が人間に与える恩恵のことです。まさに「自然の恵み」です。

Box 生態系サービス

基盤サービス

生態系サービスの土台となるもの。

栄養塩の循環，土壌形成，一次生産（光合成）など

供給サービス

生存条件である衣・食・住となるもの。

食料，淡水，木材や繊維，燃料など

調整サービス

生活環境を一定に保つもの。

気候制御，洪水調節，疾病制御，水の浄化（分解者）など

文化サービス

精神性を育むもの。

レクリエーション，癒し，美的感覚の育成，子どもの感性の教育など

問4　(1)　自然環境はかく乱を受けなければ，時間が経つにつれ生物相が一定方向へ移り変わっていきます。このような過程を遷移と呼びます。遷移の最終段階である極相（クライマックス）の環境は，主に年平均気温と年降水量で決まります（49 参照）。

(2)　人間が管理しない自然「保護」を行った場合は，図２のようにある時点をピークに森林の多様性は低下していきます。これは陽樹と陰樹からなる混交林の状態から，ほとんど陰樹からなる陰樹林に遷移することで多様性が低下したことを意味し

ます。そのため，人間が適度に手を入れることでかく乱が起き，多様性が維持されるのです。なお，台風などにより陰樹林の林冠に大きなギャップが生じた場合，そのギャップを陽樹が埋めることがあります。実際の森林では，このようにして多様性が維持されることがあります。

Box 遷移

遷移…植生が長い年月の間に変化すること。

一次遷移

火山の噴火や地殻変動などによりできる土壌のない土地（裸地）から始まる遷移。一般に，裸地には貧栄養に耐性のある地衣類やコケ植物が侵入する。

先駆植物（パイオニア植物）…最初に侵入する植物。ふつうは陽生植物。

極相（クライマックス）…遷移の最終段階で安定期に達した植生の状態。降水量や気温が充分であれば陰樹林となる。

乾性遷移…陸上で進行する遷移。

湿性遷移…湖沼などから始まる遷移。湿原を経て，陸上の遷移に移行する。

二次遷移

山火事や森林伐採などから始まる遷移。二次遷移では，すでに土壌が形成されており，土壌中には種子や根などが含まれているため，一次遷移に比べて進行が速い。

遷移の調査　NEXUS

遷移の進行には長い年月を必要とするため，時間を追った調査が困難である。そのため，火山の噴火年代がわかっている土地を利用して，遷移の過程が調べられている。

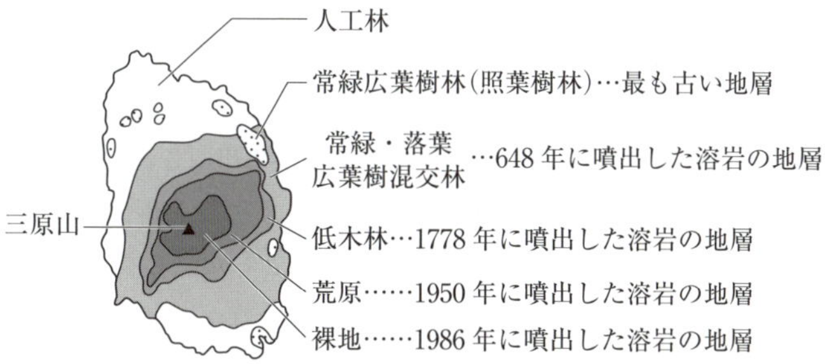

伊豆大島の植生と地史

第8章　生物の進化と系統

51 解答

問1　1　進化　　2　用不用　　3　獲得形質　　4　遺伝
　5　種の起源(種の起原)　　6　変異　　7　自然選択

問2　くちばしが細い個体が多く生き残り，その割合が増加する。

問3　・遺伝子突然変異により左巻きの個体が出現した。
・左巻きの個体はヘビに捕食されないため自然選択により増加し，右巻きの個体と交配しないので生殖隔離が生じた。

解説

ダーウィンといえば「進化論」,「自然選択説」,「種の起原」ですが，彼は初めから進化という概念を持っていたわけではありません。

ダーウィンは測量船ビーグル号で航海し，世界各地で生物の多様性(50 参照)を目の当たりにしました。「なぜ生物はこんなにも多様なのだろう？」という疑問から自然選択説(自然淘汰説)にたどりついたと言われています。

ダーウィンは自然選択の基本原理に至ってからも，その考えを長らく世に出すことはせず，友人のライエルらとともに議論を重ねていました。ダーウィンは自然選択説をより完璧なものにするため，多くのデータを収集していたのです。ところが，ウォレスも独自に同様の考えに至り，その論文をダーウィンに送りました。これをきっかけに，ダーウィンとウォレスは1858年のリンネ学会において同一のタイトルの論文として，自然選択説を発表することになりました。翌年，ダーウィンは個人が書いた著書としては史上最も有名である『種の起原』を出版し，進化論が世に広まることとなったのです。

問1　ラマルクは，世界で初めて進化のしくみを科学的に解明しようとした人物です。ラマルクも当初は生物の多様性のしくみに興味を持ち，その説明のために進化の概念に至ったと言われています。ラマルクは1809年に出版された著書『動物哲学』のなかで，多様性のしくみを「用不用説」で説明しました。用不用説とは「よく利用する器官は発達し，利用しない器官は退化する」とした説です。しかし，生後に獲得した形質が子に遺伝する(獲得形質の遺伝)とした点が否定され，世に認められることはありませんでした。

ラマルクから半世紀後，ダーウィンの登場です。ダーウィンは「生物が多数の子を産み」,「形質には個体ごとに差(変異)がある」こと,「利用できる資源は限られている」ため「種内で資源をめぐる生存競争が起きる」ことに気づきました。そして「多数の個体のうち，最も環境に適した形質を持つ個体が生き残り，子孫を残す」という考えに至りました。これが自然選択の基本的な考え方です。その後，多くの研究者による変更・修正を経て，現在に至っています。

Box 代表的な進化論

・用不用説…「使われる器官は発達し，使われない器官は退化する」とした説。ラマルクが『動物哲学』(1809)のなかで提唱した。

・自然選択説…「同一の生物種でも個体差があり，また，生まれた個体の間に食物などをめぐって生存競争が起き，より環境に適した個体のみが生き残り，これが繰り返されることにより進化する」とした説。ダーウィンとウォレスが1858年のリンネ学会において発表した。ダーウィンの著書『種の起源(種の起原)』(1859)により広く支持された。

・隔離説…「隔離により種の分化が起きる」とした説。ワグナー（1868)が地理的隔離，ロマニーズ(1885)が生殖隔離の重要性を主張した。

・突然変異説…「突然変異により進化が起きる」とした説。ド・フリース(1900)が提唱した。

・定向進化説…「生物の内在的な方向性により進化する」とした説。アイマーら(1885)が支持した。

・新ダーウィン説…「生殖細胞の変異が次世代に遺伝し，進化する」とした説。ワイスマン(1885)が提唱した。

・中立説…「中立的な変異が蓄積され進化する」とした説（53 問3参照)。木村資生(1968)が提唱した。

問2　本文より，小さくて柔らかい実を食べるには，細いくちばしをもつ個体が有利であると予想できます。なお，本文にある「絶海の孤島」はガラパゴス諸島，「鳥」はフィンチです。

問3　「右巻きが祖先」という前提があるので，(1)まずは遺伝子突然変異により左巻きが生じなければなりません。また，種分化が起きるには(2)生殖隔離が必要です。さらに，本文中に「左巻きはヘビに捕食されない」ことが書かれていますので，(3)左巻きは自然選択により右巻きより優位であることが予想できます。解答は，まずは(1)で左巻きが出現したことを書き，(2)と(3)をまとめて左巻きの種が分化した経過を書けば良いでしょう。

52 解答

問1 ア 遺伝子　イ 染色体　ウ 表現型(形質)　エ 自然選択
オ 地理的　カ 生殖(的)　キ 適応放散　ク 収束進化(収れん)

問2 相利共生
(a) アブラムシはアリに蜜を与え，アリはアブラムシを天敵から保護する。
(b) 造礁サンゴは褐虫藻に生息場所と栄養分を与え，褐虫藻は造礁サンゴに光合成産物を与える。

問3 (1) 0.053　(2) 25個体　(3) 0.9 %

問4 以下の(a)～(d)から2つ選択
(a) ジャワマングースはハブを退治するために持ち込まれたが，アマミノクロウサギを捕食してしまう。
(b) 輸入アサリにサキグロタマツメタガイが混入していたことから持ち込まれ，これが在来のアサリを捕食してしまう。
(c) 釣りなどの目的で持ち込まれたオオクチバスが放流されたことで，これがワカサギを捕食してしまう。
(d) ペットとして持ち込まれたタイワンザルが野生化し，ニホンザルと交配し雑種をつくってしまう。

解説

ダーウィンの自然選択説(51 問1参照)は広く受け入れられるようになりましたが，ダーウィンの考えがそのまま現在まで受け継がれているわけではありません。「進化論は研究者の数だけ存在する」と言われるほど，進化論は多様なのです。ダーウィンの自然選択説を中心にした多くの学問分野のなかで，最も極端と言えるのが**集団遺伝学**(進化遺伝学)です。

集団遺伝学では，進化を「遺伝子頻度の変化である」と定義しています。遺伝子頻度とは，集団内における対立遺伝子(集団内のすべての対立遺伝子の集合を**遺伝子プール**と呼ぶ)の頻度(割合)のことで，一定の条件を満たす集団(Box 参照)では，遺伝子頻度は世代を経ても変化しないと考えられます。しかし，**自然選択**や**遺伝的浮動**(53 問3参照)がはたらくことによって，遺伝子頻度は変化します。つまり，集団遺伝学では進化の要因は自然選択と遺伝的浮動であると考えているのです。

一定条件のもとで遺伝子頻度が変化しないという法則は，ハーディとワインベルグが1908年に独立に発表しました。そのため，この法則は**ハーディ・ワインベルグの法則**と呼ばれ，遺伝子頻度が変化しない状態は**遺伝的平衡**と呼ばれます。

Box ハーディ・ワインベルグの法則

◎ハーディ・ワインベルグの法則の成立条件

・個体数が充分にある。

・自由交配を行う。

・自然選択がない。

・突然変異は起きない。

・集団間で移出入は起こらない。

以上の5つの条件を満たす集団をメンデル集団と呼び，メンデル集団は世代を経ても遺伝子頻度は変化しない。

◎ハーディ・ワインベルグの法則の証明

あるメンデル集団における遺伝子A，aの遺伝子頻度をp，q（$p+q=1$）とする。この集団を自由交配すると

$$(p\mathrm{A}+q\mathrm{a})^2 = p^2\mathrm{AA}+2pq\mathrm{Aa}+q^2\mathrm{aa}$$

$$\mathrm{AA}:\mathrm{Aa}:\mathrm{aa} = p^2:2pq:q^2$$

より，次世代における集団内の遺伝子頻度は

$$\mathrm{A}:\mathrm{a} = \frac{p^2+pq}{p^2+2pq+q^2}:\frac{q^2+pq}{p^2+2pq+q^2} = p:q$$

となり，世代を経ても遺伝子A，aの頻度は変化しない。

問1　近縁の種でも生息環境や餌によって，形態などの特徴が異なることがあります。このように，同一の祖先をもつ種が，さまざまな環境に合わせて種分化を起こす現象を適応放散と呼びます。有名なものにはガラパゴス島のフィンチ（**51** 問2参照）やゾウガメ，オーストラリアの有袋類などがあります。それに対し，異なる祖先をもつ種が，同じ環境に適応した結果，似たような形態や性質を獲得するようになる現象を収束進化（収れん）と呼びます。よく知られているものには魚とクジラの形態の類似があります。

問2　異なる生物種どうしが，互いに利益を与え合う関係を相利共生と呼びます。代表的なものには，被子植物と花粉を媒介する昆虫の関係や，根粒菌とマメ科植物の関係があります。

問3　(1)　野生の集団におけるAの遺伝子頻度をp，aの遺伝子頻度をq，$p+q=1$とします。この集団のAA，Aa，aaの遺伝子型頻度（注；遺伝子頻度ではない）は，

$$(p\mathrm{A}+q\mathrm{a})^2 = p^2\mathrm{AA}+2pq\mathrm{Aa}+q^2\mathrm{aa}$$

より，次のようになります。

AA…p^2　Aa…$2pq$　aa…q^2

よって，暗色型の合計は$p^2 + 2pq$です。

暗色個体のみの集団内で明色型が生まれるには，Aaどうしが交配する必要があります。暗色型のうちAaの割合を$\frac{1}{x}$とすると，Aaどうしが交配する確率は$\frac{1}{x^2}$です。よって暗色個体のみの集団においてx^2ペアに1ペアの割合で明色型が生まれることになります。暗色型どうしの100ペアに1ペアの割合でAa × Aaの組合せとなったことから，暗色型のうちのAaの割合は$\frac{1}{10}$であることがわかります。一方，AAとAaの合計$p^2 + 2pq$のうちAaの割合は$\frac{2pq}{p^2 + 2pq}$となることから，

$$\frac{2pq}{p^2 + 2pq} = \frac{1}{10}$$

が得られます。

これを変形すると，$18q = p$となり，これと$p + q = 1$より，$q = 0.0526\cdots$が得られます。よって，遺伝子aの頻度は0.053です。

(2)　(1)でも記したように，はじめの飼育下におけるAaの割合は$\frac{1}{10}$です。これはAA：Aa＝9：1と同じことですね。この集団を自由交配させて生じたものが第1世代となります。自由交配では，まずAA：Aa＝9：1の集団がつくる配偶子の遺伝子型の比を求め，次に，求めた比を用いて交配させます。集団がつくる配偶子比(割合)を求める方法にはいろいろとありますが，あと(以下の institute)で一例を紹介します。

AA：Aa＝9：1の集団がつくる配偶子比を求めると，A：a＝19：1となります。

明色型(aa)が生まれるには遺伝子型aの配偶子どうしが合体する必要があります。よって，配偶子比がA：a＝19：1の集団から明色型が生まれる確率は，

$$\frac{1}{19 + 1} \times \frac{1}{19 + 1} = \frac{1}{400}$$

となります。

生まれた第1世代は10000個体なので，このうち明色型は，10000個体 × $\frac{1}{400}$ ＝ 25個体です。

(3)　第1世代の遺伝子型とその比は，$(19\text{A} + 1\text{a})^2 = (19 \times 19)\text{AA} + (2 \times 19 \times 1)\text{Aa} + (1 \times 1)\text{aa}$より，AA：Aa：aa＝(19 × 19)：(2 × 19 × 1)：(1 × 1)となりま

す(かけ算は，あえて計算しないでおきます)。

この問いでは，第1世代の明色個体(aa)を取り除き，さらに自由交配させるので，以下のように第1世代からaaを取り除きます。

$$AA : Aa : aa = (19 \times 19) : (2 \times 19 \times 1) : (1 \times 1)$$

↓　↓　↓取り除く

$$AA : Aa : aa = (19 \times 19) : (2 \times 19 \times 1) : 0$$

すると，取り除いたあとの集団の遺伝子型の比は，$AA : Aa = (19 \times 19) : (2 \times 19 \times 1) = 19 : 2$となります。あえてかけ算をしなかったおかげで計算が楽になりましたね。

最終的に求めるのは，明色個体を産むペアの出現率です。暗色型(AAまたはAa)どうしから明色型が産まれるには，Aaどうしをかけるしかありません。暗色型は，$AA : Aa = 19 : 2$なので，Aaとなる割合は$\dfrac{2}{19+2}$です。よって，両親ともにAaとなる確率は，

$$\frac{2}{19+2} \times \frac{2}{19+2} \times 100 = \underline{0.90} \cdots (\%)$$

となります。

問4　ある生物が本来の生息地域と異なる場所に持ち込まれたとします。持ち込み先の環境条件はその生物の生息条件に合わないことが多く，定着できないのが一般的です。しかし，持ち込まれた生物が環境に対応できてしまった場合，もとはその地域に生息していなかったわけですから，その生物を捕食しようとする天敵がいなくても不思議はありません。そのため，急激に数を増やし定着してしまうことがあります。そのような生物を外来生物と呼び，さまざまな問題を引き起こしています。在来生物に対して，特に人間や生態系に影響を与えるおそれのある外来生物は，外来生物法により特定外来生物として指定されています。なお，奄美大島や沖縄へ導入されたのは，実際にはジャワマングースではなくフイリマングースであることがわかりました。

Box　特定外来生物

日本の生態系に被害を及ぼす，もしくは及ぼす可能性のある外来生物。

例；アライグマ(ペットとして持ち込まれた)，オオクチバス(釣りなどのために放流)，ウシガエル(食材として持ち込まれた)，カミツキガメ(ペットとして持ち込まれた)，ジャワマングースなど

例としてAA：Aa：aa ＝ 3：2：1の集団全体がつくる配偶子比を考えてみましょう。

例　遺伝子型の比が，AA：Aa：aa ＝ 3：2：1の集団がつくる配偶子の割合を求める

遺伝子型がAAの個体は遺伝子Aのみを持ちます，これに対し，遺伝子型がAaの個体は遺伝子Aとaを半分ずつ持ちます。遺伝子型aaの個体は遺伝子Aを持たず，aのみを持ちます。そのため，遺伝子型の比が，AA：Aa：aa ＝ 3：2：1の集団について遺伝子Aの割合を，次のようにして求めることができます。

AA：Aa：aa ＝ ③：②：①

- ③：AAなので すべてA
- ②：Aaなので 半分だけA
- ①：aaなので Aをもたない

この集団のAの割合は，

$$\frac{③ + \frac{1}{2} \times ②}{(3+2+1)} = \frac{2}{3}$$

- ③：すべてAなので そのまま加える
- ②：半分だけAなので $\frac{1}{2}$をかけてから加える
- (3＋2＋1)：AAとAaとaaの合計
- $\frac{2}{3}$：全体に対するAの割合

より，Aの割合は，$\frac{2}{3}$とわかります。aの割合も同様に求めることができますが，Aとaの割合の合計は1になりますので，aの割合は$1 - \frac{2}{3} = \frac{1}{3}$より，$\frac{1}{3}$とわかります。なお，Aとaの比は，$A : a = \frac{2}{3} : \frac{1}{3}$より，A：a ＝ 2：1です。

では，設問中のAA：Aa ＝ 9：1の集団についても考えてみましょう。

Aの割合…$\frac{9 + \frac{1}{2} \times 1}{9 + 1} = \frac{9.5}{10} = \frac{19}{20}$

aの割合…$1 - \frac{19}{20} = \frac{1}{20}$

$A : a = \frac{19}{20} : \frac{1}{20} = 19 : 1$

以上より，A：a ＝ 19：1が得られます。

53 解答

問1　1　種の起源　　2　中立　　3　分子時計

問2　生物は繁殖に至るまでに多くの個体が死亡する。死亡する個体と生き残る個体との間には変異(個体差)があり，環境に適した変異をもつ個体ほど生き残りやすく，多くの子孫を残すことで，やがて種の分化が起きるとする説。

問3　遺伝的浮動

問4　①　8　　②　13　　③　20　　④　9　　⑤　イモリ　　⑥　カモノハシ　　⑦　サメ

問5　(3)

問6　0.80個

解説

タンパク質はアミノ酸配列を一次構造として，さらに複雑な立体構造をとることで機能します(04 問2参照)。1つのアミノ酸置換が立体構造に影響を与えてしまう鎌状赤血球のような例もありますが，タンパク質の機能とあまり関係のない領域のアミノ酸配列は，遺伝子突然変異により一定の速度で変化します。このアミノ酸の置換速度の一定性を分子時計と呼び，これを利用した系統樹(特に分子系統樹と呼ぶ)の作成や，種分化の年代推定が行われています。

問1・2　51 問1参照。

問3　自然選択説では「有利な突然変異が生じると，その遺伝子が集団内に広まる」ことを重要視していました。しかし，実際には有利な突然変異が起きることはほとんどなく，突然変異の多くは生存に不利なものです。そのことに気づき，有利でなくとも不利でなければ，生じた突然変異遺伝子が集団に広まるのではないかと考えたのが木村資生です。中立的な突然変異遺伝子の頻度が，偶然によって上昇，あるいは減少する現象を遺伝的浮動といいます。遺伝的浮動は小さな集団ほど起きやすいことがわかっています。

問4　ヒトとウシのアミノ酸置換数は18です。これは「ヒトとウシの共通祖先(Xとします)」からそれぞれ9つのアミノ酸が置換した結果，あわせて18のアミノ酸に違いが生じたと考えます(次ページ図)。

また，サメはヒト，ウシ，カモノハシ，イモリとそれぞれ80，80，84，84のアミノ酸が異なっています。しかし系統樹から考えると，サメは他の4種との進化的な距離に差はないはずです。遺伝子突然変異の結果として生じるアミノ酸の置換は偶然によるので，進化的な距離が同じであっても，誤差により置換数の差が生じ得ます。そのため，できるだけ誤差をなくすために，これらの違いの平均値を計算する必要があります。平均を計算すると，サメと他の4種との間でアミノ酸数は82個異なることがわかります。よって，共通祖先からサメまでのアミノ酸の置換数は41個です。以上のような計算を，他の生物間でも行うことで①〜④までの数字を求めることができます。

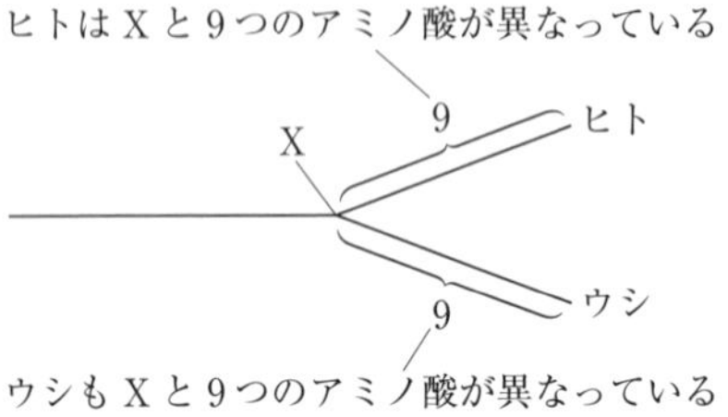

ヒトはXと9つのアミノ酸が異なっている
X
9
ヒト
9
ウシ
ウシもXと9つのアミノ酸が異なっている

※系統樹の形は変えてあります

問5　ヒトと「ヒトとウシの共通祖先」は約8千万(0.8億)年で9つのアミノ酸が変化しました。1個のアミノ酸が置換するのに$\left(\frac{0.8\text{億}}{9}\right)$年かかることがわかります。ヒトと「ヒトとサメの共通祖先」のアミノ酸置換数は41(**問4**参照)ですので，$\left(\frac{0.8\text{億}}{9}\right)$年×41＝3.64…億年となります。また，次のように比例式をつくっても求められます。

$$\frac{18\text{個}}{2}:0.8\text{億年}=\frac{82\text{個}}{2}:\boxed{3.64\text{億年}}$$

問6　ヒトとウシは「ヒトとウシの共通祖先(Xとする)」から8000万(0.8億)年かけて140個のアミノ酸のうち9個が置換しました。

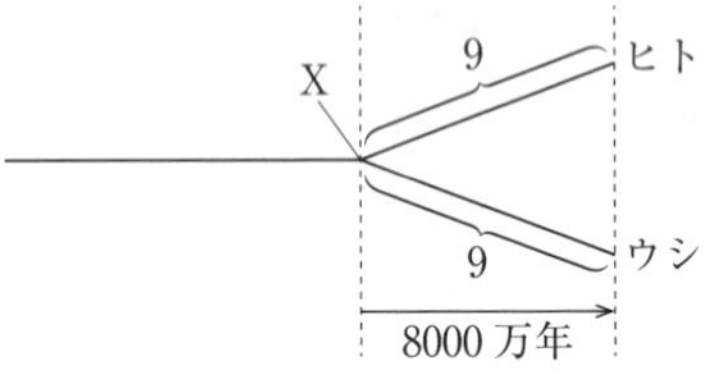

X
9
ヒト
9
ウシ
8000万年
8000万年かけて140個のアミノ酸のうち9個が置換した

それでは，10億年経過した場合には，何個の置換が見られるでしょうか？8000万(0.8億)年で9個の置換なので10億年では，9個×$\frac{10\text{億年}}{0.8\text{億年}}$＝112.5個より，112.5個の置換が起きると予想できます。これはアミノ酸140個あたりの置換数なので，アミノ酸1個あたりでは，$\frac{112.5}{140}$＝0.803…より，0.80個の置換が起きることになります。

54 解答

問1　A (ウ)　B (オ)　C (カ)　D (キ)　E (チ)　F (サ)

問2　モネラ界(原核生物界)，原生生物界，動物界，植物界，菌界

問3　(e) 1　(f) 4　(g) 1

問4　(エ)

問5　開始コドンから初めの３つのアミノ酸配列が共通している。

問6

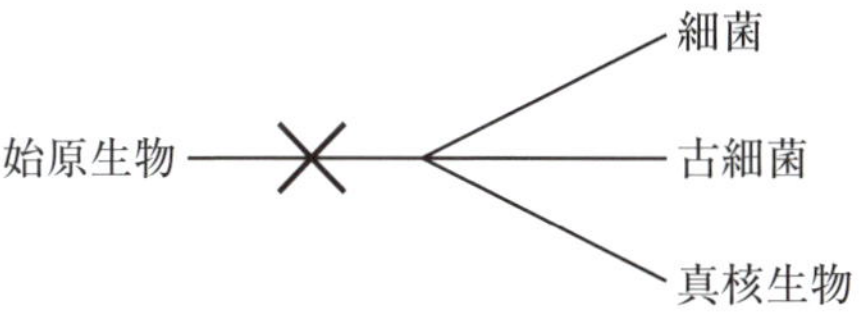

問7　支持する

理由；シアノバクテリアの枝から葉緑体が，大腸菌の枝からミトコンドリアが生じており，それぞれが細菌から生じたと予想できる。

問8

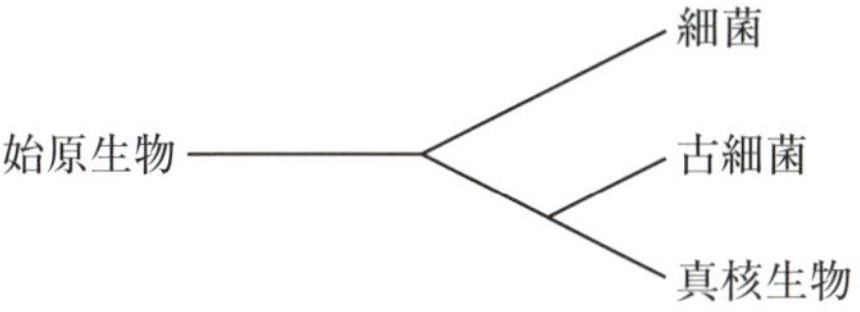

問9　図２より，EF−1，EF−2いずれの枝を見ても，メタン生成菌は細菌が分岐したのちに真核生物と分岐している。このことから，まず細菌から古細菌と真核生物のグループが分岐し，そのあと古細菌と真核生物が分岐したことが予想できる。

解説

リンネは生物界を動物と植物の二界に大別しましたが，後の研究者により三界，四界と細かく分類されていきました。そして，ホイッタカー(1969)は生物をモネラ界，原生生物界，植物界，菌界，動物界の５つに大別する五界説を提唱し，さらにマーグリス(1988)が修正したものが広く受け入れられるようになりました(主な修正点は，藻類を原生生物界に入れたこと)。

ところがウーズがrRNAの塩基配列の解析を行ったところ，原核生物のうちでもメタン生成菌などの古細菌(アーキア)は，他の細菌(バクテリア)とは大きな隔たりがあることがわかったのです。そのことからウーズ(1990)は，生物を細菌(バクテリアドメイン)，古細菌(アーキアドメイン)，真核生物(真核生物ドメイン)に大別する三ドメイン説を提唱しました。

Box 五界説と三ドメイン説

五界説

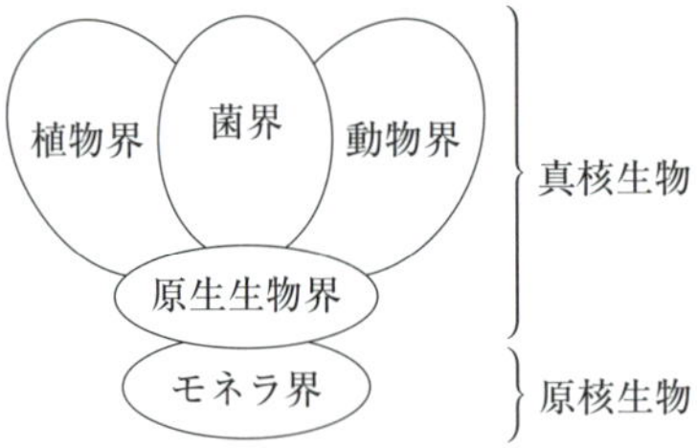

三ドメイン説

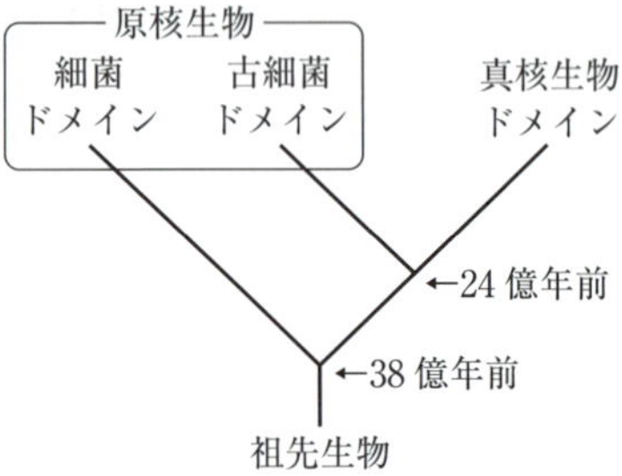

問 1　ヘッケルは系統樹の作成や，生物の発生原則(「個体発生は系統発生を繰り返す」とする説，現在は受け入れられてはいません)の提唱をしました。

問 2　上記 **Box** 参照

問 3　それぞれの動物間を比較し，異なる塩基を数えてください。各動物の比較において，下図の○をつけた塩基が異なる塩基です。

(g) ヒト　AGAGAACCCACCATGGTGCTGTCTCCTGCCGACAAGACCA
　　オランウータン　AAAGAACCCACCATGGTGCTGTCTCCTGCCGACAAGACCA

(f) イヌ　AAGGAACCCACCATGGTGCTGTCTCCCGCCGATAAGACCA
　　イルカ　AGAGAATCCACCATGGTGCTGTCTCCCGCCGACAAGACCA

(e) ゾウ　AAACAACCCACCATGGTGCTGTCTGATAAGGACAAGACCA
　　マンモス　AAACAACCCACCATGGTGCTGTCTGATAACGACAAGACCA

問 4　(ア)　イルカはヒトと 2 つ，ゾウと 9 つ違うので，イルカはヒトに近いです。

(イ)　イヌはヒトと 4 つ，ゾウと 9 つ違うので，イヌはヒトに近いです。

(ウ)　イヌとイルカは 4 つ，ヒトとオランウータンは 1 つ違うので，ヒトとオランウータンの方が近いです。

(エ)　ゾウとマンモス，ヒトとオランウータンはともに 1 つ違うので，同程度の近さです。よってこれが正解です。

(オ)　オランウータンとニワトリは 40 塩基のうち 9 つ違うので，同じ塩基配列の割合は(31/40) × 100 = 77.5(%)です。

(カ)　下線部の ATG が開始となるので，これ以降の 28 塩基(ATG を含む)は翻訳されますが，これより前の 12 塩基は翻訳されません。ヒトとニワトリでは，翻訳される領域 28 塩基のうち 4 つが，翻訳されない領域 12 塩基のうち 4 つが異なっています(下図)。ここでは,「同じ塩基の割合」を問われています。翻訳される領域では，28塩基のうち24塩基が同じなので約86％で一致，一方，翻訳されない領域では，12塩基のうち8塩基が同じなので約67％が一致しています。

```
         翻訳されない領域       翻訳される領域
ヒト     AGAGAACCCACC|ATGGTGCTGTCTCCTGCCGACAAGACCA
ニワトリ AGAGGTGCAACC|ATGGTGCTGTCCGCTGCTGACAAGAACA
         ○○○○×××○×○○○|○○○○○○○○○○○××○○○○×○○○○○○○○×○○
```

○：ヒトとニワトリで同じ塩基
×：ヒトとニワトリで異なる塩基

問5　DNAの塩基配列のうち，開始コドンの塩基Aを1番目として12番目はニワトリのみC，他はTとなっています。実際には，この塩基がA，G，C，Tのいずれかであってもセリンを指定します。そのため，開始コドンから4個のアミノ酸配列が共通です。しかし，遺伝暗号表が与えられておらず，設問文にも「明らかにわかること」とあるので3個のアミノ酸が共通ということを書けばよいでしょう。

問6・9　EF-1もEF-2も3つのドメインのすべてに見られることから，ドメインの分岐以前の早い時代にEFが分岐したことが予想できます。

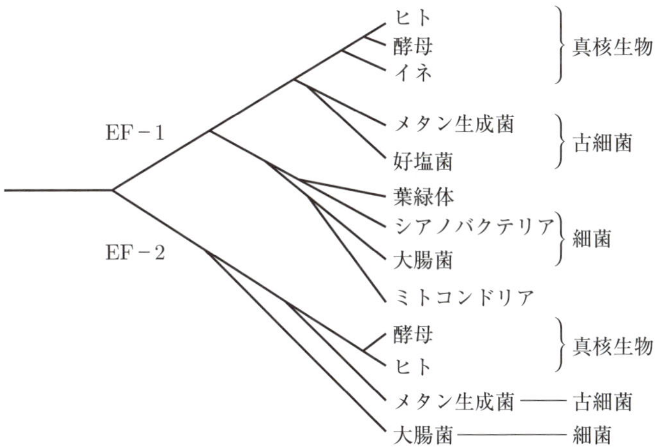

問7　細胞内共生説(共生説)とは，好気性細菌，シアノバクテリアが原始的な細胞に取り込まれることで，それぞれミトコンドリアと葉緑体になったとする説です。ミトコンドリアや葉緑体が真核生物よりもこれら細菌(バクテリア)に近いことは，共生説を裏付ける根拠になります。

問8　古細菌と真核生物が同じ枝から分岐しているように描けば良いでしょう(上記 **Box** 参照)。

55 解答

問1　ア　8)　イ　10)　ウ　13)　エ　2)　オ　6)
カ　3)　キ　15)　ク　4)　ケ　12)　コ　17)

問2　A；2)　B；8)　C；12)　D；4)　E；6)

問3　⑩　両生綱　⑭　鳥綱

問4　⑦，⑧，⑨

問5　臓器名；肝臓
はたらき；発熱による体温の調節　グリコーゲンの貯蔵　胆汁の生成　など

問6　貯蔵に水を必要としないため，水の少ない環境下でも尿酸を蓄えることができ，また，水に溶けないことで，卵内で貯蔵しても浸透圧が上昇しないため，胚から水分を奪う心配がない。

問7　(1)　120 mL　(2)　44 %

問8　ネフロンは比較的少なく，体液と等張な尿を少量排出する。

問9　方法名；上方置換法　理由；水に溶けやすく，空気より軽いから

問10　8)

解説

生物を進化の道すじにそって，体系立てて分類することを系統分類といいます。系統分類に対して人為分類があります。人為分類とは，人間に対する関係性をもとにした分類であり，極めて主観的な分類と言えます。キャベツやレタスは野菜，ナズナやオナモミは野草のように分類した場合は人為分類，キャベツやナズナをアブラナ科，レタスやオナモミをキク科に分類した場合には系統分類となります。

また，かつては形態が似た生物を近縁種としてまとめていましたが，それでは「クジラやイルカは魚のなかま」のような過ちをおかしてしまいがちです。そのため現在では，DNAやRNAの塩基配列やタンパク質のアミノ酸配列といった，分子データをもとに系統樹がつくられています(53 参照)。

近年では分子データ(rRNAの塩基配列)をもとに新しい動物界の系統樹が作成されています。特に旧口動物は，脱皮動物と冠輪動物に大別されるようになりました。脱皮動物は成長過程で脱皮を行う動物群で，冠輪動物はトロコフォア幼生期をもつ動物と，それらに近縁とされる扁形動物を含む動物群です。それにより，かつては体節をもつことから近縁とされていた節足動物門と環形動物門，偽体腔をもつことから近縁とされていた線形動物門と輪形動物門は，いずれも脱皮動物と冠輪動物という異なる系統に分類されるようになりました。

Box 動物界の系統分類

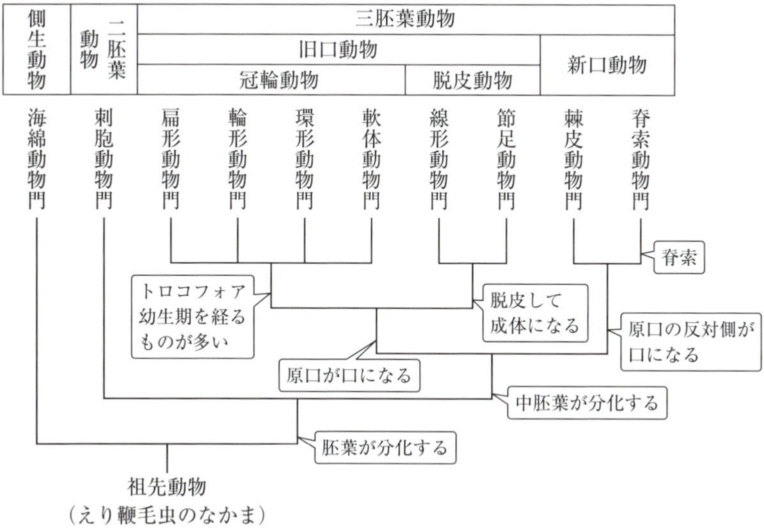

○側生動物

海綿動物門…えり細胞が水流を起こし，食物をとりこむ。
例；ダイダイイソカイメン，カイロウドウケツなど

○二胚葉動物

刺胞動物門…放射相称，散在神経系，刺胞をもつ。口と肛門の区別なし。
例；ヒドラ，クラゲ，イソギンチャクなど

○三胚葉動物

扁形動物門…体腔なし。排出器として原腎管をもつ。呼吸器，循環系なし。口と肛門の区別なし。
例；プラナリア，ヒラムシ，サナダムシ，カンテツ，コウガイビルなど

輪形動物門…偽体腔。繊毛環あり。呼吸器，循環系なし。
例；ワムシ，ヒルガタワムシなど

環形動物門…真体腔。体節をもつ。はしご形神経系，閉鎖血管系。
例；ミミズ，ゴカイ，ヒルなど

軟体動物門…真体腔。外套膜が内臓をおおう。
例；マイマイ，サザエ，タコ，イカなど

線形動物門…偽体腔。呼吸器，循環系なし。寄生生活をするものが多い。
例；カイチュウ，センチュウなど

節足動物門…真体腔。体節，節のある付属肢をもつ。キチンからなる外骨格あり。はしご形神経系，開放血管系。最も種数が多い。
例；カブトムシ，カニ，クモなど

棘皮動物門…真体腔。五放射相称。水管系が運動，呼吸，排出の機能を担う。
例；ウニ，ヒトデ，ナマコなど

脊索動物門…真体腔。発生の過程で脊索をもつ。管状神経系。
例；ナメクジウオ，ホヤ，カエル，ヒトなど

問1　進化に関しては 51 ，52 参照。新口動物の系統関係に関しては**問2**を参照。腎臓の機能と構造に関しては 29 **問9**参照。

水中で生活している動物は，一部を除き，生じたアンモニアをそのまま排出しています。しかし，陸上に進出した動物ではそうもいきません。生じた窒素排出物を一時的に貯蔵しておき，適当なときにまとめて排出する必要があるのです。その際，アンモニアは極めて有害なので，尿素あるいは尿酸につくりかえる必要があります。尿素はそれほど害はありませんが，貯蔵に水が必要です。両生類の成体は，比較的水が多い環境で生活しているので，尿素を水に溶かして貯蔵します。これに対し，は虫類や鳥類は尿酸につくりかえて貯蔵します。尿酸は水に溶けないので，貯蔵に水を必要とせず，水の節約ができます。また，鳥類は飛行するために体を軽くする必要があります。そのため貯蔵に水を必要としない尿酸は好都合です。尿酸が水に溶けないことは，別の側面からも好都合です。は虫類と鳥類は，卵殻で囲まれた卵を産みます。卵殻で囲まれた卵に尿素を貯蔵した場合，尿素による浸透圧の上昇が懸念されます。水に溶けない尿酸ならその心配はありません。尿酸は窒素排出物の貯蔵にはうってつけなのです。しかし，哺乳類は尿酸で貯蔵することを避けました。これは尿酸が水に溶けないことが不都合だからです。哺乳類は胎盤をもち，胎児に酸素や栄養を供給します。一方で老廃物を受け取ります。窒素排出物を受け取るには，水に溶ける尿素の方が好都合だからです。

Box 窒素排出物の比較

アンモニア…硬骨魚類，両生類の幼生
尿素…軟骨魚類，両生類の成体，は虫類のカメ類，哺乳類
尿酸…は虫類(カメ類を除く)，鳥類，昆虫類

問2　動物を分類する基準にはいくつかありますが，その一つに「口のできかた」があります。発生初期にできる原口が，成体の口になる動物群を旧口動物，原口は肛門になり，反対側(原腸の先端)に新しく口ができる動物群を新口動物と呼びます。

新口動物に含まれる代表的な「門」には，棘皮動物門と脊索動物門があります。脊索動物門は，かつては原索動物門と脊椎動物門に分けられていましたが，現在では脊索動物門とするのが一般的です。脊索動物門の下位に亜門として，頭索動物亜門(ナメクジウオのなかま)，尾索動物亜門(ホヤのなかま)，脊椎動物亜門が位置します。脊椎動物亜門は，さらに無顎上綱(無顎類)と顎口上綱(顎口類)の2つの上綱に分けられ，顎口上綱には6つの綱が含まれます(分類の方法には諸説有ります)。

図1の系統樹は，それぞれ①；棘皮動物門，②；頭索動物亜門，③；尾索動物亜門，④・⑤；無顎上綱，⑥；軟骨魚綱，⑦～⑨；硬骨魚綱，⑩；両生綱，⑪～⑬；は虫綱，⑭；鳥綱，⑮；哺乳綱に分類されます。

A；図1では，①のウニやヒトデは棘皮動物門に属するため脊索を持ちませんが，②～⑮は脊索動物門に属するため脊索を持ちます。ここからAは脊索であるとわかります。

B；一部注があるものの，少なくとも⑤～⑮は脊椎動物なので脊椎が適当です。

C；④，⑤は円口類(無顎類のうちのヤツメウナギ目とヌタウナギ目)であるのに対し，⑥～⑮は顎口類なので，あごであることがわかります。

D；⑩～⑮は基本的に陸上生活を行う動物であることから，四肢とわかります。鳥類の翼も「肢」に含めますので，両生類，は虫類，鳥類，哺乳類が四肢をもつ動物群です。なお，四肢をもつ動物を四足動物と呼びます。

E；⑪～⑮は陸上で発生する動物です。これらの動物の発生初期には，羊膜などの胚膜が発達します(下図)。羊膜は内部に羊水を蓄えることで，胚を乾燥から守ります。選択肢には「羊膜卵」とあり，⑮のヒトは卵生ではありませんが，設問文には「各分類グループを特徴づける新たに出現した形質」とありますので，それに関しては気にしなくてよいでしょう。

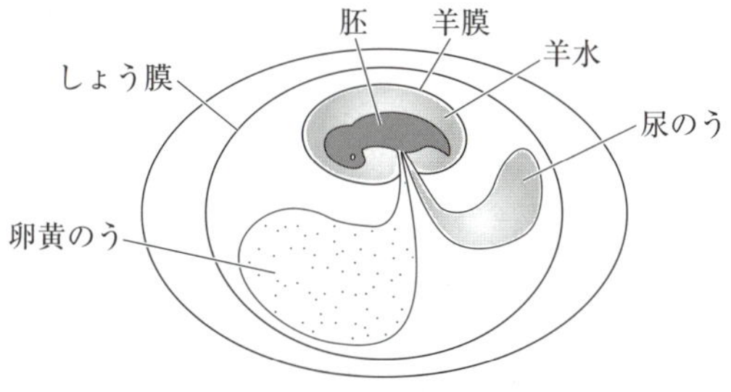

生物の進化と系統

Box 新口動物の系統分類

◎新口動物の系統樹

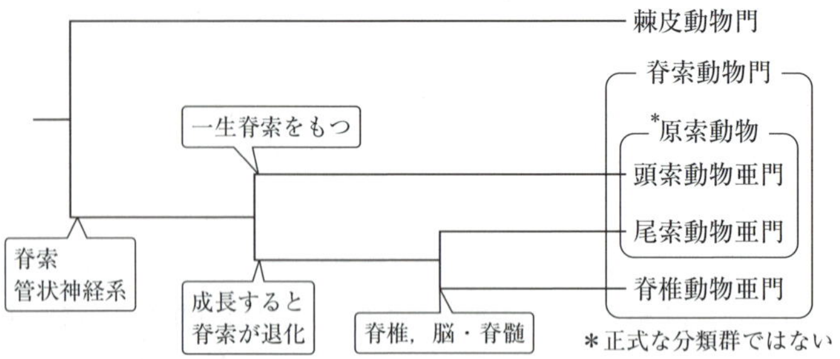

＊正式な分類群ではない

◎脊椎動物の系統樹

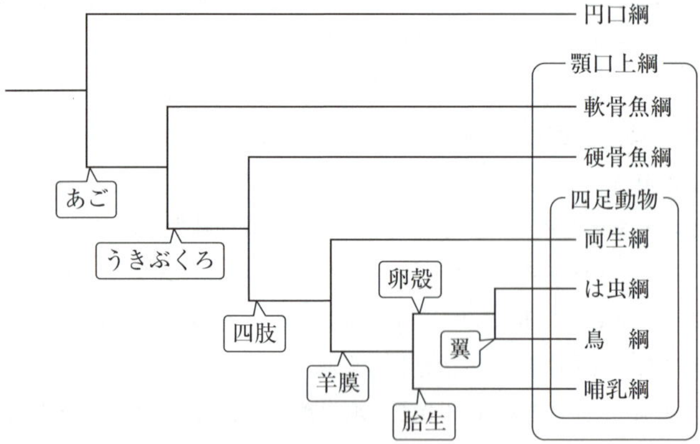

問3　上記**問2**参照。図1の系統樹には，脊椎動物のうち，両生類(両生綱)と鳥類(鳥綱)に該当する動物が見られません。鳥類は羊膜をもつことや，窒素排出物が尿酸であることなどから，は虫類に近縁です。

問4　上記**問2**参照。硬骨魚類や軟骨魚類は，円口類などとともに魚綱としてひとまとめにされていましたが，現在では円口類は無顎上綱に，硬骨魚綱は軟骨魚綱とともに顎口上綱に分類されています(下図)。図1では，メダカ，シーラカンス，ハイギョが硬骨魚類です。

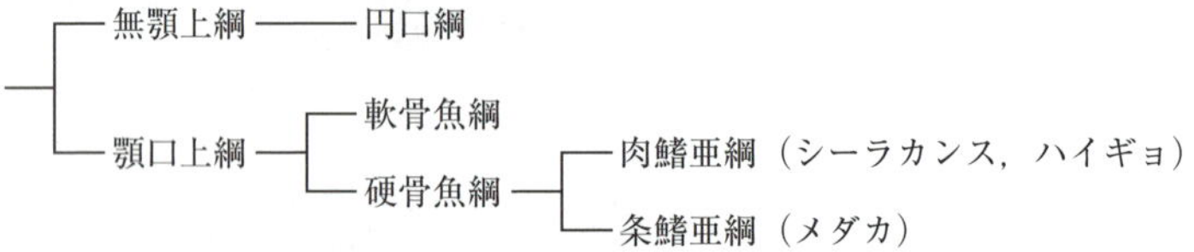

問5　アンモニアから尿素を合成する器官は肝臓です。肝臓には尿素回路(オルニチン

回路)があり，この回路でアンモニアと二酸化炭素から尿素が合成されます。

問6　上記**問1**参照。下線部(b)の「害が少なく水に溶けにくい」ことと下線部(c)の「殻のある卵」を合わせて考え，尿酸がアンモニアや尿素に比べて貯蔵に適した窒素排出物であることを書けばよいでしょう。

問7　計算の方法については **29** **問6**参照。

(1)「原尿の体積＝尿の体積×イヌリンの濃縮率」より，以下の計算で求められます。

$$1\,\mathrm{mL} \times \frac{1.2}{0.01} = \underline{120\,\mathrm{mL}}$$

(2) 再吸収率とは，原尿に含まれていた物質のうち，何%が再吸収されたかを表す指標です。なお，特に密度の記載がない場合には，1 mL あたり 1 g としてかまいません。

1分あたりの体積は，原尿 120 mL，尿 1 mL ですので，それぞれ 120 g，1 g です。尿素は，それぞれ 0.03 %（血しょうと原尿での濃度は同じと考える），2.0 % なので，原尿 120 mL (120 g) 中の尿素の重さは $120\,\mathrm{g} \times \frac{0.03}{100} = 0.036\,\mathrm{g}$，尿 1 mL (1 g) 中の尿素の重さは $1\,\mathrm{g} \times \frac{2.0}{100} = 0.02\,\mathrm{g}$ です。ここから，再吸収量は $(0.036 - 0.02)\,\mathrm{g} = 0.016\mathrm{g}$ となります。

よって，再吸収率は，$\frac{0.016\,\mathrm{g}}{0.036\,\mathrm{g}} \times 100 \fallingdotseq \underline{44(\%)}$ です。

問8　淡水生魚類では水が体内に浸入するのに対し，海水生魚類では水は体外へ流出します。そのため，腎臓へ流入する水の量は，海水生魚類の方が淡水生魚類より少なく，ネフロンの数が少ないと考えられます。また，海水生硬骨魚類は，体液と等張な尿をつくります。魚類の腎臓は，尿を高濃度に濃縮できないため，体液より高張な尿ではありません(**33** **問1**参照)。

問9　アンモニアは極めて水に溶けやすいので，水上置換法では収集できません。また，空気より軽いので上方置換法を用います。

問10　計算の方法については **52** **問3**参照。

発症者は病気型遺伝子をホモでもち，これが 40,000 人に 1 人なので，

$$q^2 = \frac{1}{40000} \quad より$$

$q = 0.005$ です。

また，$p + q = 1$ なので，正常型遺伝子の遺伝子頻度は，

生物の進化と系統

$$p = 1 - 0.005 = 0.995$$

です。

病気型遺伝子を持つ個体は，ヘテロ接合体と病気型遺伝子のホモ接合体なので，

$$2pq + q^2 = 2 \times 0.995 \times 0.005 + (0.005)^2$$

となります。

分類の単位　NEXUS

生物学的種概念

相互に交配しあい，生殖的に隔離された集団を種と定義する。例えば，イノシシとブタの子(イノブタ)は稔性(生殖能力)があるためイノシシとブタは同種，ウマとロバの子(ラバあるいはケッティ)は稔性がないためウマとロバは別種である。

学名

生物の国際的な命名法。リンネ(1753)により創始された。属名と種小名によって表記されるため二名法と呼ばれる。属名と種小名はイタリック体で属名は大文字から始める。さらに，種小名のあとに命名者名を記すことが多い。現在，学名がついている種は 190 万種ほど。

◎ヒトの学名

Homo *sapiens* Linné

分類階級

生物の分類階級は大きく 7 つある。界の上にドメイン(超界)を設けることもある。

◎分類の階級

界・門・綱・目・科・属・種

門の下の階級として「亜門」，科の上の階級として「上科」など，階級の間に，「亜」や「上」をつける場合がある。

これに従うと，ヒト(*Homo sapiens*)は

ヒト
ヒト属
ヒト科
サル目(霊長目)
哺乳綱
脊椎動物亜門
脊索動物門
動物界
真核生物ドメイン

のように位置づけられる。

植物界と菌界

NEXUS

◎植物界

コケ植物…維管束なし。根・茎・葉の区別なし。雄性配偶子は精子。
例；スギゴケ，ゼニゴケなど

シダ植物…水の輸送路として仮道管を持つ。配偶体は前葉体と呼ばれ，独立生活する。雄性配偶子は精子。
例；ゼンマイ，スギナ，トクサなど

裸子植物…胚珠が裸出する。水の輸送路として仮道管を持つ。イチョウ，ソテツのみ雄性配偶子は精子，それ以外は精細胞。
例；マツ，スギ，イチョウ，ソテツなど

被子植物…胚珠が子房に包まれる。水の輸送路として道管，仮道管を持つ。雄性配偶子は精細胞。重複受精を行うため，胚乳の核相は $3n$。
例；アサガオ，アブラナなど

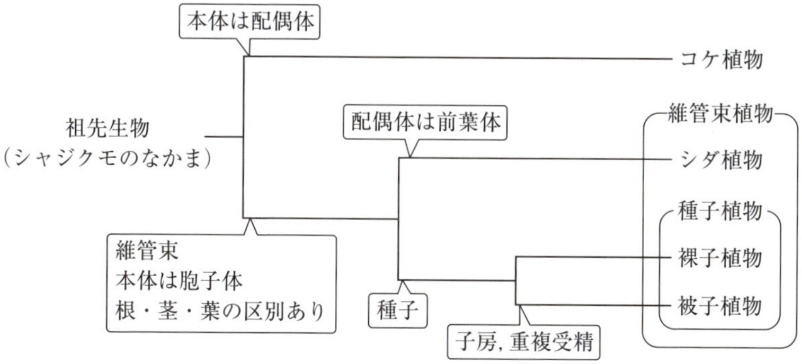

◎菌界

接合菌類…耐久性のある接合胞子をつくる。
例；ケカビ，クモノスカビなど

子のう菌類…子のう胞子をつくる。主にカビのなかま。
例；アオカビ，アカパンカビなど

担子菌類…担子胞子をつくる。主にキノコのなかま。
例；マツタケ，シイタケ，シメジなど

● EXTRA ROUND ●　解答解説

1

解答

問1　①・②・③・④　上皮組織，結合組織，筋組織(筋肉組織)，神経組織

⑤　頂端分裂組織　　⑥　形成層　　⑦・⑧　表皮系，基本組織系

問2　胃，すい臓，心臓，肺，肝臓，甲状腺，脾臓，腎臓，眼　など

問3　上皮組織；細胞間が密着し，体表面や内表面を覆う。

結合組織；組織や器官の支持。細胞間物質が多い。

筋組織；収縮性があり，運動を行う。

神経組織；ニューロンとグリア細胞からなる。興奮を伝える。

問4　維管束系；木部と師部からなり，木部は水や無機塩類の輸送，師部は同化産物の輸送を行う。

表皮系；植物の体表を覆い，保護や物質の出入りを調節する。

基本組織系；維管束系と表皮系を除いたすべての組織。同化組織や貯蔵組織などがある。

解説

問1　「細胞は生物の構造と機能の単位である」という細胞説を提唱したのは，シュライデンとシュワンです。シュライデンは植物，シュワンは動物の研究をしていたのですが，お互い話をしたところ「生物のからだは細胞からできている」という結論に至ったのです。そして，植物の細胞説をシュライデン(1838)が，動物の細胞説をシュワン(1839)が提唱するに至りました。

同じ機能をもつ細胞の集合を組織といいます。植物では体細胞分裂を行う組織と分化した組織が区別され，体細胞分裂を行う組織を分裂組織，分化した組織は，さらに組織系としてまとめられます。また，植物の器官には根，茎，葉，花があり，これらは3種類の組織系からつくられています。動物では，類似したはたらきをもつ組織が集合して器官，さらに関係性の強い器官の集合を器官系としてまとめます(次ページ Box 参照)。

問2　器官は組織が集合して，ある機能をもった構造のことです。器官がさらに集合したものが器官系です。例えば，胃や小腸は消化に関する器官です。そのため，これらは消化系に含まれます。心臓は血液を循環させるので循環系の器官，甲状腺はホルモンを分泌する内分泌系の器官です。すい臓は消化液(すい液)を分泌するので消

化系でもありますし，ホルモン(インスリンやグルカゴン)を分泌するので内分泌系でもあります。

Box 動物の器官系と器官

・消化系…胃，小腸，大腸，肝臓，すい臓など
・呼吸系…肺，えら，気管など
・循環系…心臓，血管，リンパ管，リンパ節など
・内分泌系…脳下垂体，甲状腺，副腎，すい臓，生殖腺など
・排出系…腎臓，ぼうこうなど
・感覚系…眼，耳，鼻，舌，皮膚など
・神経系…脳，脊髄など

問3　動物の組織は4つに大別されます。

上皮組織は外表面や内表面を覆う組織です。皮膚の表皮はもちろん，血管の内皮や小腸の内壁も上皮組織です。上皮組織は機能ごとに保護上皮(皮膚の表皮など)，吸収上皮(小腸内壁など)，感覚上皮(網膜，コルチ器など)，腺上皮(汗腺，ランゲルハンス島など)などに分類されます。また，外胚葉性の上皮(皮膚の表皮など)，内胚葉性の上皮(小腸内壁など)，中胚葉性の上皮(血管内皮など)があり，各胚葉から分化します。血管内皮や消化管の内壁などの単層上皮だけでなく，皮膚の表皮のような多層上皮も見られます。

結合組織は組織・器官の結合や支持を行う組織です。結合組織の細胞間には，細胞間物質が多く見られます。代表的な結合組織には，骨，軟骨，血液などがあり，これらは中胚葉に由来します。

筋組織は収縮性があり，運動を担う組織です。横紋筋と平滑筋に分けられ，横紋筋には骨格筋と心筋が含まれます。筋肉はすべて中胚葉に由来します。

神経組織は神経系を構成し，情報を伝えるための組織です。ニューロンとグリア細胞(神経膠細胞)から構成されます。ニューロンとは神経細胞のことで，興奮の伝導を行います。グリア細胞は興奮の伝導は行わず，ニューロンを支持する細胞です。神経組織は外胚葉由来です。

問4　分裂組織の細胞は未分化状態で体細胞分裂を繰り返しています(06 問1参照)。細胞は成長すると，機能を持っていない状態から機能を持った状態へと変化します。このように細胞が機能を持つことを細胞の分化と呼びます。分化した組織は3つの組織系にまとめられます。

維管束系は物質の輸送を行う組織系です。維管束には木部と師部があります。木

部には道管や仮道管があり，水や水に溶けた無機塩類を輸送します。師部には師管があり，同化産物であるスクロースやアミノ酸などを輸送します。花芽形成を促すフロリゲンも師管を通って茎頂へ輸送されます。

表皮系は植物の外面を覆う組織です。植物の保護や物質の出入りの調節を行います。表皮系には表皮細胞や孔辺細胞，根毛などが含まれます。

基本組織系は維管束系と表皮系を除いた組織の集合です。葉の葉肉を構成する柵状組織，海綿状組織や茎と根の皮層や髄などが含まれます。

Box 植物の組織系

・維管束系…木部の道管・仮道管は水や無機塩類の輸送，師部の師管は同化産物などの輸送を行う。道管や仮道管は木化した死細胞からなる。
例；木部，師部など

・表皮系…植物の外面を覆う。孔辺細胞を除き，葉緑体を持たない。
例；表皮，根毛，孔辺細胞など

・基本組織系…維管束系，表皮系を除いた組織の集合。光合成や物質の貯蔵，植物体の支持などを行う。
例；柵状組織，海綿状組織，皮層，髄など

2

解答

(1) (x) ① (y) ④ (z) ⑧

(2) G_1期；10時間　S期；7時間　G_2期；3時間　M期；5時間

解説

(1) 核当たりのDNA量(相対値)と細胞周期の関係は，次ページの図のようになっています。この図より，G_1期の細胞のDNA量はすべて2です。図1ではこれが(x)に相当します。S期の細胞のDNA量は2から4です。図1ではこれが(y)に相当します。G_2期とM期の細胞のDNA量はともに4です。図1ではこれが(z)に相当します。なお，DNA量だけからはG_2期とM期は区別できませんが，光学顕微鏡を利用して棒状の染色体が観察されればM期とわかります。

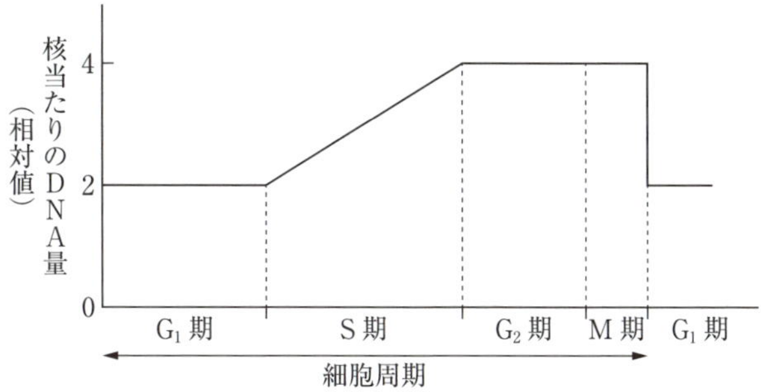

(2)　細胞数が2倍になるのにかかる時間が，細胞周期全体の長さに相当します。よって，細胞周期の長さは25時間です。また，細胞周期の各期の長さは細胞数に比例する，と考えてよいので，細胞周期の長さ25時間が5000個の細胞に相当します。

G_1期の細胞は5000個のうち，(x)に相当する2000個なので，G_1期にかかる時間は次の計算で求めることができます。

$$25\text{時間} \times \frac{2000}{5000} = \underline{10\text{時間}}$$

S期の細胞は5000個のうち，(x)と(z)の細胞数を引いた残りです。よって，S期の細胞数は，5000個 − (2000 + 1600)個 = 1400個なので，S期にかかる時間は次の計算で求めることができます。

$$25\text{時間} \times \frac{1400}{5000} = \underline{7\text{時間}}$$

また，M期の細胞数は全体の20％なので，

$$25\text{時間} \times 0.2 = \underline{5\text{時間}}$$

残りがG_2期なので，

$$25\text{時間} - (10 + 7 + 5)\text{時間} = \underline{3\text{時間}}$$

と求められます。

3

解答

$C_6H_{12}O_6 + 6O_2 + 6H_2O \longrightarrow 6CO_2 + 12H_2O$

（または　$C_6H_{12}O_6 + 6O_2 \longrightarrow 6CO_2 + 6H_2O$）

$C_{16}H_{32}O_2 + 23O_2 \longrightarrow 16CO_2 + 16H_2O$

$\frac{36+64}{36+92} = 0.781\cdots$　　　解；0.78

解説

グルコース（$C_6H_{12}O_6$）を呼吸基質として用いた場合の反応式は 08 参照。あるいは，ここでは両辺から $6H_2O$ を引いた式でもかまいません。

パルミチン酸を呼吸基質として用いた場合の反応式を作成しましょう。呼吸は酸素を用いますから，左辺には「□O_2」が必要（□にはあとで係数を入れる）です。呼吸基質に含まれる炭素（C）はすべて二酸化炭素（CO_2）になるので，右辺には「□CO_2」が必要です。また，呼吸により水（H_2O）が生じますので右辺には「□H_2O」も必要です。以上から，下のような式をつくり，空欄に数字を入れていけばよいのです。このとき，C → H → O の順に数を合わせていくと簡単です。

$C_{16}H_{32}O_2 + \square O_2 \longrightarrow \square CO_2 + \square H_2O$

では，空欄にあてはまる数字を考えていきます。1 分子の $C_{16}H_{32}O_2$ が呼吸に使われるとします。

［手順 1］　まずは C の数を合わせます。$C_{16}H_{32}O_2$ は C を 16 個持つので，右辺にも C が 16 個必要です。右辺で C を持つ分子は CO_2 だけなので，CO_2 は 16 分子です。

［手順 2］　次に H です。$C_{16}H_{32}O_2$ は H を 32 個持つので，右辺の H も 32 個必要です。右辺で H を持つ分子は H_2O だけです。H_2O は 1 分子あたり H を 2 個持っていますので，H_2O は 16 分子あればよいとわかります。

［手順 3］　最後に O の数を合わせます。右辺では，16 分子の CO_2 が O を 32 個，16 分子の H_2O は O を 16 個持っていますので，右辺の O の合計は 48 個です。左辺で O を持つのは $C_{16}H_{32}O_2$ と O_2 です。左辺のうち，$C_{16}H_{32}O_2$ が O を 2 個持っていますので，残りは 46 個です。O_2 は 1 分子あたり O を 2 個持っていますので，O_2 は 23 分子です。

［手順 1］C の数を合わせる

$C_{16}H_{32}O_2$　＋　□O_2　→　16 CO_2　＋　□H_2O

左辺に C は 16 個なので CO_2 は 16 個

［手順 2］H の数を合わせる

$C_{16}H_{32}O_2$　＋　□O_2　→　16 CO_2　＋　16 H_2O

左辺に H は 32 個なので H_2O は 16 個

［手順 3］O の数を合わせる

$C_{16}H_{32}O_2$　＋　23 O_2　→　16 CO_2　＋　16 H_2O

左辺の O も 48 個とする ←── 右辺の O の合計は 48 個

次に，これらの式を使って「グルコースとパルミチン酸を 6 対 4 の割合（モル比）で用いた場合の呼吸商」を考えていきます。グルコース（$C_6H_{12}O_6$）を呼吸基質として 1 モル利用すると，O_2 を 6 モル消費し，CO_2 を 6 モル放出します。よって，グルコースを 6 モル利用すると，O_2 を 36 モル消費し，CO_2 を 36 モル放出することになります。パルミチン酸（$C_{16}H_{32}O_2$）を呼吸基質として 1 モル利用すると，O_2 を 23 モル消費し，CO_2 を 16 モル放出することになります。よって，パルミチン酸を 4 モル利用すると，O_2 を 92 モル消費し，CO_2 を 64 モル放出することになります。これらの合計を使って呼吸商を計算すればよいのです。

	$C_6H_{12}O_6$	＋	$6O_2$	＋ $6H_2O$	→	$6CO_2$	＋	$12H_2O$
基準	1 モル		6 モル			6 モル		
	6 モル		36 モル			36 モル		
	$C_{16}H_{32}O_2$	＋	$23O_2$		→	$16CO_2$	＋	$16H_2O$
基準	1 モル		23 モル			16 モル		
	4 モル		92 モル			64 モル		
合計			（36 ＋ 92） モル			（36 ＋ 64） モル		
			→酸素消費量の合計			→二酸化炭素放出量の合計		

以上より，全体の呼吸商は

$\dfrac{36+64}{36+92} = 0.781\cdots$　　となります。

4

解答

クエン酸回路が進行するためには酸化型補酵素を必要とするため，電子伝達系で還元型補酵素を酸化する必要があるから。

解説

クエン酸回路の進行には酸化型補酵素(NAD^+，FAD)が必要です。クエン酸回路で生じた還元型補酵素(NADH，$FADH_2$)は，酸素がある条件では電子伝達系において酸化型補酵素に戻ります。しかし，酸素が無い条件では電子伝達系がはたらきません。そのため，酸素が不足すると還元型補酵素が酸化型に戻らず，酸化型補酵素が不足することでクエン酸回路は停止してしまいます。なお，解糖系で生じた還元型補酵素は，酸素が無い条件では乳酸やエタノールを生成する過程で酸化型補酵素に戻されます。そのため，無酸素条件でも解糖系は停止しません(09 参照)。

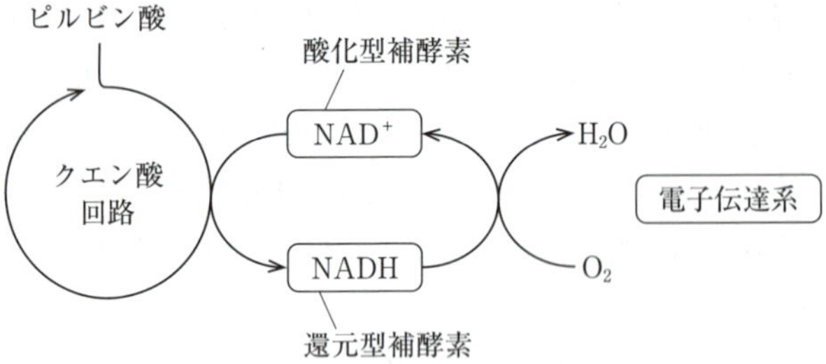

5

解答

3.6×10^6 塩基

解説

「計算問題はゴールから考える」ものです。計算に困ったら思い出してください。焦ってしまうと与えられた数字を，なんとなくかけてみたり，あるいは割ってみたりしがちですが，まずは何を答えるべきかを考えるのです。

ここで問われているのは「タンパク質を 3000 種類作るのに必要な mRNA の塩基の数」です。しかし，いきなり「3000 種類」を考えるのは難しいですね。まずは，1 種類のタンパク質を作る場合を考えてみましょう。

アミノ酸は，mRNA の塩基 3 つで指定されます(下図)。このアミノ酸が多数つながってタンパク質となります。

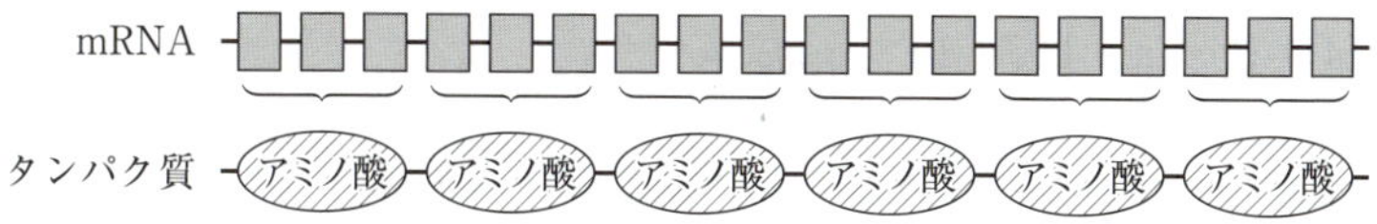

上の図から，「mRNA の塩基数 = アミノ酸の数 × 3」の式が得られます(図を描くことで塩基とアミノ酸の関係がわかりますよね。「手がつけられない」と感じたら，図を描いてみましょう)。ここから 1 種類のタンパク質をつくるためのアミノ酸数を考えてみます。問題文には，タンパク質の分子量とアミノ酸残基(ペプチド結合したあとのアミノ酸という意味)の分子量が与えられています。これらを使うはずです。先に書いたように，タンパク質は多数のアミノ酸からなりますので，それぞれの分子量の関係は「タンパク質の分子量 = アミノ酸残基の平均分子量 × アミノ酸の数」です。これを式変形すると，

$$\text{アミノ酸の数} = \frac{\text{タンパク質の分子量}}{\text{アミノ酸残基の平均分子量}}$$

となります。

これと，先に得られた「mRNA の塩基数 = アミノ酸の数 × 3」の式より，さらに以下の式が得られます。

$$\text{mRNA の塩基数} = \frac{\text{タンパク質の分子量}}{\text{アミノ酸残基の平均分子量}} \times 3$$

この式は，タンパク質を 1 種類作るのに必要な mRNA の塩基の数を表しています。とりあえず 1 種類のタンパク質を作るための mRNA の塩基数を求める式が得られました。この問題ではタンパク質が 3000 種類なので 3000 倍すればよいはずです。

$$\text{mRNA の塩基数} = \frac{\text{タンパク質の分子量}}{\text{アミノ酸残基の平均分子量}} \times 3 \times 3000$$

ここに，タンパク質の分子量 = 48000，アミノ酸残基の平均分子量 = 120 をそれぞれ代入すると，

$$\frac{48000}{120} \times 3 \times 3000 = \underline{3.6 \times 10^6}$$

が得られます。これが求めたかった mRNA の塩基数です。

計算問題では，何を求めればよいのかを確認し，ときには図を描き，落ち着いて式をつくっていきましょう。焦りは禁物です。

6

解答

$$\frac{3.4 \times 10^{-10}\,\mathrm{m} \times 1.05 \times 10^{9}}{\frac{78}{2}} = 0.00915\cdots \fallingdotseq \underline{9.2 \times 10^{-3}}\,\mathrm{m}$$

解説

染色体1本あたりに含まれるDNAの長さは，DNAの全長を染色体の本数で割ることで求められそうです。また，DNAの全長は1塩基対の長さと塩基対の数をかけることで求められます(下図)。なお，1ゲノムとは，通常n本の染色体を指します。ニワトリの場合は，39本の染色体(n = 39)に含まれるDNAの塩基対の数が1.05×10^{9}対となります。

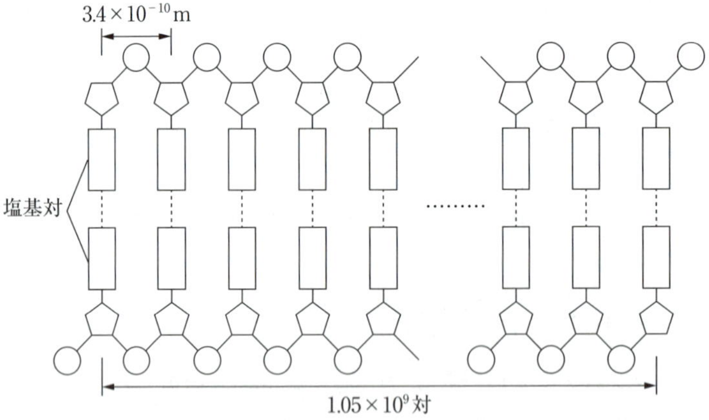

7

解答

花色に関して赤にする遺伝子をR，白にする遺伝子をrとする。ただし，Rはrに対して優性である。

F_2の遺伝子型の比率は，RR：Rr：rr＝1：2：1であり，白花個体を除いたのちの遺伝子型の比率はRR：Rr＝1：2である。RRを自家受精するとRRの赤花個体のみ，Rrを自家受精するとRR：Rr：rr＝1：2：1の比率で生じ，赤：白＝3：1で生じる。F_2のRRとRrの比率が1：2であることから，F_3の合計は赤：白＝5：1となる。

解説

RRを自家受精すればRRのみ，Rrを自家受精すればRR：Rr：rr＝1：2：1となることはわかると思います。では，RR：Rr＝1：2の集団をすべて自家受精するにはどうすればよいでしょうか？ここでは次の institute のように考えてみましょう。

institute　集団をすべて自家受精する

RR：Rr＝1：2の集団をすべて自家受精する手順を説明します。まずは，ちょっと手間のかかる方法で考え，その後でもっと効率のよい方法を紹介します。

まずは次ページのように枠をつくります。そして，以下の①～⑤の手順に従って枠内に数字を記入していきます。また，RR：Rr＝1：2の集団をRRが1個体，Rrが2個体と仮定します。さらに，1個体当たり種子が100個つくられると決めてしまいます。この前提で手順①～⑤に従って枠内に数字を記入していきましょう。

①；RRが1個体，Rrが2個体なので，それぞれの個体数を入れます。

②；1個体当たりに種子が100個できると仮定しているので，RRの自家受精からは種子が100個，Rrの自家受精からは種子が200個できます。

③；RRを自家受精するとRRのみ生じるので，100個の種子はすべてRRです。

④；Rrを自家受精すると，RR：Rr：rr＝1：2：1の比で生じるので，200個の種子のうちRRは50個，Rrは100個，rrは50個です。

⑤；③と④で得られた種子の数を合計すると，RRは150個，Rrは100個，rrは50個となります。以上より，得られた種子の遺伝子型の比は，RR：Rr：rr＝3：2：1となり，赤：白＝5：1となります。

◎まずはこのように枠をつくり，手順に従い数字を記入していく

RR　Rr　rr
自家受精
RR×RR
Rr×Rr

数字を記入したものが↓

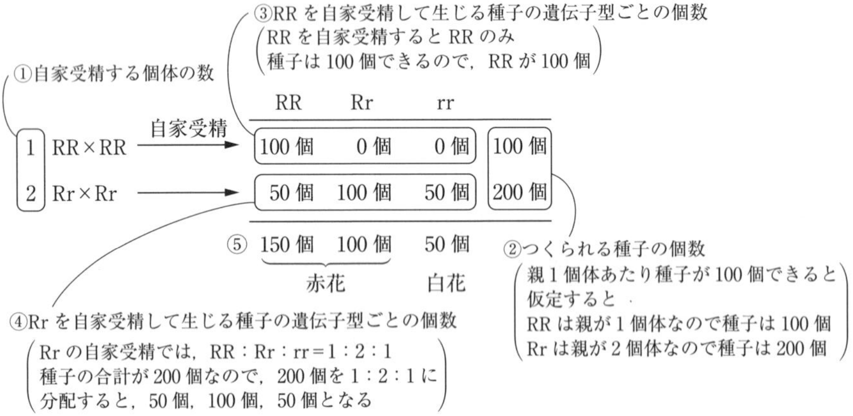
③RR を自家受精して生じる種子の遺伝子型ごとの個数
(RR を自家受精すると RR のみ
種子は 100 個できるので，RR が 100 個)
①自家受精する個体の数
RR　Rr　rr
自家受精
1　RR×RR
2　Rr×Rr
100 個　0 個　0 個
50 個　100 個　50 個
100 個
200 個
⑤ 150 個　100 個　50 個
赤花
白花
②つくられる種子の個数
(親 1 個体あたり種子が 100 個できると
仮定すると
RR は親が 1 個体なので種子は 100 個
Rr は親が 2 個体なので種子は 200 個)
④Rr を自家受精して生じる種子の遺伝子型ごとの個数
(Rr の自家受精では，RR：Rr：rr＝1：2：1
種子の合計が 200 個なので，200 個を 1：2：1 に
分配すると，50 個，100 個，50 個となる)

次に，もっと実戦的な手間のかからない方法を紹介します。先の方法では具体的に種子の数を100個と仮定しましたが，今度ははじめから最小の比率で考えていきます。今から紹介する方法が，宇宙最速かつ最も正確な方法です。

①；まずはRR：Rr = 1：2なのでそれぞれの比率を入れます。これは先の方法と同様です。次からの手順②以降が先の方法と異なります。

②；さっそくRrを自家受精させた結果であるRR：Rr：rr = 1：2：1を記入します。

③；ここが最も重要です。②で生じた1：2：1を合計(1 + 2 + 1)して,「4」と入れます。そして，自家受精する親の比率(RR：Rr = 1：2)と同じ比率になるように，RRのところには「2」を入れます。この時点では，次ページの図の「③まで進んだ段階」のようになっています。

④；RRを自家受精するとRRのみ生じますが，RRの比の合計のところには「1」ではなく「2」と入れます。2 + 0 + 0 = 2となり，③で記入した比の合計と合わせるためです。

⑤；最後にそれぞれの数字を合計します。すると，RR：Rr：rr = 3：2：1が得られます。

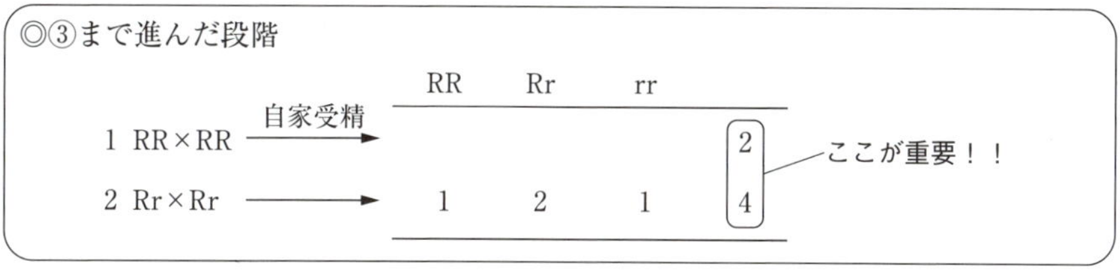

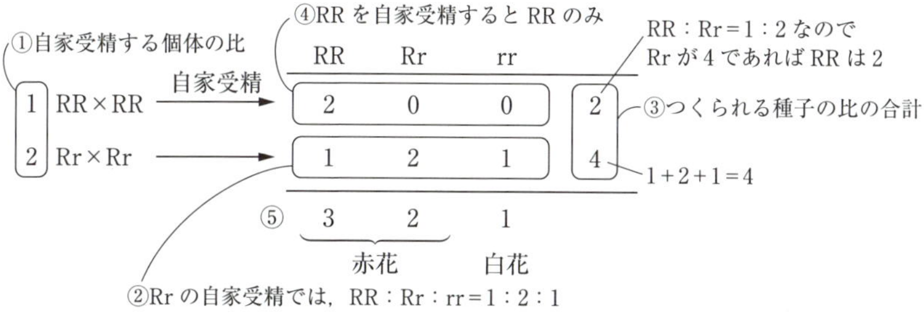

この問いでは表現型が問われていますので，次世代を考えるときに遺伝子型ではなく表現型比として考えればもっと速く求められます(下図)。

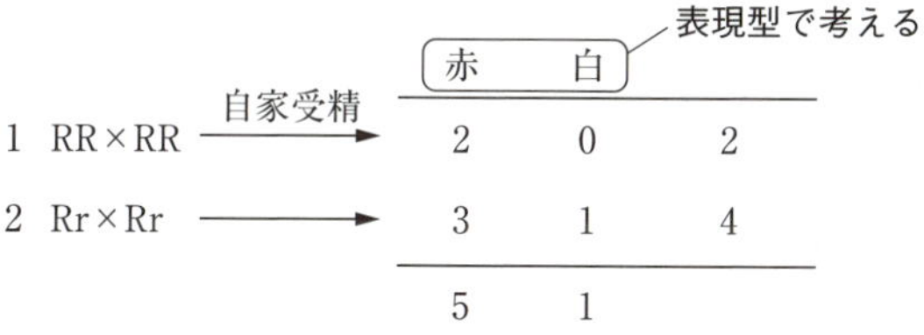

なお，自家受精をくり返すことでホモの割合が増加し，ヘテロの割合が減少します。

8

解答

20 %

解説

まずは形質と遺伝子の関係を整理しましょう。翅についての優性遺伝子を A，劣性遺伝子を a，眼についての優性遺伝子を B，劣性遺伝子を b とします。問題文より，翅については野生型翅が，眼については棒状眼が優性形質です。

翅について…野生型翅(A)＞小翅(a)

眼について…棒状眼(B)＞野生型眼(b)

また，X 染色体上の遺伝子は X^A のように表記します。X 染色体上に A と B が連鎖していれば X^{AB} と表記します（下の例を参照）。

例 1 ：XY 型の雌で，2 本の X 染色体のうち 1 本に遺伝子 A が，もう 1 本に遺伝子 a がある場合

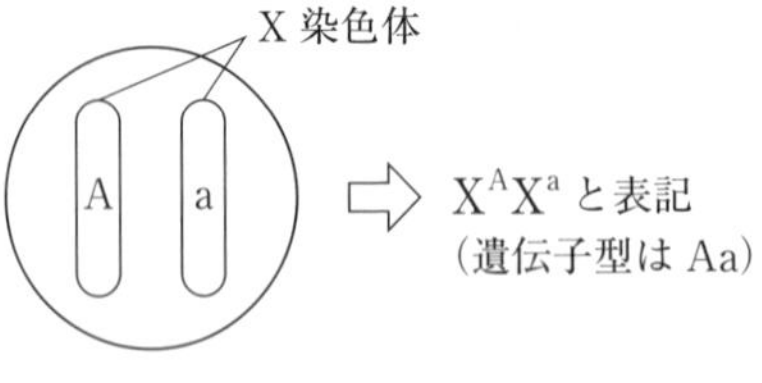

例 2 ：XY 型の雄で，X 染色体に遺伝子 A と B がある場合

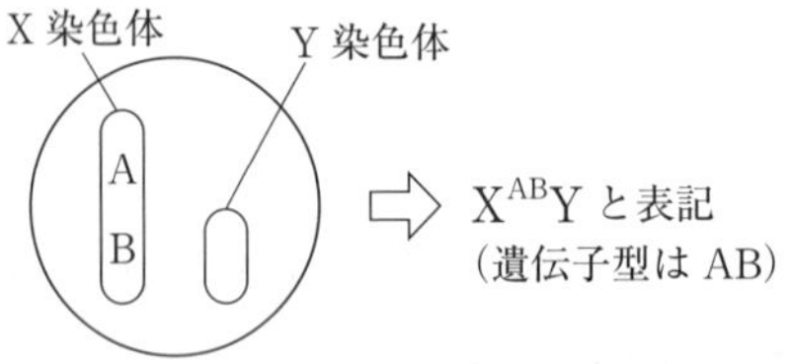

この表記法に従うと問題文の「小翅で野生型眼の雌と野生型翅で棒状眼の雄を交配して得られた F_1 の雄と雌をさらに交配して得られる F_2 の表現型の分離比」は次のように表現できます。

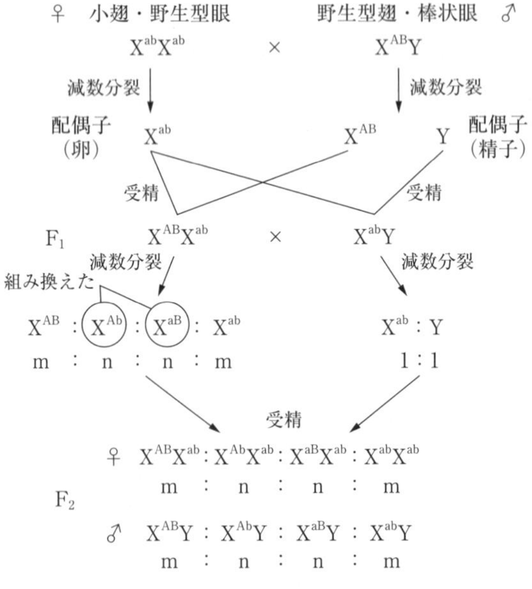

図より，F_2の表現型比は，野生型翅・棒状眼：野生型翅・野生型眼：小翅・棒状眼：小翅・野生型眼＝m：n：n：mとなるはずです。実際には「翅と眼がともに野生型が157個体，小翅で野生型眼が592個体，野生型翅で棒状眼が608個体，小翅で棒状眼が143個体得られた」のですが，厳密にm：n：n：mの比とならないのは実験誤差です。よって，組換え価は以下のように計算できます。

$$\frac{157 + 143}{157 + 592 + 608 + 143} \times 100 = \underline{20(\%)}$$

なお，伴性遺伝では，雌のつくる配偶子の遺伝子型の比と，次世代の雄の表現型比が一致します。そのため検定交雑を行わなくても，X染色体上の遺伝子間の組換え価は次世代の雄の表現型比を使えば計算できます(下記 **institute** 参照)。

institute　X染色体上の遺伝子間の組換え価

形質と遺伝子の関係は問いと同じであるとして，$X^{AB}X^{ab}$の雌と$X^{AB}Y$の雄を交配させた場合，次のようになります。

$X^{AB}X^{ab}$　×　$X^{AB}Y$

X^{AB} : X^{Ab} : X^{aB} : X^{ab}　　X^{AB} : Y
m : n : n : m　　1 : 1

♀　$X^{AB}X^{AB}$: $X^{AB}X^{Ab}$: $X^{AB}X^{aB}$: $X^{AB}X^{ab}$ 　すべて野生型翅・棒状眼
m : n : n : m

♂　$X^{AB}Y$: $X^{Ab}Y$: $X^{aB}Y$: $X^{ab}Y$
m : n : n : m

この結果，雌はすべて野生型翅・棒状眼となり，雄は野生型翅・棒状眼：野生型翅・野生型眼：小翅・棒状眼：小翅・野生型眼＝m：n：n：mとなります。次世代の雄の表現型比のみ，雌親がつくる配偶子の遺伝子型比と一致しています。つまり，次世代の雄の表現型比から組換え価が計算できるのです。

9

解答

問1　ア　食細胞　　イ　胆汁(胆液)　　ウ　胆のう　　エ　脂肪

問2　肝動脈・動脈・心臓　　肝門脈・静脈・小腸(脾臓)

問3　肝静脈・静脈・心臓

問4　マクロファージ

問5　食作用

問6　十二指腸

解説

問1　肝臓は体内で最大の器官です。その重量は体重の約50分の1ほどです。例えば，体重60kgのヒトの肝臓は約1.2kgとなります。肝臓の機能単位は肝小葉と呼ばれ，肝臓は約50万個の肝小葉からなると言われています。さらに肝小葉1つあたり，約50万個の肝細胞からなります。

胆汁は肝臓でつくられ胆管を経て胆のうで濃縮されたのち，十二指腸へ分泌されます。胆汁の主要成分は胆汁酸と胆汁色素で，胆汁色素には，ヘモグロビンの分解産物であるビリルビンが含まれます。

Box　肝臓のはたらき

・グリコーゲンの貯蔵…血液中のグルコースをグリコーゲンとして貯蔵する。必要に応じてグリコーゲンは分解され，グルコースとなり血液中に放出される。

・胆汁の生成…胆汁を生成する。胆汁は胆のうに蓄えられ濃縮されたのち，十二指腸に分泌される。胆汁の胆汁酸は脂肪を乳化することにより消化を助ける。

・解毒作用…体外から侵入または，体内で生成された有害物質を無毒化する。

・体温の発生…代謝を行い，熱を発生させる。骨格筋に次いで発熱量が多い。

・血液の調節…血液中のアルブミン，フィブリノーゲン，プロトロンビン，ヘパリンなどのタンパク質を合成。成体では古くなった赤血球を破壊する。血液を貯蔵し，血流を調節する。

・尿素の合成…タンパク質の分解により生じたアンモニアから，尿素を合成する。アンモニアから尿素を合成する反応系を尿素回路(オルニチン回路)と呼ぶ。

問2　肝臓へ流入する血管には肝動脈と肝門脈があります。肝動脈は大動脈から分岐した血管で，酸素濃度の高い動脈血が流れています。よって，肝動脈は動脈であり，つながる器官は心臓となります。これに対し肝門脈は，心臓から流出した血液が小腸や脾臓を経て肝臓に流入する血管で，酸素濃度の低い静脈血が流れています。よって，肝門脈は静脈で，つながる器官は小腸あるいは脾臓です。小腸で吸収したグルコースやアミノ酸は，肝門脈を経て肝臓へ流入します。そのため，食後には肝門脈を流れる血液にグルコースやアミノ酸などが多く含まれています。心臓を出た血液のうち，約30％が肝動脈と肝門脈を経て肝臓へ流入すると言われています。

問3　肝臓から流出した血液は，肝静脈を通って心臓へ戻ります。よって，肝静脈は静脈であり，つながる器官は心臓です。また，肝臓ではアンモニアから尿素が合成されているため，肝静脈を通る血液には尿素が多く含まれています。

問4　クッパー細胞のはたらきが「老化した赤血球や血液中に侵入してきた細菌などを取り込んで処理する」ことから，クッパー細胞が食細胞のようにはたらくことがわかります。ここから，クッパー細胞がマクロファージを起源とすることが予想できます。

問5　マクロファージが，異物や老化した細胞を取り込み分解するはたらきを食作用と呼びます（34 参照）。食作用はエンドサイトーシスの一種です。

問6　食物が胃から十二指腸へ移行すると，十二指腸の粘膜からセクレチンというホルモンが血液中に分泌されます。セクレチンはすい臓に作用すると，すい液の分泌を促進させます。すい液には，消化酵素のリパーゼが含まれます。リパーゼは脂肪を加水分解する酵素ですが，脂肪は疎水性の物質です。そのため，胆汁の力を借りてリパーゼを脂肪となじみやすくするのです。なお，リパーゼは脂肪を脂肪酸とグリセロール（グリセリン）に分解する消化酵素ですが，消化管内では完全には分解されず，グリセロールに脂肪酸が1つ結合したモノグリセリドの状態まで分解されたのち，小腸の毛細リンパ管（乳び管）へ吸収されます（01 **問2** 参照）。

10

解答

A型；40人　　B型；20人　　O型；25人　　AB型；15人

解説

血清中には，赤血球表面の凝集原（抗原）と反応する凝集素（抗体）が含まれています。

A 型のヒトは抗 B(凝集素 β)を，B 型のヒトは抗 A(凝集素 α)を，O 型のヒトは抗 A と抗 B を持っています。AB 型のヒトはどちらも持っていません(Box 参照)。

A 型や AB 型の赤血球を，抗 A を含む B 型血清と混ぜると凝集反応が起きます。同様に，B 型や AB 型の赤血球を，抗 B を含む A 型血清と混ぜても凝集反応が起きます。O 型の赤血球はどちらの血清とも凝集しません。ここから，下の式が得られます。なお，下の式の A，B，O，AB はそれぞれの血液型の人数を表しています。

$$\begin{cases} A + AB = 55 \\ B + AB = 35 \\ O + AB = 40 \\ A + B + O + AB = 100 \end{cases}$$

これを解くと，A = 40，B = 20，O = 25，AB = 15 が得られます。

Box ＡＢＯ式血液型

・**凝集原**…赤血球表面の抗原。

・**凝集素**…血清に含まれる抗体。

	A 型	B 型	O 型	ＡＢ型
凝集原	A	B	−	A，B
凝集素	β	α	α，β	−

11

解答

a) 右に動かしていくと，あるところから見えなくなり，さらに移動させると再び見えるようになる。

b) 視神経の束が網膜を貫いており，視細胞で受容した刺激が伝わる通路となっている。

c) 盲斑の面積を x mm^2 とすると，

$15^2 : 1^2 = 6 \times 10^2$ mm^2 : x mm^2

$x = 2.66\cdots$　より盲斑の面積は 2.7 mm^2

解説

a) 視線を＋印に固定した状態では，「＋」は黄斑に像を結んでいます。この状態で●印を右に動かすと，●印が，ある範囲で盲斑に像を結びます。盲斑には視細胞が存在しないため，この範囲では●印は見えません。

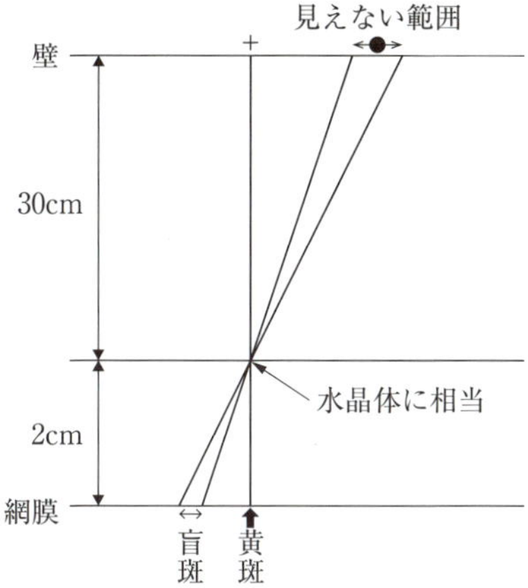

b)　盲斑は視神経の束が網膜を貫いているところです。そのため盲斑には視細胞が存在しません。よって，盲斑に像を結んでも視覚として認識されないのです。盲斑は網膜上で黄斑より鼻側にありますので，片方の目で見たときに，耳側の一部分が見えていないことになります。

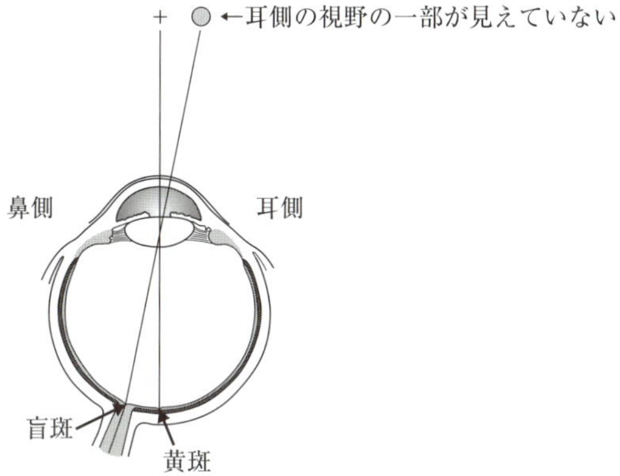

c)　a)の図より，見えない範囲の幅と盲斑の幅の比は，壁から水晶体までの距離と水晶体から網膜までの比（30 cm：2 cm より 15：1）と同じです。面積は長さの比の 2 乗に比例しますので，見えない範囲の面積と盲斑の面積比は，$15^2 : 1^2 = 225 : 1$ となります。見えない範囲の面積は $6\,\mathrm{cm}^2 = 6 \times 10^2\,\mathrm{mm}^2$ なので，

$$225 : 1 = 6 \times 10^2\,\mathrm{mm}^2 : x\,\mathrm{mm}^2$$

より，約 $2.7\,\mathrm{mm}^2$ となります。

12

解答

⑴ うずまき管の先端ほど基底膜の幅が広く，より低い音で振動する。

⑵ 半規管内にはリンパ液があり，回転によりリンパ液は回転方向と反対方向へ流れ，それにより感覚細胞の感覚毛が刺激され，これが大脳へ伝わることで回転や加速度を感知する。

⑶ 前庭にある平衡石(耳石)がずれ，それを感覚細胞の感覚毛が受容し，大脳で傾きを感じるが，宇宙空間は無重力のため平衡石のずれが生じないから。

解説

⑴ うずまき管の入り口(卵円窓)から先端にかけて，先端ほど基底膜の幅は広くなっていきます。幅が広い部分ほど低い音で振動するため，うずまき管では先端ほど低い音を受容します。なお，ヒトは20～20 kHzの範囲の音を受容でき，それよりも高い周波数(短い波長)の音波は超音波と呼ばれます。

⑵ 半規管の内部はリンパ液により満たされています。リンパ液の動きは，慣性の法則で説明されます。慣性の法則とは，外から力を加えなければ物体の速度は変化しない，という法則です。停止状態から回転を始めると，リンパ液は慣性の法則に従って停止し続けようとします。そのため，リンパ液は見かけ上，回転方向とは反対の方向へ流れます。その結果，感覚細胞が刺激され，回転や加速度を感知します。しかし，実際には摩擦力がありますので，回転が続くと回転方向とリンパ液の流れが同調するようになります。すると，回転しているにもかかわらず，感覚細胞は刺激されないため回転を感じない状態になります。では急に回転を止めると，どのようなことになるでしょうか？回転を止めてもリンパ液は慣性の法則に従い流れ続けます。そのため回転していないのにも関わらず，感覚細胞は刺激され，回転しているように感じることになります。

⑶ 前庭は重力方向を感知する機能をもちます。前庭には膜に包まれた平衡石があり，これが感覚細胞をおおっています。体が傾くことで重力の方向が変わり，それによって平衡石がずれることで感覚細胞の感覚毛を刺激します。その結果，感覚細胞が興奮し，興奮が大脳へ伝わることで傾きを感じます。しかし，無重力状態では文字通り重力が無いので平衡石がずれることがなく，傾きを感じることはできません。

13

解答

運動神経の伝導速度

$$\frac{(125.1-60.1)\,\mathrm{mm}}{(7.05-6.41)\,\text{ミリ秒}} \fallingdotseq 102\,\mathrm{m}/\text{秒}$$　　<u>$1.0\times10^2\,\mathrm{m}/\text{秒}$</u>

興奮が軸索末端に達した後，筋肉が収縮するまでの時間

$$\frac{125.1\,\mathrm{mm}}{102\,\mathrm{m}/\text{秒}} \fallingdotseq 1.23\,\text{ミリ秒}$$

$(7.05-1.23)$ ミリ秒 $=5.82$ ミリ秒　　<u>5.8 ミリ秒</u>

解説

神経に閾値以上の刺激を与えて，筋収縮が起きるまでには，「①神経を興奮が伝導する時間」，「②シナプス(神経筋接合部)を興奮が伝達する時間」，「③筋肉へ興奮が伝達された後，筋肉が収縮するまでの時間」が含まれます。そのため，神経を刺激してから筋収縮までにかかる時間(この問いでは7.05ミリ秒や6.41ミリ秒)を直接用いて伝導速度を計算することはできません。よって，下図のように伝導距離と伝導時間の差を計算し，ここから伝導速度を計算します。

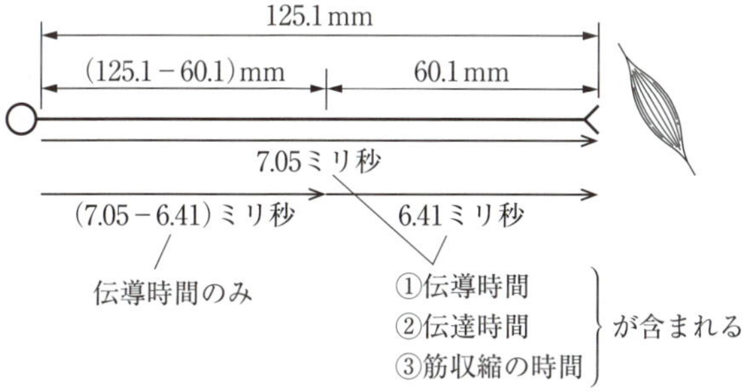

興奮が軸索末端に達した後，筋肉が収縮するまでの時間(上の②，③の合計時間)は，刺激してから筋収縮までの時間(①，②，③の合計時間)から，伝導時間(①の時間)を引けば求められます。

なお，問題文で距離の単位が「cm」であれば，すぐに「mm」に直してください。「mm」に直してから計算することでミスを防ぐことができます。「cm」のまま計算したり，「cm」を「10^{-2}m」として計算すると，計算ミスが増えるので避けるべきです。例えば，この問題の場合であれば，次のように式をつくり，「m(ミリ)」と「ミリ」で約分します(とも

に$\frac{1}{1000}$という意味)。約分してしまえば，あとは丁寧に計算するだけです。計算は最も速く正確な方法で行うべきです。速くてもミスをしてしまっては何にもなりません。

$$\frac{(125.1-60.1)\text{mm}}{(7.05-6.41)\text{ミリ秒}}=\frac{65\,\cancel{\text{m}}\text{m}}{0.64\,\cancel{\text{ミリ}}\text{秒}}$$

繰り返しますが，「cm」はすぐに「mm」に直してから計算してください。「最後に直そう」と思っても，めんどうな計算が終わった達成感からつい忘れてしまうものです。

14

解答

問1　ア；屈性　　イ；傾性　　ウ；膨圧

問2　植物を水平に置くと，オーキシンは重力方向へ移動する。オーキシンに対する根の最適濃度は低いので，上側が成長し，茎の最適濃度は高いので下側が成長する。

問3　(a)，(d)

問4　葉柄に葉枕という構造があり，葉枕の膨圧が高いときには葉が開いた状態になっている。接触刺激などにより葉枕の膨圧が低下すると葉が閉じる。

解説

問1　植物の運動には屈性と傾性があります。屈性は光や重力などの刺激に対して方向性のある運動で，刺激源の方向に屈曲する場合を正の屈性，刺激源の反対方向に屈曲する場合を負の屈性と呼びます。傾性は刺激に対して方向性のない運動で，運動の方向は植物の器官の構造によって決まっています。また，運動のしくみには成長運動と膨圧運動があります。成長運動は光の当たらない側の細胞が光の当たる側より成長するといった，細胞の不均等な成長による運動です。大きく成長した細胞が小さくなることはないため，成長運動は不可逆的と言えます。チューリップの開花は成長運動ですので，花が開いたり閉じたりすることで次第に花弁は大きくなっていきます。膨圧運動は膨圧の変化による運動です。膨圧の上昇と低下によるため，可逆的な運動になります。なお，光屈性はフォトトロピンという受容体タンパク質が，青色光を受容することで引き起こされることがわかっています。フォトトロピンは光屈性だけでなく，気孔の開口にも関わっています(• EXTRA ROUND • 15 p.203 NEXUS 参照)。また，青色光受容タンパク質としてクリプトクロムも知られており，この色素は胚軸の伸長抑制や花芽形成，概日リズムなどに関与しているそうです。

Box 植物の運動

○屈性と傾性

・屈性…刺激の方向に対して一定の方向性のある運動。刺激の方向に向かえば正の屈性，遠のけば負の屈性という。

・傾性…刺激の方向とは無関係にみられる運動。運動の方向は器官の構造によって決まっている。

○成長運動と膨圧運動

・成長運動…細胞の成長による運動。
例；チューリップの開花，茎や根の屈性　など

・膨圧運動…膨圧の変化による運動。
例；オジギソウの休眠運動，気孔の開閉　など

問2　オーキシンは先端部から基部方向へと極性移動しますが，水平方向へ横たえた場合は重力方向へ移動します。また，オーキシンには最適濃度があり，その最適濃度は器官によって異なります。根の最適濃度は低いので，オーキシン濃度の高い下側(重力側)の成長は抑制されます。一方，茎の最適濃度は高いので，下側の成長が促進されます。その結果，根は正の重力屈性を示し，茎は負の重力屈性を示します。

根でのオーキシンの移動を制御しているのは，根冠にある平衡細胞(コルメラ細胞)です。植物を水平に置くと，平衡細胞のアミロプラスト(細胞小器官の一種)が重力方向へ移動します。すると，平衡細胞のPINタンパク質が重力方向の細胞膜へ移動します。PINタンパク質はオーキシンの排出輸送体なので，オーキシンは重力方向へ輸送されます。また，根の表皮細胞では茎のある側にPINタンパク質が局在するため，根冠側から茎の方へとオーキシンが移動します。その結果，根では重力方向へオーキシンが偏り，重力側の細胞の成長が抑制されます(下図)。また茎では，内皮細胞内のアミロプラストが重力方向に移動することで，オーキシンが重力方向へ輸送され成長が促進されます。

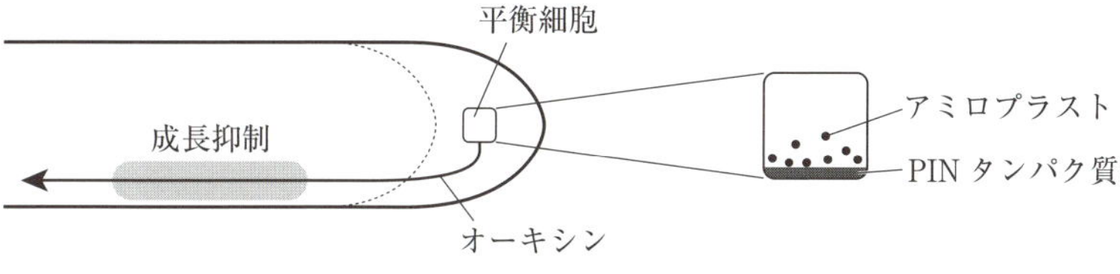

問3　チューリップとクロッカスは温度傾性により開花します。マツバギク，ハス，タンポポは光傾性により開花します。なお，チューリップは一見すると花弁が6枚見

られますが，そのうちの3枚はがく片です。がく片も花弁と同様に温度傾性を示します。

問4　オジギソウの葉の開閉運動は，葉柄の基部(葉の付け根)にある葉枕というふくらんだ部分の膨圧変化によります。葉が開いた状態では，葉枕の膨圧が高くなっているのですが，葉に触れたり温度変化などの刺激を与えると，葉枕の下側にあった水が上側へ移動します。それにより，葉枕の下側の細胞で膨圧の低下が起こり，葉が閉じるのです。また，オジギソウでは接触刺激を与えなくても，夜に葉を閉じる就眠運動が見られます。

15

解答

問1

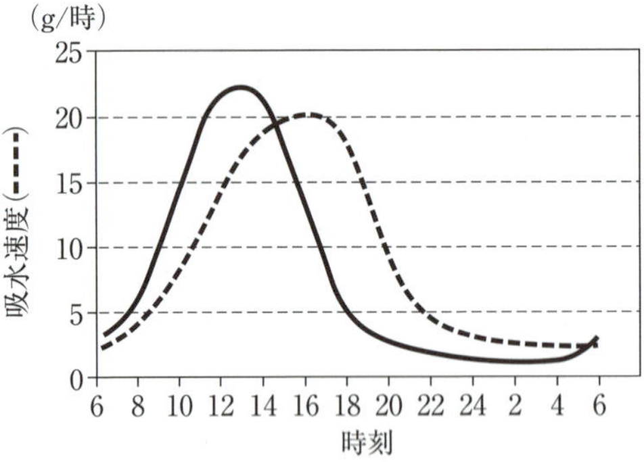

問2　葉緑体を持ち，気孔側の細胞壁が厚く，湾曲している。

問3　野生型は乾燥した環境条件になるとアブシシン酸を合成し，気孔を閉鎖することで蒸散を防止している。これに対し，アブシシン酸を合成できない変異型は，乾燥した環境条件になっても気孔を閉鎖することができず，過剰に蒸散が起きるため植物体が水不足になり枯死してしまう。

解説

問1　「原因は結果に先立つ」という言葉があります。植物の吸水は蒸散を原因とします。蒸散が原因となることで葉の吸水力が上昇し，それによって道管内の水が引き上げられるのです。そのため，蒸散量の変化は吸水量の変化よりも先になります。

問2　孔辺細胞は表皮系に属しますが，葉緑体を持ちます(•EXTRA ROUND• 1 参照)。

問3　気孔には主に二つの役割があります。一つは光合成に必要な二酸化炭素の取り込みの促進，もう一つが蒸散の促進です。蒸散により根からの吸水が促進されたり，葉の温度上昇を防いだりします。しかし，蒸散が過剰になると植物は水不足になってしまいますので，乾燥時にはアブシシン酸を合成し，気孔を閉鎖することで蒸散を抑えます。そのため，アブシシン酸が合成できない変異体は，乾燥時に枯死してしまいます。

気孔開閉のしくみ　NEXUS

○気孔が開くしくみ

青色光（390 ～ 500 nm）をフォトトロピンが受容すると，K^+が流入し孔辺細胞の浸透圧が上昇することで吸水が促進される。それにより膨圧が上昇し，気孔が開く。孔辺細胞の葉緑体による二酸化炭素濃度の低下や，光リン酸化も関わっていると考えられている。

○気孔が閉じるしくみ

アブシシン酸量の増加により K^+が排出され，孔辺細胞の浸透圧が低下することで排水が起こる。それにより膨圧が低下し，気孔が閉じる。

16

解答

問1　春化による花芽形成が起きないから。

問2　(1)　エチレン

(2)　気体なので空気中を移動して作用する。

解説

問1　春化とは，一定期間の低温が花芽形成を誘導する現象です。カリフラワーの可食部は若いつぼみです。つぼみは花芽が発育したものなので，つぼみを得るには花芽形成が必要です。そのため春化により花芽形成を誘導しなければいけません。しかし，冬の気温が上がると春化が起きなくなることが予想できます。その結果，可食部が形成されなくなるのです。なお，人工的に吸水種子や幼植物を低温にさらすことで，花芽形成を促す処理を春化処理と呼びます。

問2　42 参照。風が強いところや，動物の接触を常に受けているような場所に生息している植物からはエチレンが放出されます。エチレンは気体状の植物ホルモンなので，同一個体だけでなく，異なった個体の影響も受けます。

17

解答

問 1　2400 個体

問 2　シロアリは社会性昆虫なので，一つの巣の中の個体間で分業が見られる。そのため，巣から出て活動する個体だけでなく，巣の内部でのみ活動する個体がおり，巣の内部のみで活動する個体の個体数は推定できない。

解説

問 1　以下の式から計算できます。

1 回目の捕獲個体数

全個体数：全標識個体数 = 2 回目の捕獲個体数 ：2 回目のうち標識個体数

□個体：　240 個体　=　200 個体　：　20 個体

Box　標識再捕法

ある集団の一部の個体を捕獲し標識をつけて放し，再捕獲したときに再捕個体のうちの標識個体の割合から全個体数を推定する方法。魚類や昆虫など，比較的移動力のある動物の個体数を推定するために利用される。

全個体数：1 回目の捕獲個体数

= 2 回目の捕獲個体数：2 回目の捕獲個体数のうち標識個体数

問 2　標識再捕法で個体数を推定するためには，1 回目に捕獲した標識個体と，未標識個体が充分に混ざり，標識個体と未標識個体の捕獲率が等しくなる必要があります。シロアリは社会性昆虫であり，個体ごとに分業が見られます。そのため，巣の外に出る個体には標識がつけられますが，巣の内部の個体には標識がつけられません。そのため，標識再捕法による個体数の推定ができません。社会性昆虫の例として，他にアリ(原則的にすべての種)，ミツバチ，スズメバチ，アシナガバチなどが知られています。

18

解答

問1　ア　資源　　イ　生態的地位(ニッチ)　　ウ　種間競争　　エ　競争的排除
オ　被食者－捕食者相互関係　　カ　寄生　　キ　根粒菌　　ク　相利共生

問2　食物連鎖
影響；ヘビが増加すると，バッタの天敵であるカエルが減少するので，バッタが増加する。

問3　関係；生態的同位種であり，種間競争が生じる。
影響；テントウムシはアブラムシを捕食するため，種間競争が緩和されハムシは増加する。

解説

問1　生物どうしのはたらき合いを**相互作用**と呼びます。相互作用には同種個体群内の相互作用(**47** 参照)と，異種個体群間の相互作用があります。

Box　異種個体群間の相互作用

・**被食者－捕食者相互関係**…食う食われるの関係。食う方を捕食者，食われる方を被食者と呼ぶ。
例；ゾウリムシ(被食者)―ミズケムシ(捕食者)

・**種間競争**…生活様式や要求が似ている異種個体群間での，食物や生活空間などの奪い合い。
例；ゾウリムシとヒメゾウリムシなど

・**相利共生**…異種個体間がお互いに利益を与え合う関係。
例；アリとアリマキ，クマノミとイソギンチャクなど

・**片利共生**…片方のみが利益を得て，もう一方は影響を受けない関係。
例；コバンザメとサメ，カクレウオとナマコなど

・**寄生**…ある生物が他の生物(宿主)の体内や体表に付着し，養分を摂取して生活すること。
例；カイチュウ(寄生者)－ヒト(宿主)
ナンバンギセル(寄生者)－ススキ(宿主)など

・**片害作用**…分泌物が他の生物の害となる。
例；セイタカアワダチソウ，アオカビなど

・中立…お互いに影響を与えない。
例；シマウマとキリンなど

問2　バッタ，カエル，ヘビの関係では，ヘビが増加するとヘビに食べられるカエルが減少します。カエルが減少することでカエルに食べられるバッタが増加することになります。ヘビとバッタは，直接，被食－捕食の関係にはありませんが，間接的に影響を受けることになります。このような現象を間接効果と呼びます。

問3　「同じ植物を食う」ことから，アブラムシとハムシは生態的地位（ニッチ **46** 参照）が類似していることがわかります。ニッチの類似した種は生態的同位種と呼ばれ，種間競争が生じます。ここで，アブラムシを食うテントウムシが存在した場合，ハムシの競争相手であるアブラムシのみ減少するため，ハムシは増加することになります。これも間接効果の例となります。

19

解答

妥当な生存曲線；R

理由；ヒトなどの大型哺乳類は，子に対する親の保護が手厚く，天敵が少ない。そのため初期死亡率が低く，高齢になるまでの個体数の減少は緩やかになる。寿命に近づくと病気や老衰などの理由で死亡率が高まるため，急激に個体数が減少する。よってRが妥当である。

解説

同世代の個体が，出生後に減少する過程を表にまとめたものを生命表，生命表をグラフ化したものを生存曲線と呼びます。

生存曲線は，一般に縦軸の生存個体数（この問題では生存率）が対数目盛となっています。縦軸を対数目盛とした場合，死亡率は傾きで表されます。そのため，Pは初期死亡率が高く，成長すると死亡率が低くなり，Rは初期死亡率は低く，老齢になるに従い死亡率が高くなっていくことを表しています。またQは傾きが一定ですから，齢によらず死亡率は一定です。

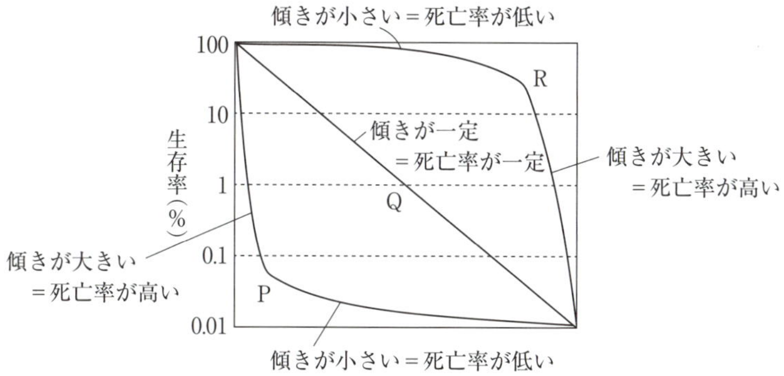

哺乳類の母親は子に母乳を与えるので，必然的に子を保護することになります。ゾウのように群れで生活する哺乳類では，群れ全体で保護します。よって，ヒトなどの大型哺乳類の生存曲線は，初期死亡率の低いRが妥当です。また，昆虫類でもアリのような社会性昆虫では，親以外の個体(ワーカーやソルジャーと呼ばれる)による子育てや外敵からの保護が見られるので，生存曲線はRのような形状となります。このような生存曲線をとる種の個体数は，環境収容力に近い密度で維持されることになります。

一方，Pは多数の子を産む代わりに親は子を保護しません。そのため初期死亡率が高くなります。このような生存曲線をとる種の個体数は，通常，環境収容力より低い密度となっており，密度効果を受けにくい状態となっています。

Box 生存曲線

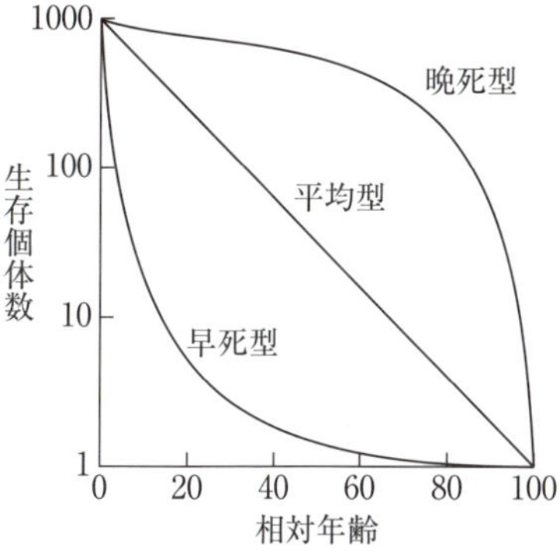

○晩死型(少産少死型・ヒト型)
少数の子を産み，初期死亡率が低い。
例；大型哺乳類，大型鳥類など

○平均型(ヒドラ型)
死亡率は齢にかかわらずほぼ一定。
例；鳥類など

○早死型(多産多死型・カキ型)
多数の子を産み，初期死亡率は高い。
例；魚類など

20

解答

問1　ア　非生物的環境　　イ　作用　　ウ　環境形成作用(反作用)

問2　個体数ピラミッド，生物量(現存量，生体量)ピラミッド

問3　生体内で分解されにくく生体外へ排出されにくい物質が，栄養段階の上位の消費者ほど体内に高濃度に蓄積する現象。

解説

問1　生物は，非生物的環境の影響を受けて生活しています。非生物的環境が生物へ影響を与えることを作用と呼びます。一方，生物が非生物的環境に影響を与えることを環境形成作用(反作用)と呼びます。例えば，光量が増加することで光合成速度が上昇すれば，それは作用となります。光合成によって二酸化炭素濃度が低下し酸素濃度が上昇すれば，それは環境形成作用です。

問2　生態ピラミッドとは，個体数や生物量，生産量を栄養段階ごとに積み上げていったものです。一般に下位の栄養段階ほど大きな値となるため，ピラミッド型となります。ただし，1本の木に多数の昆虫が生息し葉を食べるような場合では，個体数はピラミッド型になりません。また海洋の生態系においては，植物プランクトンを動物プランクトンが捕食することで，動物プランクトンの生物量が植物プランクトンの生物量を上回る生物量ピラミッドの逆転が見られます。そのような場合でも，生産力(エネルギー)ピラミッドの逆転は見られません。

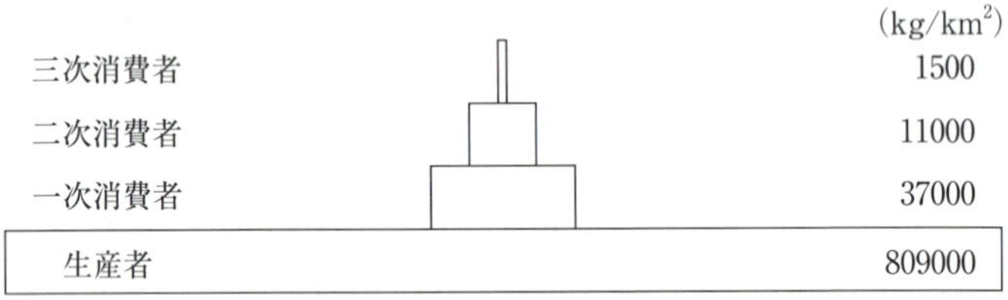

ある地域の生物量ピラミッド

問3　生物濃縮とは，生体内に特定の物質が蓄積していき，生体外の濃度に比べて高濃度に濃縮される現象です。生物濃縮される物質は，生体内で分解されにくく，生体外に排出されにくいという特徴があります。また，脂溶性であることが多いため，脂肪組織への蓄積がみられます。

かつては人間の活動が自然環境に与える影響はごくわずかであると考えられていました。そのため環境への配慮が足りず，環境破壊や公害病を引き起こすことになってしまったのです。

Box 生物濃縮

体内で分解されにくく，体外へ排出されにくい物質が，外部環境に比べて高濃度になる現象。高次消費者ほど高濃度に蓄積される。

○生物濃縮により社会問題となった物質の例

・DDT…殺虫剤として用いられた。

・PCB…絶縁油・熱媒体などとして用いられた。

・カドミウム…鉱山廃水に含まれていた。イタイイタイ病の原因となった。

・有機水銀…化学工場の廃液に含まれていた。水俣病の原因となった。

21

解答

問1　調査方法；層別刈取法　　図；生産構造図

問2　図A；イネ科型　　図B；広葉型

問3　アカザ，ダイズ

問4　図A

問5　図Aの葉は細く，下層部に斜めに付き，茎の量は比較的少ない。図Bの葉は幅が広く，上層部に水平に付き，茎の量は多い。

問6　地上植物，地表植物，半地中植物，地中植物，水生植物，一年生植物

解説

問1　植物群集を外部から眺めてみると，その外観の違いがなんとなくわかります。しかし，それでは客観的な比較ができません。植物群集の特徴を客観的に比較するためには生産構造図を利用します。生産構造図は植物群集を高さごとに層別に刈り取り，同化器官(葉)と非同化器官(茎あるいは果実，地上部なので根は含まない)の生体重量(葉の場合は葉面積のこともある)を測定してグラフ化することで作成します。このような方法は層別刈取法と呼ばれます。生産構造図の作成にあたり，刈り取る前に相対照度の測定を忘れてはいけません。相対照度とは，植物群集の最上部の光強度に対する光強度のことです。植物群集の最上部の光強度を100とした，相対的な光強度で表します。相対照度も高さごとに測定し，変化をグラフ化します。

問2～5　生産構造図には，大きく分けてイネ科型と広葉型の2つの型があります。図Aのように同化器官が下層部にあり，相対照度の低下が比較的ゆるやかな方がイネ

科型となります。一方，図Bのように同化器官が上層部に集中し，相対照度が急激に低下し，植物群集の内部が非常に暗くなる方が広葉型です。広葉型となる植物は，背丈が高く，体を支える必要があることから非同化器官の割合が大きくなります。葉の形状や葉のつき方にも違いがあります。イネ科型は葉が細く斜めにつき，広葉型はその名のとおり葉面積の大きな葉が水平につきます。

Box 生産構造図

・イネ科型…植物群集の内部まで光が入るので，生産効率が高い。
例；チカラシバ，ムギ，ススキ，チガヤ　など

・広葉型…植物群集の上層に葉が集中。
例；アカザ，オナモミ，ソバ，ダイズ　など

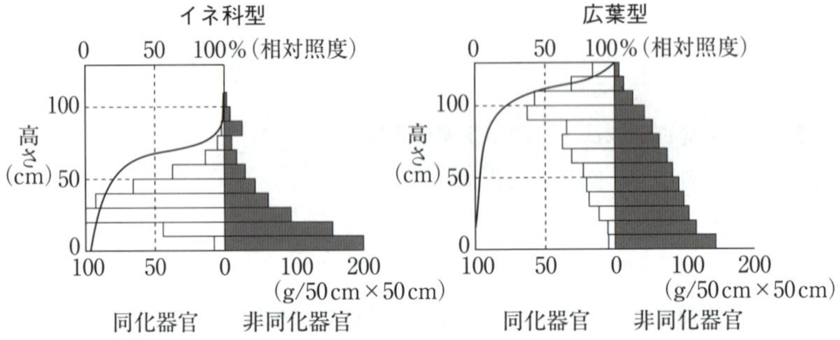

問6　生活形とは，生物の生活様式を反映している形態のことです(45 参照)。ラウンケル(1907)は，植物の休眠芽(冬芽，抵抗芽)の高さによる生活形の分類を行いました(**Box** 参照)。ラウンケルの生活形と気候との関係には，温暖な地域ほど地上植物の割合が増加し，寒冷地ほど地表植物や半地中植物の割合が増すという傾向があります。また，砂漠は極度に乾燥しているため，種子で乾燥に耐え降雨により発芽し急速に開花・結実する一年生植物の割合が高いことが特徴です。

Box ラウンケルの生活形

地上植物…休眠芽が 30 cm 以上の高さにある。

地表植物…休眠芽が 0 ～ 30 cm の高さにある。

半地中植物…休眠芽が地表に接する。

地中植物…休眠芽が地中にある。

水生植物…休眠芽が水中にある。

一年生植物…環境に適さない時期を種子ですごす。

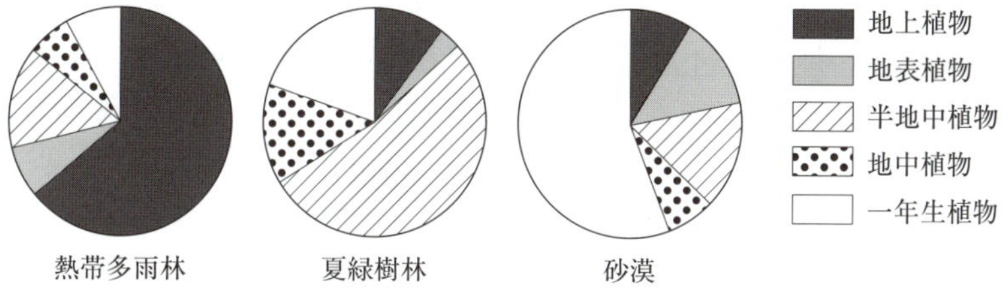

22

解答

(1)　2500 g/m^2/ 年

(2)　600 g/m^2/ 年

(3)　①　100 g/m^2/ 年　　②　25 g/m^2/ 年

(4)　5 g/m^2/ 年

(5)　沿岸は塩類が多く，植物プランクトンの増殖速度が大きいから。

(6)　(ア)の生産した有機物の一部は(ア)自身の呼吸などで消費され，(イ)は残った有機物を利用するから。

(7)　生態系内に入ってくるのは太陽の光エネルギーである。光エネルギーは光合成により化学エネルギーに変換され，最終的には熱エネルギーとなり生態系外へ放出されるから。

解説

基本的な計算については **48** **問6**参照。設問にはなっていないですが，(ア)は緑色植物などの生産者，(イ)は一次消費者(植物食性動物)，(ウ)は二次消費者(動物食性動物)，(エ)は菌類や細菌などの分解者です。また，①は被食量(植物食性動物から見れば摂食量)，②は問題文より排泄物量です。

(1)　総生産量は，光合成によって吸収した炭素の移動量なので，大気中の二酸化炭素から(ア)の生産者に取り込まれる2500 g/m^2/ 年となります。

(2)　問題文に「(ア)の純生産量の 40 %が(ア)の成長量となり」とあります。純生産量は総生産量(2500 g/m^2/ 年)から呼吸量(1000 g/m^2/ 年)を引いた値なので，

$(2500 - 1000)$ g/m^2/ 年 $\times 0.4 =$ 600 g/m^2/ 年です。

(3)・(4)　①の被食量は「総生産量＝成長量＋被食量＋枯死量＋呼吸量」の式から考えま

す。総生産量は2500 g/m^2/年，成長量は(2)より600 g/m^2/年，枯死量は(ア)から 枯死体，遺体，排泄物（不消化排泄物および老廃物） へ向かう矢印の800 g/m^2/年，呼吸量は1000 g/m^2/年なので，次の式が得られます。

総生産量 ＝ 成長量 ＋ 被食量 ＋ 枯死量 ＋ 呼吸量
2500 ＝ 600 ＋ □ ＋ 800 ＋ 1000

よって，①は(2500 − 600 − 800 − 1000) g/m^2/年＝100 g/m^2/年です。

②は排泄物量ですが，「②の値は(イ)の生産量と等しい」とあり，また，消費者にとっての生産量は，生産者にとっての純生産量に相当します。このことから，下の関係がわかります。

摂食量 ＝ 成長量 ＋ 被食量 ＋ 死亡量 ＋ 呼吸量 ＋ 排泄物量
(100) ＝ □ ＋ 20 ＋ 0 ＋ 50 ＋ (x)

①の値（100）　生産量（□＋20＋0）＝ x　同化量（□＋20＋0＋50）　等しい（生産量の x と排泄物量の x）

100 = x + 50 + x より，x = 25 が得られます。よって，生産量は25 g/m^2/年です。

生産量が25 g/m^2/年とわかれば(4)は，(25 − 20) g/m^2/年＝5 g/m^2/年です。

(5) 単位面積当たりの純生産量の大小は，植物プランクトンの生物量で決まると考えられます。植物プランクトンの成長にとって重要な要因は栄養塩類です。沿岸部では，河川から栄養塩類が流入してきます。そのため，植物プランクトンが増殖しやすい環境にあります。よって外洋域よりも光合成速度が大きくなるため純生産量が大きくなります。なお，赤潮（または水の華）発生の原因は，リンや窒素を含む栄養塩類が流入することによる植物プランクトンの異常増殖です。関連させて覚えておきましょう。

(6) 上位の栄養段階の生物は，下位の栄養段階の生物を摂食することでエネルギーを得ています。(ア)の生産者が光合成によって取り込んだエネルギーの一部は，生産者自身の呼吸によって放出されます。また，(イ)の一次消費者は生産者をすべて摂食するわけではありません。そのため「(ア)の生産力（生産速度）は必ず(イ)の生産力よりも大きく」なります。つまり，生産力ピラミッドの逆転はありえないのです。

(7) 炭素や窒素，リンなどの物質は，生態系内を循環します。しかし，エネルギーは生態系内を循環しないで流れます。地球生態系に入ってくるエネルギーは太陽の光エネルギーです。この光エネルギーの一部を，緑色植物などの生産者が有機物中の化学エネルギーに変換します。有機物中の化学エネルギーは消費者，分解者へと移動していきます。この過程で，呼吸などによって化学エネルギーは熱エネルギーへ変換され，生態系外へ放出されます。つまり生態系内に入ってきた光エネルギーは，まずは化学エネルギーへ変換され，最終的に熱エネルギーとなって放出されるのです。

23

解答

(1)　$p = 0.8$，$q = 0.2$

(2)　RR　0.64N 個体　　Rr　0.32N 個体　　rr　0.04N 個体

(3)　25 個体

解説

基本的な計算方法は 52 問 3 institute 参照。

(1)

$$p = \frac{650 + \frac{1}{2} \times 300}{1000} = \underline{0.8}$$

$p + q = 1$　より，

$q = 1 - 0.8 = \underline{0.2}$

(2)　配偶子比 R : r = 0.8 : 0.2 の集団が自由交配して種子をつくると考えるので，次世代の各遺伝子型の頻度は以下のようになります。

$$(0.8\mathrm{R} + 0.2\mathrm{r})^2 = 0.64\mathrm{RR} + 0.32\mathrm{Rr} + 0.04\mathrm{rr}$$

RR の頻度…0.64　　Rr の頻度…0.32　　rr の頻度…0.04

全体の個体数を N としているので，個体数は遺伝子型頻度に N をかけたものになります。

(3)　最初の花畑から白色の花（遺伝子型 rr）を取り除くと，次のようになります。

RR : Rr : rr ＝　650　:　300　:　50

↓　↓　↓取り除く

RR : Rr : rr ＝　650　:　300　:　0

RR : Rr = 650 : 300 の集団において，白色の花を取り除いたあとの r の頻度は

$$\frac{\frac{1}{2} \times 300}{650 + 300} = \frac{3}{19}$$

より，$\frac{3}{19}$ となります。

次世代の 1000 個体のうち，rr となるものは，

$$1000 \times \left(\frac{3}{19}\right)^2 = 24.9\cdots\cdots$$

となり，25個体が白色となると考えられます。

24

解答

(1) 原始大気，または原始海洋中の単純な物質が化学反応を繰り返し，タンパク質や核酸などの有機物が生じた。これらの有機物から自己複製能をもつ生物が誕生するまでの過程を化学進化と呼ぶ。

(2) 遺伝子の本体としてRNAを利用している世界をRNAワールドと呼ぶ。RNAが触媒としてはたらき，DNAや酵素を利用しないでRNAが複製されていた時代があったと推測されている。

解説

(1) かつては日常的な生命の自然発生が信じられていました。信じると言うより，ごく普通のことだと考えられていたのでしょう。これに疑問を持ったのがパスツールです。パスツール(1861)は，白鳥の首フラスコを用いた実験により生命の自然発生を否定しました。しかし今現在，生命が存在しているという事実から，生命は少なくとも一回は自然発生したはずです。オパーリンとホールデーン(1936)は生命は突然発生したのではなく，単純な化合物から次第に複雑な化合物がつくられ，これがやがて生命の誕生へとつながったと考えました。このような考え方を化学進化と呼びます。またユーリーは，弟子のミラー(1953)に自身の考えた仮想原始大気(メタン，アンモニア，水蒸気，水素)に放電を行う実験を指示しました。その結果，アミノ酸やアデニンなどが生成されたのです。これはオパーリンらの考えた化学進化の一部を実験で再現したことになります。しかし現在では，原始大気としてユーリーの考えた還元型の大気ではなく，二酸化炭素や窒素を主成分とする酸化型の大気であることがわかっています。

熱水噴出孔は生命誕生の舞台として最有力候補に挙げられています。熱水噴出孔は1977年，ガラパゴス諸島付近の深海で発見されました。水深約2500 mの海底を無人のカメラで撮影したところ，多数の貝類が写っていました。死の世界だと考えられていた深海に，生命が存在していたのです。その後，多数のカニやエビなども発見され，熱水噴出孔には他では見られない生態系があることがわかりました。熱水噴出孔で最も驚くべき生物はハオリムシ(チューブワーム)やシロウリガイです。これらの生物は，動物でありながら消化管を持っていません。栄養は体内に共生する化学合成細菌から得ています(下記 Box 参照)。熱水噴出孔が生命誕生の場と考えられているのは，特殊な環境がそこにあるからです。噴出する約350℃の熱水には，硫化水素，メタン，水素，アンモニアといった還元型の気体が高濃度で含まれています。有機物は還元型の気体からつくられやすく，これらの気体が高温・高圧の条件で化学反応を起こし，有機物を合成します。高温状態では有機物は分解されやすいのですが，熱水噴出孔では合成された有機物が周囲の海水で冷却されるため，安定して存在できるのです。また海底は，宇宙からの紫外線などの影響を受けないことも好都合です。有機物は紫外線からも守られているのです。熱水噴出孔が化学進化の場として，いかに適しているかがわかります。有機物合成のための条件を備えていることから，熱水噴出孔付近で化学進化が起き，好熱菌が誕生したと考えられています。実際，ウーズらによるrRNAをもとにした分子系統樹(54 参照)によると，高温環境下で生息する好熱菌ほど原始的な位置にあることがわかっています。

Box 熱水噴出孔

海底から噴出する熱水には高濃度の硫化水素が含まれ，これを利用する化学合成細菌(硫黄細菌)を生産者とする生態系がみられる。ハオリムシやシロウリガイは硫黄細菌を体内に共生させ，吸収した硫化水素などを供給し，硫黄細菌が合成した同化産物を得ている。

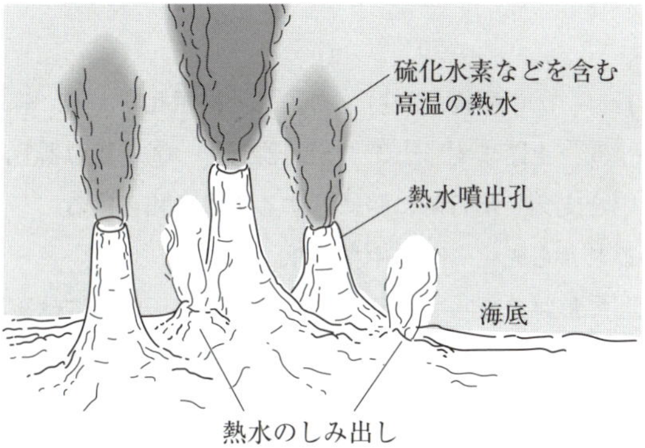

(2)　遺伝子の本体がDNAであることは，今や世界の常識となっています。DNAの遺伝情報は転写され，mRNAに写し取られます。さらにmRNAの情報が翻訳されることでタンパク質がつくられます。クリック(1958)は，遺伝情報がDNA→RNA→タンパク質と一方向に流れることをセントラルドグマと名づけました。また，現在のよ

うにDNAを遺伝子の本体とする世界はDNAワールドと呼ばれています。これに対し，RNAを遺伝子の本体とする世界はRNAワールドと呼ばれます。

DNAワールドは今現在の世界ですが，RNAワールドが実際に存在したかどうかはわかっていません。RNAはDNAより単純な物質であるため，DNAより先に生じたであろうと考えられ，また，触媒活性をもつRNA(リボザイム)が発見されたことから，初期の生命がRNAを遺伝子の本体と触媒として利用していたのであろうと考えられているのです。ところが近年，RNAが水中では合成されにくいことがわかってきました。そのため，RNAワールドの存在が否定されることになるかもしれません。初期の生命がどのような生物であったのかは，今もって謎に包まれているのです。

原始生命のモデル NEXUS

・コアセルベート説…オパーリン(1936)はアラビアゴムとゼラチンからなる液滴であるコアセルベートが集まったり，化学反応を起こしたりして原始生命が誕生したと考えた。

・マリグラヌール説…柳川弘志と江上不二夫(1976)は，模擬海水を105℃に加熱することで生成されるマリグラヌールが原始生命であると考えた。

25

解答

問1 ① 二足歩行　② 脊椎(脊柱)　③ 大後頭孔　④ 骨盤　⑤ 犬歯　⑥ 土踏まず　⑦ 相同器官　⑧ 相似器官　⑨ 痕跡器官

問2 大型化した脳を支え，歩行時に脳に対する衝撃を和らげる。

問3 (a) 前肢のひじから先　(b) 中指の爪

問4 後肢が退化して痕跡となっており，このことから，かつては後肢があり四足歩行していたと考えられる。

解説

問1 霊長類とはサルのなかまのことで，正式には哺乳綱のサル目(霊長目)に属する動物のことです。一般的にはヒトを除く霊長類を「サル」と呼ぶのですが，生物学的な根拠に基づく分類ではないので「ヒト」と「サル」を分けることは人為分類(55参照)になります。生物学的な分類ではヒトもサルなのです。

霊長類は，現在のツパイのなかまである食虫類（食虫目）などから分岐して生じたと考えられています。霊長類になると，爪はかぎ爪から平爪へと変化し，拇指対向性が発達することにより木の枝などを握れるようになり，また，眼が前面に配置されることにより立体視できる範囲が広くなりました。霊長類はこのような特徴をもつことで樹上生活に適応しています。

サル目のヒト上科に属するヒトを除いた動物を類人猿と呼びます。類人猿にはチンパンジー，ボノボ（ピグミーチンパンジー），ゴリラ，オランウータン，テナガザルがいます。これらのうち，ヒトにもっとも近縁なのがチンパンジーとボノボで，DNA の約 99 %を共有していると考えられています。類人猿とヒトの形態比較についてはp.219 **Box** 参照。

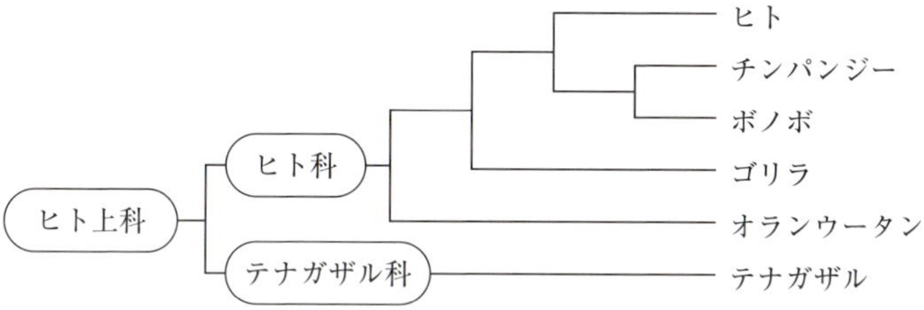

類人猿の系統

問2　人類の最も大きな特徴は直立二足歩行を行うことです。直立二足歩行こそが，類人猿との決定的な違いとされています。かつては脳の大型化が先で直立二足歩行が後に進化したと考えられていましたが，直立しなければ大きな脳を支えることができないことから，人類が直立二足歩行を行うようになったことで，脳が大型化したと考えられるようになりました。実際，400 万年ほど前の人類であるアウストラロピテクスは，骨格の形状から直立二足歩行を行っていたと考えられますが，脳容積は約 500 mL（ゴリラなどと同程度）で，現生人類の 3 分の 1 程度です。

脳が大きくなると，当然重くなります。脳（頭）が重いと不安定になります。また，運動による脳への衝撃も大きくなります。そのため脊柱をＳ字形にして脳を支えているのです。また，直立二足歩行にともない前肢が自由になることで指先を器用に発達させることが可能となりました。さらに，直立二足歩行とほぼ同時期に，犬歯が退化したと考えられています。これは，類人猿では犬歯を使うことで他個体と争っていたのが，道具（あるいは武器）を使うようになったことで犬歯を利用する必要がなくなったと考えられています。

20 世紀までは人類の誕生は約 500 万年前と考えられていました。しかし 21 世紀に入ると，約 700 万年前の人類のものと考えられる化石が発見されました。この化石人類はアフリカのチャドで発見されたことからサヘラントロプス・チャデンシスと名づけられました。また，ケニアでは600万年前の化石人類とされるオロリン・トゥゲネンシスが発見されています。サヘラントロプス・チャデンシスやオロリン・トゥゲネンシスは，おそらく直立二足歩行をしていただろうと考えられていますが，化石が部分的にしか発見されていないので，実際のところはよくわかっていません。アルディピテクス・ラミダスは約440万年前の化石人類で，骨盤の形状から直立二足歩行をしていたと考えられています。最も有名な化石人類がアウストラロピテクス・アファレンシスの「ルーシー」で，約320万年前の女性の化石です。アウストラロピテクス・アファレンシスは足跡の化石が見つかっていることから，確実に直立二足歩行を行っていたと考えられてます。この時代までの化石人類は猿人と呼ばれています。約240万年前ごろになると，ホモ属が出現しました。この頃の化石人類は原人と呼ばれています。この時代になると脳が大型化し始め，約180万年前に出現したホモ・エレクトゥス（北京原人やジャワ原人など）では脳容積が1000mLほどになりました。この頃に初めて人類がアフリカから出たと考えられています。さらに時代が進み約20万年前になるとホモ・ネアンデルターレンシス（ネアンデルタール人，旧人）とホモ・サピエンス（クロマニヨン人，新人）が出現しました。ホモ・サピエンスは言うまでもなく我々現生人類です。ネアンデルタール人と現生人類はほぼ同時期に出現し，同時代に生存していたのですが，ネアンデルタール人だけが約3万年前に絶滅しました。ネアンデルタール人と現生人類の脳容積は約1500mLで，交配も行われていたようです。そのため現生人類のDNAには，ネアンデルタール人の名残があるそうです。

代表的な化石人類から現生人類までを古い順に書きましたが，誤解してはいけません。人類の進化は決して直線的ではありません。初期の人類が出現した後，分岐をくり返すことでさまざまな種が現れました。しかし，現在まで生き残っているのはただ一種のみ，我々ホモ・サピエンスなのです。

Box 類人猿とヒトの比較

	類人猿（ゴリラ）	ヒ　ト
脊　柱	湾曲している	S字形
骨　盤	縦　長	幅　広
大後頭孔	斜め下	真　下
眼窩上隆起	あ　り	な　し
おとがい	な　し	あ　り
歯　列	U字形	放物線形

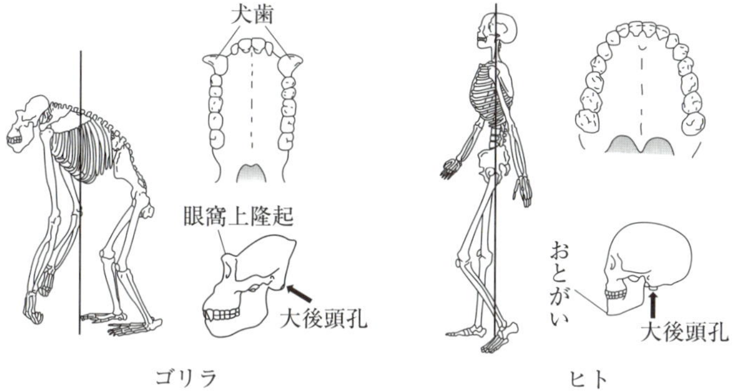

問3　(a)　ニワトリの手羽先は，橈骨と尺骨から指骨までの部分です。この部分はヒトのひじから指までに相当します(下図)。

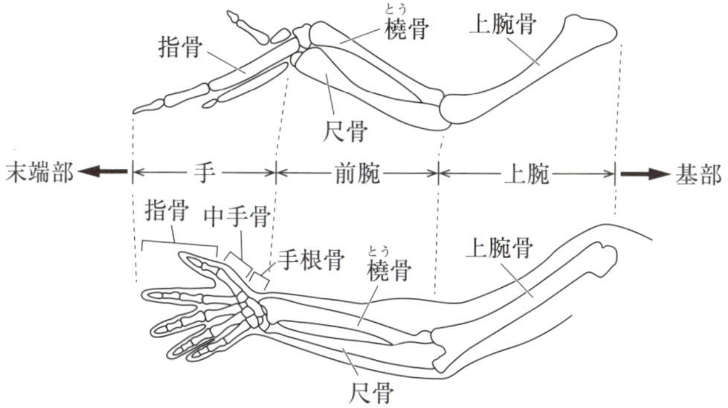

(b)　ウマの指は中指を残して他の4本は退化しています。そのため，ウマの脚の先はヒトの中指に相当します。ひづめはヒトの爪に相当しますので，ウマのひづめは中指の爪に相当します。

問4　クジラの骨格には後肢の痕跡があり，四肢歩行の名残とされています。現在ではクジラの祖先は，カバのなかまであったと考えられています。なお，イルカやシャチは分類学的にはハクジラ亜目に属するクジラのなかまです。

生物の多様化と大絶滅 NEXUS

全球凍結

地球全体が，赤道まで氷で覆われる状態を全球凍結と呼ぶ。全球凍結は地球の歴史上4回起きたのではないかと考えられている。特に重要視されているのが7億年前と約6億年前の全球凍結で，このあと生物の多様化が生じたと考えられる。なお，オタヴィアという海綿動物と考えられる動物の化石は，約7.6億年前から約5.5億年前の地層から産出されており，全球凍結を生き抜いたと考えられている。

エディアカラ生物群

全球凍結が終わると，以下に説明するしくみで気温が急激に上昇したと考えられている。海洋が凍結すると，二酸化炭素が吸収されなくなるため，火山活動により生じた二酸化炭素が大気中に蓄積していく。二酸化炭素には温室効果があるため，気温の上昇を引き起こす。その結果，気温は約50℃まで達したのではないかという試算もある。このような地球環境の急激な変化が，多細胞生物の多様化を引き起こしたと考えられている。

約5.7億年前に出現した多細胞生物の生物群をエディアカラ生物群(オーストラリアのエディアカラ丘陵から産出された化石と同時代の生物を含む)と呼ぶ。エディアカラ生物群は，出現から3000万年後にはほとんどが絶滅している。現在の生物には見られない特有の生物が多く，ディキンソニアと呼ばれる体節らしき構造をもつ動物(地衣類ではないかという説もある)や，三放射相称の構造をもつトリブラキディウム(現在では三放射相称の動物は全く見られない)，植物の葉のような形状をもつカルオディニクスやカルニアなどがある。特に注目すべきはキンベレラで，化石の周囲の痕跡から，触手を伸ばし周囲の有機物を爪でかき集めて食していたようである。また，エディアカラ生物群は殻や眼を持たないことから，動物を食べる捕食者はいなかったと考えられている。

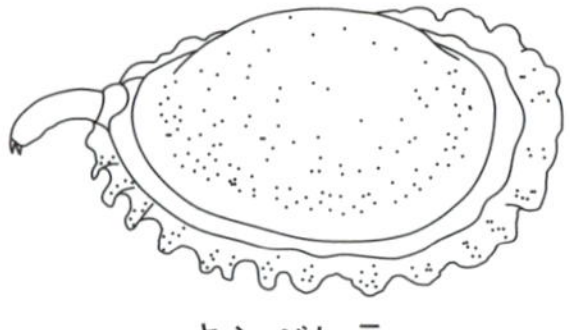
キンベレラ

バージェス動物群・澄江（チェンジャン）動物群

エディアカラ生物群がほぼ絶滅した後に，おそらくその生き残りと考えられる生物から爆発的な多様化が起きた。これをカンブリア紀の大爆発と呼ぶ。カンブリア紀に爆発的に多様化した動物群のうち，特に有名なものがバージェス動物群（カナダのバージェス頁岩から発見，約5.08億年前）と澄江動物群（中国雲南省の澄江で発見，約5.25億年前）である。これらの動物群には眼や硬い殻を持った動物が多数見られることから，動物食の動物が出現したことがうかがえる。アノマロカリスは最強の捕食者と呼ばれ，大きなものでは2mにも達する。三葉虫は最も初期に出現し，ペルム紀まで生存した。アノマロカリスにかじられたらしき三葉虫の化石も見つかっている。ピカイアは脊索を持つ脊索動物で，我々の祖先となった動物の可能性がある。また，澄江動物群からは，顎のない魚類とされるミロクンミンギアやハイコウイクティスが見つかっている。バージェス動物群や澄江動物群には，現存する全ての門と，現存しない門が含まれており，グールド(1989)は「15から20種は既知の動物に含まれず，全く異なる門に分類すべき」と述べている。また，カンブリア紀より後の時代には新しい門は一つも出現していない。このことから，カンブリア紀に多数の門が出現し，これらの門のうちいくつかは絶滅し，残った門のなかに多数の綱や目，科などがつくられ次第に細分化されていったと考えられている。

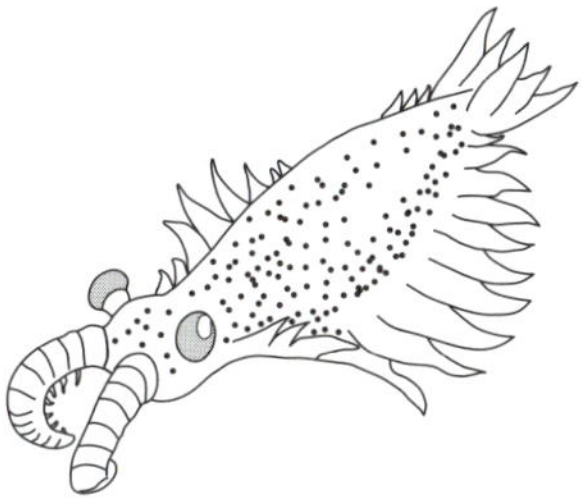

アノマロカリス

五大絶滅

生物の大絶滅は，カンブリア紀以降5回あり，これらはビッグファイブと呼ばれている。オルドビス紀末には三葉虫やサンゴ，筆石（脊索動物に近縁の半索動物と考えられている）など，種の85%ほどが絶滅したとされる。寒冷化による氷河期が原因とされるが，よくわかっていない。デボン紀後期には，海産動物を中心に種の82%ほどが絶滅したとされる。原因は諸説あるが，よくわかっていない。ペルム紀末の大絶滅は，地球史上最大の大絶滅とされる。三葉虫や紡錘虫（フズリナ）が絶滅。種の96%が絶滅したとも言われている。大絶滅の原因はよくわかっていないが，超大陸（ほとんどの陸地が一つの大陸に集合した状態）パンゲアが分裂したときに激しい火山活動が起き，それにともなう急激な気候変動であると考えられている。三畳紀末の大絶滅では，アンモナイトや大型は虫類の多くが絶滅し，種の76％が絶滅したとされる。大絶滅の原因は火山の噴火や隕石の衝突などが候補とされる。白亜紀末の大絶滅は恐竜など，種の70％が絶滅したとされる。大絶滅の原因はユカタン半島に衝突した巨大な隕石によると考えられている。白亜紀末に恐竜が絶滅し，空いたニッチに大型哺乳類が侵入したと考えられているが，恐竜はそれ以前にかなり衰退しており，哺乳類がすでに繁栄を始めていたとする説もある。結局，いずれの大絶滅も原因は諸説あり，決定的なことはわかっていない。

生物の変遷

NEXUS

年数(億年)	地質時代		生物の変遷	
	代	紀		
0	新生代	第四紀	ホモ属の出現	
		(260万年前)		
		新第三紀	人類（猿人）の出現	
		(2300万年前)		
		古第三紀	哺乳類の繁栄	被子植物の繁栄
0.66	中生代	白亜紀	恐竜・アンモナイトの絶滅	被子植物の出現
		ジュラ紀	鳥類の出現 恐竜・アンモナイトの繁栄	裸子植物の繁栄
		三畳紀	哺乳類の出現	
2.5	古生代	ペルム紀	三葉虫・紡錘虫の絶滅	
		石炭紀	は虫類の出現	木生シダ植物の大森林
		デボン紀	両生類の出現	裸子植物の出現
		シルル紀	サンゴの繁栄	シダ植物の出現
		オルドビス紀	顎のある魚類の出現	
		カンブリア紀	無顎類の出現 バージェス動物群・澄江動物群	
5.4	先カンブリア時代	約6億年前	エディアカラ生物群	
		約20億年前	真核生物の出現	
		約27億年前	シアノバクテリアの出現	
		約40億年前	生物の出現	
46				

Break

宇宙の 95％が謎

宇宙は約 138 億年前に突然出現しました。「無」から生じたと言われています。「無」っていうのがよくわかりませんね。何なんでしょう？話を進めます。宇宙誕生から 10^{-35} 秒後から 10^{-33} 秒後の間に，「インフレーション（膨張の意味）」と呼ばれる光よりも速い宇宙の指数関数的膨張が起きたと考えられています。インフレーションによって宇宙の大きさは 10^{26} ～ 10^{30} 倍に膨張したそうです。10^{30} 倍という数字はよくわからないぐらい大きいですが，銀河系の直径が約 10^{21} m なので，例えば，ほこりみたいなものであれば一瞬にして銀河系よりもさらに大きくなるぐらいの急激な膨張がおきたということです。誕生直後の宇宙は，ごくごくものすご～く小さかったのですが，インフレーションの結果，一瞬にして数 cm の大きさにまで膨張したそうです。この数 cm の宇宙は火の玉になりました。このあと「ビッグバン」が起きたわけです。ビッグバンを和訳すると「ドッカン」です。爆発を表しているわけです。

インフレーション理論は 1980 年に佐藤勝彦とアラン･グースによって提唱されました。この理論は，ジョージ・ガモフによって提唱されていたビッグバン宇宙論を補うために生まれました。ビッグバンでは説明できない「特異点問題」，「平坦性問題」，「一様性問題」などを解決するための優れた理論です。なお，その後多くの研究者により，いくつかの改良版インフレーション理論が提唱されています。

インフレーションに引き続きビッグバンが起こり，現在の宇宙ができたとします。1990 年代初期は，宇宙の膨張は遅くなっていると考えられていました。しかし 1998 年，宇宙の膨張が加速していることが観測により明らかとなったのです。これは世紀の大発見でした。では，宇宙の膨張を加速させている原動力は何なのでしょう？この力が何なのか，さっぱりわからないまま「ダークエネルギー（暗黒エネルギー）」と名づけられました。現在も謎のままです。驚くべきことに全宇宙のエネルギーのうち，約 68％がダークエネルギーであることがわかっています。さらに，全宇宙のエネルギーの 27％がこれもまた，わけのわからない「ダークマター（暗黒物質）」なのです。つまり全宇宙のエネルギーのうち，95％がよくわからないものであり，星や銀河などの物質がもつエネルギーは，たったの 5％に過ぎないのです。世の中わからないことだらけなのですね。

フランシス・クリックは幼少時，「世の中の謎が次々に解明されていってしまったら自分の発見することが無くなってしまう」と心配していたそうです。これに対し，クリックのお母さんは次のように答えたそうです。「あなたの見つけるべきものは，まだまだたくさん残っていますよ」。そうです，世の中には解明すべきことはいくらでも残っています。謎がみなさんを待っています。探しに行ってあげてください。

国公立標準問題集 CanPass 生物基礎＋生物

著　　者	波多野善崇
発 行 者	山﨑良子
印刷・製本	株式会社日本制作センター
発 行 所	駿台文庫株式会社

〒101-0062　東京都千代田区神田駿河台1-7-4
小畑ビル内
TEL. 編集　03(5259)3302
販売　03(5259)3301
《②－400pp.》

ISBN978－4－7961－1772－2　　Printed in Japan

駿台文庫 Web サイト
https://www.sundaibunko.jp